Stöppler · Mathematik für Wirtschaftswissenschaftler

GABLER LEHRBUCH

Dietrich Adam
Produktionspolitik, 3. Auflage
Arbeitsbuch zur Produktionspolitik, 2. Auflage

Karl Alewell
Standort und Distribution – Entscheidungsfälle
Standort und Distribution – Lösungen

Günter Altrogge
Netzplantechnik

Hermann Böhrs
Leistungslohngestaltung, 3. Auflage

G. Flasse/G. Gräve/R. Ranschmann/W. Heßhaus
Buchhaltung 1
Buchhaltung 2

Erich Frese
Grundlagen der Organisation

Erwin Grochla
Materialwirtschaft, 3. Auflage

Erich Gutenberg
Einführung in die Betriebswirtschaftslehre

Siegfried Hummel/Wolfgang Männel
Kostenrechnung 1, 2. Auflage
Kostenrechnung 2, 2. Auflage

Erich Kosiol
Kostenrechnung der Unternehmung, 2. Auflage

Heribert Meffert
Marketing, 5. Auflage
Arbeitsbuch zum Marketing

Peter Mertens
Industrielle Datenverarbeitung Band 1, 4. Auflage

Peter Mertens/Joachim Griese
Industrielle Datenverarbeitung Band 2, 2. Auflage

Erich Schäfer
Der Industriebetrieb, 2. Auflage
Die Unternehmung, 10. Auflage

Dieter Schneider
Grundzüge der Unternehmensbesteuerung, 2. Auflage
Investition und Finanzierung, 5. Auflage
Steuerbilanzen

Siegmar Stöppler
Dynamische ökonomische Systeme, 2. Auflage
Mathematik für Wirtschaftswissenschaftler, 3. Auflage

Siegmar Stöppler
o. Prof. der Wirtschaftswissenschaft an der Universität Bremen

Mathematik für Wirtschaftswissenschaftler

Mit 76 Aufgaben und Lösungen

3. durchgesehene Auflage

SPRINGER FACHMEDIEN WIESBADEN

CIP-Kurztitelaufnahme der Deutschen Bibliothek

Stöppler, Siegmar:
Mathematik für Wirtschaftswissenschaftler: mit 76 Aufgaben u. Lösungen / Siegmar Stöppler. – 3., durchges. Aufl. – Wiesbaden: Gabler, 1981.
(Gabler-Lehrbuch)
Bis 2. Aufl. im Westdt. Verl., Opladen

1. Auflage 1973 als Band 186 der „Universitäts-Taschenbücher" (UTB)
2. Auflage 1976
3. Auflage 1981

Ursprünglich erschienen bei Betriebswirtschaftlicher
Verlag Dr. Th. Gabler GmbH, Wiesbaden 1981
Softcover reprint of the hardcover 3rd edition 1981
Umschlaggestaltung: Horst Koblitz, Wiesbaden
Gesamtherstellung: Lengericher Handelsdruckerei

ISBN 978-3-409-63473-1 ISBN 978-3-409-63473-1 (eBook)
DOI 10.1007/978-3-409-63473-1

Vorwort zur zweiten Auflage

Die vorliegende „Mathematik für Wirtschaftswissenschaftler“ ist eine zweite, jedoch überarbeitete und umgestaltete Auflage. Neben den mathematischen Grundlagen enthält sie jetzt sowohl die lineare Algebra wie die Analysis, ist also zu einem vollständigen Mathematikbuch für den Ökonomen geworden.

Da aber das Buch durch die Erweiterung zu umfangreich und damit auch zu teuer geworden wäre, wurden die ökonomischen Darstellungen aus dem früheren Teil II herausgenommen. Dies war insbesondere auch deswegen vertretbar, weil Studenten der ersten Semester innerhalb des Mathematikkurses kaum dazu kommen werden, diese Abschnitte durchzuarbeiten. Allerdings sind die Übungsbeispiele, die dem Leser einen Einblick in die Anwendung der erlernten mathematischen Kenntnisse geben, in den Abschnitten „Aufgaben“ des vorliegenden Textes belassen worden.

Das Anliegen ist geblieben, dem Studenten oder Praktiker der Ökonomie die Hilfsmittel an die Hand zu geben, einen ökonomischen Sachverhalt zu strukturieren, ihn wenn möglich formal zu beschreiben, zu analysieren und gegebenenfalls einer Lösung zuzuführen. Mathematik ist dabei nur eine Sprache, die zur Exaktheit zwingt, Widersprüche sichtbar macht und selbst komplexe Zusammenhänge übersichtlich darzustellen vermag. Die Idee der Struktur steht hier wie in der modernen Mathematik allgemein im Vordergrund. Die reine Rechentechnik tritt dabei in ihrer Bedeutung zurück, jedoch muß der Ökonom auch sie in ihren Grundzügen kennen.

Stoffauswahl und Darstellung sind nach den Erfordernissen des heutigen Studiums und der ökonomischen Anwendung vorgenommen worden. Einerseits sollen die Kenntnisse für das Verständnis der ökonomischen Theorie und Analyse vermittelt und andererseits die Instrumente zur ökonomischen Planung bereitgestellt werden.

Das erste Kapitel enthält die mathematischen Grundlagen wie Aussagenlogik und Beweisverfahren, Mengenlehre, Relationen, algebraische Strukturen und Zahlmengen. Es folgt eine ausführliche Darstellung der linearen Algebra, insbesondere die für die Analyse linearer Wirtschaftsmodelle notwendigen Kenntnisse des Vektorraums und spezieller Matrizen. Ein gesonderter Abschnitt ist der linearen Programmierung mit der Simplexmethode und der n-dimensionalen Geometrie gewidmet. Neu aufgenommen sind die Kapitel „Grundlagen der Analysis“ (Folgen, Reihen und Rentenrechnung, Funktionen) und „Differentialrechnung“ (Differentialrechnung einer und mehrerer Veränderlichen einschließlich des Lagrangeschen Ansatzes).

Die lineare Algebra wurde der Analysis vorangestellt, da sie im Prinzip leichter verständlich, wenn auch dem Anfänger oft unbekannter ist. Zudem läßt sich die Differentialrechnung mehrerer Veränderlichen mit den Begriffen aus der linearen Algebra leichter und übersichtlicher darstellen.

Das Prinzip, die mathematische Darstellung von ökonomischen Begriffen frei zu halten, hat sich bewährt, da der Studienanfänger meist die notwendigen ökonomischen Kenntnisse noch nicht hat. Um jedoch die Anwendung der Mathematik auf die Beschreibung, Analyse und Lösung ökonomischer Sachverhalte nicht aus den Augen zu verlieren, sondern beispielhaft zu demonstrieren, wurden in den Übungsaufgaben mit Lösungen, die sich jedem Abschnitt anschließen, ökonomische Probleme, etwa das Problem der Materialverflechtung oder die Losgrößenbestimmung, mit aufgenommen und ihre Lösung ausführlich dargestellt.

Auf diese Weise ist das Buch vielseitig verwendbar. Es kann für den Anfänger im Ökonomiestudium als reine Einführung in die Mathematik, aber auch als Kombination einer mathematischen Einführung mit Übungen in ökonomischen Problemen benutzt werden.

Die ausgelassenen Kapitel „Betriebliche Matrizenmodelle, Produktions- und Kostenplanung mit Matrizen", „Volkswirtschaftliche Input-Output-Modelle", „Bewertete Markoff-Prozesse und Politikoptimierung" sowie „Gewöhnliche lineare und orthogonale Regression" erscheinen um eine Weiterführung der Linearen Programmierung (Dualität und Sensitivitätsanalyse) und eine Darstellung dynamischer ökonomischer Modelle erweitert in einem gesonderten Band.

An dieser Stelle möchte ich Herrn Dipl.-Kfm. Wilbrecht Hollnagel für die Ausarbeitung vieler Beispiele besonders danken. Die Manuskriptherstellung in der ersten und zweiten Auflage übernahmen mit großer Sorgfalt Frau Christine von Klitzing und Frau Christine Ruppel. Bei Korrekturen des Manuskripts und der Fahnen wurde ich von Frl. cand. rer. pol. Bettina Jentzsch und Herrn cand. rer. pol. Pavle Alpar sehr unterstützt.

Meinem akademischen Lehrer, Herrn Professor Dr. Waldemar Wittmann, bin ich zu großem Dank verpflichtet, da er mir nicht nur die Anregung sondern vor allem auch die Möglichkeit gegeben hat, mich intensiv mit der Anwendung quantitativer Methoden in der Ökonomie zu befassen.

Siegmar Stöppler

Inhalt

Einleitung 11

1. Mathematische Grundlagen 13

1.1. Aussagenlogik 13
1.1.1 Aussagen und Wahrheitswert 13
1.1.2. Operationen mit Aussagen 14
1.1.3. Implikation und Äquivalenz 17
1.1.4. Beweisverfahren 20
1.1.5. Zusammenfassung von Gesetzen der Aussagenlogik in der Aussagenalgebra 22

Aufgaben zu 1.1.: Aussagenlogik. Analyse einfacher ökonomischer Sätze 23

1.2. Mengenlehre 26
1.2.1. Mengen 26
1.2.2. Mengenoperationen 29
1.2.3. Quantoren 32
1.2.4. Relationen und Ordnungsbeziehungen 32
1.2.5. Beziehung zwischen Aussagen- und Mengenalgebra. Der strukturelle Aspekt 34

Aufgaben zu 1.2.: Mengenlehre. Erfassung eines Netzplans und auftretende Probleme 36

1.3. Algebraische Strukturen und Zahlmengen 40
1.3.1. Struktur mit einer Operation: Gruppe 41
1.3.2. Strukturen mit zwei Operationen (+ und ·): Körper und Ring 44

Aufgaben zu 1.3.: Algebraische Strukturen. Der minimale Transportweg in einem Reihenfolgeproblem 45

2. Einführung in Grundbegriffe und Probleme der linearen Algebra 50

2.1. Linearität 50
2.1.1. Linearformen und lineare Funktionen 50
2.1.2. Lineare Gleichungen 52
2.1.3. Operationen mit Linearformen und linearen Gleichungen 53

Aufgaben zu 2.1.: Linearität. Die Umsatzfunktion zu einer linearen Preis-Absatz-Funktion 54

2.2. Lineare Gleichungssysteme 55
2.2.1. Problemstellung 55
2.2.2. Systematische Lösungsmethode für lineare Gleichungssysteme 56
2.2.3. Geometrische Interpretation der Lösung linearer Gleichungssysteme 59
2.2.4. Lineare homogene Gleichungssysteme 60
2.2.5. Lineare inhomogene Gleichungssysteme 61

Aufgaben zu 2.2.: Lineare Gleichungssysteme. Ein Mischungsbeispiel 62

2.3. Vektoren im R^n 67
2.3.1. Definition, Operationen und Regeln 67
2.3.2. Lineare Gleichungen in n-Vektoren 69
2.3.3. Skalarprodukt, Norm und Abstand im R^n 70
Aufgaben zu 2.3.: Vektorrechnung. Ein Beispiel zur Listenverarbeitung in einer Bank 72
2.4. Ein Beispiel der Linearen Programmierung 74

3. Der lineare Vektorraum 77
3.1. Lineare Vektorräume und Unterräume 77
3.1.1. Definition des Vektorraumes 77
3.1.2. Der (lineare) Unterraum eines Vektorraumes 79
3.2. Linearkombinationen, Abhängigkeit und Unabhängigkeit 80
3.2.1. Linearkombination und Erzeugung von Unterräumen 80
3.2.2. Lineare Abhängigkeit und Unabhängigkeit 81
3.3. Basis und Dimension 82
3.3.1. Basis und Austauschsätze 82
3.3.2. Basis und Dimension 86
3.3.3. Summenraum und Dimensionssatz 87
3.4. Die Lösbarkeit linearer Gleichungen und Gleichungssysteme 88
3.4.1. Lineare Gleichungen im allgemeinen Vektorraum 88
3.4.2. Lineare homogene Gleichungen 89
3.4.3. Lineare inhomogene Gleichungen 90
3.5. Lineare Gleichungssysteme 91
3.5.1. Der Rang einer Matrix 91
3.5.2. Verfahren zur Bestimmung des Ranges einer Matrix 93
3.5.3. Die Lösbarkeitskriterien eines linearen Gleichungssystems 94
3.5.4. Basislösungen 94
Aufgaben zu 3.: Der lineare Vektorraum. Weitere Analyse des Mischungsproblems 96

4. Matrizenrechnung 102
4.1. Matrizen und Operationen 102
4.1.1. Begriff der Matrix 102
4.1.2. Addition von Matrizen und Multiplikation mit Skalaren 103
4.1.3. Matrizenmultiplikation 105
4.1.4. Spezielle Matrizen 107
4.1.5. Transposition und Symmetrie 108
4.1.6. Blockmatrizen 109
Aufgaben zu 4.1.: Matrizenrechnung: Matrizen und Operationen. Problem der Materialverflechtung in einem Betrieb 110
4.2. Reguläre und singuläre Matrizen, Inverse 118
4.2.1. Regularität und Singularität 118
4.2.2. Inverse einer Matrix 119
4.2.3. Gaußscher Algorithmus zur Berechnung der Inversen 121
4.2.4. Orthogonalmatrizen. Inverse von Blockmatrizen und andere spezielle Inverse 124
4.2.5. Matrizenreihen und Leontief-Inverse 126
Aufgaben zu 4.2.: Reguläre und singuläre Matrizen. Ein Problem der Input-Output-Rechnung 128

4.3. Determinanten und Matrizen 132
4.3.1. Definition und Eigenschaften 132
4.3.2. Determinante, Rang und Inverse, Cramersche Regel 137
4.3.3. Weitere skalare Funktionen auf Matrizen: Spur 139
Aufgaben zu 4.3.: Determinanten und Matrizen. Probleme der gewöhnlichen linearen Regression 140
4.4. Eigenwertproblem. Quadratische Formen und definite Matrizen 143
4.4.1. Eigenwerte 143
4.4.2. Eigenwerte symmetrischer Matrizen 145
4.4.3. Quadratische Formen 146
4.4.4. Kriterien der Definität 149
Aufgaben zu 4.4.: Eigenwerte und Definitheit. Probleme in der orthogonalen und gewöhnlichen linearen Regression 150
4.5. Matrizen und lineare Abbildungen (Transformationen) 154
4.5.1. Abbildungen 154
4.5.2. Lineare Abbildungen 155
4.5.3. Probleme der Matrizenrechnung und Lineare Transformationen 158
Aufgaben zu 4.5.: Matrizen und lineare Abbildungen. Lineare Trnsaformationen im Input-Output-Modell 159

5. Lineare Programmierung und n-dimensionale Geometrie 162
5.1. Lineare Programmierung 162
5.1.1. Das allgemeine Problem der linearen Programmierung 162
5.1.2. Die Lösung eines linearen Programms. Eine Einführung in die Simplexmethode 164
5.1.3. Der Basis- oder Eckentausch der Simplexmethode 168
5.1.4. Problem der Anfangslösung. 2-Phasen-Methode 176
Aufgaben zu 5.1.: Lineare Programmierung 179
5.2. n-dimensionale Geometrie 182
5.2.1. Punktmengen, Geraden und Hyperebenen 182
5.2.2. Konvexe Mengen und Polyeder. Beschränktheit und Extremalpunkte 186
5.2.3. LP-Nebenbedingungen und konvexe Polyeder, Ecken und Maximalpunkte 188
5.2.4. Konvexe Kegel und konvexe Polyederkegel 192
Aufgaben zu 5.2.: n-dimensionale Geometrie 196

6. Grundlagen der Analysis 199
6.1. Folgen, Reihen und Rentenrechnung 199
6.1.1. Absolutbetrag, Intervalle, Maximum 199
6.1.2. Folgen und Grenzwerte von Folgen. Rentenendwertformeln 201
6.1.3. Unendliche Reihen 205
Aufgaben zu 6.1.: Folgen, Reihen und Rentenrechnung. Rentenbarwert und Ausgleichszahlung 206
6.2. Funktionen einer Veränderlichen 209
6.2.1. Die Funktionen und ihre elementaren Eigenschaften 209
6.2.2. Grenzwerte von Funktionen und Stetigkeit 214
Aufgaben zu 6.2.: Funktionen einer Veränderlichen 217

7. Differentialrechnung 221

7.1. Differentialrechnung der Funktionen einer Veränderlichen 221
7.1.1. Differentialquotient und Differentiationsregeln 221
7.1.2. Differentiale und Ableitungen höherer Ordnung 225
7.1.3. Der Funktionsverlauf: Monotonie und Konvexität 227
7.1.4. Extremwerte und Wendepunkt 229

Aufgaben zu 7.1.: Differentialrechnung der Funktion einer Veränderlichen. Elastizität einer Funktion. Losgrößenbestimmung 232

7.2. Differentialrechnung der Funktionen mehrerer Veränderlichen 236
7.2.1. Partielle Ableitungen: Gradient und totales Differential 236
7.2.2. Vektorielle Funktionen und Funktionalmatrix, lineare und quadratische Funktionen 240
7.2.3. Extremwerte einer Skalarfunktion mehrerer Variablen und zweite partielle Ableitungen 243
7.2.4. Extremwerte unter Nebenbedingungen. Der Ansatz von Lagrange 247

Aufgaben zu 7.2.: Differentialrechnung der Funktionen mehrerer Veränderlichen. Homogene Funktionen und Minimalkostenkombination 253

Literaturverzeichnis 258

Sachverzeichnis 260

Einleitung

Die Komplexität, Undurchschaubarkeit und Lebendigkeit der wirtschaftlichen Erscheinungen lassen jeden Versuch, sie zu beschreiben und zu analysieren, zu einer Suche nach den „wesentlichen“ Zusammenhängen werden. Vielleicht findet man dann derartige Beziehungen, die für eine Darstellung einfach genug sind, die jedoch bei einer rein verbalen Darstellung nur in unmittelbarem Bezug zu dem empirisch Erfaßten verstanden werden können. Die Aufdeckung von Widersprüchen, die sich in Folge der Ungenauigkeit der Sprache einschleichen können, oder die Ableitung der dem Sachverhalt innewohnenden Konsequenzen werden durch das anschauliche Verständnis der Begriffe und die Intuition sehr erschwert oder sogar unmöglich gemacht.

Die Mathematik mit ihren spezifizierten, trocken anmutenden Strukturen erscheint den lebendigen ökonomischen Beziehungen gegenüber zunächst als armselig oder gar unbrauchbar. Es hat sich aber gezeigt, daß sich im Bereich der quantifizierbaren Größen (und nicht nur dort) die verbal beschriebenen Zusammenhänge auch mathematisch darstellen lassen mit zusätzlichen Vorteilen. Der Bezug zum Anschaulichen wird durch die weitere Abstraktion zunächst aufgehoben. Auf dieser abstrakten Ebene ist es möglich, sowohl die Widersprüche oder Trivialitäten leichter zu erkennen, als auch nach den mathematischen Regeln (deren Anwendung in Folge der Identifizierung der ökonomischen mit der mathematischen Struktur gerechtfertigt ist) Folgerungen abzuleiten, für die der Bezug zur Relaität wieder hergestellt werden kann. Die Mathematik ist dabei nichts weiter als eine präzise, für viele ökonomische Probleme geeignete Sprache.

Im Vordergrund steht nicht einmal so sehr das „Rechenhafte“, d.h. die Vorstellung, man käme durch die Anwendung der Mathematik zu sicheren „Ergebnissen“, als das Erkennen, Beschreiben und Analysieren von Strukturen.

Es ist bekannt, daß für viele verschiedene ökonomische Tatbestände die gleiche mathematische Struktur angewendet werden kann, etwa das lineare Gleichungssystem $(\mathbf{I} - \mathbf{A})\mathbf{x} = \mathbf{y}$ im volkswirtschaftlichen Input-Output-Modell für die Produktion oder in der innerbetrieblichen Kostenverrechnung für die Verrechnungspreise.

Im folgenden Beispiel soll der umgekehrte Fall vorgeführt werden: Der gleiche ökonomische Sachverhalt kann mathematisch verschieden erfaßt werden. Jede mathematische Struktur ist je nach Eignung für weitere Analysen zu beurteilen.

Zum Bau einer Werkhalle sind die folgenden Arbeitsvorgänge nötig:

A: Herstellen der Fundamente und Stützen
B: Montage der Dachkonstruktion
C: Montage der Ausrüstung
D: Probelauf der Ausrüstung
E: Innenausbau
F: Montage der Wandelemente
G: Außenputz

Im Netz:

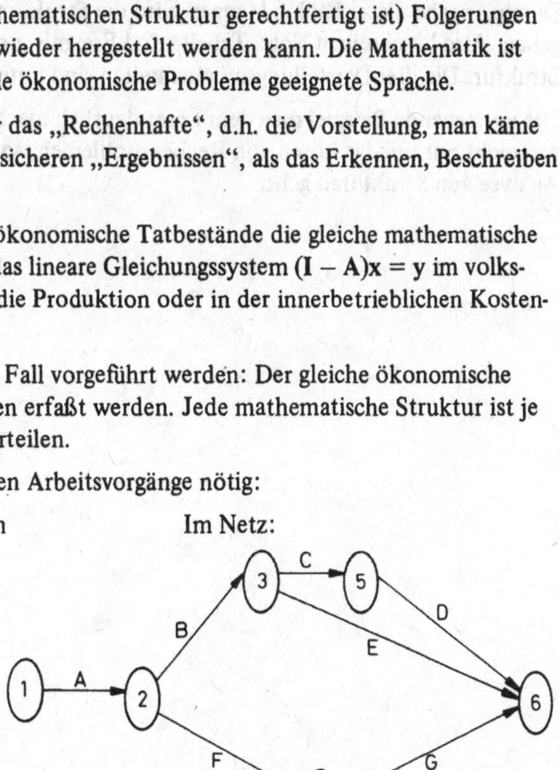

Zur Beschreibung genügt die Aufzählung der Vorgänge noch nicht, es fehlt die Angabe ihrer Reihenfolge, die zunächst im Netz dargestellt ist. Die numerierten Kreise heißen Ereignisse und die Pfeile Vorgänge.

Die Angaben, wie Ereignisse oder Vorgänge aufeinander folgen – direkt, indirekt oder gar nicht – kann man auch in einer Tabelle machen:

Tabelle der direkten Folgebeziehungen:

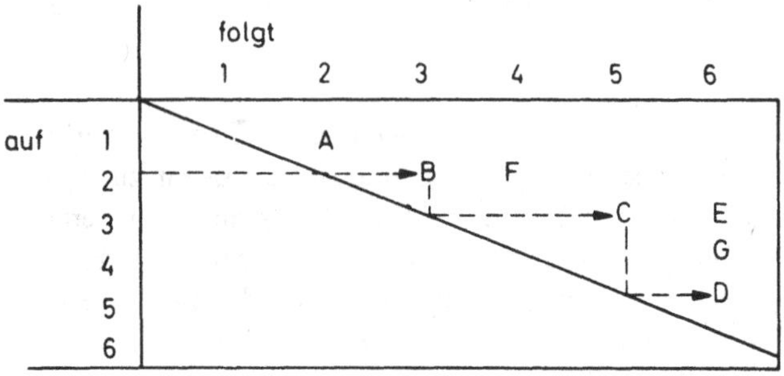

Auch die indirekten Folgebeziehungen lassen sich ablesen:
auf 2 folgt 3 (B), auf 3 folgt 5 (C), auf 5 folgt 6, also auf 2 folgt 6.

Man kann einwenden, daß diese Tabelle weniger übersichtlich ist als das Netzwerk, jedoch wird der gleiche Sachverhalt beschrieben.

Mengen: Der Werkhallenbau wird beschrieben durch Angabe von Objekten, den Ereignissen: $I = \{1, 2, 3, \ldots, 6\}$ und der Beziehungen untereinander: $P = \{1 \overset{A}{\to} 2, 2 \overset{F}{\to} 4, \ldots, 5 \overset{D}{\to} 6\}$.

Durch Angabe dieser beiden Mengen wird die Struktur des Problems ebenfalls exakt wiedergegeben. Also beschreiben Netz, Tabelle und Ereignis- und Vorgangsmengen dieselbe ökonomische Struktur. Die drei Darstellungsmöglichkeiten sind unter diesem Aspekt identisch.

Das vorstehende Beispiel mag dem Leser deutlich machen, daß es in den folgenden Ausführungen nicht nur um das Lösen von Rechenproblemen, sondern vielmehr um die Erfassung und Analyse von Strukturen geht.

1. Mathematische Grundlagen

1.1. Aussagenlogik

Für eine mathematische Einführung ist es zweckmäßig, mit einer Präzisierung der verwendeten Sprache zu beginnen, um Mißverständnissen oder Zweideutigkeiten der Aussagen vorzubeugen. Allerdings ist diese Präzisierung nicht nur im Rahmen mathematischer Zusammenhänge, sondern in jeder wissenschaftlichen Arbeit unabdingbar. Eine Quelle immer wiederkehrender logischer Fehler ist die Verneinung (Negation) von Folgerungen (Implikationen), etwa „wenn eine Eigenschaft A und eine Eigenschaft B gelten, muß nicht gelten . . . “.

Wir betreiben „formale“ Logik, wie sie im Zuge der Axiomatisierung der Mathematik entwickelt wurde. Man hat sich an der *Umgangssprache* orientiert, um Aussagen und Verknüpfungen von Aussagen zu entwickeln, diese aber dann abstrakt, formal, definiert, um mit ihnen wie in einem Kalkül zu rechnen. Es sollen Gesetze und Schlußregeln untersucht werden, die wir für die mathematischen Deduktionen und Umformungen brauchen.

Es wird also eine *Kunstsprache* eingeführt, die *formale, symbolische* oder *mathematische Logik*, damit wir in der Ausdrucksweise unabhängig werden von vagen und undeutlichen Formulierungen der Umgangssprache.

1.1.1. Aussagen und Wahrheitswert

Man bezeichnet mit

Subjekt : Elemente, Individuen, Gegenstände
(der Mond, die Zahl 13, das Zeichen „?“, das Wort „und“)

Prädikat: Angaben einer Eigenschaft oder eines Merkmals
(ist ein Planet, . . . ist rund, . . . ist ein Fremdwort)

Aussage : Eine Aussage ist die Zuerkennung eines bestimmten Prädikats an ein bestimmtes Subjekt.

Dabei können Subjekte und Prädikate Konstante oder Variable sein.

Subjekt als Konstante : Dieses Kind ist 7 Jahre alt
Subjekt als Variable : Ein Kind ist ein heranwachsender Mensch
Ein- und mehrstellige Prädikate (der Mond ist rund, Max ist älter als Moritz), *zweistellige* Prädikate heißen *Relationen* (. . . ist größer als . . .). („. . . ist größer als . . . und kleiner als . . .“ ist ein dreistelliges Prädikat.)

(1.1) *Def.*: Eine *Aussage* ist die Zuerkennung eines n-stelligen Prädikats an n Subjekte.

Wahrheitswerte: Jeder Aussage A wird ein Wahrheitswert w = wahr oder f = falsch zugeordnet, und zwar nur einer von beiden

(1.2) $$A = \begin{cases} w & \text{wahr} \\ f & \text{falsch} \end{cases}$$

Bei faktischen Wahrheiten, also solchen, die sich aus Beobachtung oder Erfahrung ergeben („das Bild ist von Rubens gemalt, und es gibt Kunstexperten, die das anzweifeln"), ist dies nicht immer eindeutig möglich, so daß wir also von faktischen Wahrheiten abstrahieren müssen.

Schreibweise: w(A) ist der Wahrheitswert von A, A = wahr ist gleichbedeutend mit w(A) = 1, A = falsch gleichbedeutend mit w(A) = 0.

(1.3)

A	w(A)
w	1
f	0

Beispiel: w(„13 ist eine Primzahl") = 1
w(„n Gleichungen mit n Unbekannten haben immer eine eindeutige Lösung") = 0.

1.1.2. Operationen mit Aussagen

Negation: Sei A eine Aussage, dann wird die Negation von A mit ¬ A (non A oder nicht A) bezeichnet. Da A entweder wahr oder falsch ist (der Wahrheitswert ist zweiwertig, zweiwertige Logik), wird die Negation ¬ A durch die folgende Wahrheitstafel definiert:

(1.4)

A	¬ A	A bzw. w(A)	¬ A bzw. w(¬ A)
w	f	1	0
f	w	0	1

Folgerung: a) w(A) + w(¬ A) = 1
(1.5) b) w(¬ (¬ A)) = w(A).

Zu beachten: ¬ A umfaßt alle Möglichkeiten, in denen A nicht gilt:

z.B. A = „das Raumschiff Omega ist auf die Erde zurückgekehrt";
¬ A = „Omega ist nicht zurückgekehrt", d.h. z.B.: „Omega kehrt morgen zurück" oder auch „Omega ist auf dem Mond zerschellt" oder auch „Omega bleibt für immer auf der Venus" u.a.

Konjunktion: Sind A und B zwei Aussagen, so kann man eine zusammengesetzte Aussage A ∧ B bilden, die nur dann wahr ist, wenn A „und" B gleichzeitig wahr sind. „und" wird mit ∧ bezeichnet. Diese Konjunktion ist durch Angabe der Wahrheitstafel exakt definiert:

(1.6)

A	B	A ∧ B
1	1	1
1	0	0
0	1	0
0	0	0

Mit *Min (a, b)* bezeichnet man die Funktion, die den zwei Zahlen a und b die kleinere zuordnet oder eine davon bei Gleichheit: Min (– 1,3) = – 1, Min (1,1) = 1.

(1.7) *Folgerung:* a) $w(A \wedge B) = \mathrm{Min}\,(w(A), w(B))$
b) $w(A \wedge B) = w(B \wedge A)$
c) $w(A \wedge (\neg A)) = \mathrm{Min}\,(w(A), w(\neg A)) = 0.$

A und ihr Gegenteil, $\neg A$, sind nicht gleichzeitig wahr. Wenn etwa B selbst schon eine durch die Konjunktion aus C und D zusammengesetzte Aussage ist, gilt

$$A \wedge B = A \wedge (C \wedge D)$$
$$w(A \wedge B) = \mathrm{Min}\,(w(A), w(B)) = \mathrm{Min}\,(w(A), \mathrm{Min}\,(w(C), w(D))$$
$$= \mathrm{Min}\,(w(A), w(C), w(D)),$$

da es bei der Suche nach dem Minimum gleichgültig ist, von welcher Teilmenge zuerst das Minimum gebildet wird.

(1.8) *Satz:* Sind $A_1, \ldots, A_n$ Aussagen mit den Wahrheitswerten $w(A_1), \ldots, w(A_n)$, so gilt $w(A_1 \wedge A_2 \wedge \ldots \wedge A_n) = \mathrm{Min}(w(A_1), w(A_2), \ldots, w(A_n))$.

Dies ist unmittelbar klar: Ist von den n Aussagen $A_1, \ldots, A_n$ auch nur eine einzige falsch, so sind gemäß der Konjunktion nicht alle gleichzeitig wahr und der Wahrheitswert von $A_1 \wedge A_2 \wedge \ldots \wedge A_n$ ist 0, wie eben auch 0 das Minimum der $w(A_i)$ ist. Es ist nur dann 1, wenn alle $A_1, \ldots, A_n$ wahr sind, d.h. $w(A_i) = 1$ gilt für $i = 1, \ldots, n$.

Disjunktion: Für zwei Aussagen A und B heißt die Disjunktion A „oder" B: $A \vee B$, d.h. $A \vee B$ ist wahr, wenn wenigstens eine der beiden Aussagen wahr ist. Diese Verknüpfung heißt auch *inklusive* Disjunktion (im Sinne des lat. vel), also können auch A „und" B wahr sein, im Gegensatz zum exklusiven „oder" (wir gehen jetzt ins Kino oder wir gehen jetzt in die Bibliothek arbeiten) (im Lat.: aut-aut).

Die Disjunktion ist definiert durch die Angabe der Wahrheitswerte:

(1.9)

A	B	$A \vee B$
1	1	1
1	0	1
0	1	1
0	0	0

Mit *Max (a, b)* bezeichnet man die Funktion, die den zwei Zahlen a und b die größere zuordnet oder eine von beiden im Fall der Gleichheit: $\mathrm{Max}\,(-1{,}3) = 3$, $\mathrm{Max}\,(-1, -1) = -1$.

(1.10) *Folgerung:* a) $w(A \vee B) = \mathrm{Max}\,(w(A), w(B))$
b) $w(A \vee B) = w(B \vee A)$
c) $w(A \vee (\neg A)) = \mathrm{Max}\,(w(A), w(\neg A)) = 1.$

Auch hier können wir die Folgerung für 2 Aussagen auf n Aussagen verallgemeinern: $A_1 \vee A_2 \vee \ldots \vee A_n$, die schon dann wahr ist, wenn nur eine der Aussagen wahr ist.

(1.11) *Satz:* Sind $A_1, \ldots, A_n$ Aussagen mit den Wahrheitswerten $w(A_1), \ldots, w(A_n)$, so gilt $w(A_1 \vee A_2 \vee \ldots \vee A_n) = \mathrm{Max}(w(A_1), w(A_2), \ldots, w(A_n))$.

Mit diesen Verknüpfungen (Junktoren) lassen sich nun beliebig komplizierte Aussagen aus einfacheren kombinieren.

Es gelten dabei folgende Regeln, die als *de Morgans Gesetze* bekannt sind:

(1.12)
$$w(\neg (A \vee B)) = w((\neg A) \wedge (\neg B)) \quad \text{oder} \quad \neg (A \vee B) = (\neg A) \wedge (\neg B)$$
$$w(\neg (A \wedge B)) = w((\neg A) \vee (\neg B)) \quad \text{oder} \quad \neg (A \wedge B) = (\neg A) \vee (\neg B)$$

Die Verneinung der Gesamtaussage wird auf die Verneinung der Einzelaussagen zurückgeführt, wobei aus der Konjunktion eine Disjunktion wird (und umgekehrt).

Beweis durch Aufstellen der Wahrheitstafel und Vergleich der Wahrheitswerte in den entsprechenden Spalten:

A	B	$A \vee B$	$A \wedge B$	$\neg A$	$\neg B$	$\neg(A \vee B)$	$(\neg A) \wedge (\neg B)$	$\neg(A \wedge B)$	$(\neg A) \vee (\neg B)$
1	1	1	1	0	0	0	0	0	0
1	0	1	0	0	1	0	0	1	1
0	1	1	0	1	0	0	0	1	1
0	0	0	0	1	1	1	1	1	1

Beispiele für Konjunktion, Disjunktion, Negation und de Morgan:

1. Sei A: $2^x = 0$ hat die Lösung $x = 0$, B: -3 ist eine Wurzel aus 9. Nach de Morgan sind identisch: „Es ist nicht wahr, daß $2^0 = 0$ und $(-3)^2 = 9$ ist" und „Es ist 2^0 nicht gleich 0 oder es ist $(-3)^2$ nicht gleich 9". In der Tat ist $w(A) = 0$, da $2^0 = 1$; $w(B) = 1$, da $(-3)^2 = 9$. Also ist $w(A \wedge B) = 0$, $w(\neg[A \wedge B]) = 1$, $w(\neg A) = 1$, $w(\neg B) = 0$, also $w(\neg A \vee \neg B) = 1$.
2. Er ist weder reich noch glücklich
   = er ist nicht reich $\wedge$ er ist nicht glücklich
   A = er ist reich; B = er ist glücklich
   $= \neg A \wedge \neg B$
   $= \neg(A \vee B)$ = es ist nicht wahr, daß er reich oder glücklich ist.
3. Es ist nicht wahr, daß er SPIEGEL, aber nicht BILDZEITUNG liest
   A: er liest SPIEGEL
   B: er liest BILDZEITUNG
   $\neg(A \wedge \neg B) = \neg A \vee \neg\neg B = \neg A \vee B$
   = er liest entweder den SPIEGEL nicht, oder er liest BILDZEITUNG.

Die Beispiele der Umgangssprache dienen nur zur Illustration. Im allgemeinen gehen bei solchen Operationen Nuancen, also Informationen, verloren, etwa die Betonung durch ein „aber".

Darstellung zusammengesetzter Aussagen durch Schaltungen:

Identifiziert man in einer elektrischen Schaltung das Fließen eines Stromes mit „wahr", das Nichtfließen mit „falsch" und die Ausgangsaussagen mit Schaltern, die bei „wahr" geschlossen und bei „falsch" offen sind, so ergibt die

Reihenschaltung die Konjunktion,

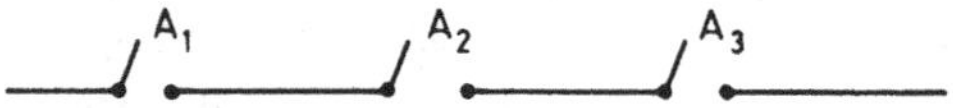

Parallelschaltung die Disjunktion,

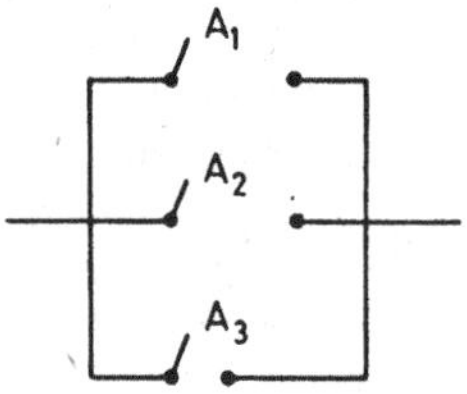

Umpolung die Negation,

d.h. Schließen (Drücken des Knopfes) bedeutet dann Öffnen.

Kombinierte Aussagen ergeben sich dann aus entsprechend zusammengesetzten Schaltungen. Kommt eine Aussage mehrmals vor, so ist sie als Schalter zu wiederholen und alle zu einer Aussage gehörenden Schalter sind gleichzeitig zu bedienen.

Bemerkungen: In der Schaltung soll gelten: w = 1: der Strom fließt, w = 0: der Strom fließt nicht. Sei A eine spezielle Aussage, so bedeutet: w(A) = 1: Drücken; w(A) = 0: Nicht drücken.

Darstellung als Schalter	Wahrheitswert	Spezielle Stellung des Schalters
A: 	w(A) = 1	Strom fließt 
	w(A) = 0	Strom fließt nicht 
	w(¬ A) = 0	Strom fließt nicht 
¬ A: 	w(¬ A) = 1	Strom fließt 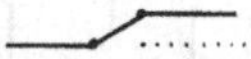

1.1.3. Implikation und Äquivalenz

Durch einen „Wenn . . . dann“-Satz wird ebenfalls eine Verknüpfung zwischen Aussagen ausgedrückt, die *Implikation* oder Bedingung heißt und mit „→“ bezeichnet wird. Die Wahrheitswerte ergeben sich aus der folgenden Tafel, wobei zu bemerken ist, daß nur die Folgerung von etwas Falschem aus etwas Wahrem falsch ist. Die Implikation als Operation:

(1.13)

A	B	A → B
1	1	1
1	0	0
0	1	1
0	0	1

Beispiel: Wenn es regnet (A), wird die Straße naß (B).

Aus der Tatsache, daß, wenn es nicht regnet (w(A) = 0), und die Straße naß wird (w(B) = 1), kann man die Falschheit der Aussage nicht herleiten, sondern nur dann, wenn es regnet (w(A) = 1) und die Straße nicht naß wird (w(B) = 0).

In der Mathematik möchte man aus vorgegebenen Aussagen, den Voraussetzungen, neue Aussagen, die Folgerungen, ableiten. Aus dem Wahrsein von A soll das Wahrsein von B folgen. Das Interesse gilt dabei wahren Implikationen, die man dann logisch nennt.

(1.14) *Def.:* Die Aussage A *impliziert logisch* die Aussage B, A ⇒ B, wenn gilt w(A ⇒ B) = 1.

Beispiel:

1. „Wenn 2 + 2 = 5, dann ist 2 ein Teiler von 7“. Addition von 2 zu 2 + 2 = 5 gibt 2 + 2 + 2 = 5 + 2 = 7 oder 3 · 2 = 7 als B. Es ist w(A) = 0, w(B) = 0, w(A ⇒ B) = 1.

2. $x \geqslant 1 \Rightarrow x \geqslant 0$.

Gleichbedeutende Ausdrucksweisen für die logische Implikation A ⇒ B:
(Das Attribut ‚logisch‘ fällt später weg, da wir es nur mit logischen Implikationen zu tun haben werden.)

A impliziert (logisch) B
Aus A folgt B
Wenn A, dann B; Nur wenn B, dann A
A ist eine hinreichende Bedingung für B
B ist eine notwendige Bedingung für A.

Für die (logische) Implikation gilt das Gesetz der Transitivität: Wenn aus A B folgt und aus B C, dann folgt aus A auch C oder

(1.15) $[(A \Rightarrow B) \wedge (B \Rightarrow C)] \Rightarrow [A \Rightarrow C]$.

Beweis erfolgt durch Anlage der Wahrheitstafel für alle Wahrheitsmöglichkeiten von A, B und C:

A	B	C	A → B	B → C	(A → B) ∧ (B → C)	A → C	w([A → B) ∧ (B → C)] → [A → C])
1	1	1	1	1	1	1	1
1	1	0	1	0	0	0	1
1	0	1	0	1	0	1	1
1	0	0	0	1	0	0	1
0	1	1	1	1	1	1	1
0	1	0	1	0	0	1	1
0	0	1	1	1	1	1	1
0	0	0	1	1	1	1	1

Da in der letzten Spalte als Wahrheitswert nur 1 auftritt, hat man $[(A \rightarrow B) \wedge (B \rightarrow C)] \Rightarrow [A \rightarrow C]$.
Ist zudem $w(A \rightarrow B) = 1$, also $A \Rightarrow B$ und $w(B \rightarrow C) = 1$, also $B \Rightarrow C$, so folgt auch: $A \Rightarrow C$.

Äquivalenz und logische Äquivalenz:

Verlangt man, daß die Implikation (→) für zwei Aussagen in beiden Richtungen durch die Konjunktion verknüpft wird, so erhält man die Äquivalenz: $(A \leftrightarrow B) = (A \rightarrow B) \wedge (B \rightarrow A)$. $A \leftrightarrow B$ wird also definiert durch:

(1.16) $w(A \leftrightarrow B) = w((A \rightarrow B) \wedge (B \rightarrow A))$,

oder durch die Wahrheitstafel

(1.17)

A	B	A → B	B → A	A ↔ B
1	1	1	1	1
1	0	0	1	0
0	1	1	0	0
0	0	1	1	1

Wahres ist nur Wahrem äquivalent und Falsches nur Falschem.

(1.18) *Def.:* A und B heißen *logisch äquivalent,* $A \Leftrightarrow B$, wenn gilt $w((A \rightarrow B) \wedge (B \rightarrow A)) = w(A \leftrightarrow B) = 1$, also $w(A \leftrightarrow B) = 1$. Es ist $w(A \leftrightarrow B) = 1$, wenn entweder A und B wahr, oder A und B falsch sind.

Folgerung: Ist immer $w(A) = w(B)$, folgt $w(A \leftrightarrow B) = 1$ oder $A \Leftrightarrow B$.

Beispiel:

1. A : n ist eine gerade Zahl, B : 2 ist ein Teiler von n

   Sei n eine natürliche Zahl ↗ n gerade: $w(A) = 1$, $w(B) = 1$, $w(A \leftrightarrow B) = 1$
   ↘ n ungerade: $w(A) = 0$, $w(B) = 0$, $w(A \leftrightarrow B) = 1$,

   also $A \Leftrightarrow B$.

2. $(A \rightarrow B) \Leftrightarrow (\neg B \rightarrow \neg A)$, denn

A	B	$A \rightarrow B$	$\neg A$	$\neg B$	$\neg B \rightarrow \neg A$	$(A \rightarrow B) \leftrightarrow (\neg B \rightarrow \neg A)$
1	1	1	0	0	1	1
1	0	0	0	1	0	1
0	1	1	1	0	1	1
0	0	1	1	1	1	1

Die Wahrheitswerte von $A \rightarrow B$ und $\neg B \rightarrow \neg A$ sind immer gleich, also sind nach obiger Folgerung beide Ausdrücke logisch äquivalent: $(A \rightarrow B) \Leftrightarrow (\neg B \rightarrow \neg A)$.

Gleichbedeutende Ausdrucksweisen:

A ist (logisch) äquivalent mit B
A dann und nur dann, wenn B
A genau dann, wenn B
A notwendig und hinreichend für B
und alle Ausdrücke mit A und B vertauscht.

Anstelle des $\Leftrightarrow$ für die logische Äquivalenz schreibt man auch $=$.

Übersicht über logische Äquivalenzen:

(1.19) $\neg(A \vee B) = \neg A \wedge \neg B$ — De Morgans Gesetze

(1.20) $\neg(A \wedge B) = \neg A \vee \neg B$

(1.21) $(A \rightarrow B) = (\neg B \rightarrow \neg A)$

(1.22) $(A \rightarrow B) = (\neg A \vee B) = \neg(A \wedge \neg B)$

(1.23) $\neg(A \leftrightarrow B) = (\neg A \leftrightarrow B) = (A \leftrightarrow \neg B)$

Besonders bemerkenswert sind noch (1.21) und (1.22). Einmal ist „Aus A folgt B" äquivalent mit „Aus der Verneinung von B folgt die Verneinung von A", zum anderen ist:

$w(A \rightarrow B) = 1$ nur wenn { a) B wahr oder / b) A falsch und B falsch }

$w(\neg A \vee B)$ ist für { a) 1, da $w(B) = 1$ bzw. / b) 1, da $w(\neg A) = 1$. }

Die Implikation gilt also, sofern die Voraussetzung gar nicht gegeben ist oder aber die Folgeaussage eintritt.

Bildet man die Negation, so hat man

(1.23a) $\neg(A \rightarrow B) = (A \wedge \neg B)$,

und daraus: Eine Implikation, ein Wenn-dann-Satz bzw. eine Art Regel ist genau dann falsch, d.h. $w(\neg(A \rightarrow B)) = 1$, wenn der Fall A eintritt, d.h. $w(A) = 1$, aber nicht die Folge B, d.h. $w(B) = 0$ bzw. $w(\neg B) = 1$.

Kurz: Die Negation einer Implikation ist ein Fall, in dem die Folgerung nicht eintritt.

Tautologie und Widerspruch:

(1.24) *Def.:* Aussage A heißt *Tautologie,* wenn $w(A) = 1$ immer z.B. $w(P \vee \neg P) = 1$.

(1.25) A heißt *Widerspruch,* wenn $w(A) = 0$ immer z.B. $w(P \wedge \neg P) = 0$.

Logische Äquivalenzen und logische Implikationen sind Tautologien, z.B.

1. $(A \wedge B) \Rightarrow A$
2. $[(A \Rightarrow B) \wedge (B \Rightarrow C)] \Rightarrow [A \Rightarrow C]$ Transitivität
3. Wenn es regnet, wird die Straße naß;
   es regnet $\Rightarrow$ die Straße wird naß.

Folgerung: Ist A eine Tautologie, dann ist $\neg A$ ein Widerspruch und umgekehrt.

1.1.4. Beweisverfahren

Ein Beweis für eine Implikation wird häufig dadurch erbracht, daß man zeigt, daß die gegenteilige Behauptung falsch ist. Nach (1.22) wäre zu zeigen, daß $A \wedge \neg B$ falsch ist. Manchmal reduziert sich die Beweisführung darauf, daß man das Gegenteil formuliert und dann ein widerlegendes Beispiel findet. Diese Art des indirekten Beweises soll nun genauer dargestellt werden.

Indirekter Beweis:

Beispiel: Zu beweisen sei: $A : z = \sqrt{2} \Rightarrow B$: z ist irrational.

Beweis: Annahme $A : z = \sqrt{2}$ und $\neg B$, z = rational $\rightarrow z = m/n$. Es gelte Aussage C: m, n teilerfremd (gekürzt), m, n natürliche Zahlen $\rightarrow z^2 = 2 = m^2/n^2 \rightarrow m^2 = 2n^2 \rightarrow m^2$ durch 2 teilbar $\rightarrow$ m durch 2 teilbar $\rightarrow m^2$ durch 4 teilbar $\rightarrow m^2 = 4p = 2n^2 \rightarrow 2p = n^2 \rightarrow n^2$ durch 2 teilbar $\rightarrow$ n durch 2 teilbar $\rightarrow$ m und n durch 2 teilbar, also m und n nicht teilerfremd, d.h. es gilt $\neg C$.

Zusammenfassend hat sich ergeben mit C: m, n sind teilerfremde natürliche Zahlen:

1. $(A \wedge \neg B) \Rightarrow C$
2. $(A \wedge \neg B) \Rightarrow \neg C$

$(A \wedge \neg B) \Rightarrow (C \wedge \neg C) =$ falsch

also $(A \wedge \neg B)$ falsch $\Rightarrow \neg B$ falsch $\Rightarrow$ B richtig, z irrational.

(1.26) *Def.:* Voraussetzungen oder Prämissen heißen *konsistent,* wenn sich nicht gleichzeitig eine Aussage C und $\neg C$ herleiten lassen, d.h. kein Widerspruch gefolgert werden kann.

Will man die Implikation $A \Rightarrow B$ beweisen, d.h. B als Folgerung aus A ableiten, dann kann man so vorgehen, daß man $\neg B$ unter die Voraussetzungen mit aufnimmt und zu zeigen versucht, daß dieser Satz von Voraussetzungen dann inkonsistent ist, d.h. sich eine Aussage C und ihr Gegenteil $\neg C$ folgern läßt. Als Aussage C nimmt man dabei oft eine der Voraussetzungen oder Zwischenergebnisse und braucht dann nur noch $\neg C$ zu folgern.

Der *indirekte Beweis* beruht auf der logischen Äquivalenz

(1.27) $[A \Rightarrow B] \Leftrightarrow [(A \wedge (\neg B)) \Rightarrow (C \wedge (\neg C))]$

Beweis durch Wahrheitstafel.

Ausdrucksweise: *indirekter Beweis; zum Widerspruch führen, ad absurdum führen.*

Der indirekte Beweis wird nicht von allen Mathematikern anerkannt, und zwar von denen nicht, die die zweiwertige Logik ablehnen. Sie versuchen, nur „konstruktive" Beweise anzuwenden. Es gibt allerdings Sätze, die bisher nur mit indirekten Beweisen gezeigt werden konnten, z.B., daß die Menge der reellen Zahlen überabzählbar ist (d.h. sich nicht in eine – evtl. unendliche – Reihenfolge wie die natürlichen Zahlen – 1, 2, . . . – ohne Ausnahme bringen lassen).

Ein weiterer Anwendungsfall ergibt sich, wenn man zeigen will, daß die vollständige oder mathematische Induktion ein Beweisverfahren ist.

Vollständige Induktion:

Sei V eine Aussage, die von einer natürlichen Zahl k (k = 1, 2, 3, . . .) abhängt. Es soll nun bewiesen werden, daß V von einer kleinsten Zahl m an richtig ist.

(1.28) Das *Beweisverfahren* der vollständigen Induktion verläuft in 3 Schritten:

1. *Induktionsanfang* (Verankerung):
   Beweis, daß V für k = m richtig ist.
2. *Induktionsannahme:*
   Es gelte V für ein beliebiges k = n, n größer oder gleich m.
3. *Induktionsschritt* (Schluß von n auf n + 1):
   Beweis der Richtigkeit von V für k = n + 1 mit Hilfe der Annahme, es gelte V für k = n.

Behauptung:

Es gilt dann V für k = m, m + 1, m + 2, . . .

Beweis (indirekt):

Es ist zu zeigen, daß die Aussage A, nämlich die drei Schritte der vollständigen Induktion, und zwar genauer die erfolgreiche Durchführung der Induktionsverankerung und des Schlusses von n auf n + 1, die Aussage B, nämlich: „es gilt V für k = m, m + 1, . . . " impliziert: $A \Rightarrow B$.

Anwendung von Formel (1.27) mit $\neg B$ = „es gilt nicht V für (alle) k = m, m + 1, . . ." = „es gibt mindestens eine natürliche Zahl $k \geqslant m$, für die V nicht gilt". Es sei F die Menge aller der Zahlen $k \geqslant m$, für die V nicht gilt. In F gibt es eine kleinste Zahl f, für die V nicht gilt und f ist nach Aussage A, speziell der Induktionsverankerung, nicht gleich m, also $A \Rightarrow (f > m)$.

Ist Aussage C = „V gilt für die Zahl f", so ist jetzt gezeigt: $(A \wedge \neg B) \Rightarrow \neg C$ (V gilt nicht für f). Andererseits gilt V aber für f – 1, da f die kleinste Zahl war, für die V nicht gilt, und es ist $f - 1 \geqslant m$, da $f > m$. Die Aussage A, speziell der Schluß von n auf n + 1, ergibt aber, daß für n = f – 1 auch V für f gilt, da V für f – 1 gilt, also $A \Rightarrow C$, und erst recht: $(A \wedge \neg B) \Rightarrow C$.

Zusammenfassung:

$$P = [(A \wedge \neg B) \Rightarrow (C \wedge \neg C)]$$

Die Aussage C ist zugleich wahr und falsch, es ist ein Widerspruch. Die Aussage P ist nach (1.27) jedoch äquivalent mit $A \Rightarrow B$, also impliziert das Induktionsverfahren die Richtigkeit von V für k = m, m + 1, m + 2, . . .

Beispiel:

Behauptung: $1 + 2 + 3 + \ldots + k = \frac{1}{2}\, k(k+1)$

1. $k = m = 1{:}\ 1 \qquad = \frac{1}{2} \cdot 1 \cdot (1+1) = 1$

2. k = n: $1 + 2 + \ldots + n \quad = \frac{1}{2} n(n+1)$

3. n auf n+1: $1 + 2 + \ldots + n + n + 1 = (1 + 2 + \ldots + n) + (n+1)$

$$= \frac{1}{2} n(n+1) + n + 1 = \left(\frac{1}{2} n + 1\right) \cdot (n+1)$$

$$= \frac{1}{2} (n+2) \cdot (n+1) = \frac{1}{2} (n+1) \cdot (n+2)$$

1.1.5. Zusammenfassung von Gesetzen der Aussagenlogik in der Aussagenalgebra

Mit P(A, B, . . .) werde eine aus den Aussagen A, B, . . . zusammengesetzte Aussage bezeichnet, Q(A, B, . . .) sei eine weitere Aussage. Die Aussagen P(A, B, . . .) und Q(A, B, . . .) sind (logisch) äquivalent, wenn ihre Wahrheitswerte übereinstimmen. Man schreibt dafür:

$$P(A, B, \ldots) \Leftrightarrow Q(A, B, \ldots) \quad \text{oder auch} \quad P(A, B, \ldots) = Q(A, B, \ldots).$$

Für Aussagen A, B, C, . . . bzw. daraus zusammengesetzte Aussagen gelten nun eine Reihe von Gesetzen, das heißt Äquivalenzen oder Identitäten, die als Satz in Form einer Tabelle zusammengefaßt werden sollen; W und F sind dabei Aussagen, die immer wahr bzw. falsch sind:

(1.29) *Satz:* Aussagen genügen den Gesetzen der folgenden Tabelle:

A 1	$A \vee A = A$	$A \wedge A = A$	Idempotenz
A 2	$(A \vee B) \vee C = A \vee (B \vee C)$	$(A \wedge B) \wedge C = A \wedge (B \wedge C)$	Assoziativität
A 3	$A \vee B = B \vee A$	$A \wedge B = B \wedge A$	Kommutativität
A 4	$A \vee (B \wedge C) = (A \vee B) \wedge (A \vee C)$	$A \wedge (B \vee C) = (A \wedge B) \vee (A \wedge C)$	Distributivität
A 5	$A \vee F = A$ $A \vee W = W$	$A \wedge W = A$ $A \wedge F = F$	Identitäten
A 6	$A \vee \neg A = W$ $\neg\neg A = A$	$A \wedge \neg A = F$ $\neg W = F, \neg F = W$	Komplementarität
A 7	$\neg(A \vee B) = \neg A \wedge \neg B$	$\neg(A \wedge B) = \neg A \vee \neg B$	de Morgans Gesetze

(1.30) *Def.:* Die Menge aller Aussagen $\mathfrak{A} = \{A, B, C, \ldots\}$ mit den Verknüpfungen (Operatoren) $\vee$, $\wedge$ und $\neg$, für die die Identitäten des Satzes (1.29) gelten, heißt *Aussagenalgebra.*

Da in den folgenden Kapiteln nur logische Implikationen und Äquivalenzen gebraucht werden, wollen wir der Einfachheit halber

statt $\Rightarrow$: $\rightarrow$ und statt $\Leftrightarrow$: $\leftrightarrow$,

also einfache Pfeile schreiben.

(1) Die bekannte Aussage: „Die nach dem Wirtschaftlichkeitsprinzip handelnde Unternehmung maximiert den Faktorertrag und minimiert den Faktoreinsatz“ ist falsch (umgangssprachlich: den größtmöglichen Erfolg bei kleinstem Mitteleinsatz!).

a) Man formuliere diese Aussage und bilde die Negation

b) Man prüfe mit Hilfe der Wahrheitstafel den Wahrheitsgehalt der negierten Gesamtaussage bei unterschiedlichem Wahrheitsgehalt der Einzelaussagen.

Lösung:

a) A: Die nach dem Wirtschaftlichkeitsprinzip handelnde Unternehmung maximiert den Faktorertrag

B: .... minimiert den Faktoreinsatz

$(A \wedge B)$:: Die nach ... Unternehmung maximiert den Faktorertrag *und* minimiert den Faktoreinsatz.

Die negierte Gesamtaussage in 1. lautet formal:

$\neg(A \wedge B) = \neg A \vee \neg B$ (Umformung gemäß dem Gesetz nach de Morgan)
(Gleichheit gilt nach *Def.* (1.18) und Folgerung, da $w(\neg(A \wedge B)) = w(\neg A \vee \neg B)$),

d.h.: Gleichzeitige Maximierung *und* Minimierung ist genau dann *nicht* der Fall, wenn nicht maximiert *oder* nicht minimiert wird.

b)

A	B	$A \wedge B$	$\neg(A \wedge B)$	$\neg A$	$\neg B$	$\neg A \vee \neg B$
1	1	1	0	0	0	0
1	0	0	1	0	1	1
0	1	0	1	1	0	1
0	0	0	1	1	1	1

Die Aussage $A \wedge B$ wäre nur dann richtig, wenn sowohl A als auch B gilt: $w(A) = w(B) = 1$. Das ist andererseits unmöglich, da i.a. A und B sich widersprechende Zielfunktionen sind: Das Minimum des Faktoreinsatzes liegt bei Null, und dann ist auch der Ertrag Null, und das Maximum des Ertrags ist zumindest positiv, wenn nicht sogar unbeschränkt, und dann wird ein nichtverschwindender Faktoreinsatz notwendig sein. Also ist $w(A \wedge B) = 0$ oder $w(\neg(A \wedge B)) = 1$. $\neg(A \wedge B)$ ist aber richtig, wenn

1. maximiert und nicht minimiert,
2. nicht maximiert und minimiert,
3. nicht maximiert und nicht minimiert wird.

(2.1) „Wenn die Preis-Absatz-Funktion linear ist (mit einer Steigung ungleich Null und ungleich unendlich), dann ist die zugehörige Umsatzfunktion nicht linear“.

Man formalisiere diese Aussage, suche äquivalente Aussagen und prüfe den Wahrheitsgehalt der Einzelaussagen und der Gesamtaussage mit Hilfe der Wahrheitstafel.

Lösung: A: Die Preis-Absatz-Funktion ist linear

B: Die zugehörige Umsatzfunktion ist nicht linear

„Wenn A, dann B“ = $(A \Rightarrow B)$.

Es gilt: $(A \rightarrow B) \Leftrightarrow (\neg A \vee B)$, d.h. die obige Regel ist äquivalent damit, daß folgender Fall eintritt:

Die Preis-Absatz-Funktion ist nicht linear ($\neg A$) *oder* die Umsatzfunktion ist nicht linear. Oder: Beide Funktionen können nicht gleichzeitig linear sein: $\neg (A \wedge \neg B)$.

Wahrheitstafel:

A	B	$A \rightarrow B$	$\neg A$	$\neg A \vee B$	$\neg B$	$A \wedge \neg B$	$\neg(A \wedge \neg B)$	$\neg B \rightarrow \neg A$
1	1	1	0	1	0	0	1	1
1	0	0	0	0	1	1	0	0
0	1	1	1	1	0	0	1	1
0	0	1	1	1	1	0	1	1

Die Implikation $A \rightarrow B$ ist richtig, wenn A und B wahr, $\neg A$ und B wahr (denn wegen A = falsch ist die Regel nicht anwendbar) oder $\neg A$ und $\neg B$ wahr (Regel nicht anwendbar) sind. Die Implikation $(\neg B \rightarrow \neg A)$, d.h. wenn die Umsatzfunktion linear ist, dann ist die Preis-Absatz-Funktion nicht linear, ist ebenfalls äquivalent.

(2.2) Es ist falsch zu behaupten, daß, wenn die Umsatzfunktion nichtlinear ist, die zugehörige Preis-Absatz-Funktion linear sein muß:

$B \nrightarrow A$ oder $\neg (B \rightarrow A) = (B \wedge \neg A)$;

B: Die Umsatzfunktion sei $U = ax - bx^{3/2}$.

Dann ist die Preis-Absatz-Funktion $p = a - bx^{1/2}$ nicht linear, $\neg A$ ist wahr.

(3) Löse auf:

$\neg (P \wedge (P \vee Q)) = \neg P \vee \neg (P \vee Q)$	De Morgan (1.20)
$= \neg P \vee (\neg P \wedge \neg Q)$	De Morgan (1.19)
$= (\neg P \vee \neg P) \wedge (\neg P \vee \neg Q)$	Distributivität (1.29, A 4)
$= \neg P \wedge (\neg P \vee \neg Q)$	Idempotenz (1.29, A 1)
$= \neg P$	

(4) Man vereinfache so weit als möglich die Aussage: $\neg (A \rightarrow (D \wedge A)) \wedge D$

Lösung:

$\neg (A \rightarrow (D \wedge A)) \wedge D = (A \wedge \neg (D \wedge A)) \wedge D$	Äquivalenz (1.23 a)
$= (A \wedge (\neg D \vee \neg A)) \wedge D$	De Morgan (1.20 oder 1.29, A 7)
$= ((A \wedge \neg D) \vee (A \wedge \neg A)) \wedge D$	Distributivität (1.29, A 4)
$= ((A \wedge \neg D) \vee F) \wedge D$	Komplementarität (1.29, A 6)
$= (A \wedge \neg D) \wedge D)$	Identität (1.29, A 5)
$= A \wedge (\neg D \wedge D)$	Assoziativität (1.29, A 2)
$= A \wedge F$	Komplementarität (1.29, A 6)
$= F$	Identität (1.29, A 5)

(5) Indirekter Beweis:

Gegeben seien 2 Güter x_1 und x_2. Sie können von einem Haushalt in unterschiedlichen Mengen erworben werden. Bestimmten Mengenkombinationen von x_1 und x_2 wird von diesem Haushalt subjektiv gleicher Nutzen zugemessen. Hat dabei eine Mengenkombination von der einen Menge mehr oder von der anderen nicht weniger als eine andere Kombination, so wird ihr ein höherer Nutzen zugeordnet.

Annahme: Die Mengenkombinationen gleichen subjektiven Nutzens lassen sich auf einer sog. Indifferenzkurve abbilden. Mengenkombinationen, die eine höhere Wertschätzung erfahren, liegen auf einer Indifferenzkurve, die ein höheres Nutzenniveau verkörpert.

Es gilt der Satz: Wenn mehrere Indifferenzkurven existieren, dann gibt es keine Schnittpunkte verschiedener Kurven.

Beweis: A: es gibt mehrere Indifferenzkurven
B: es gibt keine Schnittpunkte verschiedener Kurven
$A \Rightarrow B$: wenn, . . . dann . . .

Beweisgang: $(A \Rightarrow B) \Leftrightarrow [(A \wedge \neg B) \Rightarrow (C \wedge \neg C)]$
$\neg B$: es gibt Schnittpunkte verschiedener Kurven
$A \wedge \neg B$: es gibt mehrere Indifferenzkurven, die sich schneiden.

Auftretende Fälle:

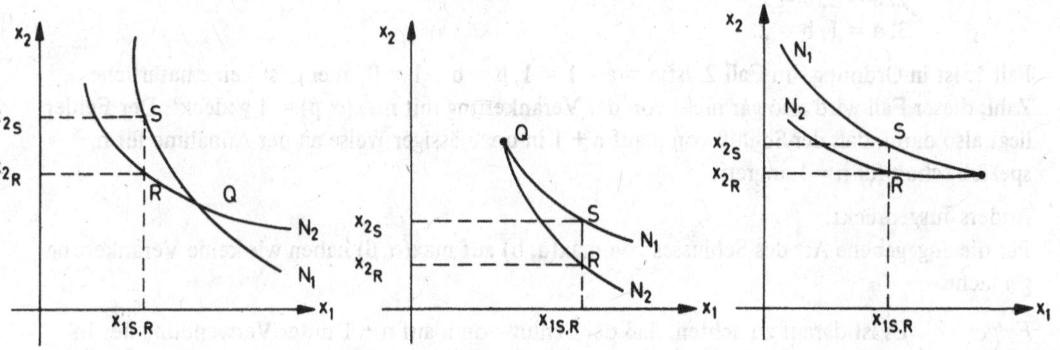

Abb. 1.1

N_1 und N_2 sind die Nutzen der Indifferenzkurven 1 und 2. Aus der Existenz eines Schnittpunktes Q, der zu beiden Kurven gehört und nicht verschiedene Nutzen hat, folgt die Aussage C:

C: Die Nutzen der Kurven 1 und 2 sind gleich: $N_1 = N_2$ (also $(A \wedge \neg B) \Rightarrow C$). Andererseits gibt es jeweils Punkte S und R mit gleicher Menge x_1 ($x_{1R} = x_{1S}$), aber verschiedenen Mengen x_2 ($x_{2S} > x_{2R}$). Also ist S ein höherer Nutzen zugeordnet als R und damit ist $N_1 > N_2$, oder einfach $N_1 \neq N_2$. Folglich: $(A \wedge \neg B) \Rightarrow \neg C$. Beide Implikationen zusammen ergeben den Widerspruch $(C \wedge \neg C) = (N_1 = N_2 \wedge N_1 \neq N_2)$. Wegen der Äquivalenz dann $A \Rightarrow B$.

Merke: Der obige Satz gibt eine Folgerung aus einer Voraussetzung an, sagt also nichts über die Existenz von Indifferenzkurven, weder in formaler Sicht noch in faktischer Weise. Es ist nichts darüber gesagt, ob es eine Möglichkeit gibt, sie empirisch zu finden. Das Nutzen- und Indifferenzkurvenkonzept wird als ökonomisches Modell lebhaft in Zweifel gezogen.

(6) Zur vollständigen Induktion:

Man würdige folgende Behauptung und den Beweis:

Behauptung: Sind a, b natürliche Zahlen und $\max(a, b) = k$, dann ist $a = b$, $k = 1, 2, \ldots$

Beweis: 1. Verankerung
$k = 1 : \max(a, b) = 1 : a = 1, b = 1 \rightarrow a = b.$

2. Induktionsannahme
$k = n : \max(a, b) = n \rightarrow a = b.$

3. Induktionsschluß von n auf n + 1:
$k = n + 1 : \max(a, b) = n + 1.$

Setze $\alpha = a - 1, \beta = b - 1$. Dann ist $\max(\alpha, \beta) = n$
$\rightarrow \alpha = \beta \rightarrow a - 1 = b - 1 \rightarrow a = b.$

Da man sofort sieht, daß die Behauptung falsch ist, bleibt zu klären, warum der „Beweis" kein Beweis ist, d.h. an welcher Stelle die vollständige Induktion falsch angewendet worden ist.

Zunächst ist an Verankerung und Induktionsannahme nichts auszusetzen, die Verankerung ist richtig, die Annahme ist unsere formale Vorgehensweise. Also zum Schluß von n auf n + 1:

Bei $k = 2$ ist die Behauptung schon falsch, also kann man versuchen, den Schluß von n auf n + 1 für $k = n + 1 = 2$ nachzuvollziehen. $\max(a, b) = 2$ ist für

1. $a = 2, b = 2$
2. $a = 2, b = 1$
3. $a = 1, b = 2$.

Fall 1. ist in Ordnung. Im Fall 2. ist $\alpha = a - 1 = 1, \beta = b - 1 = 0$, aber β ist keine natürliche Zahl; dieser Fall wird also gar nicht von der Verankerung mit $\max(\alpha, \beta) = 1$ gedeckt. Der Fehler liegt also darin, daß der Schluß von n auf n + 1 in unzulässiger Weise an der Annahme für n, speziell schon für $n = 1$ angreift.

Anders ausgedrückt:
Für die angegebene Art des Schlusses von $\max(a, b)$ auf $\max(\alpha, \beta)$ haben wir keine Verankerung gemacht.

Folge: Es ist darauf zu achten, daß der Schluß von n auf n + 1 unter Verwendung der Induktionsannahme exakt bei der Verankerung für $k = m$ beginnen kann, sich also eine lückenlose Kette von $m \rightarrow m + 1 \rightarrow m + 2 \rightarrow \ldots$ ergibt.

1.2. Mengenlehre

1.2.1. Mengen

(1.31) *Def.:* Eine *Menge* ist eine Zusammenfassung wohldefinierter Objekte, die *Elemente* der Menge heißen. Sie wird entweder durch Aufzählung oder durch Aussagen (Eigenschaften), die die Zugehörigkeit eindeutig festlegen, gegeben.

Schreibweise: Mengen mit großen lateinischen Buchstaben, Elemente mit kleinen.

Aufzählung: $M = \{a, b, c, d, \ldots\}$

Aussagen: $M = \{x \mid x \text{ hat die Eigenschaft } P(x) \text{ oder } P(x) \text{ ist wahr}\}$

Zugehörigkeit: $a \in M$, a ist Element von M, a gehört zu M, a liegt in M, a ist aus M; oder
$a \notin M$, die Negation von $a \in M$: $(a \notin M) = (\neg(a \in M))$

Beispiel:

1. $V = \{a, e, i, o, u\}$ oder $V = \{x \mid x$ ein Buchstabe des deutschen Alphabets und x ist ein Vokal$\}$
   es gilt: $a \in V$, $b \notin V$, $c \notin V$, $x \notin V$, $5 \notin V$, $L_1 \notin V$.
2. $N = \{x \mid x$ eine ganze Zahl und $x > 0\}$ = die Menge der natürlichen Zahlen
   $N = \{1, 2, 3, 4, 5, \ldots\}$ $\quad 3 \in N, -4 \notin N, 6.7 \notin N, \sqrt{2} \notin N, a \notin N$.
3. $E = \{x \mid x^2 - 3x + 2 = 0\}$ $\quad 1 \in E, 0 \notin E$.

Darstellung einer Menge durch ein *Venn-Diagramm*

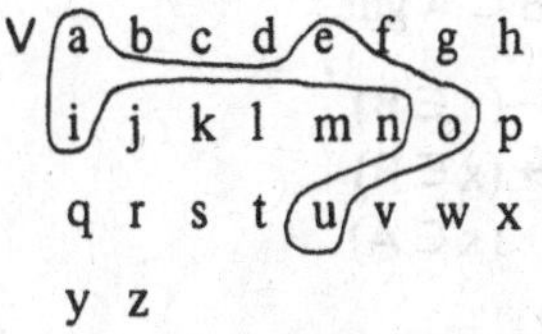

im allgemeinen

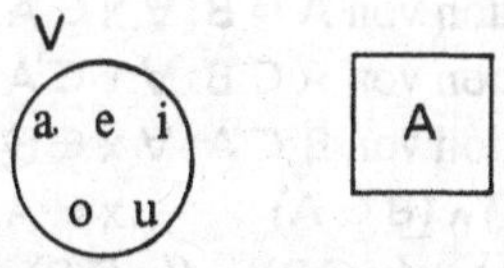

(1.32) *Def.:* Zwei Mengen A und B heißen *gleich*, $A = B$, wenn sie aus den gleichen Elementen bestehen. Formal: $A = B$, wenn gilt: $(x \in A) \leftrightarrow (x \in B)$ für alle Elemente x aus A und B, d.h. die Aussagen der Zugehörigkeit zu A bzw. B logisch äquivalent sind. Die Negation der Gleichheit ist $A \neq B$, d.h. es existiert ein Element in A, das nicht in B liegt oder umgekehrt:

(1.33) $\quad (A \neq B) \leftrightarrow (\exists x \text{ mit } [(x \in A) \wedge (x \notin B)] \vee [(x \notin A) \wedge (x \in B)])$

($\exists$ = es existiert, siehe 1.2.3.)

Beispiel:

$E = \{x \mid x^2 - 3x + 2 = 0\}$, $F = \{1, 2\}$, $G = \{1, 2, 2, 1, 6/3\}$ E, F und G sind gleich, $E = F = G$, da die Zahlen 1 und 2 genau die Lösungen der quadratischen Gleichung $x^2 - 3x + 2 = 0$ sind und G sich nur durch Mehrfachaufzählung unterscheidet, die die Gleichheit nicht berührt.

(1.34) *Def.:* Die Menge A heißt eine *Untermenge* oder *Teilmenge* von B (ist enthalten in B), $A \subset B$, wenn alle Elemente aus A auch in B liegen.
Formal: $A \subset B$, wenn gilt

$$(x \in A) \rightarrow (x \in B) \text{ für alle } x \in A.$$

(A heißt *Obermenge* von B, $A \supset B$, wenn B Untermenge von A ist, also $B \subset A$ oder $(x \in B) \rightarrow (x \in A)$ für alle $x \in B$).

Die Negation des Enthaltenseins ist: $A \not\subset B = \neg(A \subset B)$, d.h. es existiert ein x aus A, das nicht in B liegt, denn

(1.35) $\quad \neg[\forall x \in A: (x \in A) \rightarrow (x \in B)] \leftrightarrow [\exists x \in A: (x \in A) \wedge \neg(x \in B)]$

($\forall$ = für alle, siehe 1.2.3.)

Beispiel: $\quad W = \{a, o, u\}$, $V = \{a, e, i, o, u\}$, $W \subset V$
$B = \{a, b, c, \ldots, x, y, z\}$, $W \subset B$, $V \subset B$
$X = \{a, au, e, ei, eu, i, o, u\}$, $V \subset X$, $X \not\subset B$, $B \not\subset X$.

Venn-Diagramm:

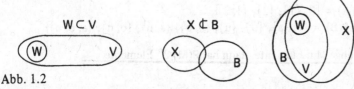

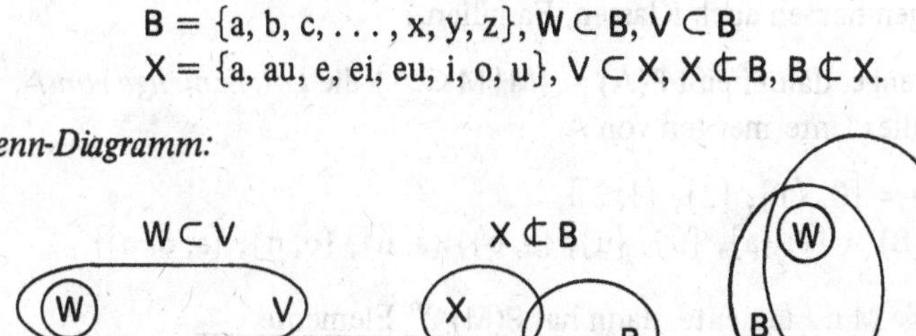

Abb. 1.2

Beispiel: N Menge der natürlichen Zahlen, $N = \{1, 2, 3, \ldots\}$
Z Menge der ganzen Zahlen, $Z = \{\ldots, -3, -2, -1, 0, 1, 2, 3, \ldots\}$
Q Menge der rationalen Zahlen, $Q = \{x \mid x = m/n, m \in Z, n \in Z, n \neq 0\}$
R Menge der reellen Zahlen
Es gilt: $N \subset Z \subset Q \subset R$.

Merke: $A \subset B$ läßt auch die Gleichheit von A und B zu.

(1.36) *Folgerung:* Es gilt immer $A \subset A$.

(1.37) *Satz:* Es gilt $A = B$ dann und nur dann, wenn $A \subset B$ und $B \subset A$ gilt.

Beweis: 1. Definition von $A = B$: $\forall\, x \in A, x \in B$ gilt $(x \in A) \leftrightarrow (x \in B)$
2. a) Definition von $A \subset B$: $\forall\, x \in A$ gilt $(x \in A) \rightarrow (x \in B)$
b) Definition von $B \subset A$: $\forall\, x \in B$ gilt $(x \in B) \rightarrow (x \in A)$
$(A \subset B) \wedge (B \subset A)$: $x \in A, x \in B$ gilt
$((x \in A) \rightarrow (x \in B)) \wedge ((x \in B) \rightarrow (x \in A)) = (x \in A) \leftrightarrow (x \in B)$

(1.38) *Satz: Transitivitätsgesetz des Enthaltenseins:*
Aus $A \subset B$ und $B \subset C$ folgt $A \subset C$.

Beweis: $A \subset B$: $x \in A \rightarrow x \in B$; $B \subset C$: $x \in B \rightarrow x \in C$
$(A \subset B) \wedge (B \subset C)$: $(x \in A \rightarrow x \in B) \wedge (x \in B) \rightarrow (x \in C)$, also $x \in A \rightarrow x \in C$

wegen der Transitivität für Implikationen.

Es hat sich als zweckmäßig erwiesen, zwei weitere Mengen einzuführen:

(1.39) 1. die *leere Menge* $\emptyset$ oder *Nullmenge* $\emptyset$, die kein Element enthält.

(1.40) Es gilt immer: $\emptyset \subset M$, M eine Menge (denn: die Implikation $x \in \emptyset$ (falsch) $\rightarrow$ $x \in M$ (richtig oder falsch) ist immer richtig).
Beispiel: $A = \{x \mid x^2 = 4, x \text{ ist ungerade}\}$, $A = \emptyset$.

(1.41) 2. zuweilen eine *universelle Menge* U, von der die gerade zu untersuchenden Mengen alle Untermengen sind: $A \subset U$.

Beispiel:

$U = R$ bei der Untersuchung von Lösungsmengen einer Gleichung mit einer Unbekannten,

$U = R^n$ bei Betrachtung der Lösungsmengen eines Gleichungssystems in n Unbekannten,

$U =$ Menge aller Buchstaben und Buchstabenkombinationen.

Merke: Elemente von Mengen können wieder Mengen sein.

Beispiel: $V = \{a, \{a, u\}, au, e, \{e, u\}, eu, i, ei\}$
$C = \{a, u\} \in V, a \in V, au \in V, \{a, u\} \not\subset V, \{e, i\} \notin V, \{e, i\} \subset V, ei \in V, ei \not\subset V.$
(Mengen von Mengen heißen auch Klassen, Familien.)

(1.42) *Def.:* Sei A eine Menge, dann heißt $P(A) = \{M \mid M \subset A\}$ die *Potenzmenge von* A, das ist die Menge aller Untermengen von A.

Beispiel: $A = \{1, 2\} \rightarrow P(A) = \{\emptyset, \{1\}, \{2\}, \{1, 2\}\}$
$B = \{a, o, u\} \rightarrow P(B) = \{\emptyset, \{a\}, \{o\}, \{u\}, \{a, o\}, \{a, u\}, \{o, u\}, \{a, o, u\}\}$

(1.43) *Satz:* Hat die Menge M n Elemente, dann hat P(M) 2^n Elemente.

Beweis durch vollständige Induktion:

1. Verankerung für n = 1: $A = \{1\}$, $P(A) = \{\emptyset, \{1\}\}$, 2^1 Elemente
2. Annahme für n : P(A) hat 2^n Elemente
3. Induktionsschluß $n \to n+1$: Die Menge mit n + 1 Elementen besteht aus einer Menge mit n Elementen, die bereits 2^n Untermengen hat, unter Hinzufügung eines (n + 1)-ten Elementes. Durch die Hinzufügung entstehen nochmals 2^n Untermengen, da das Element jeder der vorigen Untermengen zugefügt werden kann. Insgesamt sind es also $2^n + 2^n = 2^n 2 = 2^{n+1}$ Untermengen.

1.2.2. Mengenoperationen

Im folgenden wird definiert, wie aus einer oder zwei gegebenen Mengen eine neue Menge entsteht:

Die *Vereinigung* oder Vereinigungsmenge von zwei Mengen A und B, bezeichnet mit $A \cup B$, ist die Menge all der Elemente, die zu A *oder* (= und/oder) zu B gehören:

(1.44) $$A \cup B = \{x \mid x \in A \vee x \in B\}.$$

Der *Durchschnitt* oder die Schnittmenge von zwei Mengen A und B, bezeichnet durch $A \cap B$, ist die Menge all der Elemente, die zu A *und* zu B gehören:

(1.45) $$A \cap B = \{x \mid x \in A \wedge x \in B\}.$$

Ist nun $A \cap B = \emptyset$, d.h. A und B haben keine gemeinsamen Elemente, so heißen A und B *disjunkt* oder mit *leerem Durchschnitt.*

Das *relative Komplement* einer Menge B bzgl. einer Menge A oder die *Differenz* von A und B, bezeichnet mit $A \setminus B$, ist die Menge all der Elemente, die in A, aber nicht in B liegen:

(1.46) $$A \setminus B = \{x \mid x \in A \wedge x \notin B\}$$

Folgerung: Da $A \setminus B$ und B disjunkt sind, gilt

(1.47) $$(A \setminus B) \cap B = \emptyset$$

Das *absolute Komplement* einer Menge A, bezeichnet mit A^c (oder manchmal CA), ist das relative Komplement von A bzgl. der universellen Menge U, nämlich die Menge all der Elemente, die nicht in A liegen (aber in U):

(1.48) $$A^c = \{x \mid x \in U \wedge x \notin A\}$$

(1.49) *Folgerung:* Aus $A \cup B = U$ und $A \cap B = \emptyset$ folgt $B = A^c$. Denn sei
$x \in B$: wäre $x \in A$, dann $x \in A \cap B$ und $A \cap B \neq \emptyset$, also $x \notin A$, d.h. $x \in A^c : B \subset A^c$.
$x \in A^c$: wäre $x \notin B$, dann $x \notin A \cup B$ und $A \cup B \neq U$, also $x \in B : A^c \subset B$.
Beides zusammen: $B = A^c$.

Illustration der Mengenoperationen durch *Venn-Diagramme:*
Die neue Menge ist jeweils schattiert, das Rechteck stellt die Universalmenge U dar.

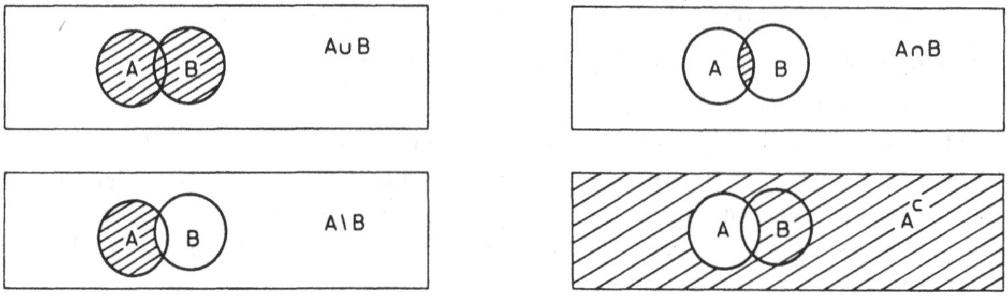

Abb. 1.3

Darstellung zusammengesetzter Mengen durch *Zugehörigkeitstafeln:*
Die Zeichen ∈ und ∉ symbolisieren für ein beliebiges Element x aus U : $x \in A$ bzw. $x \notin A$:

A	B	∅	U	A ∪ B	A ∩ B	A \ B	B \ A	A^c	B^c
∈	∈	∉	∈	∈	∈	∉	∉	∉	∉
∈	∉	∉	∈	∈	∉	∈	∉	∉	∈
∉	∈	∉	∈	∈	∉	∉	∈	∈	∉
∉	∉	∉	∈	∉	∉	∉	∉	∈	∈

Es lassen sich nun eine Reihe von Regeln durch Anwendung der entsprechenden Definition für die Mengenoperation und den schon bekannten Regeln für Aussagenverknüpfungen ableiten.

(1.50) *Satz:* Die Mengen und Mengenoperationen genügen den folgenden Gesetzen:

M 1	$A \cup A = A$	$A \cap A = A$	Idempotenz
M 2	$(A \cup B) \cup C = A \cup (B \cup C)$	$(A \cap B) \cap C = A \cap (B \cap C)$	Assoziativität
M 3	$A \cup B = B \cup A$	$A \cap B = B \cap A$	Kommutativität
M 4	$A \cup (B \cap C) = (A \cup B) \cap (A \cup C)$ $A \cap (B \cup C) = (A \cap B) \cup (A \cap C)$		Distributivität
M 5	$A \cup \emptyset = A$ $A \cup U = U$	$A \cap U = A$ $A \cap \emptyset = \emptyset$	Identitäten
M 6	$A \cup A^c = U$ $(A^c)^c = A$, $U^c = \emptyset$, $\emptyset^c = U$	$A \cap A^c = \emptyset$	Komplementaritäten
M 7	$(A \cup B)^c = A^c \cap B^c$	$(A \cap B)^c = A^c \cup B^c$	De Morgans Gesetze

(1.51) *Def.:* Die Menge all der Mengen, die mit den Operationen ∪ (Vereinigung), ∩ (Schnitt) und ^{c} (Komplement) die Regeln von Satz (1.50) erfüllen, bildet die *Mengenalgebra.*

Der Beweis von (1.50) erfolgt dann über die Aussagen, z.B. M 3: $A \cup B = \{x \mid x \in A \vee x \in B\} = \{x \mid x \in B \vee x \in A\} = B \cup A$ mit Anwendung von A 3 aus Satz (1.29) oder über die Zugehörigkeitstafeln (und damit über die Aussagen).

(1.52) *Satz:* Die folgenden Bedingungen sind äquivalent zu $A \subset B$:

1. $A \cap B = A$
2. $A \cup B = B$
3. $B^c \subset A^c$
4. $A \cap B^c = \emptyset$
5. $B \cup A^c = U$

Im Venn-Diagramm:

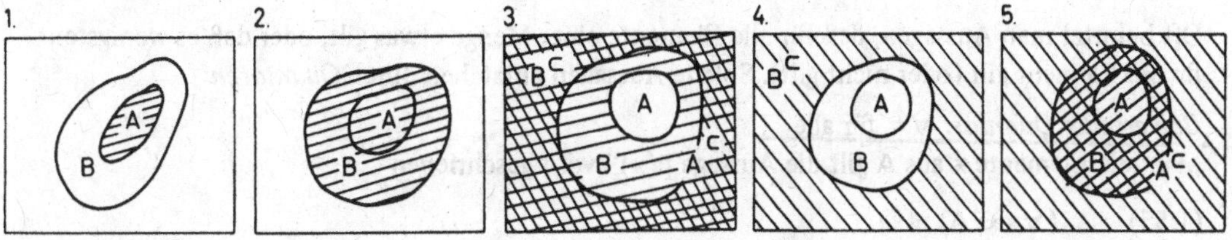

Abb. 1.4

Folgerung: Wegen der Äquivalenz hätte $A \subset B$ durch jede der fünf Eigenschaften definiert werden können.

Beweis des Satzes (1.52) durch die Zugehörigkeitstafel. Dabei werden für die Aussagen $A \subset B$ und 1. bis 5. Wahrheitswerte geschrieben.

A	B	U	$\emptyset$	$A \subset B$	$A \cap B$	$A \cap B = A$	$A \cup B$	$A \cup B = B$	B^c	A^c	$B^c \subset A^c$
$\in$	$\in$	$\in$	$\notin$	1	$\in$	1	$\in$	1	$\notin$	$\notin$	1
$\in$	$\notin$	$\in$	$\notin$	0	$\notin$	0	$\in$	0	$\in$	$\notin$	0
$\notin$	$\in$	$\in$	$\notin$	1	$\notin$	1	$\in$	1	$\notin$	$\in$	1
$\notin$	$\notin$	$\in$	$\notin$	1	$\notin$	1	$\notin$	1	$\in$	$\in$	1

$A \cap B^c$	$A \cap B^c = \emptyset$	$B \cup A$	$B \cup A^c = U$
$\notin$	1	$\in$	1
$\in$	0	$\notin$	0
$\notin$	1	$\in$	1
$\notin$	1	$\in$	1

Die Gleichheit der Wahrheitswerte in den entsprechenden Spalten zeigt die Äquivalenz der Aussagen.

Produktmengen:

(1.53) *Def.:* A und B seien Mengen, dann ist das *Produkt* von A und B,

$$A \times B = \{(a, b) \mid a \in A, b \in B\}$$

die Menge aller Paare von Elementen aus A und B.

Sind $A_1, \ldots, A_n$ Mengen, dann ist das *Produkt der* $A_1, \ldots, A_n$

(1.54) $$\prod_{i=1}^{n} A_i = A_1 \times A_2 \times \ldots \times A_n = \{(a_1, \ldots, a_n) \mid a_i \in A_i, i = 1, \ldots, n\}$$

die Menge aller n-tupel von Elementen der A_i.

Beispiel:

1. $A = R$, $B = R$, R die Menge der reellen Zahlen, dann ist
   $A \times B = R \times R = R^2$ die zweidimensionale Ebene, etwa als Darstellungsraum zweidimensionaler geometrischer Figuren.
2. $R^n = R \times \ldots \times R$ die Menge der n-Vektoren
3. S = Menge der Studenten einer Vorlesung
   T = Menge der Studentinnen einer Vorlesung
   $S \times T$ = Menge aller denkbarer Paare von S und T.

1.2.3. Quantoren

Oft benutzt man Aussagen, daß für alle Elemente einer Menge etwas gilt, oder daß es wenigstens für ein Element gilt (oder nicht gilt). Solche Aussagen entstehen durch *Quantoren.*

Universeller Quantor: $\forall$ = für alle

„Für alle Elemente x aus A gilt die Aussage p(x)" wird geschrieben

(1.55) $(\forall x \in A)\ p(x).$

Existenz-Quantor: $\exists$ = es existiert

„Es gibt (existiert) ein Element x aus A, für das die Aussage p(x) gilt" wird geschrieben

(1.56) $(\exists x \in A)\ p(x).$

Die Existenz-Aussage schließt nicht aus, daß mehr als ein Element die Aussage erfüllt.

Beispiel: Sei N die Menge der natürlichen Zahlen:
$\forall x \in N : x > 0$
$\exists x \in N \ni 50 < n^2 < 100$ ($\ni$heißt: derart daß)

Die Negation eines universellen Quantors:
„Es gilt nicht für alle Elemente x aus M die Aussage p(x)"

(1.57) $\neg[(\forall x \in M)\ p(x)] \leftrightarrow (\exists x \in M) \neg p(x),$

d.h. „es existiert ein Element x aus M, für das die Aussage p(x) nicht gilt".

Die Negation entspricht der Negation der Implikation:

$$\neg[(x \in M) \rightarrow p(x)] = (x \in M) \wedge \neg p(x)$$

Will man die linke Seite in einem speziellen Fall beweisen, so genügt es also, einen Ausnahmefall zu finden = *Beweis durch Gegenbeispiel.*

Die Negation des Existenz-Quantors:
„Es ist nicht wahr, daß in M ein Element x existiert, für das p(x) gilt":

(1.58) $\neg[(\exists x \in M)\ p(x)] \leftrightarrow (\forall x \in M) \neg p(x),$

d.h. „für alle Elemente aus M gilt nicht p(x)".

Dies entspricht: $\neg[(x \in M) \wedge p(x)] = \neg(x \in M) \vee \neg p(x).$

1.2.4. Relationen und Ordnungsbeziehungen

Die Untersuchung von Relationen, d.h. den Beziehungen zwischen Elementen einer Menge, etwa ‚Person A ist geeigneter für den Vorstand als Person B' oder ‚das Investitionsobjekt P_1 entspricht dem Unternehmensziel besser als P_2', ist grundlegend für die Entscheidungstheorie. Es stellt sich dabei heraus, daß an eine ‚Ordnung' zwischen den Elementen gewisse Anforderungen zu stellen sind. Neben einer Einführung in die Grundbegriffe der Entscheidungstheorie ergibt sich im Folgenden eine bessere Einsicht in die ‚größer-', ‚kleiner-' usw. Beziehungen zwischen Zahlen.

In Definition (1.53) wurde allgemein die Produktmenge von Mengen A und B erklärt. Im folgenden benötigen wir die Produktmenge M x M aus Menge M:

(1.59) $M \times M = \{(a, b) \mid a \in M, b \in M\}$

Dies ist die Menge aller Paare mit Elementen aus ein und derselben Menge.

Beim Studium der Relationen interessieren aber nicht alle Paare, sondern lediglich eine Teilmenge davon. Die Paare der Teilmenge begründen eine Beziehung:

(1.60) *Def.:* Jede Teilmenge B der Produktmenge M x M einer Menge M heißt eine *Relation* oder eine *Beziehung* in der Menge M.

Beispiel:
Die Menge S x T im Beispiel 3 in 1.2.2. ist bereits eine Teilmenge von M x M mit $M = S \cup T$ = Menge aller Kursteilnehmer.

Sei $M = \{1, 6, 4\}$. Dann ist $M \times M = \{(1,1), (1,6), (1,4), (4,1), (6,1), (4,6), (4,4), (6,6), (6,4)\}$. Die Teilmenge $B_1 = \{(1,6), (1,4), (4,6)\}$ entspricht der <-Beziehung zwischen Zahlen, $B_2 = \{(1,1), (4,4), (6,6)\}$ der Gleichheit und $B_3 = \{(1,1), (4,1), (6,1), (4,4), (6,6), (6,4)\}$ der ≥-Beziehung. Aber auch jede andere Teilmenge B erklärt eine Relation.

Schreibweise: $a \rho b$ für $(a, b) \in B$

z.B. $a < b$ für $(a, b) \in B_1$. Das Zeichen ρ steht für die durch B definierte Relation zwischen a und b. ρ heißt die Relation in oder auf M.

Zur weiteren Diskussion unterscheidet man folgende Eigenschaften, die gewisse Relationen auszeichnen.

(1.61) *Def.:* Eine Relation ρ in M (bzw. B aus M x M) heißt

1. *reflexiv*, wenn: $a \rho a$ (bzw. $(a, a) \in B$) $\forall a \in M$
2. *irreflexiv*, wenn: $\neg a \rho a$ (bzw. $(a, a) \notin B$) $\forall a \in M$
3. *symmetrisch*, wenn: $a \rho b \rightarrow b \rho a$ (bzw. $(a, b) \in B \rightarrow (b, a) \in B$) $\forall a, b \in M$
4. *transitiv*, wenn: $[a \rho b \wedge b \rho c] \rightarrow a \rho c$ bzw. $[(a,b) \in B \wedge (b,c) \in B] \rightarrow (a, c) \in B$) $\forall a, b, c \in M$
5. *vollständig*, wenn eine der folgenden Relationen gilt: $a \rho b \vee a = b \vee b \rho a$ (bzw. $(a, b) \in B \vee a = b \vee (b, a) \in B$) $\forall a, b \in M$.

Es ist zu beachten, daß die Eigenschaft irreflexiv nicht das Gegenteil (Negation) von reflexiv ist: Ist $M = \{1, 6, 4\}$, so ist ρ definiert durch $B = \{(1,1), (4,6)\}$ weder reflexiv, da nicht $6 \rho 6$ gilt, und nicht irreflexiv, da $1 \rho 1$, das heißt $\neg 1 \rho 1$ nicht gegeben ist. Symmetrie und Transitivität sind durch Implikationen definiert, also muß die Folgerung nur gelten, wenn die Voraussetzung gegeben ist. Die Vollständigkeit verlangt, daß zumindest eine der drei angegebenen Beziehungen gilt, daß für $a \neq b$ also entweder $a \rho b$ oder $b \rho a$ gilt.

Beispiele:

Menge M	Relation	erfüllte Eigenschaften	nicht erfüllte Eigenschaften
Natürliche Zahlen N	m < n (m kleiner n)	2, 4, 5	1, 3
Natürliche Zahlen N	m|n (m Teiler von n)	1, 4	2, 3, 5
Geraden im R^2 : G	g//h (g parallel zu h)	1, 3, 4	2, 5
Potenzmenge von A : P(A)	$A \subset B$ (A Teilmenge von B)	2, 4	1, 3, 5

In der Nutzentheorie interessiert etwa in der Menge aller Warenkörbe für 100,– DM die Relation „Warenkorb w bringt höheren Nutzen als v". Hier verlangt man, damit die Relation „sinnvoll" ist, daß 2, 4 und 5 erfüllt, 1 und 3 aber nicht erfüllt sind.

(1.62) *Def.:* Eine Relation ρ in M heißt *(irreflexive) Ordnung*(srelation), wenn sie irreflexiv, transitiv und vollständig ist. Ist ρ nur irreflexiv und transitiv, so heißt sie *Halbordnung.*

Schreibweise: $a < b$ oder $a \prec b$ statt $a \rho b$

Für eine Ordnung ρ gilt also: $a \not\prec a$, $a \prec b \wedge b \prec c \Rightarrow a \prec c$ und entweder $a \prec b$, $a = b$ oder $b \prec a$.

In den obigen Beispielen bildet die <-Beziehung eine Ordnung, das Enthaltensein von Mengen eine Halbordnung.

Noch eine weitere Relation soll herausgehoben werden:

(1.63) *Def.:* Eine Relation ρ in einer Menge M heißt eine *Äquivalenz*(relation), wenn sie reflexiv, symmetrisch und transitiv ist.

Schreibweise: $a \cong b$ statt $a \rho b$

Es gilt also: $a \cong a$, $a \cong b \Rightarrow b \cong a$, $(a \cong b \wedge b \cong c) \Rightarrow a \cong c$.

Beispiele: Jede Form der Gleichheit in einer Menge ist eine *Äquivalenz,* z.B. zwei Brüche m/n und p/q sind als rationale Zahlen gleich, wenn sie dividiert gleiche Ergebnisse bringen. Parallelität von Geraden ist eine Äquivalenzrelation. Betrachtet seien Lohn- und Gehaltsempfänger: A und B sind äquivalent, wenn sie der gleichen Steuerklasse angehören.

Das letzte Beispiel führt uns zur Bildung von *Äquivalenzklassen,* das sind all die Teilmengen von M, die äquivalente Elemente enthalten, z.B. alle Klassen jeweils paralleler Geraden oder die Steuerklassen.

1.2.5. Beziehung zwischen Aussagen- und Mengenalgebra. Der strukturelle Aspekt

Setzt man im Beweis zu Satz (1.52) statt des Enthaltenseinszeichens $\in$ (für $x \in A$ etwa) den Wahrheitswert 1 für $x \in A$, bzw. 0 für $x \notin A$, so ist ersichtlich, daß die Wahrheitswerte von $A \subset B$ mit denen der Implikation $(x \in A) \rightarrow (x \in B)$ zusammenfallen. Liegt A wirklich in B, also $w(A \subset B) = 1$, so ist $(x \in A) \rightarrow (x \in B)$. Das läßt folgende Darstellung der Aussagenimplikation zu:

Ist P eine Aussage, so bezeichnen wir mit P die Menge all der Objekte, die P erfüllen, und Q und Q entsprechend. Dann ist $P \rightarrow Q$ äquivalent mit $P \subset Q$, d.h. die Elemente, die P erfüllen (in P liegen) erfüllen auch Q (liegen in Q).

In noch einfacherer Weise ist $P \cap Q$ die Menge der Objekte, die P und Q erfüllen, entspricht also $P \wedge Q$. Wir haben also folgende Entsprechungen:

$$P \wedge Q : P \cap Q$$
$$P \vee Q : P \cup Q$$
$$P \rightarrow Q : P \subset Q$$
$$P \leftrightarrow Q : P = Q$$
$$P = \neg Q : P = Q^c$$

Beispiel: A = (n ist eine gerade, natürliche Zahl),
B = (m ist eine ganze Zahl, $-2 \leq m < 5$).

Man hat dann

$$A = \{2, 4, 6, 8, 10, \ldots\}$$
$$B = \{-2, -1, 0, 1, 2, 3, 4\}$$

$A \wedge B$ entspricht $A \cap B = \{2, 4\}$;
$A \vee B$ entspricht $A \cup B = \{-2, -1, 0, 1, 2, 3, 4, 6, 8, 10, \ldots\}$.

Darstellung der Aussagenverknüpfung im Venn-Diagramm:

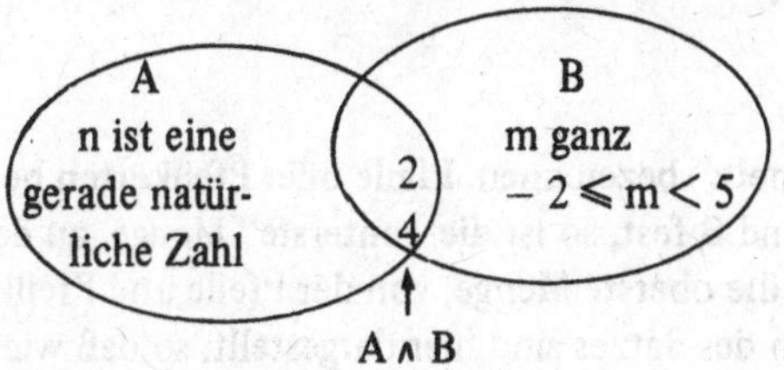

Struktureller Aspekt:

Aus den Sätzen zur Aussagen- und Mengenalgebra sieht man, daß Aussagen und Mengen eine identische Struktur bilden. Man hat dazu nur

Konjunktion mit Durchschnitt,
Disjunktion mit Vereinigung und
Negation mit Komplementbildung

zu vertauschen. Die geltenden Regeln lauten dann gleich. Darüber hinaus kann man dann

Implikation mit Enthaltensein und
Äquivalenz mit Gleichheit

identifizieren.

Aus dem Satz über äquivalente Mengenaussagen zum Enthaltensein $A \subset B$ können wir entsprechend auf solche zur Implikation schließen:

(1.64) *Satz:* $(A \rightarrow B) \leftrightarrow A \wedge B = A, A \vee B = B, \neg B \rightarrow \neg A,$
$A \wedge \neg B = F, B \vee \neg A = W.$

Die Struktur war also gegeben durch die Eigenschaften des die Algebra definierenden Satzes. Aussagen bzw. Mengen sind jeweils spezielle Interpretationen ein- und derselben Struktur.

Eine weitere Darstellungsmöglichkeit der gleichen Struktur, in Verbindung zum Beispiel der Einleitung (Bau einer Werkhalle):

(1.65)

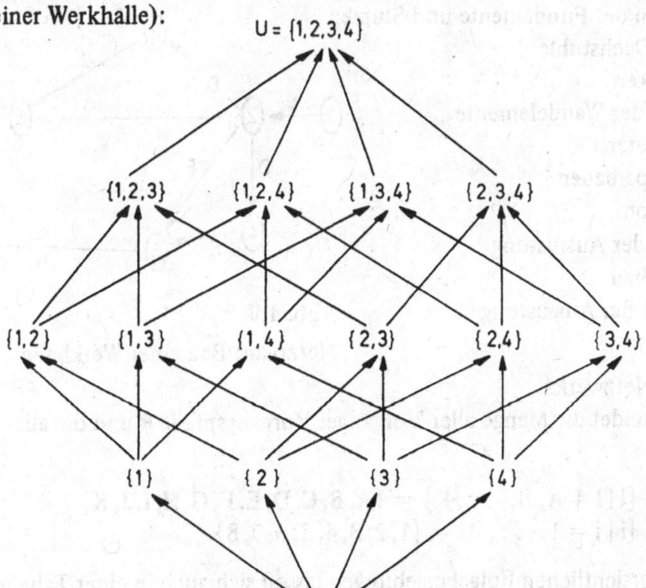

Abb. 1.5

z.B.:

$\{3\} = \{2,3\} \cap \{3,4\}$

$\{2,3,4\} = \{2,3\} \cup \{3,4\}$

Diese „Struktur" kann man als ein „Pfeilnetz" bezeichnen. Pfeile oder Pfeilketten bedeuten „Enthaltensein". Hält man 2 Mengen A und B fest, so ist die „unterste" Menge, zu denen Pfeile oder Pfeilketten hinführen, gleich $A \cup B$, die oberste Menge, von der Pfeile und Pfeilketten zu A und B führen, gleich $A \cap B$. Alle Regeln des Satzes sind hier dargestellt, so daß wieder die Struktur der Algebra vorliegt, wenn auch in ganz verschiedener Darstellungsweise.

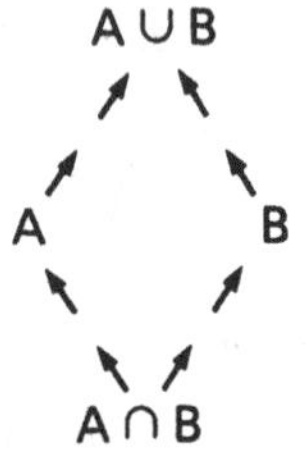

Abb. 1.6

Aufgaben zu 1.2. Mengenlehre. Erfassung eines Netzplans und auftretende Probleme

---

(1) Erfassung eines Netzplans

a) Es sei das einleitende Beispiel eines Netzplans in abgewandelter Form gegeben:
Bau einer Werkhalle:

A : Herstellen der Fundamente und Stützen
B : Bau des Dachstuhls
C : Dachdecken
D : Montage der Wandelemente
E : Fenster setzen
F : Laderampe bauen
G : Installation
H : Montage der Ausrüstung
I : Innenausbau
J : Probelauf der Ausrüstung
K : Außenputz

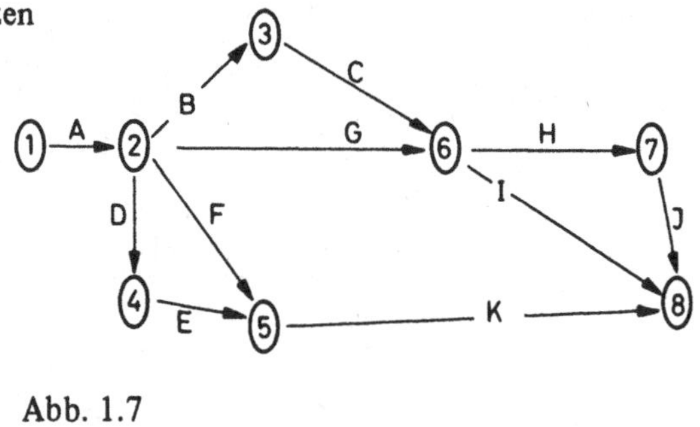

Abb. 1.7
Netzplan: Bau einer Werkhalle

b) Analyse des Netzwerks
Man unterscheidet die Menge aller Vorgänge, Vorgangspfeile P und die aller Ereignisse, Knoten K:

$$P = \{I \mid I = A, B, \ldots, K\} = \{A, B, C, D, E, F, G, H, I, J, K\}$$
$$K = \{i \mid i = 1, \ldots, 8\} = \{1,2,3,4,5,6,7,8\}$$

Die im Netz ersichtlichen Folgebeziehungen lassen sich auch in einer Tabelle ablesen, wenn man dort die zu einem Vorgangspfeil I oder Ereignisknoten i jeweils gehörende unmittelbare Vorläufermenge UV(I), UV(i) angibt:

Vorgang I	UV(I)	Ereignis i	UV(i)
A	∅	1	∅
B	{A}	2	{1}
C	{B}	3	{2}
D	{A}	4	{2}
E	{D}	5	{2,4}
F	{A}	6	{2,3}
G	{A}	7	{6}
H	{C, G}	8	{5,6,7}
I	{C, G}		
J	{H}		
K	{E, F}		

Darüber hinaus gibt diese Tabelle Auskunft auf die Frage nach der Menge aller Vorläufer AV(I) eines Vorgangs I oder eines Ereignisses.

Die Kenntnis der gesamten Vorläufermenge AV(I) eines Vorganges I hat große praktische Bedeutung beispielsweise bei der Planung der termingerechten Beschaffung der für den Vorgang I benötigten Rohstoffe und Halbfabrikate.

AV(C) = {A, B}: Bevor das Dach gedeckt werden kann, müssen A und B abgeschlossen sein, d.h. die Dachziegel brauchen frühestens dann zur Verfügung zu stehen, wenn die Vorgänge A und B frühestens beendet sind. Die Lieferverträge werden dementsprechend abgeschlossen.

Außerdem lassen sich zeitverkürzende Maßnahmen – wie etwa das Vorverlegen des Starttermins des Dachdeckens – prüfen, indem man Möglichkeiten der Verkürzung der Vorgänge A, B offenlegt. Der Grund für dieses Vorverlegen des Beginns von C mag wiederum sein, daß die Dachdecker wegen anderer Termine früher anfangen müssen.

Die Schnittmenge zweier Vorläufermengen z.B.

$$UV(5) \cap UV(6) = \{2,4\} \cap \{2,3\} = \{2\}$$

gibt die zwei Ereignissen (Vorgängen) gemeinsamen Vorläufer an: $\{2\} \subset UV(5)$, $2 \in \{2, 4\} = UV(5)$. Verändern sich Termine bestimmter Vorgänge, dann kann man an den Schnittmengen die davon betroffenen Vorgänge ablesen.

Das relative Komplement aus z.B.

$$UV(5) \setminus UV(6) = \{2,4\} \setminus \{2,3\} = \{4\}$$

zeigt die Vorläufer der ersten Menge, die keine Vorläufer der zweiten sind.

Die Beispiele zeigen andeutungsweise, daß die Mengenlehre ein nützliches Instrument und Prüfkriterium liefert, Netzpläne der wirtschaftlichen Praxis zu analysieren und evtl. zu verändern.

(2) Zeige $(A \cup B)^c = A^c \cap B^c$

a) $(A \cup B)^c = \{x \mid x \notin (A \cup B)\} = \{x \mid \neg(x \in A \vee x \in B)\}$

$= \{x \mid x \notin A \wedge x \notin B\}$

$= \{x \mid x \in A^c \wedge x \in B^c)\}$

$= \{x \mid x \in (A^c \cap B^c)\}$

$= A^c \cap B^c$ (Nr. 1.2.5., Satz (1.50), M 7)

b) Enthaltenseinstafel

A	B	$A \cup B$	$(A \cup B)^c$	A^c	B^c	$A^c \cap B^c$	Aussage: $(A \cup B)^c = A^c \cap B^c$
$\in$	$\in$	$\in$	$\notin$	$\notin$	$\notin$	$\notin$	1
$\in$	$\notin$	$\in$	$\notin$	$\notin$	$\in$	$\notin$	1
$\notin$	$\in$	$\in$	$\notin$	$\in$	$\notin$	$\notin$	1
$\notin$	$\notin$	$\notin$	$\in$	$\in$	$\in$	$\in$	1

(3) Zeige $(A \setminus B) \cap B = \emptyset$

a) $(A \setminus B) \cap B = \{x \mid (x \in A \wedge x \notin B) \wedge x \in B\}$ Def.

$= \{x \mid x \in A \wedge (x \notin B \wedge x \in B)\}$ Assoziativität

$= \{x \mid x \in A \wedge x \in \emptyset\}$ leere Menge

$= \{x \mid x \in \emptyset\}$

$= \emptyset$

b) Enthaltenseinstafel

A	B	$A \setminus B$	$(A \setminus B) \cap B$	$\emptyset$	Aussage: $(A \setminus B) \cap B = \emptyset$
$\in$	$\in$	$\notin$	$\notin$	$\notin$	1
$\in$	$\notin$	$\in$	$\notin$	$\notin$	1
$\notin$	$\in$	$\notin$	$\notin$	$\notin$	1
$\notin$	$\notin$	$\notin$	$\notin$	$\notin$	1

(4) Man zeige die Äquivalenz: $A \subset B \leftrightarrow (A \cap B^c = \emptyset)$

a) $A \subset B \leftrightarrow (x \in A \rightarrow x \in B)$ nach Definition der Untermengen

$\leftrightarrow (x \notin A \vee x \in B)$ Äquivalenz für Implikationen

$\leftrightarrow \neg(x \in A \wedge x \notin B)$ de Morgan

$\leftrightarrow \neg(x \in A \wedge \neg(x \in B))$ Definition des Komplements

$\leftrightarrow \neg(x \in (A \cap B^c))$ Definition der Schnittmenge

$\leftrightarrow x \notin (A \cap B^c)$ Negation

$\leftrightarrow A \cap B^c = \emptyset$ Definition der leeren Menge

b) Enthaltenseinstafel

		Aussage:				Aussage:	Äquival. v. Aussagen
A	B	$A \subset B$	B^c	$A \cap B^c$	$\emptyset$	$A \cap B^c = \emptyset$	$(A \subset B) \leftrightarrow ((A \cap B^c) = \emptyset)$
$\in$	$\in$	1	$\notin$	$\notin$	$\notin$	1	1
$\in$	$\notin$	0	$\in$	$\in$	$\notin$	0	1
$\notin$	$\in$	1	$\notin$	$\notin$	$\notin$	1	1
$\notin$	$\notin$	1	$\in$	$\notin$	$\notin$	1	1

$A \cap B^c$ ist die Nullmenge (leere Menge) genau dann, wenn $A \subset B$ richtig ist.

(5) Gegeben seien die beiden Diagramme unter a) und b). Elemente, die die angegebene Relation erfüllen, verbinde man durch Pfeile. Man gebe die die Relation charakterisierenden Teilmengen B aus M x M an und untersuche sie auf die Eigenschaften reflexiv, irreflexiv, symmetrisch, transitiv und vollständig.

Welche Relation bildet eine Ordnung oder Halbordnung?

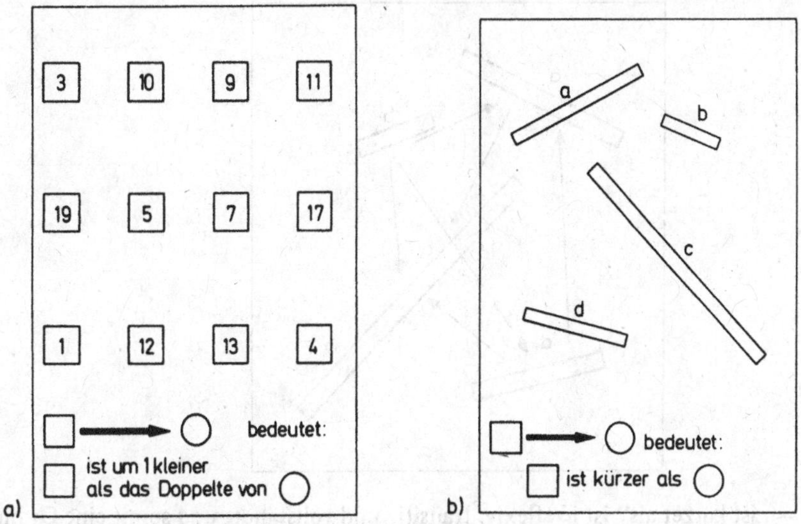

Quelle: Neunzig-Sorger, Wir lernen Mathematik, 1. Schuljahr, Herder Verlag.

Lösung a)

Die Relation ρ = „ist um 1 kleiner als das Doppelte von"
der Menge M = {3, 10, 9, 11, 19, 5, 7, 17, 1, 12, 13, 4}
M x M = {(3, 3), (3, 10), (3, 9), . . . , (10, 10), . . . , (10, 4), . . . , (4, 4)}
und der charakterisierenden Menge
B = {(9, 5), (19, 10), (5, 3), (17, 9), (7, 4), (1, 1), (13, 7)}

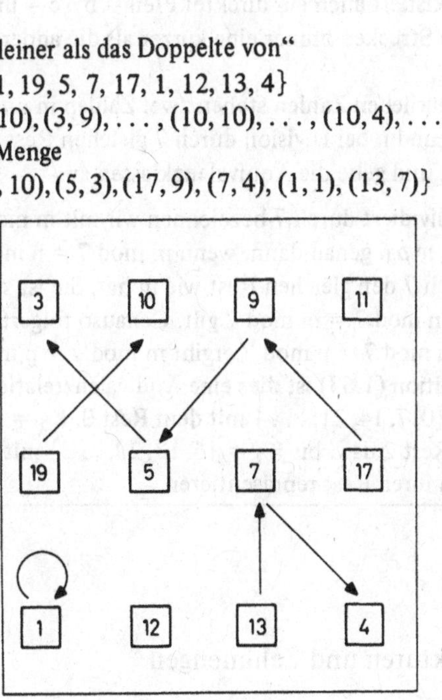

besitzt keine der angegebenen Eigenschaften. Sie ist nicht reflexiv, da außer für 1 die Relation x ρ x nicht erfüllt ist, wegen 1 ρ 1 aber auch nicht irreflexiv. Sie ist nicht symmetrisch, da z.B. aus 5 ρ 3 nicht folgt 3 ρ 5. Zur Prüfung der Transitivität ist aus a ρ b und b ρ c – z.B. 9 ρ 5 und 5 ρ 3 – die Beziehung a ρ c zu folgern: es gilt aber nicht 9 ρ 3. Sie ist auch nicht vollständig, da z.B. 3 und 11 in keinerlei Relation steht.

Lösung b)

M = {a, b, c, d}
M x M = {(a, a), (a, b), (a, c), (a, d), (b, a), (b, b), (b, c), (b, d), (c, a), (c, b), (c, c), (c, d), (d, a), (d, b), (d, c), (d, d)}
B = {(b, a), (b, c), (b, d), (a, c), (d, a), (d, c)}

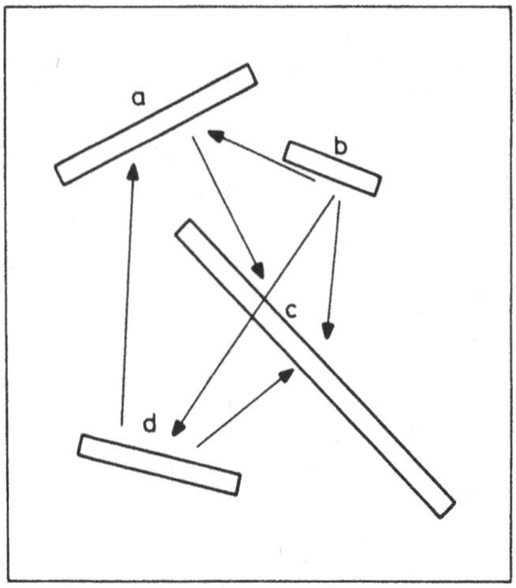

Die Relation ρ = „ist kürzer als" ist irreflexiv, transitiv und vollständig und somit eine Ordnung. Sie ist irreflexiv, da keine Strecke kürzer als sie selbst ist (keine Schleife). Sie ist nicht symmetrisch (kein Doppelpfeil), transitiv, denn immer wenn eine Pfeilkette von zwei Pfeilen existiert – b ρ a und a ρ c usw. – so existiert auch ein direkter Pfeil – b ρ c – und schließlich vollständig, da zwischen verschiedenen Strecken immer eine kürzer als die andere ist.

(6) In der Menge N der natürlichen Zahlen stehen zwei Zahlen m und n immer dann in der Beziehung ρ : m ρ n, wenn m und n bei Division durch 7 gleichen Rest haben. Man zeige, daß ρ eine Äquivalenzrelation ist und gebe die Äquivalenzklassen an.

Lösung: Den Rest von m dividiert durch 7 bezeichnen wir mit m mod 7 (mod = modulo), also 24 mod 7 = 3. Folglich ist m ρ n genau dann, wenn m mod 7 = n mod 7. Die Relation ist reflexiv, da m bei Division durch 7 den gleichen Rest wie m hat. Sie ist symmetrisch, da wenn m mod 7 = n mod 7 auch n mod 7 = m mod 7 gilt. Genauso folgert man die Transitivität: m mod 7 = n mod 7 und n mod 7 = p mod 7 ergibt m mod 7 = p mod 7. Vollständigkeit ist nicht gegeben. Nach Definition (1.63) ist dies eine Äquivalenzrelation. Es gibt 7 verschiedene Äquivalenzklassen: $K_1 = \{0, 7, 14, 21, \dots\}$ mit dem Rest 0, $K_2 = \{1, 8, 15, \dots\}$ mit Rest 1, $K_3 = \{2, 9, 16, \dots\}$ mit Rest 2 usw. bis $K_7 = \{6, 13, 20, \dots\}$ mit Rest 6. Jede der Äquivalenzklassen läßt sich durch ihren Rest repräsentieren.

1.3. Algebraische Strukturen und Zahlmengen

Um tieferliegende Probleme der linearen Algebra als das bloße Rechnen mit Vektoren und Matrizen diskutieren zu können, ist es zweckmäßig, zunächst „einfache" algebraische Strukturen zu untersuchen, die nur eine Operation enthalten (Addition oder Multiplikation) und dann zu komplizierteren überzugehen. Danach ist es möglich, lineare Algebra nicht als unübersichtliche Menge von Rechenregeln zu sehen, sondern als Theorie der linearen Vektorräume, die auch in der praktischen Anwendung weit bessere Einblicke ermöglicht.

Stellen wir zunächst einmal zusammen, welche Operationen mit welchen Eigenschaften der *Menge der reellen Zahlen* R *erklärt* sind. In den folgenden Abschnitten wird jeweils angegeben, welche der Aussagen bereits für die einfacheren Zahlmengen *natürliche Zahlen* N, *ganze Zahlen*

Z und *rationale Zahlen* Q sowie für die die reellen Zahlen umfassende Menge der *komplexen Zahlen* C gelten.

(1.66) *Satz:* In der Menge R der reellen Zahlen gelten folgende Gesetze für beliebige Elemente a, b, c ∈ R:

Additionsgesetze:

$(a + b) + c = a + (b + c)$ (assoziativ)

$a + b = b + a$ (kommutativ)

Die Gleichung $a + x = b$ hat stets eine Lösung $x \in R$

Multiplikationsgesetze:

$(ab)\,c = a(bc)$ (assoziativ)

$ab = ba$ (kommutativ)

Die Gleichung $ax = b$ hat für $a \neq 0$ stets eine Lösung $x \in R$

$a(b + c) = ab + ac$ (distributiv)

Ordnungsgesetze – etwa die Beziehung $a < b$ – oder räumliche (topologische) Beziehungen – etwa der Abstand zwischen Zahlen, der auf dem Absolutbetrag basiert – werden hier nicht diskutiert. Geht man zunächst nur von einer einzigen Operation aus, sei es Addition, Multiplikation oder eine andere Form der Verknüpfung, so kommt man zum Begriff der Gruppe.

1.3.1. Struktur mit einer Operation: Gruppe

(1.67) *Def.:* Ist G eine nichtleere Menge, $G \neq \emptyset$, mit einer (zweistelligen) Operation ($\circ$), so heißt G eine *Gruppe,* wenn die folgenden Axiome erfüllt sind:

$G_1: \forall\, a, b \in G\ \exists\, c \in G$ mit $a \circ b = c$ (abgeschlossen)

$G_2: (a \circ b) \circ c = a \circ (b \circ c)\ \forall\, a, b, c \in G$ (assoziativ)

$G_3: \exists\, e \in G \ni a \circ e = e \circ a = a\ \forall\, a \in G$ (neutrales Element)

$G_4: \exists\, a^i \in G \ni a \circ a^i = a^i \circ a = e\ \forall\, a \in G$ (inverses Element)

(1.68) *Def.:* G heißt *abelsch* oder *kommutativ,* wenn darüber hinaus $a \circ b = b \circ a$ $\forall\, a, b \in G$

(1.69) *Def.:* G heißt *additive* Gruppe, wenn $\circ = +$, d.h. die Operation (Verknüpfung) die Addition ist; das neutrale Element heißt dann 0 (Null), das Inverse das Negative: $a^i = -a$. Die Gruppenaxiome lauten dann für $G \neq \emptyset$:

$G_1: a, b \in G \rightarrow a + b = c \in G$

$G_2: (a + b) + c = a + (b + c)$

(1.70) $G_3: \exists\, 0$ mit $a + 0 = 0 + a = a$

$G_4: \exists\, -a \in G$ mit $a + (-a) = (-a) + a = 0.$

Beispiele additiver Gruppen:

1. Die Menge der ganzen Zahlen: Z
   Die natürlichen Zahlen bilden keine Gruppe, da sie weder ein neutrales Element, die Null, noch inverse Elemente enthalten. Die Menge der ganzen Zahlen zwischen −100 und +100 mit der Addition als Verknüpfung bildet keine Gruppe, da die Abgeschlossenheit nicht erfüllt ist.
2. Die Menge der rationalen Zahlen: Q
   Nachweis der Eigenschaften:
   Nach Definition der rationalen Zahlen ist $Q = \{n/m \mid n, m \in Z, m \neq 0\}$
   $Q \neq \emptyset$, da etwa $0 \in Q$.

$G_1: q_1 = \frac{n}{m},\ q_2 = \frac{p}{q},\ q_1 + q_2 = \frac{n}{m} + \frac{p}{q} = \frac{nq + mp}{m \cdot q}$

$nq + mp \in Z,\ mq \in Z,\ mq \neq 0,$

da $m \neq 0,\ q \neq 0.$

$$G_2: \left(\frac{n}{m} + \frac{p}{q}\right) + \frac{r}{s} = \frac{nq + mp}{mq} + \frac{r}{s} = \frac{nqs + mps + mqr}{mqs} = \frac{n}{m} + \frac{ps + qr}{qs} = \frac{n}{m} + \left(\frac{p}{q} + \frac{r}{s}\right)$$

$G_3: 0 = \frac{0}{u}$, $(u \neq 0)$ ist neutral: $\frac{n}{m} + \frac{0}{u} = \frac{nu + 0}{mu} = \frac{n}{m} = 0 + \frac{n}{m}$

G_4: Zu $\frac{n}{m}$ ist $\frac{-n}{m}$ negatives (inverses) Element: $\frac{n}{m} + \frac{-n}{m} = \frac{nm - nm}{m^2} = \frac{0}{m^2} = 0.$

3. Die Menge der reellen Zahlen: R
4. Die Menge der n-Vektoren: R^n
5. Die einfachste Gruppe: $G = \{0\}$, 0 das neutrale Element;
6. oder weniger trivial: $B = \{0, 1\}$ mit $0 + 0 = 0$, $0 + 1 = 1 + 0 = 1$, $1 + 1 = 0$, 0 das neutrale Element, das inverse Element zu 1 ist 1 selbst.

   Eine Interpretation ist die folgende: Betrachten wir die ganzen Zahlen und deren Addition, dann sei 0 der Repräsentant für eine gerade Zahl, 1 für eine ungerade Zahl, also:

   gerade Zahl + gerade Zahl = gerade Zahl,
   ungerade Zahl + gerade Zahl = ungerade Zahl
   ungerade Zahl + ungerade Zahl = gerade Zahl

7. Gruppe der Polynome
   $\mathfrak{P} = \{p | p = a_0 + a_1 x + a_2 x^2 + \ldots + a_n x^n;\ a_0, a_1, \ldots, a_n \in R;\ n \text{ beliebig}\}$
   und
   $\mathfrak{P}_n = \{p | p = a_0 + a_1 x + \ldots + a_m x^m;\ a_i \in R,\ m \leqslant n\}$,
   also mit beschränktem Grad.

   Def.: Ein *Polynom* ist eine Funktion auf den reellen Zahlen: $\mathbf{p}: x \to \mathbf{p}(x);\ x, \mathbf{p}(x) \in R$, die als Linearkombination von Potenzen von x entsteht, z.B. $\mathbf{p} = 2 - x + 4x^2$.
   $\mathfrak{P}_n$ ist eine additive kommutative Gruppe:
   $\mathfrak{P}_n = \{\mathbf{p} | \mathbf{p} = a_0 + a_1 x + \ldots + a_n x^n;\ a_i \in R,\ n \text{ fest}\}$.
   Falls Grad von $\mathbf{p}$ gleich m und $m < n$ ist, so ist $a_n = 0, \ldots, a_{m+1} = 0$.
   $\mathfrak{P} \neq \emptyset$, da $\mathbf{p} = 1 + 1 \cdot x + \ldots$ ein Polynom aus $\mathfrak{P}$.

   G_1: $\mathbf{p}_a = a_0 + a_1 x + \ldots + a_n x^n \in \mathfrak{P}$ und $\mathbf{p}_b = b_0 + b_1 x + \ldots + b_n x^n \in \mathfrak{P} \to \mathbf{p}_a + \mathbf{p}_b =$
   $= (a_0 + b_0) + (a_1 + b_1)x + \ldots + (a_n + b_n)x^n \in \mathfrak{P}$ und $\mathbf{p}_a + \mathbf{p}_b = \mathbf{p}_b + \mathbf{p}_a$ (kommutativ).

   G_2: $\mathbf{p}_a + \mathbf{p}_b + \mathbf{p}_c = (a_0 + b_0 + c_0) + (a_1 + b_1 + c_1)x + \ldots + (a_n + b_n + c_n)x^n$
   Unter den reellen Zahlen $(a_i + b_i + c_i)$ gilt Assoziativität, also $((a_i + b_i) + c_i) =$
   $= (a_i + (b_i + c_i))$ und deshalb dann auch $(\mathbf{p}_a + \mathbf{p}_b) + \mathbf{p}_c = \mathbf{p}_a + (\mathbf{p}_b + \mathbf{p}_c)$.

   G_3: Das neutrale Element ist $\mathbf{p}_0 = 0 = 0 + 0x + 0x^2 + \ldots + 0x^n$

   G_4: Das inverse Element zu $\mathbf{p}_a$ ist $-\mathbf{p}_a = -a_0 - a_1 x - a_2 x^2 - \ldots - a_n x^n$.

   Alle genannten Gruppen sind additive und abelsche Gruppen.

(1.71) *Def.:* G heißt eine *multiplikative* Gruppe, wenn $\circ = \cdot$, d.h. die Verknüpfung eine Multiplikation ist, das neutrale Element heißt 1 (Eins), das Inverse heißt invers oder auch reziprok: $a^i = a^{-1}$.

Beispiele multiplikativer Gruppen:

1. Die rationalen Zahlen ohne die Null: $\mathbb{Q} \setminus \{0\}$, $a = \frac{n}{m}$, $b = \frac{p}{q}$, $c = \frac{r}{s}$,

$$G_1: a \cdot b = \frac{n}{m} \cdot \frac{p}{q} = \frac{np}{mq} = g \in \mathbb{Q} \setminus \{0\},$$

$$G_2: (ab) \cdot c = \left(\frac{n}{m} \cdot \frac{p}{q}\right) \cdot \frac{r}{s} = \frac{np}{mq} \cdot \frac{r}{s} = \frac{(np)r}{(mq)s} = \frac{n(pr)}{m(qs)} = \frac{n}{m}\left(\frac{p}{q} \cdot \frac{r}{s}\right) = a \cdot (b \cdot c),$$

$$G_3: \text{Neutrales Element ist die } 1 = \frac{1}{1}: \frac{n}{m} \cdot \frac{1}{1} = \frac{1}{1} \cdot \frac{n}{m} = \frac{n}{m},$$

$$G_4: \text{Inverses Element zu } a = \frac{n}{m} \text{ ist } a^{-1} = \frac{m}{n}$$

Es ist die Null aus $\mathbb{Q}$ weggelassen, da zu 0 kein inverses Element existiert.

2. Die reellen Zahlen ohne Null: $\mathbb{R} \setminus \{0\}$.

Beispiele anderer Verknüpfungen:

1. Die Gruppe der Verschiebungen im n-dimensionalen Raum, speziell in der Ebene:

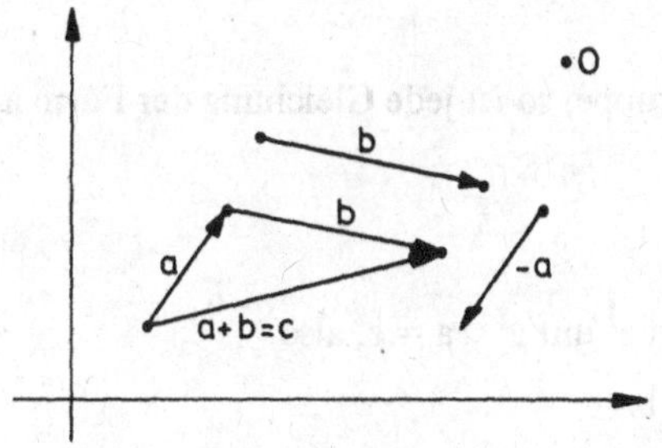

Abb. 1.8

Die Verschiebungen sind nicht an einen Punkt gebunden.

2. Die Gruppe der Drehungen um den Nullpunkt im n-dimensionalen Raum, speziell der Ebene:

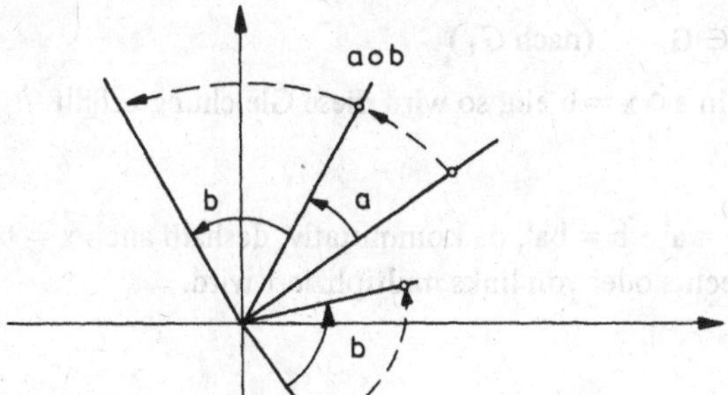

Abb. 1.9

Beispiel einer nicht-kommutativen Gruppe:

1. Quadratische reguläre Matrizen (mit Multiplikation), Abschnitt 4.2.2.
2. Gruppe der Permutationen:

$p = \begin{pmatrix} 1 & 2 & 3 & \dots & n \\ i_1 & i_2 & i_3 & \dots & i_n \end{pmatrix}$, gibt etwa die Platzvertauschungsvorschrift von n numerierten Plätzen an.

z. B.:

$$p=\begin{pmatrix}1&2&3&4\\3&2&1&4\end{pmatrix},\ q=\begin{pmatrix}1&2&3&4\\1&4&2&3\end{pmatrix},\ e=\begin{pmatrix}1&2&3&4\\1&2&3&4\end{pmatrix},\ p^{-1}=\begin{pmatrix}1&2&3&4\\3&2&1&4\end{pmatrix},$$

$$q^{-1}=\begin{pmatrix}1&2&3&4\\1&3&4&2\end{pmatrix},\ \text{aber}$$

$$q\cdot p=\begin{pmatrix}1&2&3&4\\2&4&1&3\end{pmatrix}\neq p\cdot q=\begin{pmatrix}1&2&3&4\\3&4&2&1\end{pmatrix}$$

($q \cdot p$ bedeutet, daß zuerst die Permutation p und danach q durchgeführt wird.)

(1.72) *Satz:* In einer Gruppe G gibt es
1. nur ein einziges neutrales Element e und
2. zu jedem Element a nur ein inverses $a^i \in G$.

Beweis:

1. Seien e und e' zwei neutrale Elemente. Da e neutral ist, ist nach G_3 $e' \circ e = e'$, da e' neutral ist, ist auch $e' \circ e = e$, also ist $e' = e$.
2. Seien a^i und $\bar{a}^i$ zwei inverse Elemente zu a, also $a^i \circ a = a \circ a^i = e$ und $\bar{a}^i \circ a = a \circ \bar{a}^i = e$. Dann ist $a^i \circ a \circ \bar{a}^i = (a^i \circ a) \circ \bar{a}^i = e \circ \bar{a}^i = \bar{a}^i = a^i \circ (a \circ \bar{a}^i) = a^i \circ e = a^i$, also hier auch $a^i = \bar{a}^i$.

(1.73) *Satz:* Ist G eine Gruppe, so ist jede Gleichung der Form $a \circ x = b\ \forall\ a, b \in G$ für ein $x \in G$ lösbar.

Beweis:

Sei $a \circ x = b$, nach G_4 existiert a^i mit $a^i \circ a = e$, also

$$\begin{aligned} a^i \circ (a \circ x) &= a^i \circ b \\ (a^i \circ a) \circ x &= a^i \circ b \quad (\text{nach } G_2) \\ e \circ x &= a^i \circ b \quad (\text{nach } G_4) \\ x &= a^i \circ b \quad (\text{nach } G_3) \\ x &\in G \qquad\quad (\text{nach } G_1) \end{aligned}$$

Setzt man dieses $x \in G$ in $a \circ x = b$ ein, so wird diese Gleichung erfüllt.

Beispiel:

Im $\mathbb{R} \setminus \{0\}$: $ax = b \rightarrow x = a^i \cdot b = ba^i$, da kommutativ, deshalb auch $x = b/a$, wobei nicht mehr ersichtlich ist, ob von rechts oder von links multipliziert wird.

1.3.2. Strukturen mit zwei Operationen (+ und ·): Körper und Ring

Für die weiteren Entwicklungen benötigt man die Kenntnis der algebraischen Struktur der Zahlmengen, für die ja zwei Operationen, nämlich Addition und Multiplikation, erklärt sind. (Subtraktion und Division sind dabei als Addition bzw. Multiplikation mit den entsprechenden inversen Elementen eingeschlossen.)

(1.74) *Def.:* Eine nichtleere Menge K heißt *Körper,* wenn
a) K eine additive kommutative Gruppe ist mit 0 als neutralem Element,
b) $K \setminus \{0\}$ eine multiplikative kommutative Gruppe ist,

c) für die Null bzgl. der Multiplikation gilt: $0 \cdot a = a \cdot 0 = 0 \; \forall a \in K$,

d) die beide Operationen verbindenden Distributivgesetze gelten

$a \cdot (b + c) = ab + ac \; \forall a, b, c \in K$,

(womit auch $(b + c)a = ba + ca$ wegen der Kommutativität gilt).

Die Menge der reellen Zahlen R bildet ebenso einen Körper wie die Menge der rationalen Zahlen Q.

Damit sind allerdings nur die algebraischen Eigenschaften der Zahlmengen (oder Zahlkörper) erfaßt und weder ihre Ordnungsrelation ($a > b$, $a = b$ oder $a < b$), noch ihre topologischen Eigenschaften (3 liegt näher an 5 als die Zahl 8.5).

Eine andere wichtige Struktur erhält man, wenn man bezüglich der Multiplikation die Forderung nach Kommutativität, Existenz eines neutralen (Eins) und eines inversen (a^{-1}) Elements wegläßt:

(1.75) *Def.:* Eine nichtleere Menge R heißt *Ring*, wenn

a) R eine additive kommutative Gruppe ist,

b) in R für die Multiplikation

Abgeschlossenheit: $a, b \in R \rightarrow a \cdot b = c \in R$ und

Assoziativität: $a(bc) = (ab)c \; \forall a, b, c \in R$, sowie

c) die beiden Distributivgesetze gelten:

$$\left.\begin{aligned} a(b + c) &= ab + ac \\ (b + c)a &= ba + ca \end{aligned}\right\} \forall a, b, c \in R$$

Sowohl R als auch Q sind natürlich Ringe, aber auch Z, der Ring der ganzen Zahlen.

Läßt man weiter noch Eigenschaften bezüglich der Addition (Existenz des Neutralen und Inversen) weg, so erhält man algebraische Strukturen, wie sie für die axiomatische Wahrscheinlichkeitstheorie wichtig sind und etwa von der Mengenalgebra erfüllt werden.

Aufgaben zu 1.3. Algebraische Strukturen. Der minimale Transportweg in einem Reihenfolgeproblem

---

(1) Ein Mittelbetrieb, der elektrotechnische Artikel produziert, erhält erstmals den Auftrag, 100 Telefonapparate mit Spezialausstattung im Rahmen einer Sonderfertigung schnellstmöglich herzustellen.

Der Betrieb ist so organisiert, daß die 5 einzelnen Teilprozesse der Sonderfertigung den Abteilungen der allgemeinen Serienfertigung, die sich in verschiedenen Räumen befinden, angegliedert sind. Die Teilprozesse dauern ungefähr gleichlang pro Apparat und ihre Reihenfolge ist vollständig frei.

Um möglichst schnell fertige Apparate zu erhalten, wird entschieden, immer zugleich 5 Apparate in Arbeit zu nehmen, und sie solange auszutauschen, bis sie fertig sind. Es soll nun festgestellt werden, ob es eine feste Austauschregel gibt, die garantiert, daß jeder Apparat in jede der 5 Abteilungen gelangt und die zugleich den Gesamttransportweg minimiert.

Lösung:

Numeriert man die Abteilungen mit 1 bis 5 und ebenso die in Arbeit befindlichen Apparate, so ist ein Arbeitsplan gegeben durch eine Größe der Art $a = \begin{pmatrix} 1 & 2 & 3 & 4 & 5 \\ 3 & 2 & 5 & 4 & 1 \end{pmatrix}$, bei der die obere

Zeile die Nummern der Apparate angibt, die untere Zeile die Abteilungen, die den darüberstehenden Apparat bearbeiten. Um 5 Apparate fertigzustellen, braucht man, wenn Leerzeiten vermieden werden sollen, also 5 solcher Pläne, die nacheinander auszuführen sind. Gesucht ist nun eine Austauschregel, eine Permutation $p = \begin{pmatrix} 1 & 2 & 3 & 4 & 5 \\ i_1 & i_2 & i_3 & i_4 & i_5 \end{pmatrix}$, die angibt, daß die Abteilung k (z.B. k = 3) den Apparat an Abteilung i_k (z.B. $i_3 = 4$) weitergibt. Alle 5 Arbeitspläne sollen sukzessive durch die Austauschregel gegeben sein, wobei aber der erste Plan willkürlich ist: zu Anfang sei $a_1 = \begin{pmatrix} 1 & 2 & 3 & 4 & 5 \\ 1 & 2 & 3 & 4 & 5 \end{pmatrix}$, d.h. die Numerierung der Apparate ist entsprechend den Abteilungen.

Ist $p = \begin{pmatrix} 1 & 2 & 3 & 4 & 5 \\ 2 & 3 & 4 & 5 & 1 \end{pmatrix}$, d.h. gibt jede Abteilung an die nächst numerierte weiter und 5 an 1,

so wird a_2: $a_2 = p \circ a_1 = \begin{pmatrix} 1 & 2 & 3 & 4 & 5 \\ 2 & 3 & 4 & 5 & 1 \end{pmatrix} \circ \begin{pmatrix} 1 & 2 & 3 & 4 & 5 \\ 1 & 2 & 3 & 4 & 5 \end{pmatrix} = \begin{pmatrix} 1 & 2 & 3 & 4 & 5 \\ 2 & 3 & 4 & 5 & 1 \end{pmatrix}$, d.h. z.B. Apparat 2 ist in 2, 2 gibt an 3 weiter, also 2 in 3.

Formal kann man also die Arbeitspläne a und die Austauschregel p gleichermaßen als Permutation auffassen und verknüpfen, wodurch sich der nächste Plan ergibt

$$a_3 = p \circ a_2 = \begin{pmatrix} 1 & 2 & 3 & 4 & 5 \\ 2 & 3 & 4 & 5 & 1 \end{pmatrix} \circ \begin{pmatrix} 1 & 2 & 3 & 4 & 5 \\ 2 & 3 & 4 & 5 & 1 \end{pmatrix} = \begin{pmatrix} 1 & 2 & 3 & 4 & 5 \\ 3 & 4 & 5 & 1 & 2 \end{pmatrix}$$

$$a_3 = p \circ (p \circ a_1) = p^2 \circ a_1 \ = p^2$$

$$a_4 = p \circ a_3 = p \circ (p^2 \circ a_1) = p^3 \circ a_1 = \begin{pmatrix} 1 & 2 & 3 & 4 & 5 \\ 4 & 5 & 1 & 2 & 3 \end{pmatrix} = p^3$$

$$a_5 = p \circ a_4 = p \circ (p^3 \circ a_1) = p^4 \circ a_1 = \begin{pmatrix} 1 & 2 & 3 & 4 & 5 \\ 5 & 1 & 2 & 3 & 4 \end{pmatrix} = p^4$$

($a_6 = p \circ a_5 = p^5 \circ a_1 = \begin{pmatrix} 1 & 2 & 3 & 4 & 5 \\ 1 & 2 & 3 & 4 & 5 \end{pmatrix} = p^5 = a_1$, d.h. aber alle Apparate sind fertig, a_6 wird nicht ausgeführt.)

Die Austauschregel p erzeugt also alle Pläne, denn mit $p^0 = p^5 = \begin{pmatrix} 1 & 2 & 3 & 4 & 5 \\ 1 & 2 & 3 & 4 & 5 \end{pmatrix} = a_1$ wird auch a_1 durch p erzeugt, so daß $a_i = p^{i-1}$ ($i = 1, \ldots, 5$).

Problemformulierung:

Eine Permutation p ist gesucht, deren Potenzen die benötigten Pläne liefern und die den kürzesten Transportweg realisiert.

Man sieht leicht, daß etwa $p_a = \begin{pmatrix} 1 & 2 & 3 & 4 & 5 \\ 1 & 2 & 3 & 4 & 5 \end{pmatrix}$, $p_b = \begin{pmatrix} 1 & 2 & 3 & 4 & 5 \\ 2 & 1 & 4 & 5 & 3 \end{pmatrix}$ keine solche Regeln sind, da mit ihnen nicht alle Apparate nach allen Abteilungen kommen.

$p_1 = p$ (s.o.), $p_2 = \begin{pmatrix} 1 & 2 & 3 & 4 & 5 \\ 5 & 3 & 4 & 1 & 2 \end{pmatrix}$, $p_3 = \begin{pmatrix} 1 & 2 & 3 & 4 & 5 \\ 4 & 5 & 1 & 2 & 3 \end{pmatrix}$, aber auch die 2-ten, 3-ten und 4-ten Potenzen davon u.a. sind mögliche Austauschregeln, deren Gesamttransportwege zu vergleichen sind. Man kann zeigen:

1. Die Menge aller Potenzen einer Permutation bildet eine Gruppe, und zwar eine „zyklische" (da von einem Element durch Potenzbildung erzeugt) Untergruppe der Gruppe aller Permutationen. Sei für die Zahl n und die Permutation p zum ersten Mal $p^n = p$ (ein solches n existiert immer), dann ist $e = p^{n-1}$ das neutrale Element $e = \begin{pmatrix} 1 & 2 & 3 & 4 & 5 \\ 1 & 2 & 3 & 4 & 5 \end{pmatrix}$. Zu $q = p^m$ ist

$q^{-1} = p^{n-m-1}$ das inverse Element $q = p^3 = \begin{pmatrix} 1 & 2 & 3 & 4 & 5 \\ 4 & 5 & 1 & 2 & 3 \end{pmatrix} \to q^{-1} = p^{6-3-1} = p^2 =$ $\begin{pmatrix} 1 & 2 & 3 & 4 & 5 \\ 3 & 4 & 5 & 1 & 2 \end{pmatrix}$.

2. Alle Permutationen von $M = \{1, 2, 3, 4, 5\}$, die zyklische Untergruppen von genau 5 Elementen, das sind die Arbeitspläne, erzeugen, für die also wie oben $p^6 = p$ bzw. $p^5 = e$ ist, sind für die Problemstellung „mögliche Austauschregeln".
3. Die 2-ten, 3-ten und 4-ten Potenzen möglicher Austauschregeln sind wieder solche.
4. Jede Austauschregel läßt sich als $(k_1 \; k_2 \; k_3 \; k_4 \; k_5)$ darstellen, was bedeuten soll: k_1 gibt an k_2, k_2 an k_3 usw. bis k_5 an k_1, z.B. (1 2 3 4 5). Es ist natürlich (1 2 3 4 5) = (2 3 4 5 1), d.h. alle Austauschregeln lassen sich so schreiben, daß die Nummer der 1. Abteilung am Anfang steht. Die restlichen 4 Nummern lassen sich dann auf 4! = 4 • 3 • 2 • 1 = 24 verschiedene Arten aufschreiben.

Folglich: Es gibt 4! = 24 verschiedene Austauschregeln (bei insgesamt 5! = 120 verschiedenen Permutationen von 5 Objekten), die in 3! = 6 verschiedenen zyklischen Untergruppen liegen.

Unter den 24 Austauschregeln ist diejenige auszuwählen, die den kürzesten Transportweg hat.

Von den 24 verschiedenen Austauschregeln sind 12 die Inversen der anderen. Hierbei werden die gleichen Wege in umgekehrter Richtung zurückgelegt, sind also gleich lang. Folglich: Es gibt nur 12 Austauschregeln, die verschiedene Transportwege haben können.

Sind a_{ij} die Weglängen von i nach j, so ist der Transportweg W:

$$W(p) = W(k_1 \; k_2 \; k_3 \; k_4 \; k_5) = a_{k_1 k_2} + a_{k_2 k_3} + \ldots + a_{k_5 k_1}$$

Das Optimum ist p^* mit $W(p^*) = \text{Min } W(p)$ bei 12 möglichen p. Seien die Entfernungen durch eine Tabelle oder einen Graphen gegeben:

a_{ij} j / i	1	2	3	4	5
1	0	4	4	7	5
2	4	0	7	4	10
3	4	7	0	3	4
4	7	4	3	0	7
5	5	10	4	7	0

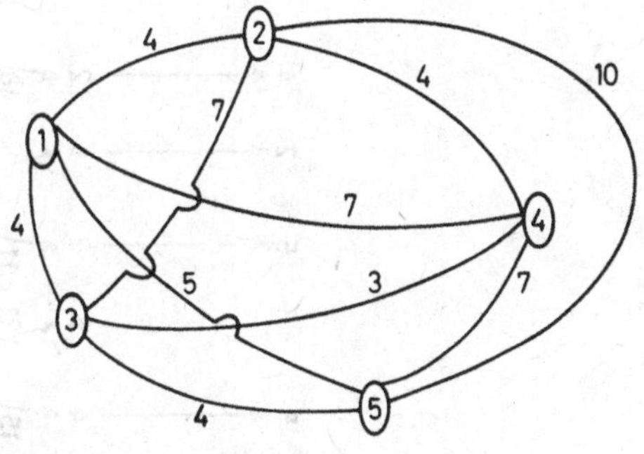

Abb. 1.10

Die Problemstellung entspricht nun dem „Rundreiseproblem" von 1 über alle 2, 3, 4 und 5 wieder nach 1. Hierfür sind viele Methoden des Operations Research anwendbar (darunter auch Lineare Programmierung und Dynamische Programmierung). Probleme dieser Art finden sich oft in der Maschinenbelegungsplanung.

Wir wenden jetzt hier ein „Entscheidungsbaumverfahren" an und lösen es durch eine „begrenzte Enumeration":

Von 1 ausgehend werden immer alle Möglichkeiten aufgebaut und zugleich die summierten Weglängen berechnet, die an die Pfeile geschrieben werden. Es wird dort weitergerechnet, wo sich bislang die kleinste Summe befindet. Kommt man an einer Stelle wieder bei 1 an, hier auf dem Weg (1 2 4 3 5), mit dem Gesamtweg 20, braucht man alle die Wege nicht mehr zu

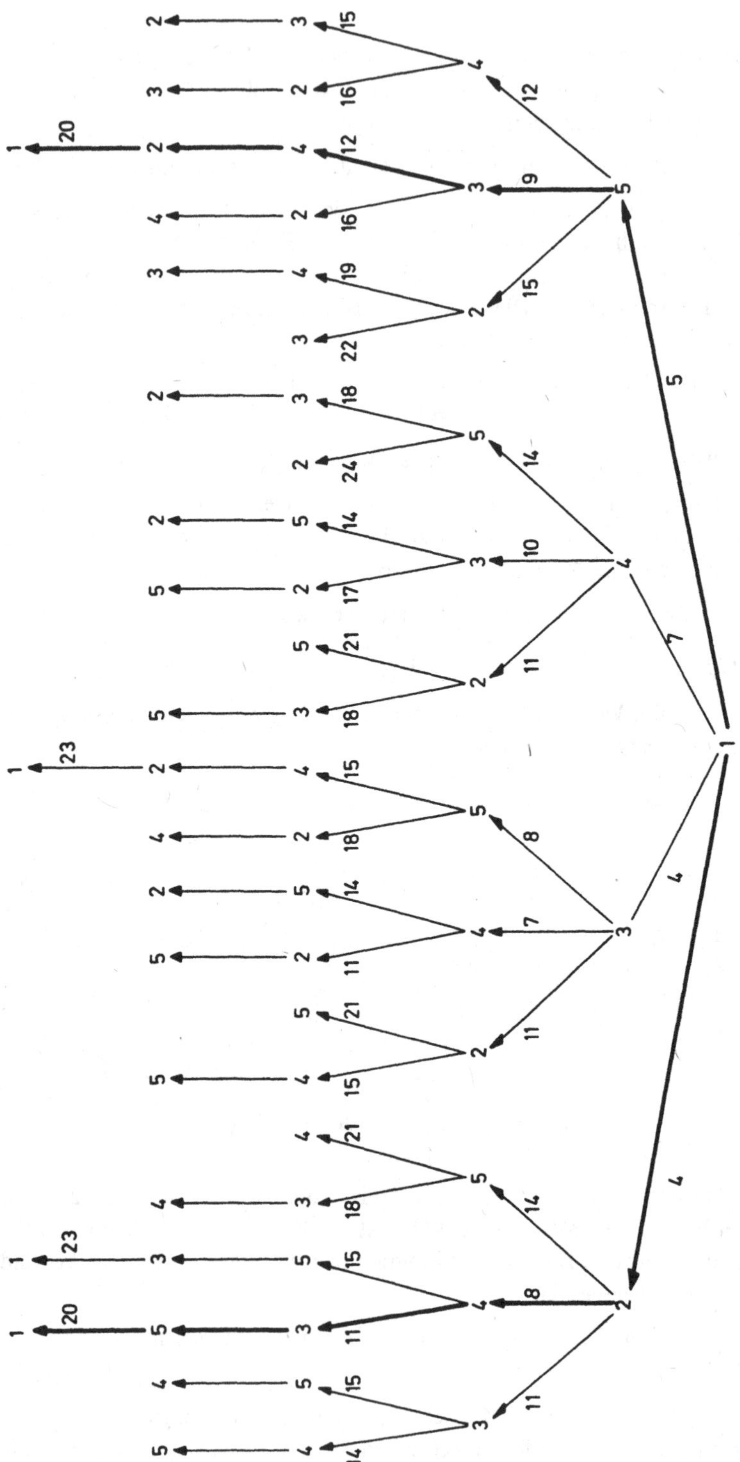

Abb. 1.11

beachten, die bereits eine Länge von 20 oder mehr erreicht haben. (1 2 4 3 5) und die Inverse (1 5 3 4 2) sind die Austauschregeln, die die kürzesten Wege liefern.

(2) Ist das Verknüpfungsgebilde $(Z_3, +)$ mit den Elementen 3k, wobei $k \in Z$, eine Gruppe?

$Z_3 = \{3k \mid k \in Z\} = \emptyset$, denn es existiert mindestens ein Element: 0 für k = 0.

$G_1: 3k_1 + 3k_2 = 3(k_1 + k_2); 3k_1, 3k_2, 3(k_1 + k_2) \in Z_3$

$G_2: 3k_1 + (3k_2 + 3k_3) = (3k_1 + 3k_2) + 3k_3$

$G_3: 3k + 0 = 3k$ für k = 0

$G_4: 3k + (-3k) = 0$ mit $-3k = 3(-k), k, -k \in Z$

→ G ist Gruppe bezüglich Addition.

(3) Die Menge der Lösungen des homogenen Gleichungssystems

$$\begin{aligned} 3x_1 + 2x_2 + x_3 &= 0 \\ 2x_1 + x_2 + 4x_3 &= 0 \end{aligned} \quad \rightarrow \quad \begin{aligned} 3x_1 + 2x_2 + \quad x_3 &= 0 \\ -\frac{1}{3}x_2 + 3\,\frac{1}{3}\,x_3 &= 0 \end{aligned}$$

ist eine additive kommutative Gruppe.

Es ist x_3 freie Variable, $x_2 = 10x_3$, $x_1 = -7x_3$ und die allgemeine Lösung $x = (-7x_3, 10x_3, x_3)$, $x_3 \in R$.

$G \neq \emptyset$, da $x_0 = (0, 0, 0)$ eine Lösung, aber auch $x_1 = (-7, 10, 1) \in G$

G_1: Sind $x_a = (-7a, 10a, a)$ und $x_b = (-7b, 10b, b)$ zwei Lösungen, dann auch $x_c = x_a + x_b = (-7(a + b), 10(a + b), a + b) = (-7c, 10c, c) = x_b + x_a$: abgeschlossen und kommutativ

G_2: Alle Vektoren des R^3 sind assoziativ

G_3: $x_0 = (0, 0, 0)$ ist neutral: $x_a + x_0 = x_0 + x_a = x_a$

G_4: Mit $x_a = (-7a, 10a, a)$ ist auch $-x_a = (-7(-a), 10(-a), -a)$ eine Lösung und das Inverse zu x_a: $x_a - x_a = -x_a + x_a = x_0$.

2. Einführung in Grundbegriffe und Probleme der linearen Algebra

2.1 Linearität

2.1.1. Linearformen und lineare Funktionen

Unter den allgemeinen Abbildungen oder Funktionen f, die jedem Element x aus einer Menge A jeweils ein Element y aus einer Menge B zuordnen, (etwa ist jedem Bundesbürger ein Geburtsdatum oder der Warenmenge x wird der Verkaufserlös y zugeordnet) beschränken wir uns in der folgenden Weise:

1. Die Abbildung soll eindeutig sein, d.h. dem Element x aus A ist genau ein Element $y = f(x)$ aus B zugeordnet (amtlich gibt es keine zwei Geburtstage, beim Verkauf von x Stück der Ware entstehen nicht zwei verschiedene Erlöse).
2. In der Menge A und der Menge B sollen Rechenoperationen gemacht werden können, etwa Addition und Subtraktion (Menschen kann man nicht addieren, höchstens deren Anzahl, Geburtstage zu addieren ist ebenfalls nicht sinnvoll, jedoch Warenmengen oder deren Erlöse).

Um diese Anforderungen zu gewährleisten, bleiben wir vorerst bei der Menge der reellen Zahlen R, d.h. wir betrachten Funktionen, die reellen Zahlen wieder reelle Zahlen zuordnen. Eine solche Zuordnung ist

$$y = f(x) = ax + b = 8x + 10 .$$

Man unterscheidet in dieser Funktion zwischen *Konstanten* (a und b oder konkret 8 und 10) und *Variablen* (hier x). Konstante und Variable sind dabei reelle Zahlen, jedoch sind die Konstanten fest, die Variablen sind in dieser Schreibweise eher Stellvertreter für eine konkret einzusetzende Zahl. Wählt man $x = 7.5$, so ergibt sich

$$y = f(7.5) = 8 \cdot 7.5 + 10 = 70.$$

Statt einer einzigen Variablen x können im allgemeinen n Variable $x_1, x_2, x_3, \ldots, x_n$ gegeben sein (etwa Warenmengen $x_1, \ldots, x_n$ der Waren mit den Nummern $1, 2, \ldots, n$).

Man bezeichnet dabei eine geordnete Menge von Größen $x_1, \ldots, x_n$, bei der also die Reihenfolge (und damit die Bedeutung) festliegt, als ein *n-tupel* von reellen Zahlen

(2.1) $$x = (x_1, x_2, \ldots, x_n).$$

Die Größen (Variablen) $x_1, \ldots, x_n$ können nun mit Konstanten $a_1, a_2, \ldots, a_n$ (z.B. zu den Warenmengen x_i gehörige Preise) multipliziert und die Einzelergebnisse addiert werden. Die allgemeine Darstellung des Ergebnisses nennt man eine Linearform, wobei noch eine Konstante a_0 addiert werden kann.

(2.2) *Def.:* Hat man n Variable $x_1, \ldots, x_n$, so heißt der Ausdruck

$$a_1x_1 + a_2x_2 + \ldots + a_nx_n$$

eine *Linearform* in den Variablen $x_1, \ldots, x_n$ bzw. in $x = (x_1, \ldots, x_n)$. Eine Linearform in x bezeichnet man allgemein mit $L(x_1, \ldots, x_n)$ oder auch einfach L:

(2.3) $$L = L(x) = L(x_1, \ldots, x_n) = a_1x_1 + \ldots + a_nx_n$$ Linearform

Addiert man zur Linearform L(x) noch eine Konstante a_0, so heißt das Ergebnis eine *inhomogene Linearform* und a_0 *absolutes Glied:*

(2.4) $$L_a = L_a(x) = a_0 + L(x) = a_0 + a_1x_1 + \ldots + a_nx_n.$$ inhomogene LF

Im folgenden werden absolute Glieder zugelassen, also inhomogene Linearformen zugrundegelegt, die dann auch einfach Linearformen genannt werden. Fehlt das absolute Glied, so spricht man auch von *homogenen* Linearformen.

Gibt man für das n-tupel x reelle Zahlen vor und betrachtet $L_a(x)$ als Bildungsgesetz einer neuen Zahl y, so ergibt sich eine Funktion, die von x bzw. den n Variablen $x_1, \ldots, x_n$ abhängt:

(2.5) *Def.*: Ist $f(x) = f(x_1, \ldots, x_n)$ eine inhomogene Linearform in x, so heißt

(2.6) $$y = f(x) = f(x_1, \ldots, x_n) = a_0 + a_1x_1 + \ldots + a_nx_n$$

eine *lineare Funktion* in den n (unabhängigen) Variablen oder Veränderlichen $x_1, \ldots, x_n$.

Spezialfall: n = 1, eine einzige Variable $x_1 = x$

(2.7) $$y = f(x) = b + ax.$$

In der Geometrie des 2-dimensionalen Raumes, der Ebene, ist (2.7) die allgemeine Darstellung einer Geraden mit dem Ordinatenabschnitt b und der Steigung a:

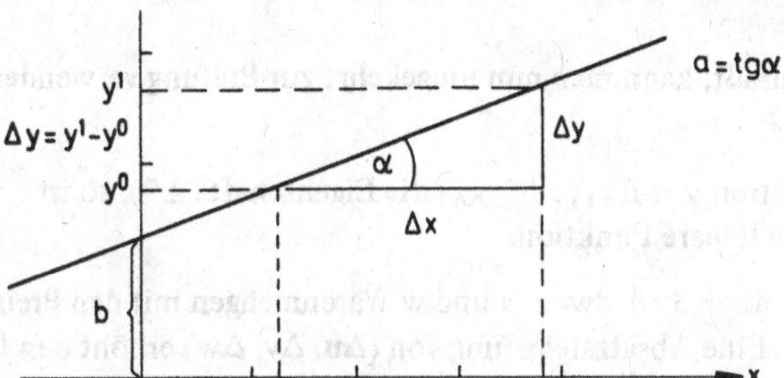

$$y^0 = f(x^0) = b + a \cdot x^0$$
$$y^1 = f(x^1) = b + a \cdot x^1$$
$$\Delta x = x^1 - x^0$$
$$\Delta y = y^1 - y^0 = a(x^1 - x^0)$$

Abb. 2.1

Für n = 2, $y = f(x_1, x_2) = a_0 + a_1x_1 + a_2x_2$ ergibt sich in der 3-dimensionalen Darstellung eine Ebene:

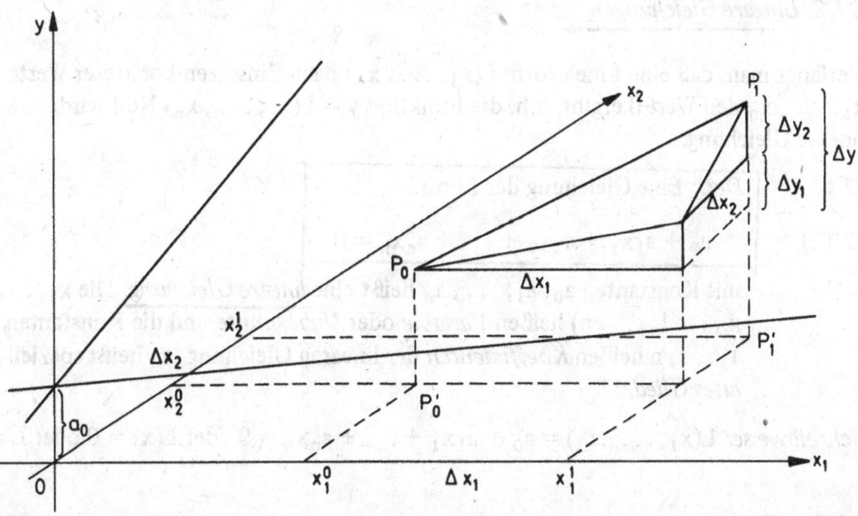

Abb. 2.2

y ist linear bezüglich x_1 und x_2, d.h. y ist linear in beiden Richtungen:

Aus $\mathbf{x}^1 = (x_1^1, x_2^1)$, $\mathbf{x}^0 = (x_1^0, x_2^0)$ folgt

$$\begin{aligned}\Delta y = y_1^1 - y_1^0 &= (a_0 + a_1 x_1^1 + a_2 x_2^1) - (a_0 + a_1 x_1^0 + a_2 x_2^0)\\ &= a_1(x_1^1 - x_1^0) + a_2(x_2^1 - x_2^0)\\ \Delta y &= a_1 \Delta x_1 \qquad + a_2 \Delta x_2,\end{aligned}$$

also ist Δy eine lineare Kombination der Änderungen Δx_1 und Δx_2.

Wie auch aus der Abbildung ersichtlich ist, ist $\Delta y = \Delta y_1 + \Delta y_2$ mit $\Delta y_1 = a_1 \Delta x_1$ und $\Delta y_2 = a_2 \Delta x_2$.

Man kann nun eine *charakteristische Eigenschaft der linearen Funktion* $y = L(x_1, \ldots, x_n)$ ableiten:

1. Ändert man eine Variable x_i von x_i^0 auf x_i^1, d.h. von x_i^0 um den Wert $\Delta x_i = x_i^1 - x_i^0$, so ändert sich y von y^0 auf y^1, d.h. von y^0 um $\Delta y = y^1 - y^0$, wobei Δy unabhängig von x_i^0 und x_i^1 ein konstantes Vielfaches von Δx_i ist:

   (2.8) $\quad y^1 - y^0 = L(x_1, \ldots, x_i^0 + \Delta x_i, \ldots, x_n) - L(x_1, \ldots, x_n) = k \cdot \Delta x_i$

   bzw. $\quad \Delta y = k \cdot \Delta x_i$.

2. Ändert man alle Variablen $x_1, \ldots, x_n$ um die Beträge $\Delta x_1, \ldots, \Delta x_n$, so wird für $y^0 = L(x_1, \ldots, x_n)$ und $y^1 = L(x_1 + \Delta x_1, \ldots, x_n + \Delta x_n)$:

   (2.9) $\quad \Delta y = y^1 - y^0 = k_1 \cdot \Delta x_1 + k_2 \cdot \Delta x_2 + \ldots + k_n \cdot \Delta x_n$,

   d.h. die Änderung Δy ist eine lineare Funktion ohne absolutes Glied in den Veränderungen $\Delta x_1, \ldots, \Delta x_n$.

Die Eigenschaft (2.9), die (2.8) umfaßt, kann man nun umgekehrt zur Prüfung verwenden, ob eine Funktion linear ist:

(2.10) *Satz:* Erfüllt eine Funktion $y = f(x_1, \ldots, x_n)$ die Eigenschaft (2.9), so ist $y = f(x_1, \ldots, x_n)$ eine lineare Funktion.

Beispiel: Die Umsatzfunktion $U = 4u + 3v + 8w$, u, v und w Warenmengen mit den Preisen 4, 3 und 8, ist linear in u, v und w. Eine Absatzsteigerung von $(\Delta u, \Delta v, \Delta w)$ erhöht den Umsatz um $\Delta U = 4\Delta u + 3\Delta v + 8\Delta w$.

2.1.2. Lineare Gleichungen

Verlangt man, daß eine Linearform $L(x_1, \ldots, x_n)$ nach Einsetzen konkreter Werte für $x_1, \ldots, x_n$ den Wert 0 ergibt, d.h. die Funktion $y = L(x_1, \ldots, x_n)$ Null wird, so hat man eine lineare Gleichung.

(2.11) *Def.:* Eine Gleichung der Form

(2.12) $\quad a_0 + a_1 x_1 + a_2 x_2 + \ldots + a_n x_n = 0$

mit Konstanten $a_0, a_1, \ldots, a_n$ heißt eine *lineare Gleichung.* Die $x_1, \ldots, x_n$ (oder x_i, $i = 1, \ldots, n$) heißen *Variable* oder *Unbekannte* und die Konstanten a_i, $i = 0, 1, \ldots, n$ heißen *Koeffizienten* der linearen Gleichung, a_0 heißt speziell auch *absolutes Glied.*

Schreibweise: $L(x_1, \ldots, x_n) = a_0 + a_1 x_1 + \ldots + a_n x_n = 0$ oder $L(\mathbf{x}) = 0$ oder $L = 0$.

(2.13) *Def.:* Ist $(x_1^0, \ldots, x_n^0)$ ein n-tupel von reellen Zahlen, die die lineare Gleichung $L = 0$ erfüllen, d.h. es ist mit den „eingesetzten" Werten

$$L(x_1^0, \ldots, x_n^0) = a_0 + a_1 x_1^0 + \ldots + a_n x_n^0 = 0$$

erfüllt, so heißt $(x_1^0, x_2^0, \ldots, x_n^0)$ eine *Lösung* von $L = 0$.

Beispiel: Sei $L = a_0 + a_1 x_1 + \ldots + a_n x_n = 0$ mit $n = 3$, $a_0 = 8$, $a_1 = -2$, $a_2 = 4$, $a_3 = +1$ und den Variablen x, y, z:

$$L = 8 - 2x + 4y + z = 0$$

$$-2x = -8 - 4y - z; \; x = 4 + 2y + \frac{1}{2}z.$$

Zuordnung beliebiger Werte zu y und z, z.B. $y = 0$ und $z = 1$ ergibt $x = 4\frac{1}{2}$ und somit eine Lösung $(x, y, z) = \left(4\frac{1}{2}, 0, 1\right)$.

Allgemein erhält man die Lösung einer linearen Gleichung: Ist $a_i \neq 0$, so folgt:

$$a_i x_i = -a_0 - a_1 x_1 - \ldots - a_{i-1} x_{i-1} - a_{i+1} x_{i+1} - \ldots - a_n x_n$$

(2.14) $$x_i = -\frac{a_0}{a_i} - \frac{a_1}{a_i} x_1 - \ldots - \frac{a_{i-1}}{a_i} x_{i-1} - \frac{a_{i+1}}{a_i} x_{i+1} - \ldots - \frac{a_n}{a_i} x_n.$$

2.1.3. Operationen mit Linearformen und linearen Gleichungen

Ist $L_1 = x + 2y$ eine Linearform, dann ist auch das 7-fache, nämlich $7x + 14y$, wieder eine Linearform. Ist $L_1 = x + 2y = 0$, etwa für $x = 1$, $y = -0{,}5$, dann ist auch $7L_1 = 7x + 14y = 0$ für $x = 1$, $y = -0{,}5$. Ist außerdem $L_2 = -x + y + 1{,}5$ eine zweite Linearform, dann auch $L_1 + L_2 = 0x + 3y + 1{,}5$, und ist zusätzlich $L_2 = 0$ für die gleichen Werte von x und y, dann ist auch $L_1 + L_2 = 0$.

Allgemein gefaßt heißt dies:

1. Man kann zwei Linearformen L_1 und L_2 in den Variablen $x_1, \ldots, x_n$ *addieren* und erhält:

$$L_1 = a_0 + a_1 x_1 + \ldots + a_n x_n, \quad L_2 = b_0 + b_1 x_1 + \ldots + b_n x_n$$

(2.15) $$\rightarrow L_1 + L_2 = (a_0 + b_0) + (a_1 + b_1) x_1 + \ldots + (a_n + b_n) x_2 = c_0 + c_1 x_1 + \ldots + c_n x_n \quad \text{mit } c_0 = a_0 + b_0, \ldots, c_n = a_n + b_n.$$

2. Man kann eine Linearform L_1 in den Variablen $x_1, \ldots, x_n$ *mit einer reellen Zahl* k *multiplizieren:*

(2.16) $$L_1 = a_0 + a_1 x_1 + \ldots + a_n x_n \quad \rightarrow kL_1 = ka_0 + ka_1 x_1 + \ldots + ka_n x_n = c_0 + c_1 x_1 + \ldots + c_n x_n \quad \text{mit } c_0 = ka_0, \ldots, c_n = ka_n.$$

(2.17) *Satz:* Sind L_1 und L_2 Linearformen in den Variablen $x_1, \ldots, x_n$, dann sind $L_1 + L_2$, $k_1 L_1$ und $k_2 L_2$ ebenfalls Linearformen in den $x_1, \ldots, x_n$, und dann auch $k_1 L_1 + k_2 L_2$.

Die Richtigkeit dieses Satzes ist sofort aus (2.15) und (2.16) für die Addition und Multiplikation mit einer reellen Zahl ersichtlich.

Wendet man diese Eigenschaft auf lineare Gleichungen an, so ergibt sich auch gleich der nächste Satz:

(2.18) *Satz:* Sind $L_1 = 0$ und $L_2 = 0$ lineare Gleichungen in den Unbekannten $x_1, \ldots, x_n$, dann sind auch $L_1 + L_2 = 0$, $k_1 L_1 = 0$ und $k_2 L_2 = 0$ lineare Gleichungen in den $x_1, \ldots, x_n$ und dann auch $k_1 L_1 + k_2 L_2 = 0$.

Mit den Begriffen aus 1.3. können wir aus (2.15) auch folgern, daß die Menge aller Linearformen eine additive kommutative Gruppe bildet.

Aufgaben zu 2.1. Linearität. Die Umsatzfunktion zu einer linearen Preis-Absatz-Funktion.

---

(1) *Spezialfall n = 1:* Ein Betrieb produziert das Produkt A. Die zugehörige Kostenfunktion K sei in einem bestimmten Intervall $[x^0, x^1]$, d.h. für $x^0 \leqslant x \leqslant x^1$ linear:

$K_A = f(x) = K_{fix} + ax$ K_{fix}: beschäftigungsunabhängige Fixkosten,

a : Kostenkoeffizient, der die Kosten zur Herstellung einer Mengeneinheit des Produktes A angibt (Faktorpreis), in DM/Stck

Linearitätsprüfung:

$K_A^0 = f(x^0) = K_{fix} + ax^0$ $K_A^1 = f(x^1) = K_{fix} + ax^1$

$\Delta K_A = f(x^1) - f(x^0) = (K_{fix} + ax^1) - (K_{fix} + ax^0) = a(x^1 - x^0) = a\Delta x$

→ Der Kostenzuwachs ΔK_A ist eine lineare Funktion in den unabhängigen Veränderungen der Menge des Produktes A : Δx.

(2) *Spezialfall n = 2:* Gegeben seien die einzelnen Kostenfunktionen K_i, i = A, B, eines Mehrproduktbetriebes, der zwei Produkte A, B herstellt:

$K_A = K_1 = f(x_1) = K_{1fix} + a_1 x_1$ x_1: Menge des Produktes A
K_{1fix}: Fixkosten der Produktion des Produktes A

$K_B = K_2 = f(x_2) = K_{2fix} + a_2 x_2$ x_2: Menge des Produktes B
K_{2fix}: Fixkosten des Produktes B.

Dann sind die Gesamtkosten GK für beide Produkte:

$$GK = K_1 + K_2 = f(x_1) + f(x_2) = K_{1fix} + K_{2fix} + a_1 x_1 + a_2 x_2$$
$$GK = K_{Gfix} + a_1 x_1 + a_2 x_2$$
$$\Delta GK = a_1 \Delta x_1 + a_2 \Delta x_2$$

→ Der Gesamtkostenzuwachs ist eine lineare Funktion in den Mengenveränderungen Δx_1 und Δx_2 der Produkte A und B.

(3) *Gegenbeispiel (für Nicht-Linearität)*

Es sei die im allgemeinen linear angenommene Preis-Absatz(Nachfrage)-Funktion eines Monopolbetriebes: $p = -ax + b$. Die zugehörige Umsatzfunktion lautet dann:

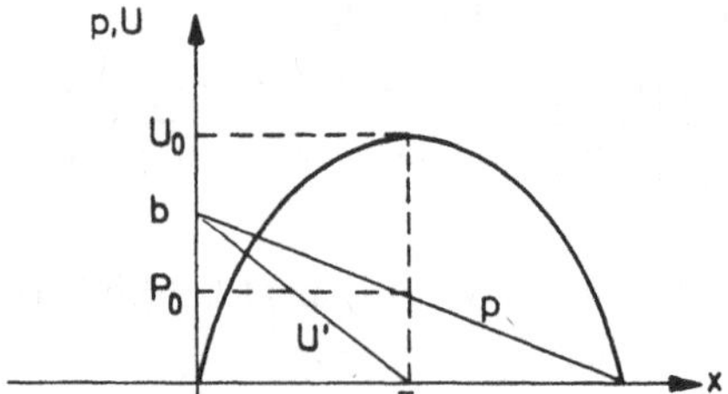

Abb. 2.3

$$U = p \cdot x = -ax^2 + bx = -a\left(x^2 - \frac{b}{a}x\right)$$

$$= -a\left[x^2 - \frac{b}{a}x + \left(\frac{b}{2a}\right)^2\right] + a\left(\frac{b}{2a}\right)^2$$

$$= -a\left(x - \frac{b}{2a}\right)^2 + b'$$

$$= -a(x - \bar{x})^2 + b'$$

Linearitätsprüfung: (Zu unterscheiden: 1 und 0 als hochgestellter Index, z.B. x^1, und $(x^1)^2$ ist das Quadrat von x^1!)

$$U^0 = -a(x^0 - \bar{x})^2 + b' = -a[(x^0)^2 - 2x^0\bar{x} + (\bar{x})^2] + b';$$
$$U^1 = -a(x^1 - \bar{x})^2 + b' = -a[(x^1)^2 - 2x^1\bar{x} + (\bar{x})^2] + b'$$
$$\Delta U = U^1 - U^0 = [-a(x^1)^2 + a2\bar{x}x^1 - a(\bar{x})^2 + b'] - [-a(x^0)^2 + a2\bar{x}x^0 - a(\bar{x})^2 + b']$$
$$= a(x^0)^2 - a(x^1)^2 + a2\bar{x}x^1 - a2\bar{x}x^0 = -a[(x^1)^2 - (x^0)^2] + 2a\bar{x}(x^1 - x^0)$$
$$= -a[(x^1 - x^0)(x^1 + x^0)] + 2a\bar{x}(x^1 - x^0) = (2\bar{x} - x^1 - x^0)a \cdot \Delta x$$

→ U ist nicht linear bezüglich x.

(4) *Operationen mit Linearformen und linearen Gleichungen*

1.
$$\begin{array}{rl} L_1 = & 8 - 2x + 4y - z \\ L_2 = & 3 \qquad\; - y + 5z \\ \hline + \quad L_1 + L_2 = & 11 - 2x + 3y + 4z \end{array}$$
(Linearform)

2.
$$\begin{array}{rl} 3 \cdot L_1 = & 24 - 6x + 12y - 3z \\ 2 \cdot L_2 = & 6 \qquad\; - 2y + 10z \\ \hline + \quad 3L_1 + 2L_2 = & 30 - 6x + 10y + 7z \end{array}$$
(Linearform)

Sind L_1 und L_2 lineare Gleichungen, dann ergeben obige Operationen auch wieder lineare Gleichungen:

1. a)
$$\begin{array}{rl} L_1 \equiv 32 = & -2x + 4y - z \\ L_2 \equiv 15 = & \qquad\; - y + 5z \\ \hline + \quad L_1 + L_2 \equiv 47 = & -2x + 3y + 4z \end{array}$$
(lineare Gleichung)

2. a)
$$\begin{array}{rl} 3L_1 \equiv 96 = & -6x + 12y - 3z \\ 2L_2 \equiv 30 = & \qquad\; - 2y + 10z \\ \hline + \quad 3L_1 + 2L_2 \equiv 126 = & -6x + 10y + 7z \end{array}$$
(lineare Gleichung)

2.2. Lineare Gleichungssysteme

2.2.1. Problemstellung

(2.19) *Def.:* Sind $m (m \geqslant 1)$ Linearformen $L_1, \ldots, L_m$ in den Variablen $x_1, \ldots, x_n$ gegeben, so heißen die linearen Gleichungen $L_1 = 0, L_2 = 0, \ldots, L_m = 0$ in den Unbekannten $x_1, \ldots, x_n$ ein *(simultanes) lineares Gleichungssystem,* wenn sie alle für gleiche n-tupel **x** erfüllt sein sollen.

Man kann schreiben:

$$
(2.20)\quad \begin{array}{ll}
a_{11}x_1 + a_{12}x_2 + \ldots + a_{1n}x_n - b_1 = 0 & (\text{oder } -b_1 = +a_{10}) \\
a_{21}x_1 + a_{22}x_2 + \ldots + a_{2n}x_n - b_2 = 0 & (\text{oder } -b_2 = +a_{20}) \\
\ldots\ldots\ldots\ldots\ldots\ldots\ldots\ldots\ldots & \\
a_{m1}x_1 + a_{m2}x_2 + \ldots + a_{mn}x_n - b_m = 0 & (\text{oder } -b_m = +a_{mo})
\end{array}
$$

Die Konstanten a_{ij} ($i = 1, \ldots, m; j = 1, \ldots, n$) (und manchmal auch die b_i) heißen *Koeffizienten* des linearen Gleichungssystems (LGS), die Konstanten $a_{i0} = -b_i$ auch *absolute Glieder* oder in der Schreibweise

$$
(2.21)\qquad a_{i1}x_1 + \ldots + a_{in}x_n = b_i \; (i = 1, \ldots, m)
$$

auch *„die rechte Seite"*. Der erste Index der a_{ij}, i, bezieht sich auf die i-te Gleichung, der zweite, j, auf die j-te Unbekannte.

In der Form (2.21) mit $L = (a_{i1}x_1 + \ldots + a_{in}x_n = b_i)$ gilt nicht mehr $L = 0$, sondern muß ersetzt werden durch „L ist wahr". Auch in diesem Fall soll L lineare Gleichung heißen.

Beispiel:

$$
\begin{array}{lll}
L_1 \equiv x + 2y - 2z + 3w - 2 = 0 & \text{bzw.} & L_1 \equiv x + 2y - 2z + 3w = 2 \\
L_2 \equiv 2x + 4y - 3z + 4w - 5 = 0 & & L_2 \equiv 2x + 4y - 3z + 4w = 5 \\
L_3 \equiv 5x + 10y - 8z + 11w - 12 = 0 & & L_3 \equiv 5x + 10y - 8z + 11w = 12
\end{array}
$$

Das System hat $m = 3$ Gleichungen in $n = 4$ Unbekannten.

Das Problem ist nun, für das Gleichungssystem (2.20) Werte für die n Unbekannten $x_1, \ldots, x_n$ zu finden, die alle m Gleichungen gleichzeitig erfüllen. Es ist wünschenswert, eine Methode zu finden, die unabhängig von den speziellen Koeffizienten und deren Struktur gut funktioniert und imstande ist, uns alle Lösungen anzugeben.

2.2.2. Systematische Lösungsmethode für lineare Gleichungssysteme

Anhand eines Beispiels soll nun zuerst eine Lösungsmethode angewandt werden, die man auch als Additionsmethode bezeichnen kann, um sie dann in Allgemeinheit zu entwickeln:

$$
\begin{array}{l}
L_1 \equiv x + 2y - 2z + 3w = 2 \\
L_2 \equiv 2x + 4y - 3z + 4w = 5 \\
L_3 \equiv 5x + 10y - 8z + 11w = 12
\end{array}
$$

1. Schritt: Die Variable x wird in Gleichung 2 und 3 eliminiert:

1. Lösungsschritt:

$$
\begin{array}{rl}
-2L_1 \equiv & -2x - 4y + 4z - 6w = -4 \\
+\, L_2 \equiv & 2x + 4y - 3z + 4w = 5 \\
\hline
L_2^* \equiv & z - 2w = 1
\end{array}
$$

L_2 wird ersetzt durch $L_2 - 2L_1 = L_2^*$

$$
\begin{array}{rl}
-5L_1 \equiv & -5x - 10y + 10z - 15w = -10 \\
L_3 \equiv & 5x + 10y - 8z + 11w = 12 \\
\hline
L_3^* \equiv & 2z - 4w = 2
\end{array}
$$

L_3 wird ersetzt durch $L_3 - 5L_1 = L_3^*$

Das Gleichungssystem nach dem

1. Lösungsschritt:

$L_1 \equiv x + 2y - 2z + 3w = 2$

$L_2^* \equiv \qquad z - 2w = 1$

$L_3^* \equiv \qquad 2z - 4w = 2$

2. Lösungsschritt:

$-2L_2^* \equiv -2z + 4w = -2$

$L_3^* \equiv \quad 2z - 4w = \quad 2$

$L_3^{**} \equiv \qquad 0 = \quad 0$

2. Schritt: Die Variable z wird in Gleichung 3 noch eliminiert:

L_3^* wird ersetzt durch $L_3^* - 2L_2^* = L_3^{**}$, d.h. die dritte Gleichung fällt hier weg.

Das Gleichungssystem nach dem

2. Lösungsschritt:

$L_1 \equiv x + 2y - 2z + 3w = 2$

$L_2^* \equiv \qquad z - 2w = 1$ → eine Variable beliebig, z.B. w,

→ z bestimmt,

aus L_1 folgt dann: eine Variable beliebig, z. B. y

→ x bestimmt.

Eine Lösung des Systems wäre z. B.:

Es sei $w = 1 \rightarrow z = 3 \quad L_1 \equiv x + 2y - 6 + 3 = 2 \equiv x + 2y = 5;$

Es sei $y = 2 \rightarrow x = 1 \quad (x, y, z, w) = (1, 2, 3, 1).$

Die *allgemeine* Lösung lautet (ausgedrückt durch die frei bestimmbaren Variablen, hier w und y):

$$(x, y, z, w) = (4 - 2y + w, y, 1 + 2w, w).$$

Man kann im Verlauf der Lösungen auf 2 Entartungsfälle von Gleichungen kommen:

1. $0x + 0y + 0z + 0w = 0$, d.h. man kann die Gleichung weglassen, da sie immer, also unabhängig von x, y, z, w, erfüllt ist (*redundante Gleichung*).

2. $0x + 0y + 0z + 0w = b$, $b \neq 0$, d.h. keine Wahl von x, y, z, w kann die Gleichung erfüllen. Diese Gleichung und damit das ganze LGS ist nicht lösbar und heißt *inkonsistent*.

Möglichkeiten bei der Lösung:

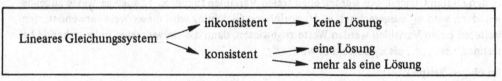

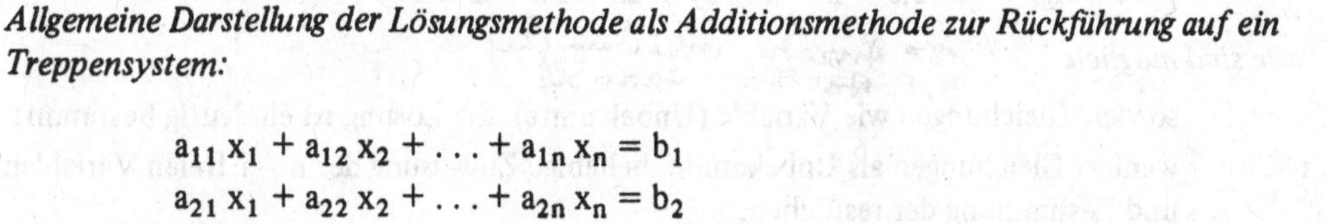

Allgemeine Darstellung der Lösungsmethode als Additionsmethode zur Rückführung auf ein Treppensystem:

$$\begin{aligned} a_{11} x_1 + a_{12} x_2 + \ldots + a_{1n} x_n &= b_1 \\ a_{21} x_1 + a_{22} x_2 + \ldots + a_{2n} x_n &= b_2 \\ \ldots\ldots\ldots\ldots\ldots\ldots\ldots\ldots \\ a_{m1} x_1 + a_{m2} x_2 + \ldots + a_{mn} x_n &= b_m \end{aligned}$$

1. Schritt: (x_1 in $L_2, \ldots, L_m$ wird eliminiert)

Prüfe, ob $a_{11} \neq 0$. Falls $a_{11} = 0$, vertausche L_1 mit L_k mit $a_{k1} \neq 0$. Für alle $i > 1$ wird L_i ersetzt: $L_i^* = -a_{i1} L_1 + a_{11} L_i$, die möglichen Lösungen werden durch diese Operation nicht berührt.

Ergebnis: 1. Gleichung bleibt erhalten, alle anderen Gleichungen enthalten die Variable x_1 nicht mehr.

Ist a_{i1} bereits Null, kann die Ersetzung unterbleiben. Die neuen Koeffizienten sind a_{ij}^* und b_i^*.

2. Schritt: (x_2 in $L_3, \ldots, L_m$ wird eliminiert)
Prüfe, ob $a_{22}^* \neq 0$. Falls $a_{22} = 0$, vertausche L_2 mit L_j mit $a_{j2}^* \neq 0$. Für alle $i > 2$ wird L_i ersetzt: $L_i^{**} = -a_{i2}^* L_2 + a_{22}^* L_i$.

Ergebnis: 1. und 2. Gleichung bleiben erhalten, alle weiteren Gleichungen enthalten auch x_2 nicht mehr.

Ist $a_{i2}^* = 0$, kann die Ersetzung unterbleiben.

3. Schritt: .....
Ergebnis insgesamt:
Es ergibt sich ein lineares Gleichungssystem in der Form:

$$
\begin{array}{llllll}
a_{11}x_1 + a_{12}x_2 & + a_{13}x_3 & & + \ldots + a_{1n}x_n & = b_1 \\
& a_{2j_2}^* x_{j_2} & + a_{2j_2+1}^* x_{j_2+1} & + \ldots + a_{2n}^* x_n & = b_2^* \\
& \ldots\ldots\ldots & \ldots\ldots\ldots & \ldots\ldots\ldots & \\
& & a_{rj_r}^* x_{j_r} & + \ldots + a_{rn}^* x_n & = b_r^*
\end{array}
\tag{2.22}
$$

In der zweiten Gleichung fehlen x_1, aber evtl. noch weitere Variable wie etwa im Beispiel, also ist $j_2 \geqslant 2$.

(2.23) *Def.:* Ein lineares Gleichungssystem in der Form (2.22) heißt ein *lineares Gleichungssystem in Treppenform.* Darin ist $1 < j_2 < j_3 < \ldots < j_r$, d. h. in jeder folgenden Gleichung fehlt mindestens eine Variable mehr, und $a_{11} \neq 0, a_{2j_2} \neq 0, \ldots, a_{rj_r} \neq 0$, d. h. die *Leitkoeffizienten* sind ungleich Null. Die Variablen $x_j (j \neq 1, j_2, \ldots, j_r)$, d. h. alle außer den links stehenden, heißen *freie Variable.*

Die Lösung:
In den letzten Gleichungen werden allen freien Variablen (außer x_{j_r}) beliebige Werte zugewiesen, dann wird x_{j_r} ausgerechnet, in der vorletzten Gleichung wird dieser Wert verwendet, den weiteren freien Variablen werden Werte zugewiesen, dann die am weitesten links stehende berechnet, usw. ..., bis x_1 berechnet wird.

Im obigen Beispiel:

w beliebig: $w = 2 \rightarrow z = 1 + 2w = 5$
y beliebig: $y = -0{,}5 \rightarrow x = 2 - 2y + 2z - 3w = 2 + 1 + 10 - 6 = 7$.

2 Fälle sind möglich: r = Anzahl Gleichungen
n = Anzahl Variable

1. $r = n$: so viele Gleichungen wie Variable (Unbekannte), die Lösung ist eindeutig bestimmt;
2. $r < n$: weniger Gleichungen als Unbekannte, beliebige Zuweisung der $n - r$ freien Variablen und Bestimmung der restlichen.

Treppensystem mit $r = n$:
Dies ist natürlich nur der Fall, wenn auch $n = m$ oder $n < m$ und $m - n$ Gleichungen wegfallen:

$$
\begin{array}{llll}
a_{11}x_1 + a_{12}x_2 + a_{13}x_3 + \ldots & & + a_{1n}x_n & = b_1 \\
a_{22}^* x_2 + a_{23}^* x_3 + \ldots & & + a_{2n}^* x_n & = b_2^* \\
& a_{n-1,n-1}^* x_{n-1} & + a_{n-1,n}x_n & = b_{n-1}^* \\
& & a_{nn}^* x_n & = b_n^*
\end{array}
\tag{2.24}
$$

Hier ist speziell: $j_2 = 2, j_3 = 3, j_4 = 4, \ldots, j_r = r = n$ und es gilt

$$1 < 2 < 3 < \ldots < n.$$

Es gibt keine freien Variablen, alle Variablen sind eindeutig bestimmt.

2.2.3. Geometrische Interpretation der Lösung linearer Gleichungssysteme

Der Fall von 2 Unbekannten:
Eine lineare Gleichung mit x, y als Unbekannte

$$ax + by = e$$

oder in der äquivalenten Form für $b \neq 0$ (mit $\alpha = -\frac{a}{b}$, $\beta = \frac{e}{b}$):

$$y = \alpha x + \beta$$

stellt eine Gerade in der Ebene, dem 2-dimensionalen Raum dar. Die Punkte P(x|y) der Geraden sind alle Lösungen der linearen Gleichung. Sind zwei lineare Gleichungen gegeben

$$\begin{aligned} ax + by &= e \\ cx + dy &= f, \end{aligned} \tag{2.25}$$

so sind die Punkte jeder Geraden die Lösungen der dazugehörigen Gleichung. Soll ein Wertepaar (x|y), d.h. ein Punkt P(x|y), das Gleichungssystem erfüllen, so muß er beide Gleichungen erfüllen, d.h. aber ein Schnittpunkt beider Geraden sein.

Dabei können folgende Fälle auftreten:

1. Parallele Geraden, kein Schnittpunkt als Lösung, d.h. Inkonsistenz des Gleichungssystems, z.B. $x - y = 1$ und $-1{,}5x + 1{,}5y = 3$.
2. Schneidende Geraden, ein einziger Schnittpunkt, d.h. eindeutige Lösung des Gleichungssystems, z.B. $x - y = 1$ und $2x + y = 5$.
3. Zusammenfallende Geraden, alle Punkte der Geraden sind Schnittpunkte, d.h. unendlich viele Lösungen, z.B. $x - y = 1$ und $-2x + 2y = -2$.

Bedingungen für die Lösbarkeit von (2.25):
Will man (2.25) auf ein Treppensystem reduzieren, so folgt aus

$$\begin{aligned} L_2^* = -cL_1 + aL_2: \quad ax \quad &+ by = e \\ (ad - cb)\, y &= af - ce. \end{aligned}$$

Das System ist inkonsistent, wenn $ad - cb = 0$, $af - ce \neq 0$ oder äquivalent:

$$\frac{a}{c} = \frac{b}{d}\, ; \quad \frac{a}{c} \neq \frac{e}{f}.$$

Das System hat genau eine Lösung, wenn $ad - cb \neq 0$ oder $\frac{a}{c} \neq \frac{b}{d}$. Dann ist $x = \frac{de - bf}{ad - bc}$ und $y = \frac{af - ce}{ad - bc}$. Das System hat unendlich viele Lösungen, wenn $ad - cb = 0$ und $af - ce = 0$ oder $\frac{a}{c} = \frac{b}{d} = \frac{e}{f}$. Dann ist y (oder x) freie Variable. Hierbei ist $\frac{a}{c} = \frac{b}{d}$ die Bedingung für Parallelität, und wenn gleichzeitig $\frac{a}{c} = \frac{e}{f}$, die Bedingung für das Zusammenfallen.

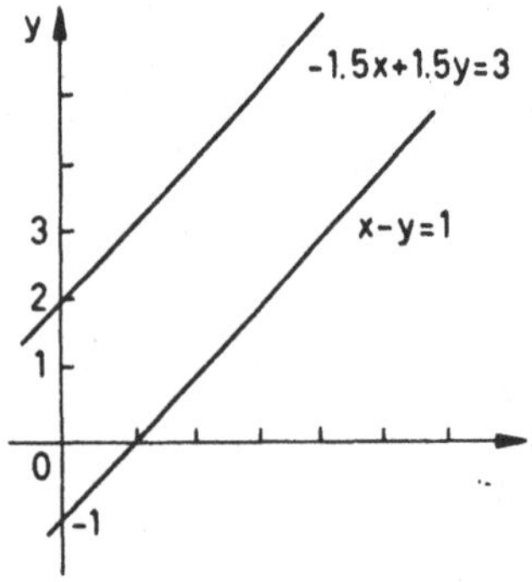

Abb. 2.4

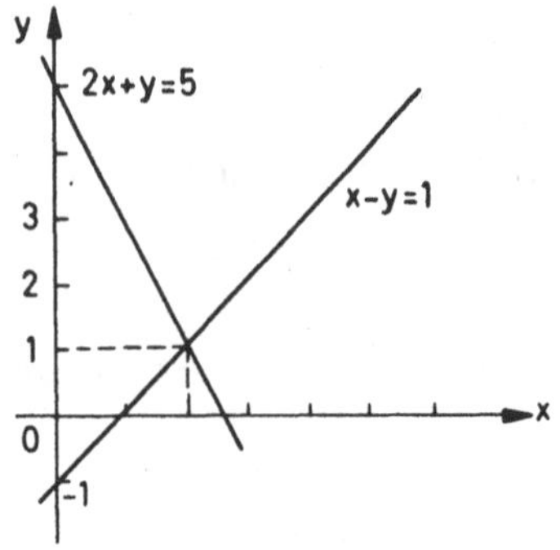

Abb. 2.5

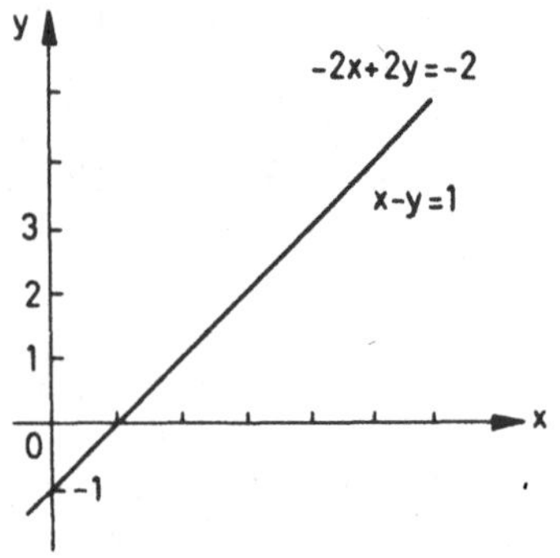

Abb. 2.6

Sind 3 lineare Gleichungen in 2 Unbekannten gegeben, so ist wieder:

1. Mindestens 2 Geraden parallel oder die 3 Geraden bilden ein Dreieck: Inkonsistenz.
2. Alle 3 Geraden schneiden sich, ein einziger Schnittpunkt (dabei können 2 Geraden zusammenfallen): eindeutige Lösung; eine Gleichung fällt bei der Lösung weg, sie ist kombiniertes Vielfaches der anderen.
3. Alle 3 Geraden fallen zusammen: unendlich viele Lösungen.

Eine lineare Gleichung in 3 Unbekannten ist im 3-dimensionalen Raum als Ebene darstellbar. Diese geometrische Vorstellung verallgemeinert man auf Gleichungen in n Unbekannten:

(2.26) *Def.:* Eine lineare Gleichung

$$a_1 x_1 + a_2 x_2 + \ldots + a_n x_n = b$$

in den n Variablen $x_1, \ldots, x_n$ heißt eine *Hyperebene* im n-dimensionalen Raum (im R^n).

2.2.4. Lineare homogene Gleichungssysteme

(2.27) *Def.:* Ein lineares Gleichungssystem der Form (2.20) heißt *homogen* (LHG), wenn alle absoluten Koeffizienten a_{i0} bzw. b_i, $i = 1, \ldots, m$ verschwinden:

(2.28)
$$\begin{aligned} a_{11} x_1 + a_{12} x_2 + \ldots + a_{1n} x_n &= 0 \\ a_{21} x_1 + a_{22} x_2 + \ldots + a_{2n} x_n &= 0 \\ \ldots\ldots\ldots\ldots\ldots\ldots\ldots\ldots \\ a_{m1} x_1 + a_{m2} x_2 + \ldots + a_{mn} x_n &= 0 \end{aligned}$$

Hier ergibt die Reduktion auf ein Treppensystem, da Inkonsistenz nicht auftreten kann (es gibt kein $b \neq 0$):

(2.29)
$$\begin{aligned} a_{11} x_1 + a_{12} x_2 + \quad \ldots \quad + a_{1n} x_n &= 0 \\ a^*_{2j_2} x_{j_2} + \quad \ldots \quad + a^*_{2n} x_n &= 0 \\ \ldots\ldots\ldots\ldots\ldots\ldots\ldots \\ a^*_{rj_r} x_{j_r} + \ldots + a^*_{rn} x_n &= 0 \end{aligned}$$

Zwei Unterfälle sind dann zu unterscheiden:

1. $r = n$: Nur die Lösung $x_1 = 0, x_2 = 0, \ldots, x_n = 0$ bzw. $x = (0, 0, \ldots, 0)$, da es keine freien Variablen gibt. $x = (0, 0, \ldots, 0)$ heißt *Nullösung* oder *triviale Lösung*.

2. $r < n$: Es existiert eine nicht-triviale Lösung (d.h. eine außer der Nullösung), es gibt freie Variablen.

(2.30) <u>*Satz:* Ein homogenes lineares Gleichungssystem hat stets die Nullösung. Gibt es mehr Unbekannte als Gleichungen, so existiert auch eine Nicht-Nullösung.</u>

Beispiel: $\begin{aligned} x + y - z &= 0 \\ 2x - 3y + z &= 0 \\ x - 4y + 2z &= 0 \end{aligned}$ … $\begin{aligned} x + y - z &= 0 \\ -5y + 3z &= 0 \end{aligned}$

[handschriftlich: $m = $ Zahl der Unbeko / $r = $ Zahl " Gleichu]

z ist freie Variable. Es folgt $y = \dfrac{3}{5}\,z$ und $x = \dfrac{2}{5}\,z$. Die allgemeine Lösung ist $\left(\dfrac{2}{5}\,z, \dfrac{3}{5}\,z, z\right)$,

z eine beliebige reelle Zahl. Aus bekannten Lösungen kann man nach dem folgenden Satz neue Lösungen berechnen:

(2.31) *Satz:* Sind $(u_1, u_2, \ldots, u_n)$ und $(v_1, v_2, \ldots, v_n)$ zwei Lösungen des linearen homogenen Gleichungssystems (2.28), dann sind für jede reelle Zahl k auch $(ku_1, ku_2, \ldots, ku_n)$ und $(u_1 + v_1, u_2 + v_2, \ldots, u_n + v_n)$ Lösungen von (2.28).

Der *Beweis* erfolgt durch Einsetzen in das System (2.28). Für jede Gleichung i gilt:

$$a_{i1}(ku_1) + a_{i2}(ku_2) + \ldots + a_{in}(ku_n) =$$
$$= k(a_{i1}u_1 + a_{i2}u_2 + \ldots + a_{in}u_n) = k \cdot 0 = 0 \quad \text{und}$$
$$a_{i1}(u_1 + v_1) + a_{i2}(u_2 + v_2) + \ldots + a_{in}(u_n + v_n) =$$
$$= a_{i1}u_1 + \ldots + a_{in}u_n + a_{i1}v_1 + \ldots + a_{in}v_n = 0 + 0 = 0$$

Durch Anwendung beider Vorgänge hat man:

(2.32) *Folgerung:* $(ku_1 + hv_1, ku_2 + hv_2, \ldots, ku_n + hv_n)$ ist für jedes k und h dann ebenfalls Lösung von (2.28).

2.2.5. Lineare inhomogene Gleichungssysteme

(2.33) <u>*Def.:* Ein lineares Gleichungssystem (2.20) heißt *inhomogen* (LIG), wenn es nicht homogen ist, d.h. wenn mindestens ein absoluter Koeffizient ungleich Null ist. Setzt man die absoluten Koeffizienten gleich Null, so entsteht das *dazugehörige homogene Gleichungssystem*.</u>

Auch in diesem Fall kann man aus bekannten Lösungen neue finden:

(2.34) <u>*Satz:* Ist $(x_1, \ldots, x_n)$ eine spezielle Lösung des inhomogenen Gleichungssystems und $(y_1, \ldots, y_n)$ irgendeine Lösung des dazugehörigen homogenen Gleichungssystems, so ist $(x_1 + y_1, x_2 + y_2, \ldots, x_n + y_n)$ ebenfalls eine Lösung des inhomogenen Systems.</u>

Beweis: Durch Einsetzen hat man:

$$a_{i1}x_1 + a_{i2}x_2 + \ldots + a_{in}x_n = b_i, \quad i = 1, \ldots, m$$
$$a_{i1}y_1 + a_{i2}y_2 + \ldots + a_{in}y_n = 0, \quad i = 1, \ldots, m \quad \text{und}$$

$$\begin{aligned} & a_{i1}(x_1 + y_1) + a_{i2}(x_2 + y_2) + \ldots + a_{in}(x_n + y_n) \\ & \quad = a_{i1}x_1 + a_{i2}x_2 + \ldots + a_{in}x_n + a_{i1}y_1 + a_{i2}y_2 + \ldots + a_{in}y_n \\ & \quad = b_i + 0 = b_i \text{ für } i = 1, \ldots, m. \end{aligned}$$

(2.35) *Satz:* Sind $(x_1, \ldots, x_n)$ und $(v_1, \ldots, v_n)$ zwei Lösungen des LIG, dann ist $(y_1, \ldots, y_n) = (v_1 - x_1, v_2 - x_2, \ldots, v_n - x_n)$ eine Lösung des zugehörigen LHG.

Der *Beweis* erfolgt wieder durch Einsetzen.

(2.36) *Folgerung* aus *Satz* (2.34) und (2.35): Eine Lösung $(x_1, \ldots, x_n)$ des LIG und alle Lösungen des zugehörigen LHG ergeben alle Lösungen des LIG.

Daß sich alle ergeben, folgt aus

$$\begin{aligned} (v_1, \ldots, v_n) &= (v_1 - x_1 + x_1, v_2 - x_2 + x_2, \ldots, v_n - x_n + x_n) \\ &= (v_1 - x_1, \ldots, v_n - x_n) + (x_1, \ldots, x_n), \end{aligned}$$

wobei $(v_1 - x_1, \ldots, v_n - x_n)$ ja auch Lösung des LHG ist.

Schreibweise: U und W sind die Mengen der Lösungen:

$U = \{v = (v_1, \ldots, v_n) \mid v \text{ ist Lösung des LIG}\}$

$W = \{y = (y_1, \ldots, y_n) \mid y \text{ ist Lösung des zugehörigen LHG}\}$

$x = (x_1, \ldots, x_n)$ eine spezielle Lösung des LIG

$\rightarrow U = \{v = x + y \mid y \text{ aus der Menge } W\}$

Aufgaben zu 2.2. Lineare Gleichungssysteme. Ein Mischungsbeispiel

(1) Lösung eines Gleichungssystems

Das allgemeine Gleichungssystem	Das spezielle Gleichungssystem
$L_1 \equiv a_{11}x_1 + a_{12}x_2 + a_{13}x_3 + a_{14}x_4 = b_1$	$x_1 + 5x_2 + 4x_3 - 13x_4 = 3$
$L_2 \equiv a_{21}x_1 + a_{22}x_2 + a_{23}x_3 + a_{24}x_4 = b_2$	$3x_1 - x_2 + 2x_3 + 5x_4 = -1$
$L_3 \equiv a_{31}x_1 + a_{32}x_2 + a_{33}x_3 + a_{34}x_4 = b_3$	$x_1 - 11x_2 + 10x_3 + 31x_4 = -1$
$L_4 \equiv a_{41}x_1 + a_{42}x_2 + a_{43}x_3 + a_{44}x_4 = b_4$	$2x_1 + 2x_2 + 3x_3 - 4x_4 = 1$

1. Schritt: $a_{11} = 1 \neq 0$. Für alle $i > 1$ wird L_i ersetzt, also wird L_2, L_3 und L_4 ersetzt gemäß:
$L_i^* = -a_{i1}L_1 + a_{11}L_i \quad i = 2, 3, 4$

für i = 2:

$L_2^* = -a_{21}L_1 + a_{11}L_2 = -3L_1 + 1L_2$

$$\begin{aligned} -3L_1 &\equiv -3x_1 - 15x_2 - 12x_3 + 39x_4 = -9 \\ 1L_2 &\equiv 3x_1 - x_2 + 2x_3 + 5x_4 = -1 \\ \hline L_2^* &\equiv 0x_1 - 16x_2 - 10x_3 + 44x_4 = -10 \end{aligned}$$

für i = 3:

$L_3^* = -a_{31}L_1 + a_{11}L_3 = -1L_1 + 1L_3$

$$\begin{aligned} -1L_1 &\equiv - x_1 - 5x_2 - 4x_3 + 13x_4 = -3 \\ 1L_3 &\equiv x_1 - 11x_2 + 10x_3 + 31x_4 = -1 \\ \hline L_3^* &\equiv 0x_1 - 16x_2 + 6x_3 + 44x_4 = -4 \end{aligned}$$

für i = 4:

$$L_4^* = -a_{41}L_1 + a_{11}L_4 = -2L_1 + 1L_4$$

$$\begin{array}{rl} -2L_1 \equiv & -2x_1 - 10x_2 - 8x_3 + 26x_4 = -6 \\ 1L_4 \equiv & 2x_1 + 2x_2 + 3x_3 - 4x_4 = 1 \\ \hline L_4^* \equiv & 0x_1 - 8x_2 - 5x_3 + 22x_4 = -5 \end{array}$$

Das Treppensystem nach dem 1. Schritt:

$$\begin{array}{rl} L_1 \equiv & x_1 + 5x_2 + 4x_3 - 13x_4 = 3 \\ L_2^* \equiv & -16x_2 - 10x_3 + 44x_4 = -10 \\ L_3^* \equiv & -16x_2 + 6x_3 + 44x_4 = -4 \\ L_4^* \equiv & -8x_2 - 5x_3 + 22x_4 = -5 \end{array}$$

2. Schritt: $a^*_{2j_2} = -16 \neq 0$, $j_2 = 2$. Für alle $i > 2$ wird L_i^* ersetzt, also wird L_3^*, L_4^* ersetzt gemäß: $L_i^{**} = -a^*_{i2}L_2^* + a^*_{22}L_i^* \quad i = 3, 4.$

für i = 3:

$$L_3^{**} = -a^*_{32}L_2^* + a^*_{22}L_3^* = -(-16)L_2^* + (-16)L_3^* \quad \text{oder}$$

$$L_3^{**} = L_2^* - L_3^* = (0x_2 - 16x_3 + 0x_4 = -6)$$

für i = 4:

$$L_4^{**} = -a^*_{42}L_2^* + a^*_{22}L_4^* = -(-8)L_2^* + (-16)L_4^* \quad \text{oder}$$

$$L_4^{**} = L_2^* - 2L_4^* = (0x_2 + 0x_3 + 0x_4 = 0)$$

Das Treppensystem nach dem 2. Schritt:

$$\begin{array}{rl} L_1 \equiv & x_1 + 5x_2 + 4x_3 - 13x_4 = 3 \\ L_2^* \equiv & -16x_2 - 10x_3 + 44x_4 = -10 \\ L_3^{**} \equiv & -16x_3 + 0x_4 = -6 \end{array}$$

$a^*_{rj_r}x_{j_r} = a^*_{3j_3}x_{j_3} = -16x_3$, $j_3 = 3$;

$r = 3$, $n = 4$, $r < n$, $j_2 = 2$, $j_3 = 3$, x_4 ist freie Variable. (Es könnte aber auch x_2 als freie Variable gewählt werden.)

(2) Lösung eines Gleichungssystems

$$\begin{array}{l} L_1 \equiv 2x + y - 2z + 3w = 1 \\ L_2 \equiv 3x + 2y - z + 2w = 4 \\ L_3 \equiv 3x + 3y + 3z - 3w = 5 \end{array}$$

$$\begin{array}{rl} -3L_1 \equiv & -6x - 3y + 6z - 9w = -3 \\ +2L_2 \equiv & 6x + 4y - 2z + 4w = 8 \\ \hline L_2^* \equiv & y + 4z - 5w = 5 \end{array}$$

$$\begin{array}{rl} -3L_1 \equiv & -6x - 3y + 6z - 9w = -3 \\ +2L_3 \equiv & 6x + 6y + 6z - 6w = 10 \\ \hline L_3^* \equiv & 3y + 12z - 15w = 7 \end{array}$$

Treppensystem nach dem 1. Schritt:

$$\begin{array}{rl} L_1 \equiv & 2x + y - 2z + 3w = 1 \\ L_2^* \equiv & y + 4z - 5w = 5 \\ L_3^* \equiv & 3y + 12z - 15w = 7 \end{array}$$

$$\begin{array}{rl} -3L_2^* \equiv & -3y - 12z + 15w = -15 \\ + L_3^* \equiv & 3y + 12z - 15w = 7 \\ \hline L_3^{**} \equiv & 0 = -8 \end{array}$$

Gleichungssystem inkonsistent.

Im 2. Schritt ergibt sich also die Unlösbarkeit des Gleichungssystems.

(3) Die Abhängigkeit der Lösbarkeit von Parameterkonstellationen

Ein einziger Parameter:

$$L_1 \equiv x + y - z = 1$$
$$L_2 \equiv 2x + 3y + az = 3$$
$$L_3 = x + ay + 3z = 2$$

$$\begin{array}{rl} -2L_1 \equiv & -2x - 2y + 2z = -2 \\ + L_2 \equiv & 2x + 3y + az = 3 \\ \hline L_2^* \equiv & y + (a+2)z = 1 \end{array}$$

$$\begin{array}{rl} - L_1 \equiv & -x - y + z = -1 \\ + L_3 \equiv & x + ay + 3z = 2 \\ \hline L_3^* \equiv & (a-1)y + 4z = 1 \end{array}$$

Treppensystem nach dem 1. Schritt:

$$L_1 \equiv x + y - z = 1$$
$$L_2^* \equiv y + (a+2)z = 1$$
$$L_3^* \equiv (a-1)y + 4z = 1$$

$$\begin{array}{rl} -(a-1)L_2^* = & -(a-1)y - (a-1)(a+2)z = -(a-1) \\ + L_3^* = & (a-1)y + 4z = 1 \\ \hline L_3^{**} \equiv & [4-(a-1)(a+2)]z = 1-(a-1) \\ & = 2 - a \end{array}$$

Endgültiges Treppensystem:

$$L_1 \equiv x + y - z = 1$$
$$L_2^* \equiv y + (a+2)\ z = 1$$
$$L_3^{**} \equiv [4-(a-1)(a+2)]\ z = 2 - a$$

Prüfung der kritischen Werte für a hinsichtlich der Zahl der Lösungen des Systems, Untersuchung der letzten Gleichung:

$4 - (a-1)(a+2) = 0$ oder $a^2 + a - 6 = 0$ mit der Lösung

$$a_{1,2} = -\frac{1}{2} \pm \sqrt{\frac{1}{4} + 6} = -\frac{1}{2} \pm \frac{5}{2}$$
$$a_1 = 2, \quad a_2 = -3.$$

Für $a_1 = 2$ ergibt sich: $L_3^{**} \equiv (4-4)z = 2 - 2 \rightarrow$ unendlich viele Lösungen, da z eine freie Variable ist.

Für $a_2 = -3$ ergibt sich: $L_3^{**} \equiv (4-4)z = 5$
$0 = 5 \quad \rightarrow$ keine Lösung des Gleichungssystems.

Für $a \neq 2$ und $a \neq -3$ liegt die eindeutige Lösung des Gleichungssystems vor.

(4) Mehrere Parameter

$$L_1 \equiv x + 2y - 3z = a$$
$$L_2 \equiv 2x + 6y - 11z = b$$
$$L_3 \equiv x - 2y + 7z = c$$

Das Gleichungssystem
nach dem 1. Schritt:

$$L_1 = x + 2y - 3z = a$$
$$L_2 \equiv 2y - 5z = b - 2a$$
$$L_3 \equiv -4y + 10z = c - a$$

nach dem 2. Schritt:

$$L_1 \equiv x + 2y - 3z = a$$
$$L_2 \equiv 2y - 5z = b - 2a$$
$$L_3 \equiv 0 = 2b - 5a + c$$

Prüfen der kritischen Werte für a, b, c hinsichtlich der Zahl der Lösungen: Es existieren zwei mögliche Fälle:

Fall 1: $2b - 5a + c = 0 \equiv L_3$
d.h. $0 = 0 \equiv L_3$ → Es handelt sich um den Fall der Lösungsmannigfaltigkeit ($r < n$, $r = 2$, $n = 3$) mit unendlich vielen Lösungen. Die Variable z (oder y) ist frei wählbar, und y bzw. z und x sind dann bestimmt.

Fall 2: $L_3 \equiv 0 = 2b - 5a + c$,
wobei $(2b - 5a + c) \neq 0$ → Das Gleichungssystem ist inkonsistent. Es existiert keine Lösung.

(5) Ein Mischungsproblem

Ein metallurgischer Betrieb beabsichtigt, eine neue harte und relativ leichte Metallegierung herzustellen. Es wird gefordert, daß diese Legierung genau 4 % Titan und 2 % Chrom enthalte, während der Rest im wesentlichen aus Aluminium bestehen solle. Der Verwendungszweck des Artikels wird durch die Verwendung des handelsüblichen Hüttenaluminiums nicht beeinträchtigt.

Der Beschaffungsmarkt des Betriebes bietet reines Titan und Chrom derzeit nur zu sehr ungünstigen Preisen an. Es stehen stattdessen titan- und chromhaltige Legierungen zur Verfügung, die entsprechend gemischt werden müssen.

	Legierung	A	B	C	D
Ti	Titan	0.06	0.01	0.04	0.03
Cr	Chrom	0.01	0.03	0.00	0.04

Insgesamt wird eine Einheit Mischungslegierung gekauft.

Daraus ergibt sich ein inhomogenes Gleichungssystem (LIG):

$$\begin{aligned} L_1 &\equiv x_1 + x_2 + x_3 + x_4 = 1 \\ L_2 &\equiv 0.06x_1 + 0.01x_2 + 0.04x_3 + 0.03x_4 = 0.04 \quad (4\%) \\ L_3 &\equiv 0.01x_1 + 0.03x_2 + 0x_3 + 0.04x_4 = 0.02 \quad (2\%) \end{aligned}$$

$$\begin{aligned} L_1 &\equiv x_1 + x_2 + x_3 + x_4 = 1 \\ 100\,L_2 &\equiv 6x_1 + x_2 + 4x_3 + 3x_4 = 4 \\ 100\,L_3 &\equiv x_1 + 3x_2 + 0x_3 + 4x_4 = 2 \end{aligned}$$

Treppensystem:

$$\begin{aligned} L_1 &\equiv x_1 + x_2 + x_3 + x_4 = 1 \\ L_2 &\equiv -5x_2 - 2x_3 - 3x_4 = -2 \\ L_3 &\equiv -9x_3 + 9x_4 = 1 \end{aligned}$$

Es existieren unendlich viele Lösungen, die nicht alle im ökonomischen Sinne interpretierbar sind (z.B. $x_1 < 0$). Es fehlt das Auswahlkriterium (Zielfunktion), das bestimmte mögliche Lösungen als ökonomisch uninteressant ausschließt (vgl. Abschnitt 3, Aufg. 5). Läßt man $x_4 = a$ frei wählbar, so ergibt sich die Lösung $x_4 = a$; $x_3 = -\frac{1}{9} + a$ (aus L_3); $x_2 = \frac{4}{9} - a$ (aus L_2); $x_1 = \frac{6}{9} - a$. Wegen der Nichtnegativität von x_4 ergeben sich die Bedingungen $a \geq 0$ (da $x_4 \geq 0$), $-\frac{1}{9} + a \geq 0$ oder $a \geq \frac{1}{9}$ (da $x_3 \geq 0$), $\frac{4}{9} - a \geq 0$ oder $a \leq \frac{4}{9}$ ($x_2 \geq 0$) und $\frac{6}{9} - a \geq 0$ oder $a \leq \frac{6}{9}$ ($x_1 \geq 0$). Die erste und vierte Bedingung sind redundant, also bleibt für die ökonomische Zulässigkeit:

$$\frac{1}{9} \leqslant a \leqslant \frac{4}{9}.$$

In den Grenzfällen ist die Mischung $\left(\frac{5}{9}, \frac{3}{9}, 0, \frac{1}{9}\right)$ bzw. $\left(\frac{2}{9}, 0, \frac{3}{9}, \frac{4}{9}\right)$.

(6) Spezielle und allgemeine Lösung

$$\begin{aligned} L_1 &\equiv x_1 + 3x_2 + 2x_3 - x_4 = 0 \\ L_2 &\equiv 2x_1 - x_2 + 5x_3 + 2x_4 = 3 \\ L_3 &\equiv -x_1 + 11x_2 - 4x_3 - 7x_4 = -6 \\ L_4 &\equiv x_1 + 10x_2 + x_3 - 5x_4 = -3 \end{aligned}$$

$$\begin{aligned} L_1 &\equiv x_1 + 3x_2 + 2x_3 - x_4 = 0 \\ L_2 &\equiv -7x_2 + x_3 + 4x_4 = 3 \\ L_3 &\equiv 14x_2 - 2x_3 - 8x_4 = -6 \\ L_4 &\equiv 7x_2 - x_3 - 4x_4 = -3 \end{aligned}$$

Das endgültige Treppensystem mit x_3 und x_4 als freie Variablen:

$$L_1 \equiv x_1 + 3x_2 + 2x_3 - x_4 = 0 \quad \rightarrow x_1 = x_4 - \frac{3}{7}(4x_4 + x_3 - 3) - 2x_3$$

$$L_2 \equiv -7x_2 + x_3 + 4x_4 = 3 \quad \rightarrow x_2 = \frac{1}{7}x_3 + \frac{4}{7}x_4 - \frac{3}{7}.$$

1. Die allgemeine Lösung des LIG:

$$(x_1, x_2, x_3, x_4) = \left(-2\frac{3}{7}x_3 - \frac{5}{7}x_4 + 1\frac{2}{7}, \frac{1}{7}x_3 + \frac{4}{7}x_4 - \frac{3}{7}, x_3, x_4\right),$$

x_3 und x_4 beliebig.

2. Eine spezielle Lösung des LIG ist: für $x_3 = x_4 = 0$

$$(x_1, x_2, x_3, x_4) = \left(1\frac{2}{7}, -\frac{3}{7}, 0, 0\right)$$

Das Treppensystem des zugehörigen homogenen Systems läßt sich wie oben dargestellt herleiten. Die rechte Seite aller Gleichungen ist dabei immer Null. Das endgültige Treppensystem des dem inhomogenen System zugehörigen homogenen Systems lautet:

$$\begin{aligned} L_1 &\equiv x_1 + 3x_2 + 2x_3 - x_4 = 0 \\ L_2 &\equiv -7x_2 + x_3 + 4x_4 = 0 \end{aligned}$$

1. Die allgemeine Lösung des LHG:

$$(x_1, x_2, x_3, x_4) = \left(-2\frac{3}{7}x_3 - \frac{5}{7}x_4, \frac{1}{7}x_3 + \frac{4}{7}x_4, x_3, x_4\right).$$

2. Eine spezielle Lösung des LHG ist: für $x_4 = 0, x_3 = 1$

$$(x_1, x_2, x_3, x_4) = \left(-2\frac{3}{7}, \frac{1}{7}, 1, 0\right).$$

3. Die allgemeine Lösung y des inhomogenen Systems LIG:

$\mathbf{y} = \mathbf{b} + \mathbf{w}$ ($\mathbf{b}$ = irgendeine Lösung des inhomogenen Systems, $\mathbf{w} \in W$, W = allgemeine Lösung des zugehörigen homogenen Systems)

Eine weitere spezielle Lösung ist

$$y = \begin{pmatrix} 1\frac{2}{7} \\ -\frac{3}{7} \\ 0 \\ 0 \end{pmatrix} + \begin{pmatrix} -2\frac{3}{7} \\ \frac{1}{7} \\ 1 \\ 0 \end{pmatrix} = \begin{pmatrix} -1\frac{1}{7} \\ -\frac{2}{7} \\ 1 \\ 0 \end{pmatrix} = \begin{pmatrix} x_1 \\ x_2 \\ x_3 \\ x_4 \end{pmatrix}$$

Merke:
Ein Vielfaches der inhomogenen Lösung **b** ist i.a. keine Lösung des inhomogenen Systems (wegen der konstanten Glieder in den Komponenten des Lösungsvektors, hier z.B. – 3/7 und 1 2/7), während ein Vielfaches einer Lösung des zugehörigen homogenen Systems zu **b** addiert wieder eine Lösung des inhomogenen Systems ergibt!

2.3. Vektoren im R^n

2.3.1. Definition, Operationen und Regeln

R ist die Menge aller reellen Zahlen. Als Operationen sind unter reellen Zahlen die Addition und Multiplikation erklärt. Subtraktion und Division erscheinen dabei als Addition negativer Zahlen bzw. Multiplikation mit zugehörigen Reziproken. Dabei gelten eine Reihe von Regeln, die wir laufend benutzen.
Es soll nun das Rechnen mit n-tupeln (z.B. als Lösungen) so verallgemeinert werden, daß möglichst ähnliche Gesetze wie in R selbst gelten.

(2.38) *Def.:* Ein *n-Vektor* oder ein *Vektor aus dem* R^n ist ein n-tupel von reellen Zahlen: $\mathbf{a} = (a_1, a_2, \ldots, a_n)$, $n \geq 1$. **a**, **b** seien n-Vektoren, k eine reelle Zahl:
Gleichheit: $\mathbf{a} = \mathbf{b}$ genau dann, wenn $a_i = b_i$ für $i = 1, \ldots, n$.
Addition: $\mathbf{a} + \mathbf{b} = \mathbf{c}$ ist wieder ein n-Vektor. Es ist $c_i = a_i + b_i$, $i = 1, \ldots, n$, bzw. $(c_1, \ldots, c_n) = (a_1 + b_1, \ldots, a_n + b_n)$.
Multiplikation mit einer reellen Zahl: $k \cdot \mathbf{a} = \mathbf{d}$ ist ebenfalls wieder ein n-Vektor. Es ist $d_i = k \cdot a_i$, $i = 1, \ldots, n$, bzw. $k\mathbf{a} = (ka_1, ka_2, \ldots, ka_n)$.

Eine Multiplikation zwischen Vektoren, so daß ein neuer Vektor entsteht, ist also nicht definiert.

Spezielle Vektoren und Operationen: $\mathbf{0} = (0, 0, \ldots, 0)$ heißt *Nullvektor:* ist $\mathbf{a} = (a_1, a_2, \ldots, a_n)$, dann heißt $-\mathbf{a} = (-1) \cdot \mathbf{a} = (-a_1, -a_2, \ldots, -a_n)$ der zu **a** *negative Vektor.* Definition der Subtraktion als spezielle Addition: $\mathbf{a} - \mathbf{b} = \mathbf{a} + (-1) \cdot \mathbf{b}$.

Beispiel:

1. $\mathbf{u} = (1, -3, 2, 4)$, $\mathbf{v} = (3, 5, -1, -2)$
$\mathbf{u} + \mathbf{v} = (4, 2, 1, 2)$ $\mathbf{u} - \mathbf{v} = (-2, -8, 3, 6)$, $7\mathbf{u} = (7, -21, 14, 28)$,
$3\mathbf{u} - 2\mathbf{v} = (-3, -19, 8, 16)$.

2. Die Lösungen eines linearen Gleichungssystems sind n-Vektoren. Ist es ein LHG, so sind die n-Vektoren, die als Summe oder Vielfache mit einer reellen Zahl entstehen, sogar wieder Lösungen.

3. Listen von Mengen- oder Wertangaben.

Eine Reihe von Regeln oder Gesetzen, die man aus den Definitionen unter (2.38) ableiten kann, fassen wir zusammen:

(2.39) *Satz:* Sind **u**, **v**, **w** n-Vektoren und k, k_1, k_2 reelle Zahlen, so gilt:

1. $\mathbf{u} + \mathbf{v} = \mathbf{v} + \mathbf{u}$	Vertauschbarkeit oder Kommutativität der Addition
2. $(\mathbf{u} + \mathbf{v}) + \mathbf{w} = \mathbf{u} + (\mathbf{v} + \mathbf{w})$	Reihenfolge des Addierens beliebig, Assoziativität
3. $\mathbf{u} + \mathbf{0} = \mathbf{u}$	Addition des Nullvektors ist „neutral"
4. $\mathbf{u} + (-\mathbf{u}) = \mathbf{0}$	Addition des Negativen ergibt den Nullvektor
5. $k \cdot (\mathbf{u} + \mathbf{v}) = k\mathbf{u} + k\mathbf{v}$	Klammerregeln, Distributivität
6. $(k_1 + k_2)\mathbf{u} = k_1\mathbf{u} + k_2\mathbf{u}$	
7. $(k_1 \cdot k_2)\mathbf{u} = k_1(k_2\mathbf{u})$	Assoziativität der Multiplikation mit reellen Zahlen
8. $1 \cdot \mathbf{u} = \mathbf{u}$, $0 \cdot \mathbf{u} = \mathbf{0}$, $k \cdot \mathbf{0} = \mathbf{0}$	

9. Die Gleichung $\mathbf{a} + \mathbf{x} = \mathbf{b}$ ist für alle n-Vektoren **a**, **b** für einen n-Vektor **x**, nämlich $\mathbf{x} = (-\mathbf{a}) + \mathbf{b}$, lösbar.

Die Eigenschaften 1. bis 4. des obigen Satzes weisen die Menge R^n als additive, kommutative Gruppe aus.

Der Beweis erfolgt jeweils durch Bildung der linken und rechten Seite und Vergleich (Definition der Gleichheit).

In der Darstellung $\mathbf{a} = (a_1, a_2, \ldots, a_n)$ heißen die a_i, $i = 1, \ldots, n$, *Komponenten* des Vektors **a**, a_1 die erste Komponente usw. In diesem Stadium ist es grundsätzlich gleichgültig, ob wir die Komponenten in einer Zeile: $(a_1, \ldots, a_n)$ oder in einer Spalte:

$$\begin{pmatrix} a_1 \\ a_2 \\ \vdots \\ a_n \end{pmatrix}$$

anordnen. Man spricht dann von *Zeilen-* bzw. *Spaltenvektor.* Wegen eines späteren Unterscheidungszwanges (bei der Multiplikation mit Matrizen) wollen wir uns bereits jetzt auf die Schreibweise als *Spaltenvektor* festlegen.

Es sind nun noch einige Vektoren besonders hervorgehoben:

(2.40) *Def.:* Die n-Vektoren

$$\mathbf{e}_1 = \begin{pmatrix} 1 \\ 0 \\ 0 \\ \vdots \\ 0 \\ 0 \end{pmatrix}, \quad \mathbf{e}_2 = \begin{pmatrix} 0 \\ 1 \\ 0 \\ \vdots \\ 0 \\ 0 \end{pmatrix}, \ldots, \mathbf{e}_{n-1} = \begin{pmatrix} 0 \\ 0 \\ 0 \\ \vdots \\ 1 \\ 0 \end{pmatrix}, \quad \mathbf{e}_n = \begin{pmatrix} 0 \\ 0 \\ 0 \\ \vdots \\ 0 \\ 1 \end{pmatrix}$$

heißen *Einheitsvektoren* des R^n. Der n-Vektor **s** mit nur Einsen als Komponenten heißt *Summenvektor.*

Durch Summation von Vielfachen von n-Vektoren erhält man eine Linearform in n-Vektoren:

(2.41) *Def.:* Sind $\mathbf{a}_1, \ldots, \mathbf{a}_r$ n-Vektoren (r beliebige natürliche Zahl) und r Zahlen $k_1, \ldots, k_r$, dann heißt der Vektor $\mathbf{b} = k_1\mathbf{a}_1 + k_2\mathbf{a}_2 + \ldots + k_r\mathbf{a}_r$ eine *Linearkombination* der Vektoren $\mathbf{a}_1, \ldots, \mathbf{a}_r$.

Es lassen sich nun alle Vektoren des R^n als Linearkombinationen der Einheitsvektoren darstellen:

(2.42) *Satz:* Ist a ein beliebiger n-Vektor, dann läßt sich a als Linearkombination der Einheitsvektoren auf eine und nur eine Weise darstellen, und zwar mit den Komponenten $a_1, \ldots, a_n$ als Koeffizienten.

Beweis:

1. $\mathbf{a} = \begin{pmatrix} a_1 \\ \vdots \\ a_n \end{pmatrix}$ ist eine Linearkombination der Einheitsvektoren. Bilde $a_1\mathbf{e}_1 + \ldots + a_n\mathbf{e}_n =$

$$a_1 \begin{pmatrix} 1 \\ 0 \\ 0 \\ \vdots \\ 0 \end{pmatrix} + a_2 \begin{pmatrix} 0 \\ 1 \\ 0 \\ \vdots \\ 0 \end{pmatrix} + \ldots + a_n \begin{pmatrix} 0 \\ 0 \\ 0 \\ \vdots \\ 1 \end{pmatrix} = \begin{pmatrix} a_1 \\ 0 \\ 0 \\ \vdots \\ 0 \end{pmatrix} + \begin{pmatrix} 0 \\ a_2 \\ 0 \\ \vdots \\ 0 \end{pmatrix} + \ldots + \begin{pmatrix} 0 \\ 0 \\ 0 \\ \vdots \\ a_n \end{pmatrix} = \begin{pmatrix} a_1 \\ a_2 \\ a_3 \\ \vdots \\ a_n \end{pmatrix} = \mathbf{a}$$

2. Die Darstellung ist eindeutig:
Sei $\mathbf{a} = b_1\mathbf{e}_1 + \ldots + b_n\mathbf{e}_n$ eine zweite Darstellung von a. Es folgt $\mathbf{a} = \begin{pmatrix} b_1 \\ \vdots \\ b_n \end{pmatrix}$ wie unter 1. Da aber $\mathbf{a} = \begin{pmatrix} a_1 \\ \vdots \\ a_n \end{pmatrix} = \begin{pmatrix} b_1 \\ \vdots \\ b_n \end{pmatrix}$, ergibt die Gleichheitsdefinition $a_i = b_i$ für $i = 1, \ldots, n$, also eine eindeutige Darstellung.

2.3.2. Lineare Gleichungen in n-Vektoren

Das Problem der linearen Gleichungssysteme hat in Vektorenschreibweise nun folgende Darstellung:

Seien $\mathbf{a}_1, \mathbf{a}_2, \ldots, \mathbf{a}_n$ und b gegebene m-Vektoren

$$\mathbf{a}_1 = \begin{pmatrix} a_{11} \\ a_{21} \\ \vdots \\ a_{m1} \end{pmatrix}, \quad \mathbf{a}_2 = \begin{pmatrix} a_{12} \\ a_{22} \\ \vdots \\ a_{m2} \end{pmatrix}, \ldots, \mathbf{a}_n = \begin{pmatrix} a_{1n} \\ a_{2n} \\ \vdots \\ a_{mn} \end{pmatrix} \text{ und } \mathbf{b} = \begin{pmatrix} b_1 \\ b_2 \\ \vdots \\ b_m \end{pmatrix}.$$

Mit welchen Faktoren $x_1, \ldots, x_n$ läßt sich der m-Vektor b als Summe der x_i-fachen der m-Vektoren $\mathbf{a}_i$ darstellen?

(2.43) $x_1\mathbf{a}_1 + x_2\mathbf{a}_2 + \ldots + x_n\mathbf{a}_n = \mathbf{b}$.

oder: mit welchen Koeffizienten x_i ist b Linearkombination der $\mathbf{a}_i$?

Eine der wesentlichen Fragen, die später zu lösen sind, kann so gestellt werden: Welche der

Summanden a_i sind überflüssig in der Linearkombination, welche sind austauschbar, und wie sehen die kleinsten Mengen von Vektoren a_i aus, von denen **b** eine Linearkombination ist?

Um das Gleichungssystem (2.20) noch kürzer schreiben zu können als in (2.43), faßt man die Koeffizienten a_{ij} wie folgt zusammen:

(2.44) *Def.:* Ein geordnetes Schema von reellen Zahlen, die in m Zeilen und n Spalten auftreten, heißt eine *(m, n)-Matrix* (oder einfach Matrix) **A**:

$$\mathbf{A} = \mathbf{A}_{m,n} = \begin{pmatrix} a_{11} & a_{12} & \dots & a_{1n} \\ a_{21} & a_{22} & \dots & a_{2n} \\ \dots & \dots & \dots & \dots \\ a_{m1} & a_{m2} & \dots & a_{mn} \end{pmatrix}$$

Das *Produkt einer (m, n)-Matrix* **A** *mit einem n-Vektor* **x**, $\mathbf{x} = (x_1, \dots, x_n)$, ist ein m-Vektor **b**, der durch (2.20) gegeben ist.

(2.45) $$\mathbf{A} \cdot \mathbf{x} = \mathbf{b} \text{ mit } b_i = \sum_{j=1}^{n} a_{ij}x_j \quad \text{für } i = 1, \dots, m.$$

(2.20), (2.43) und (2.45) sind also äquivalente Darstellungen für ein lineares Gleichungssystem.

Man sieht, daß man **A** auch als Zusammenfassung der Spaltenvektoren (oder auch Zeilenvektoren) interpretieren kann.

2.3.3. Skalarprodukt, Norm und Abstand im R^n

Beispiel: $\mathbf{u} = (10, 3, 5)$ sei der Vektor der Mengen von Waren A_1, A_2, A_3 und $\mathbf{p} = (2, 4, 2)$ der Vektor der zugehörigen Preise. Dann ist der Gesamtwert $W = 10 \cdot 2 + 3 \cdot 4 + 5 \cdot 2 = 42$ eine reelle Zahl.

(2.46) *Def.:* Sind **a** und **b** zwei n-Vektoren, dann heißt die reelle Zahl $W = \mathbf{a} \cdot \mathbf{b} = (\mathbf{a}, \mathbf{b})$ $= a_1b_1 + a_2b_2 + \dots + a_nb_n = \sum_{i=1}^{n} a_ib_i$ das *Skalarprodukt* oder *innere Produkt* von **a** und **b**.
a und **b** heißen senkrecht oder *orthogonal*, wenn $\mathbf{a} \cdot \mathbf{b} = 0$ ist. Reelle Zahlen heißen auch *Skalare*.

(2.47) *Satz:* Für Vektoren **u**, **v**, **w** aus dem R^n (n-Vektoren) und eine reelle Zahl k gilt:

1. $(\mathbf{u} + \mathbf{v}) \cdot \mathbf{w} = \mathbf{u} \cdot \mathbf{w} + \mathbf{v} \cdot \mathbf{w}$
2. $\mathbf{u} \cdot \mathbf{v} = \mathbf{v} \cdot \mathbf{u}$
3. $(k\mathbf{u}) \cdot \mathbf{v} = k(\mathbf{u} \cdot \mathbf{v})$
4. $\mathbf{u} \cdot \mathbf{u} = \mathbf{u}^2 \geqslant 0$
5. Es gilt $\mathbf{u}^2 = 0$ dann und nur dann, wenn $\mathbf{u} = \mathbf{0}$

Beweis: Durch Anwendung der Definition in 5. hat man:

a) Wenn $\mathbf{u}^2 = 0$: $\mathbf{u}^2 = u_1^2 + u_2^2 + \dots + u_n^2$. Alle Summanden $u_i^2 \geqslant 0$; wäre ein $u_i \neq 0$, so $u_i^2 > 0$ und $\mathbf{u}^2 > 0$. Es müssen also alle $u_i = 0$ sein, d.h. $\mathbf{u} = \mathbf{0}$.

b) Wenn $\mathbf{u} = \mathbf{0}$, so ist natürlich sofort $\mathbf{u}^2 = 0$.

Nur am Rande benötigen wir die folgenden Begriffe:

(2.48) *Def.:* Die *Norm* oder *Länge* eines n-Vektors **u** ist definiert durch

$$\|\mathbf{u}\| = \sqrt{\mathbf{u} \cdot \mathbf{u}} = \sqrt{u_1^2 + u_2^2 + \ldots + u_n^2}$$

Der Abstand d zweier Vektoren **u** und **v** ist die Norm ihrer Differenz:

$$d(\mathbf{u}, \mathbf{v}) = \|\mathbf{u} - \mathbf{v}\| = \sqrt{(u_1 - v_1)^2 + \ldots + (u_n - v_n)^2}$$

Es gilt $d(\mathbf{u}, \mathbf{v}) = d(\mathbf{v}, \mathbf{u})$.

Im R^2 ist die geometrische Darstellung

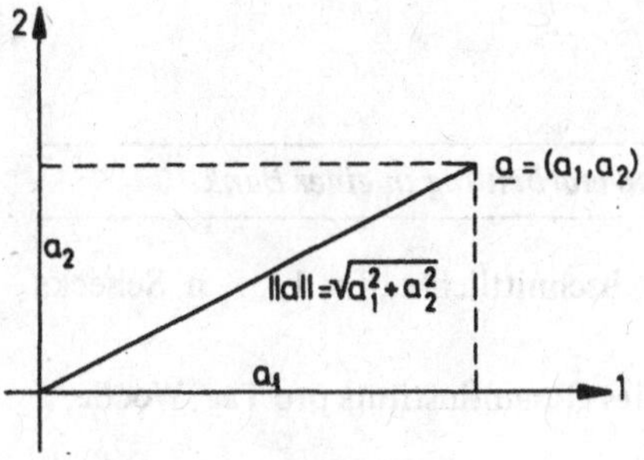

Norm oder Länge (Abb. 2.7)

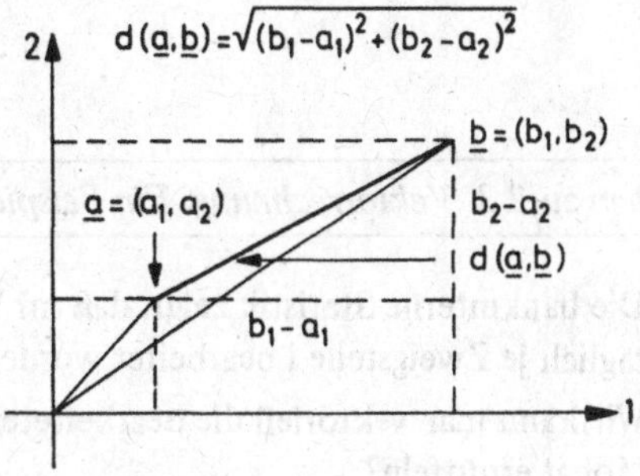

Abstand (Abb. 2.8)

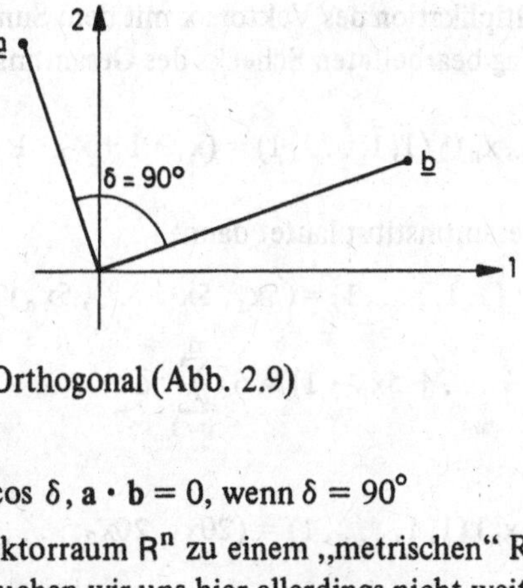

Orthogonal (Abb. 2.9)

Es gilt: $\mathbf{a} \cdot \mathbf{b} = \|\mathbf{a}\| \cdot \|\mathbf{b}\| \cdot \cos \delta$, $\mathbf{a} \cdot \mathbf{b} = 0$, wenn $\delta = 90^\circ$

Der Abstand macht den Vektorraum R^n zu einem „metrischen" Raum. Mit solchen „topologischen" Eigenschaften brauchen wir uns hier allerdings nicht weiter zu beschäftigen.

(2.49) *Satz:* Es gilt die *Cauchy-Schwarzsche Ungleichung*

$|\mathbf{a} \cdot \mathbf{b}| \leqslant \|\mathbf{a}\| \cdot \|\mathbf{b}\|$ (| | ist der Absolutbetrag vgl. Abschn. 6.1.1), d.h.

$$\left| \sum_{i=1}^{n} a_i b_i \right| \leqslant \sqrt{\sum_{i=1}^{n} a_i^2} \cdot \sqrt{\sum_{i=1}^{n} b_i^2}$$

(2.50) und die *Dreiecksungleichung*

$\|\mathbf{a} + \mathbf{b}\| \leqslant \|\mathbf{a}\| + \|\mathbf{b}\|$, d.h.

$$\sqrt{\sum_{i=1}^{n} (a_i + b_i)^2} \leqslant \sqrt{\sum_{i=1}^{n} a_i^2} + \sqrt{\sum_{i=1}^{n} b_i^2}\,.$$

Beispiel: Es sei $\mathbf{a} = \begin{pmatrix} 5 \\ 3 \\ 1 \end{pmatrix}$ und $\mathbf{b} = \begin{pmatrix} 1 \\ 2 \\ 0.5 \end{pmatrix}$

Dann erhält man: $|\mathbf{a} \cdot \mathbf{b}| = |5 \cdot 1 + 3 \cdot 2 + 1 \cdot 0.5| = 11.5$

$$\|\mathbf{a}\| = \sqrt{5^2 + 3^2 + 1^2} = \sqrt{35} = 5.916$$

$$\|\mathbf{b}\| = \sqrt{1^2 + 2^2 + 0.5^2} = \sqrt{5.25} = 2.291$$

Also gilt $|\mathbf{a} \cdot \mathbf{b}| = 11.5 < \|\mathbf{a}\| \cdot \|\mathbf{b}\| = 13.555$

Weiter ist

$$\|\mathbf{a} + \mathbf{b}\| = \sqrt{(5+1)^2 + (3+2)^2 + (1+0.5)^2} = \sqrt{63{,}25} = 7.953 < \|\mathbf{a}\| + \|\mathbf{b}\| = 8.207$$

Aufgaben zu 2.3. Vektorrechnung. Ein Beispiel zur Listenverarbeitung in einer Bank

---

(1) a) Die bankinterne Statistik zeigt, daß im Vorjahr durchschnittlich x_i, $i = 1, \ldots, n$, Schecks täglich je Zweigstelle i bearbeitet worden sind.

Wie kann man vektoriell die bearbeiteten Schecks des Gesamtinstituts pro Tag, Woche, Monat ermitteln?

Lösung: Der Scheckvektor $\mathbf{x} = (x_1, \ldots, x_n)$ gibt die bearbeiteten Schecks pro Tag der n Zweigstellen an. Die Skalarmultiplikation des Vektors $\mathbf{x}$ mit dem Summenvektor s (mit n Komponenten) summiert alle pro Tag bearbeiteten Schecks des Gesamtinstituts:

$$\mathbf{x} \cdot \mathbf{s} = (x_1, x_2, \ldots, x_n) \cdot (1, 1, \ldots, 1) = (x_1 \cdot 1 + x_2 \cdot 1 + \ldots + x_n \cdot 1) = \sum_{i=1}^{n} x_i.$$

Die Scheckzahl je Woche im Gesamtinstitut lautet dann:

$$5 \cdot \mathbf{x} \cdot \mathbf{s} = 5(x_1, x_2, \ldots, x_n) \cdot (1, 1, \ldots, 1) = (5x_1, 5x_2, \ldots, 5x_n) \cdot (1, 1, \ldots, 1)$$

$$= (5x_1 \cdot 1 + 5x_2 \cdot 1 + \ldots + 5x_n \cdot 1) = 5 \sum_{i=1}^{n} x_i\,;$$

... und pro Monat:

$$4 \cdot 5 \cdot \mathbf{x} \cdot \mathbf{s} = 20(x_1, x_2, \ldots, x_n)(1, 1, \ldots, 1) = (20x_1, 20x_2, \ldots, 20x_n)(1, 1, \ldots, 1)$$

$$= (20x_1 \cdot 1 + 20x_2 \cdot 1 + \ldots + 20x_n \cdot 1) = 20 \sum_{i=1}^{n} x_i$$

b) Die von der Bank dem Kunden in Rechnung gestellten Gebühren je gebuchtem Einzelposten betragen DM –,30. Es ist der gesamte Gebührenerlös aller verbuchten Schecks anzugeben.

Lösung:

$$\text{DM } 0{,}30 \cdot 4 \cdot 5 \cdot \mathbf{x} \cdot \mathbf{s} = \text{DM}\,(6x_1, 6x_2, \ldots, 6x_n) \cdot (1, 1, \ldots, 1)$$

$$= \text{DM}\,(6x_1 \cdot 1 + 6x_2 \cdot 1 + \ldots + 6x_n \cdot 1) = \text{DM} \cdot 6 \sum_{i=1}^{n} x_i\,.$$

c) Die Statistik weist weiter die täglich anfallende Menge an Überweisungen, Wechsel, Effektenkäufen und -verkäufen (Kleingeschäfte bis DM 500, – nom.) für die einzelnen Zweigstellen aus. Für alle Geschäftsarten werden dem Kunden Gebühren berechnet: p_1, p_2, p_3, p_4. Wie hoch ist der Gesamterlös der Bank in diesen Geschäftsarten zusammen?

Lösung: Für jede Geschäftsart (Scheck, Wechsel, ...) existiert ein Geschäftsarten-(Produkt)-Vektor: $x_i = (x_{i1}, \ldots, x_{in})$ mit der Anzahl der in der jeweiligen Geschäftsart (Produktart) i in jeder Zweigstelle $j = 1, \ldots, n$ vorkommenden Geschäfte (Produkte) als Komponenten.

Bei 4 Geschäftsarten (Produkten) und n Niederlassungen hat man 4 n-Vektoren $x_i = (x_{i1}, \ldots, x_{in}), i = 1, \ldots, 4$, die sich zu einer (4, n)-Matrix zusammenstellen lassen:

$$\begin{pmatrix} x_1 \\ x_2 \\ x_3 \\ x_4 \end{pmatrix} = \begin{pmatrix} x_{11} & x_{12} & x_{13} & \ldots & x_{1n} \\ x_{21} & x_{22} & x_{23} & \ldots & x_{2n} \\ x_{31} & x_{32} & x_{33} & \ldots & x_{3n} \\ x_{41} & x_{42} & x_{43} & \ldots & x_{4n} \end{pmatrix} = M; \qquad M \cdot s = g \text{ mit } g = \begin{pmatrix} s \\ w \\ f \\ u \end{pmatrix}$$

Die Komponenten des Vektors g geben die Gesamtzahl der Geschäftsfälle in den 4 Arten (Scheck, Wechsel, Überweisung, Effektenkauf bzw. -verkauf) an.

Der Gesamtgebührenertrag der Bank in den 4 Geschäftssparten ergibt sich aus dem mit **p** bewerteten Geschäftsvektor g:

$$\begin{aligned} A &= p \cdot g \\ &= (p_1, p_2, p_3, p_4) \cdot \begin{pmatrix} s \\ w \\ f \\ u \end{pmatrix} = p_1 \cdot s + p_2 \cdot w + p_3 \cdot f + p_4 \cdot u. \end{aligned}$$

(2) Welche x und y genügen

a) $(x, 3) = (2, x + y)$ *Lösung:* $x = 2$ nach Def. der Gleichheit

$3 = x + y \rightarrow y = 1$

b) $(4, y) = x(2, 3)$ *Lösung:* $4 = 2x$

$y = 3x \rightarrow x = 2, y = 6.$

(3) Man beweise

a) $k(a + b) = ka + kb, \; a, b \in R^n, k \in R$

Lösung:

$$k(a+b) = k\left[\begin{pmatrix} a_1 \\ \vdots \\ a_n \end{pmatrix} + \begin{pmatrix} b_1 \\ \vdots \\ b_n \end{pmatrix}\right] = k\left[\begin{pmatrix} a_1 + b_1 \\ \vdots \\ a_n + b_n \end{pmatrix}\right] = \begin{pmatrix} k(a_1 + b_1) \\ \vdots \\ k(a_n + b_n) \end{pmatrix}$$

$$\begin{pmatrix} ka_1 + kb_1 \\ \vdots \\ ka_n + kb_n \end{pmatrix} = \begin{pmatrix} ka_1 \\ \vdots \\ ka_n \end{pmatrix} + \begin{pmatrix} kb_1 \\ \vdots \\ kb_n \end{pmatrix} = ka + kb$$

Entscheidend ist die Distributivität der reellen Zahlen.

b) $(k_1 k_2)a = k_1(k_2 a)$

Lösung:

$$(k_1 k_2)a = (k_1 k_2)\begin{pmatrix} a_1 \\ \vdots \\ a_n \end{pmatrix} = \begin{pmatrix} (k_1 k_2)a_1 \\ \vdots \\ (k_1 k_2)a_n \end{pmatrix} = \begin{pmatrix} k_1(k_2 a_1) \\ \vdots \\ k_1(k_2 a_n) \end{pmatrix} = k_1 \begin{pmatrix} k_2 a_1 \\ \vdots \\ k_2 a_n \end{pmatrix}$$

$$= k_1(k_2 a)$$

Entscheidend ist die Assoziativität der reellen Zahlen.

c) $\mathbf{w}(\mathbf{u}+\mathbf{v}) = \mathbf{w}\cdot\mathbf{u} + \mathbf{w}\cdot\mathbf{v}$

Lösung:

$$\mathbf{w}(\mathbf{u}+\mathbf{v}) = \begin{pmatrix} w_1 \\ \vdots \\ w_n \end{pmatrix}\left[\begin{pmatrix} u_1 \\ \vdots \\ u_n \end{pmatrix} + \begin{pmatrix} v_1 \\ \vdots \\ v_n \end{pmatrix}\right] = \begin{pmatrix} w_1 \\ \vdots \\ w_n \end{pmatrix}\left[\begin{pmatrix} u_1 + v_1 \\ \vdots \quad \vdots \\ u_n + v_n \end{pmatrix}\right]$$

$$\begin{aligned} \mathbf{w}(\mathbf{u}+\mathbf{v}) &= w_1(u_1+v_1) + w_2(u_2+v_2) + \ldots + w_n(u_n+v_n) \\ &= (w_1u_1 + w_1v_1) + (w_2u_2 + w_2v_2) + \ldots + (w_nu_n + w_nv_n) \\ &= (w_1u_1 + w_2u_2 + \ldots + w_nu_n) + (w_1v_1 + w_2v_2 + \ldots + w_nv_n) \\ &= (\mathbf{w}\cdot\mathbf{u}) + (\mathbf{w}\cdot\mathbf{v}). \end{aligned}$$

Wiederum ist die Distributivität der reellen Zahlen entscheidend.

2.4. Ein Beispiel der linearen Programmierung

In einem Betrieb werden 2 Produkte P_1 und P_2 hergestellt, zur Herstellung dienen 2 Maschinenanlagen MA_1 und MA_2 und 2 Montagebänder MB_1 und MB_2. Jedes Produkt wird in zwei Arbeitsgängen auf MA_1 und MA_2 bearbeitet und wird auf einem Montageband fertiggestellt. MA_1 können maximal 20 Einheiten P_1 oder 40 Einheiten P_2 durchlaufen, MA_2 maximal 30 Einheiten P_1 oder 30 Einheiten P_2.

Sei x_1 bzw. x_2 die Menge von P_1 und P_2.

MA_1 : $\frac{1}{20}$ der Kapazität wird für 1 Einheit P_1 verbraucht $\rightarrow \frac{x_1}{20} \leqslant 1$, ebenso $\frac{x_2}{40} \leqslant 1$, zusammen aber $\frac{x_1}{20} + \frac{x_2}{40} \leqslant 1$ oder $2x_1 + x_2 \leqslant 40$.

MA_2 : $\frac{x_1}{30} + \frac{x_2}{30} \leqslant 1 \rightarrow x_1 + x_2 \leqslant 30$.

Für die Montagebänder gilt:

$MB_1 : x_1 \leqslant 15$ $\qquad$ $MB_2 : x_2 \leqslant 25$.

Weiter werden x_1 und x_2 verkauft zu 8 Geldeinheiten (GE) bzw. 5 GE. Gesucht werden die Mengen x_1 und x_2, die den angegebenen (technischen) Bedingungen genügen, nicht-negativ sind, und den Erlös, die sog. Zielfunktion, maximieren.

Zusammenstellung:

$$\begin{aligned} 2x_1 + x_2 &\leqslant 40 \\ x_1 + x_2 &\leqslant 30 \\ x_1 \qquad &\leqslant 15 \\ x_2 &\leqslant 25 \\ x_1, \ x_2 &\geqslant 0; Z = 8x_1 + 5x_2 \rightarrow \text{Max.} \end{aligned}$$

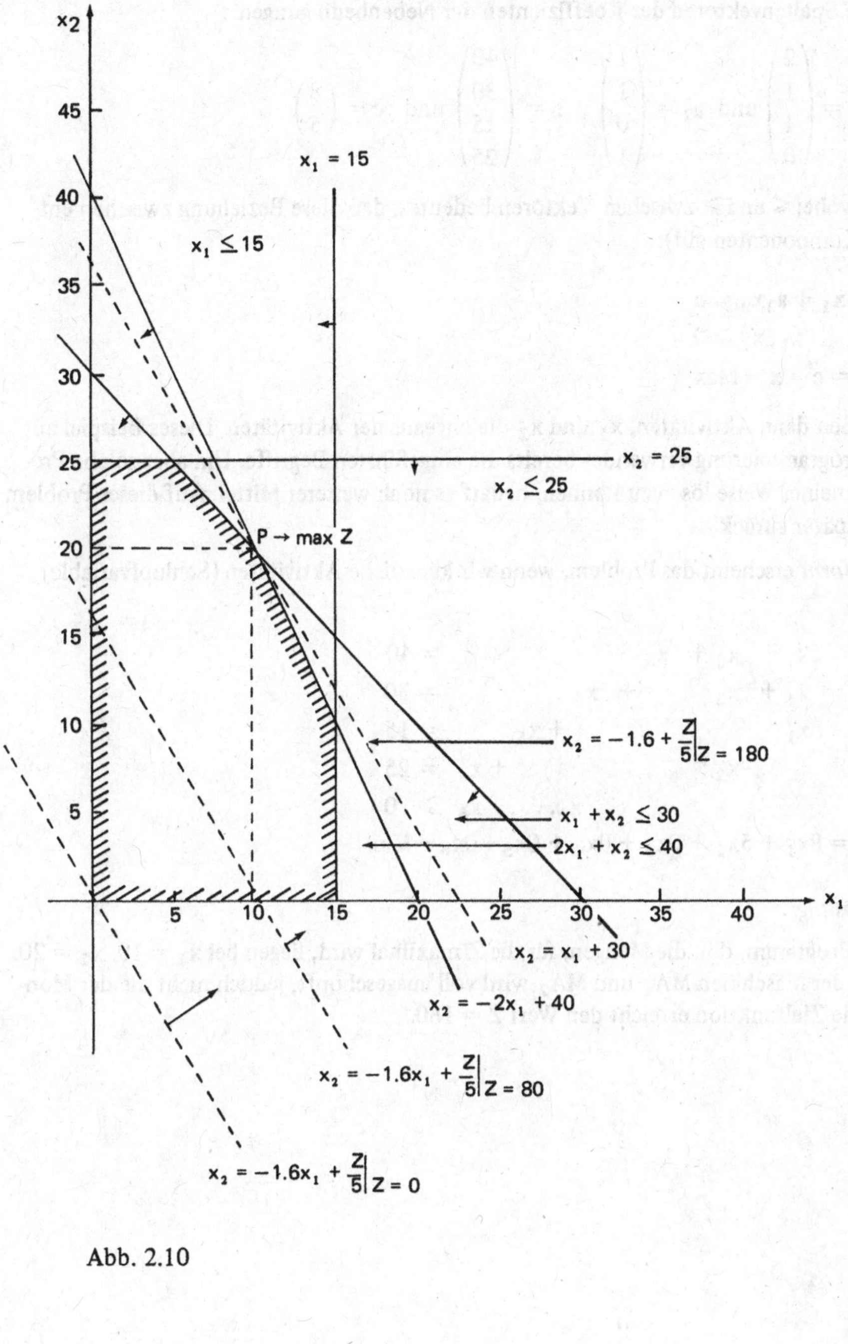

x2
45
40
35
30
25
20
15
10
5
5
10
15
20
25
30
35
40
x1
x1 = 15
x1 ≤ 15
x2 = 25
x2 ≤ 25
P → max Z
x2 = −1.6 + Z/5 | Z = 180
x1 + x2 ≤ 30
2x1 + x2 ≤ 40
x2 = x1 + 30
x2 = −2x1 + 40
x2 = −1.6x1 + Z/5 | Z = 80
x2 = −1.6x1 + Z/5 | Z = 0

Abb. 2.10

Bildet man die Spaltenvektoren der Koeffizienten der Nebenbedingungen

$$\mathbf{a}_1 = \begin{pmatrix} 2 \\ 1 \\ 1 \\ 0 \end{pmatrix} \text{ und } \mathbf{a}_2 = \begin{pmatrix} 1 \\ 1 \\ 0 \\ 1 \end{pmatrix}, \quad \mathbf{b} = \begin{pmatrix} 40 \\ 30 \\ 15 \\ 25 \end{pmatrix} \text{ und } \mathbf{c} = \begin{pmatrix} 8 \\ 5 \end{pmatrix}$$

so muß sein (wobei $\leqslant$ und $\geqslant$ zwischen Vektoren bedeutet, daß diese Beziehung zwischen entsprechenden Komponenten gilt):

$$\begin{aligned} \mathbf{a}_1 x_1 + \mathbf{a}_2 x_2 &\leqslant \mathbf{b} \\ x_1, x_2 &\geqslant 0 \\ Z = \mathbf{c}' \cdot \mathbf{x} &\rightarrow \text{Max.} \end{aligned}$$

$\mathbf{a}_1$ und $\mathbf{a}_2$ heißen dann Aktivitäten, x_1 und x_2 die Niveaus der Aktivitäten. Dieses Beispiel aus der linearen Programmierung verwendet bereits die eingeführten Begriffe. Um aber solche Probleme in allgemeiner Weise lösen zu können, bedarf es noch weiterer Mittel. Auf dieses Problem kommen wir später zurück.

In *Gleichungsform* erscheint das Problem, wenn wir künstliche Aktivitäten (Schlupfvariable) einführen:

$$\begin{aligned} 2x_1 + x_2 + x_3 \qquad\qquad\qquad &= 40 \\ x_1 + x_2 \qquad + x_4 \qquad\qquad &= 30 \\ x_1 \qquad\qquad\qquad + x_5 \qquad &= 15 \\ x_2 \qquad\qquad\qquad + x_6 &= 25 \\ x_1, \ldots, x_6 &\geqslant 0 \\ Z = 8x_1 + 5x_2 + 0x_3 + 0x_4 + 0x_5 + 0x_6 &\rightarrow \text{Max} \end{aligned}$$

Graphische Lösung:

Das optimale Programm, d.h. die Mengen, für die Z maximal wird, liegen bei $x_1 = 10$, $x_2 = 20$. Die Kapazität der Maschinen MA_1 und MA_2 wird voll ausgeschöpft, jedoch nicht die der Montagebänder. Die Zielfunktion erreicht den Wert $Z = 180$.

3. Der lineare Vektorraum

3.1. Lineare Vektorräume und Unterräume

3.1.1. Definition des Vektorraums und Beispiele

Als Verallgemeinerung der charakteristischen Eigenschaften des R^n, der Menge aller n-Vektoren mit reellen Zahlen als Komponenten, definiert man mit Hilfe der eingeführten algebraischen Strukturen:

(3.1) *Def.:* Eine nichtleere Menge L heißt *linearer Vektorraum*, wenn
a) L eine additive kommutative Gruppe ist
b) eine Multiplikation mit Elementen (Skalaren) aus einem Körper K erklärt ist, wobei für alle $a, b \in L$ und $k, h \in K$ gilt:

$$k(a+b) = ka + kb \qquad (h+k)a = ha + ka$$
$$(h \cdot k)a = h \cdot (k \cdot a) \qquad 1a = a$$

1 ist neutrales Element der Multiplikation aus K.

Die Elemente $a, b, \ldots \in L$ heißen *Vektoren.*

Wir werden es im allgemeinen nur mit R als Körper zu tun haben.

Beispiele:

1. R^n ist ein linearer Vektorraum bezüglich der Multiplikation mit Skalaren aus R nach Satz (2.39).
2. $\mathfrak{P}_n$ ist die Menge der Polynome vom Grad kleiner oder gleich n bezüglich der Multiplikation mit reellen Zahlen.
   $\mathfrak{P}_n$ ist additive kommutative Gruppe (siehe Beispiel 7 aus Abschnitt 1.3.1.)
   Multiplikation mit reellen Zahlen:
   $p_a \in \mathfrak{P}_n, p_a = a_0 + a_1x + a_2x^2 + \ldots + a_nx^n, k \in R \rightarrow$
   $k \cdot p_a = (ka_0) + (ka_1)x + (ka_2)x^2 + \ldots + (ka_n)x^n$ ist wieder ein Polynom höchstens n-ten

Grades mit Koeffizienten ka_i.

$$\begin{aligned} \text{Es ist } k(p_a + p_b) &= k \cdot [(a_0 + b_0) + (a_1 + b_1)x + \ldots + (a_n + b_n)x^n] \\ &= k(a_0 + b_0) + k(a_1 + b_1)x + \ldots + k(a_n + b_n)x^n \\ &= (ka_0 + kb_0) + (ka_1 + kb_1)x + \ldots + (ka_n + kb_n)x^n \\ &= kp_a + kp_b. \end{aligned}$$

$$\begin{aligned} \text{Ebenso zeigt man } (h+k)p_a &= (h+k)a_0 + (h+k)a_1x + \ldots + (h+k)a_nx^n \\ &= \ldots\ldots \\ &= hp_a + kp_a \end{aligned}$$

und $(h \cdot k)\mathbf{p_a} = h \cdot (k \cdot \mathbf{p_a})$

sowie $1 \cdot \mathbf{p_a} = 1a_0 + 1a_1 x + \ldots + 1a_n x^n = \mathbf{p_a}$.

Diese letzte Bedingung ist notwendig zu zeigen, da die Multiplikation $k \cdot \mathbf{a} = \mathbf{0}$ (hier $k \cdot \mathbf{p_a} = \mathbf{p_0} = 0$), also auch $1 \cdot \mathbf{a} = \mathbf{0}$ sonst allen Bedingungen genügen würde, jedoch unerwünscht ist.

3. $\mathfrak{P}$ = Menge aller Polynome

4. C = Menge der komplexen Zahlen, definiert durch

(3.2) $\mathsf{C} = \{a + bi \mid a, b \in \mathsf{R}, i = \sqrt{-1}\}$, wobei i als Symbol für $\sqrt{-1}$ verstanden werden kann.

Addition: $(a + bi) + (c + di) = (a + c) + (b + d) \cdot i$;
Multiplikation mit reellen Zahlen: $k(a + bi) = ka + (kb)i$

5. Die Menge der Lösungen eines homogenen linearen Gleichungssystems

$$\begin{array}{l} 3x_1 + 2x_2 + x_3 = 0 \\ 2x_1 + x_2 + 4x_3 = 0 \end{array} \rightarrow \begin{array}{l} 3x_1 + 2x_2 + x_3 = 0 \\ -\frac{1}{3}x_2 + 3\frac{1}{3}x_3 = 0 \end{array}$$

$\rightarrow x_2 = 10x_3, x_1 = -7x_3$

$\rightarrow \mathsf{L} = \{\mathbf{x} = (-7x_3, 10x_3, x_3) \mid x_3 \in \mathsf{R}\}$

Nach Übungsaufgabe 3 aus Abschnitt 1.3 ist L eine additive kommutative Gruppe.

Die Multiplikation mit reellen Zahlen ergibt wieder Lösungen:
$k\mathbf{x} = (-7kx_3, 10kx_3, kx_3) = (-7x_3', 10x_3', x_3'); x_3' = kx_3 \in \mathsf{R}$
und erfüllt die Regeln der Definition.

(3.3) *Satz:* Sei L ein linearer Vektorraum, K der dazugehörige Körper. Dann ist

a) Für $k \in \mathsf{K}$ (k beliebig) und $\mathbf{0} \in \mathsf{L}$: $k \cdot \mathbf{0} = \mathbf{0}$
b) Für $0 \in \mathsf{K}$ und $\mathbf{a} \in \mathsf{L}$ (a beliebig) : $0 \cdot \mathbf{a} = 0$
c) Wenn $k \cdot \mathbf{a} = 0$, folgt $k = 0$ oder $\mathbf{a} = \mathbf{0}$
d) Für $k \in \mathsf{K}$ (k beliebig) und $\mathbf{a} \in \mathsf{L}$ (a beliebig) ist $(-k)\mathbf{a} = k \cdot (-\mathbf{a}) = -k\mathbf{a}$ das Negative (Inverse der Addition) zu ka.

Beweis:

a) $\mathbf{0}$ ist das neutrale Element der Addition in L, also $\mathbf{0} = \mathbf{0} + \mathbf{0}$. Wegen der Distributivität der Multiplikation mit Skalaren ist $k \cdot \mathbf{0} = k(\mathbf{0} + \mathbf{0}) = k\mathbf{0} + k\mathbf{0}$. Das Negative zu $k\mathbf{0}$ ist $-k\mathbf{0}$. Die Addition von $-k\mathbf{0}$ ergibt: $\mathbf{0} = k\mathbf{0} - k\mathbf{0} = (k\mathbf{0} + k\mathbf{0}) - k\mathbf{0} = k\mathbf{0}$, also $k\mathbf{0} = \mathbf{0}$.

b) Es ist $0 + 0 = 0$ in K. Dann ist $0 \cdot \mathbf{a} = (0 + 0) \cdot \mathbf{a} = 0\mathbf{a} + 0\mathbf{a}$. Das Negative zu $0\mathbf{a}$ ist $-0\mathbf{a}$. Addition ergibt dann wieder $\mathbf{0} = 0 \cdot \mathbf{a} - 0\mathbf{a} = (0\mathbf{a} + 0\mathbf{a}) - 0\mathbf{a} = 0\mathbf{a}$, also $0\mathbf{a} = \mathbf{0}$.

c) Sei $k \cdot \mathbf{a} = \mathbf{0}$. Fallunterscheidung: $k = 0$, dann gilt bereits die Implikation, oder $k \neq 0$. Im letzteren Fall $\exists\, k^{-1} \in \mathsf{K}$ und es ist $\mathbf{a} = 1\mathbf{a} = (k^{-1}k)\mathbf{a} = k^{-1} \cdot (k\mathbf{a}) = k^{-1} \cdot \mathbf{0} = \mathbf{0}$.

Bemerkung:

Ohne $\mathbf{a} = 1\mathbf{a}$ aus der Definition des linearen Vektorraums könnte diese Folgerung nicht gezogen werden, da die Multiplikation

$$k \cdot \mathbf{a} = \mathbf{0} \text{ für alle } k \in \mathsf{K} \text{ und } \mathbf{a} \in \mathsf{L}$$

alle anderen Eigenschaften für den linearen Vektorraum auch hat.

d) Man hat $\mathbf{0} = 0 \cdot \mathbf{a} = (k + (-k)) \cdot \mathbf{a} = k\mathbf{a} + (-k)\mathbf{a}$. Addition von $-k\mathbf{a}$ ergibt hier $-k\mathbf{a} = (-k)\mathbf{a}$.
Aus $\mathbf{a} + (-\mathbf{a}) = \mathbf{0}$ folgt $\mathbf{0} = k \cdot \mathbf{0} = k \cdot (\mathbf{a} + (-\mathbf{a})) = k\mathbf{a} + k(-\mathbf{a})$. Addition von $-k\mathbf{a}$ ergibt $-k\mathbf{a} = k \cdot (-\mathbf{a})$.

(3.4) *Folgerung:*
$k \cdot \mathbf{a} = \mathbf{0}$ ist äquivalent mit $k = 0$ oder $\mathbf{a} = \mathbf{0}$.

(Folgerung aus c), a) und b) aus Satz (3.3)). Man mache sich diese Eigenschaft im R^n klar!

3.1.2. Der (lineare) Unterraum eines Vektorraums

(3.5) *Def.:* Eine Untermenge U des linearen Vektorraums L, die für sich mit der gleichen Addition und Multiplikation von L abgeschlossen und wieder ein linearer Vektorraum ist, heißt ein *Unterraum von* L.

Beispiel:

1. $\mathfrak{P}_n \subset \mathfrak{P}_m$, $\mathfrak{P}_n$ ist ein Unterraum von $\mathfrak{P}_m$, falls $n \leqslant m$.
2. $\mathfrak{P}_n \subset \mathfrak{P}$.
3. Die reellen Zahlen bilden einen Unterraum der komplexen Zahlen: $R \subset C$, $R = \{a + 0 \cdot i \mid a \in R\}$.

(3.6) 4. Die Menge, die nur aus dem Nullvektor besteht: $U = \{\mathbf{0}\}$, der *Nullraum*.

5. $L = \{(-7x_3, 10x_3, x_3) \mid x_3 \in R)\}$ ist ein Unterraum des R^3 (vgl. Beispiel 5 aus Abschnitt 3.1.1.)

Um zu prüfen, ob eine Vektormenge U ein Unterraum von L ist, genügt es im wesentlichen, die Abgeschlossenheit zu prüfen:

(3.7) *Satz:* U ist ein Unterraum von L genau dann, wenn
a) U ist nicht leer, $U \neq \emptyset$,
b) U ist abgeschlossen bezüglich der Vektoraddition: $\mathbf{u}, \mathbf{v} \in U \rightarrow \mathbf{u} + \mathbf{v} \in U$,
c) U ist abgeschlossen bezüglich der Multiplikation mit Skalaren:
$\mathbf{u} \in U \rightarrow k \cdot \mathbf{u} \in U \; \forall k \in K$.

Beweis:

Ist U ein Unterraum nach *Def.* (3.5), so hat er natürlich die Eigenschaften a) – c) (da er Vektorraum ist). Zu zeigen bleibt, daß aus a) – c) auch folgt, daß U ein Unterraum ist.

1. U ist eine additive Gruppe bezüglich der Addition von L: $U \neq \emptyset$ nach a); Addition definiert nach b); G_1 (abgeschlossen) nach b); G_2 (assoziativ) erfüllt, da in L erfüllt und $U \subset L$; G_3: $\mathbf{0} \in U$, da nach c) $0 \cdot \mathbf{u} = \mathbf{0} \in U$; G_4: aus $\mathbf{u} \in U$ folgt nach c) $(-1) \cdot \mathbf{u} = -\mathbf{u} \in U$.
2. Multiplikation mit Skalaren:
Multiplikation wie in L definiert nach c); die 4 Regeln der Multiplikation sind in U erfüllt, da sie ja in ganz L gelten.

3.2. Linearkombinationen. Abhängigkeit und Unabhängigkeit

3.2.1. Linearkombination und Erzeugung von Unterräumen

Um aus endlich vielen „bekannten“ Vektoren neue Vektoren zu bilden, benutzen wir folgende Definition:

(3.8) *Def.:* Ist L ein linearer Vektorraum und $\{a_1, \ldots, a_r\}$ eine endliche Menge von Vektoren aus L und $\{k_1, \ldots, k_r\}$ eine Menge von Skalaren aus K (= R) mit gleichviel Elementen, dann heißt der Vektor

$$b = k_1 a_1 + k_2 a_2 + \ldots + k_r a_r = \sum_{i=1}^{r} k_i a_i$$

eine (endliche) *Linearkombination* der Vektoren $\{a_1, \ldots, a_r\}$.

Mit dem Satz (3.7) kann man beweisen, daß die Menge aller Linearkombinationen einen Unterraum bildet.

(3.9) *Satz:* Sei L ein linearer Vektorraum und $A = \{a_1, \ldots, a_r\} \neq \emptyset$ eine endliche Menge von Vektoren aus L, dann bildet die Menge aller Linearkombinationen von A einen Unterraum U von L.

(3.10) *Def.:* In dem Fall, daß alle Vektoren aus U Linearkombinationen von A = $\{a_1, \ldots, a_r\}$ sind, heißt U *aufgespannt* oder *erzeugt* von $\{a_1, \ldots, a_r\}$. Die a_i heißen *erzeugende Vektoren* von U.

Schreibweise: $U = [A] = [\{a_1, \ldots, a_r\}] = [a_1, \ldots, a_r]$.

Beweis von Satz (3.9):

$$U = \{u = \sum_{i=1}^{r} k_i a_i = k_1 a_1 + \ldots + k_r a_r \mid k_1, \ldots, k_r \in K\}$$

Zu zeigen: a), b) und c) aus Satz (3.7):

a) $U \neq \emptyset$, da $A \neq \emptyset$, also $\exists\, a \in A$ und $1 \cdot a = a$ ist Linearkombination und folglich $a \in U$.

b) Sei $u_1 = \sum_{i=1}^{r} k_i a_i$ und $u_2 = \sum_{i=1}^{r} h_i a_i \rightarrow u_1 + u_2 = \sum_{i=1}^{r} k_i a_i + \sum_{i=1}^{r} h_i a_i = \sum_{i=1}^{r} (k_i a_i + h_i a_i) =$

$$= \sum_{i=1}^{r} (k_i + h_i) a_i = \sum_{i=1}^{r} g_i a_i \in U; \text{ mit } g_i = k_i + h_i \in K$$

c) $u = \sum_{i=1}^{r} k_i a_i \rightarrow ku = k \cdot \sum_{i=1}^{r} k_i a_i = \sum_{i=1}^{r} k(k_i a_i)$ nach dem Distributivgesetz in ganz L

$$= \sum_{i=1}^{r} (kk_i) a_i = \sum_{i=1}^{r} h_i a_i \in U \text{ mit } h_i = kk_i,\ i = 1, \ldots, r.$$

Sei $A = \left\{ a_1 = \begin{pmatrix} 1 \\ 1 \\ 0 \\ 0 \end{pmatrix},\ a_2 = \begin{pmatrix} 0 \\ 2 \\ 0 \\ 0 \end{pmatrix} \right\}$, dann ist

$$U = \left\{ k_1 a_1 + k_2 a_2 = \begin{pmatrix} k_1 \\ k_1 + 2k_2 \\ 0 \\ 0 \end{pmatrix} \mid k_1, k_2 \in K \right\}$$ ein Unterraum des R^4 und es ist zugleich

$$U = \left\{ \begin{pmatrix} x_1 \\ x_2 \\ 0 \\ 0 \end{pmatrix} \mid x_1, x_2 \in K \right\},$$ da sich jedes $\begin{pmatrix} x_1 \\ x_2 \\ 0 \\ 0 \end{pmatrix}$ als $\begin{pmatrix} k_1 \\ k_1 + 2k_2 \\ 0 \\ 0 \end{pmatrix}$ darstellen läßt

$(k_1 = x_1, k_2 = \frac{1}{2}(x_2 - x_1))$.

a_1 und a_2 spannen U auf, sowie e_1 und e_2:

$U = [a_1, a_2] = [e_1, e_2]$.

3.2.2. Lineare Abhängigkeit und Unabhängigkeit

(3.11) *Def.:* Seien $a_1, \ldots, a_r$ Vektoren aus dem linearen Vektorraum L. Die Menge $A = \{a_1, \ldots, a_r\}$ heißt *linear unabhängig* (l. u.), wenn aus

(3.12) $k_1 a_1 + \ldots + k_r a_r = 0$
$k_1 = 0, k_2 = 0, \ldots, k_r = 0$ folgt, ← Bedingung

d.h. der Nullvektor sich *nur* auf diese triviale Weise als Linearkombination von A darstellen läßt.

(3.13) Im anderen Fall heißen die $\{a_1, \ldots, a_r\}$ *linear abhängig* (l. a), d.h. es gibt $k_1, \ldots, k_r$, die (3.12) erfüllen und nicht alle gleich Null sein müssen, d.h. mindestens ein $k_i \neq 0$ sein kann.

(3.14) *Folgerung:* Die Einheitsvektoren $\{e_1, \ldots, e_n\}$ im R^n sind linear unabhängig.

Aus $k_1 \cdot e_1 + k_2 \cdot e_2 + \ldots + k_n \cdot e_n = \begin{pmatrix} k_1 \\ k_2 \\ \vdots \\ k_n \end{pmatrix} = \begin{pmatrix} 0 \\ 0 \\ \vdots \\ 0 \end{pmatrix}$ folgt $k_1 = 0, \ldots, k_n = 0$.

(3.15) *Folgerung:* Kommt in $A = \{a_1, \ldots, a_r\}$ der Nullvektor **0** vor, etwa $a_r = \mathbf{0}$, dann ist A linear abhängig.
Es ist $0 \cdot a_1 + 0 \cdot a_2 + \ldots + 0 \cdot a_{r-1} + 1 \cdot a_r = \mathbf{0}$, also nicht alle k_i gleich Null.

Beispiel:

1. Die Vektoren $a_1 = \begin{pmatrix} 1 \\ 0 \end{pmatrix}$ und $a_2 = \begin{pmatrix} 2 \\ 1 \end{pmatrix}$ im R^2 sind linear unabhängig. Es sei nämlich

$$k_1 \cdot \begin{pmatrix} 1 \\ 0 \end{pmatrix} + k_2 \cdot \begin{pmatrix} 2 \\ 1 \end{pmatrix} = \begin{pmatrix} 0 \\ 0 \end{pmatrix}.$$

Das ist äquivalent mit $1k_1 + 2k_2 = 0$; $0k_1 + 1k_2 = 0$, also $k_2 = 0$, und dann auch $k_1 = 0$. Eine andere Lösung gibt es nicht.

2. Die Vektoren $a_2 = \begin{pmatrix} 2 \\ -1 \end{pmatrix}$ und $a_3 = \begin{pmatrix} -1 \\ 0{,}5 \end{pmatrix}$ sind linear abhängig, da etwa $1 \cdot a_2 + 2 \cdot a_3 = \mathbf{0}$ wird.

3. In $\mathfrak{P}$ sei $p_1 = 1, p_2 = 1x, p_3 = 1x^2, \ldots, p_{n+1} = 1x^n$. Es sind dann $\{p_1, \ldots, p_{n+1}\} = \{1, x, x^2, \ldots, x^n\}$ linear unabhängig: $k_1 p_1 + k_2 p_2 + \ldots + k_{n+1} p_{n+1} = k_1 + k_2 x + k_3 x^2 + \ldots + k_{n+1} x^n = 0$, gleich dem Nullpolynom. Diese Gleichung muß für alle Variablenwerte x erfüllt sein. Sei $x = 0$: $\rightarrow k_1 = 0$. Setzt man n weitere x-Werte ein, bekommt man ein lineares Gleichungssystem in den $k_2, \ldots, k_{n+1}$. Die Auflösung ergibt in jedem Fall $k_2 = 0, \ldots, k_{n+1} = 0$. (Polynome sind nur dann gleich, wenn alle Koeffizienten gleich sind (= Koeffizientenvergleich)).

4. Sei in einem linearen Vektorraum die Menge A mit 3 Vektoren $\{\mathbf{a}, \mathbf{b}, \mathbf{c}\}$ linear unabhängig, d.h. also:

   Aus $x \cdot \mathbf{a} + y \cdot \mathbf{b} + z \cdot \mathbf{c} = 0$ folgt $x = y = z = 0$. Dann ist

   $$A_1 = \{\mathbf{a} + \mathbf{b}, \mathbf{b} + \mathbf{c}, \mathbf{a} + \mathbf{c}\} \text{ l.u. und}$$
   $$A_2 = \{\mathbf{a} - \mathbf{b}, \mathbf{b} + \mathbf{c}, \mathbf{a} + \mathbf{c}\} \text{ l.a.}$$

   Prüfung von A_1:

   Es ist $\mathbf{u}_1 = \mathbf{a} + \mathbf{b}, \mathbf{u}_2 = \mathbf{b} + \mathbf{c}, \mathbf{u}_3 = \mathbf{a} + \mathbf{c}$. Was folgt aus $x\mathbf{u}_1 + y\mathbf{u}_2 + z\mathbf{u}_3 = 0$? $\rightarrow x(\mathbf{a} + \mathbf{b}) + y(\mathbf{b} + \mathbf{c}) + z(\mathbf{a} + \mathbf{c}) = (x + z)\mathbf{a} + (x + y)\mathbf{b} + (y + z)\mathbf{c} = \mathbf{0}$. Da $\{\mathbf{a}, \mathbf{b}, \mathbf{c}\}$ l.u., müssen die Koeffizienten Null sein: $x + z = 0, x + y = 0, y + z = 0 \rightarrow x = 0, y = 0, z = 0$ nach Lösung des Systems. Also A_1 l.u.

   Prüfung von A_2:

   $x(\mathbf{a} - \mathbf{b}) + y(\mathbf{b} + \mathbf{c}) + z(\mathbf{a} + \mathbf{c}) = \mathbf{0}$; $(x + z)\mathbf{a} + (-x + y)\mathbf{b} + (y + z)\mathbf{c} = \mathbf{0}$. Da $\{\mathbf{a}, \mathbf{b}, \mathbf{c}\}$ l.u., müssen auch hier die Koeffizienten Null sein $x + z = 0, -x + y = 0, y + z = 0$. Dieses System läßt sich aber im Gegensatz zu vorher nicht eindeutig lösen. Es *können* $x = 1, y = 1, z = -1$ sein, x, y, z *müssen nicht* alle gleich 0 sein, d.h. A_2 l.a.

(3.16) *Satz:* Sei $r \geqslant 2$: Die Vektoren $\{\mathbf{a}_1, \ldots, \mathbf{a}_r\}$ aus L sind genau dann linear abhängig, wenn sich wenigstens ein Vektor als Linearkombination der anderen darstellen läßt.

Beweis:

1. Sei $\{\mathbf{a}_1, \ldots, \mathbf{a}_r\}$ l.a. Es ist zu zeigen, daß ein $\mathbf{a}_i$ eine Linearkombination ist. $k_1\mathbf{a}_1 + \ldots + k_r\mathbf{a}_r = \mathbf{0}$ und nicht alle k_j müssen 0 sein, also ein $k_i \neq 0$:

   $$k_i\mathbf{a}_i = -k_1\mathbf{a}_1 - \ldots - k_{i-1}\mathbf{a}_{i-1} - k_{i+1}\mathbf{a}_{i+1} - \ldots - k_r\mathbf{a}_r$$
   $$\mathbf{a}_i = -(k_i^{-1}k_1)\mathbf{a}_1 - \ldots - (k_i^{-1}k_{i+1})\mathbf{a}_{i+1} - \ldots - (k_i^{-1}k_r)\mathbf{a}_r,$$

   also $\mathbf{a}_i$ eine Linearkombination der anderen Vektoren.

2. Sei für ein j: $\mathbf{a}_j = h_1\mathbf{a}_1 + \ldots + h_{j-1}\mathbf{a}_{j-1} + h_{j+1}\mathbf{a}_{j+1} + \ldots + h_r\mathbf{a}_r$. Sind die $\{\mathbf{a}_1, \ldots, \mathbf{a}_r\}$ linear abhängig? Formt man durch Subtraktion von $\mathbf{a}_j$ (= Addition von $(-\mathbf{a}_j)$) um, so ist $\mathbf{0} = h_1\mathbf{a}_1 + \ldots + h_{j-1}\mathbf{a}_{j-1} + (-1)\mathbf{a}_j + h_{j+1}\mathbf{a}_{j+1} + \ldots + h_r\mathbf{a}_r$ und ein Koeffizient, nämlich $h_j = -1$, ist ungleich Null, also nach Def. (3.13) l.a.

3.3. Basis und Dimension

3.3.1. Basis und Austauschsätze

Im Fall von mgölicherweise unendlich vielen linear unabhängigen Vektoren (z.B. in $\mathfrak{P}$) benötigt man noch eine Definition:

(3.17) *Def.:* Eine Untermenge $M \subset L$ des linearen Vektorraums L heißt *linear unabhängig*, wenn je endlich viele Vektoren aus M entsprechend Definition (3.11) linear unabhängig sind. Im anderen Fall heißt sie *linear abhängig*, d.h. es gibt dann endlich viele Vektoren aus M, die nach (3.13) linear abhängig sind.

(3.18) *Def.:* Eine Untermenge B von L *spannt* L *auf*, wenn jeder Vektor aus L eine Linearkombination von je endlich vielen Vektoren aus B ist. Schreibweise: L = [B].

(3.19) *Def.:* Sei U ein Unterraum von L (auch L selbst). Eine Untermenge X von U heißt Basis *von* U, wenn X linear unabhängig ist und U aufspannt, also

$$(X = \text{Basis von } U) \leftrightarrow (X \text{ l.u. und } U = [X]).$$

Beispiele:

1. $X = \{e_1, e_2\} \in R^2$ ist eine Basis des R^2 ebenso wie $B = \left\{\begin{pmatrix}1\\0\end{pmatrix}, \begin{pmatrix}2\\1\end{pmatrix}\right\}$.
2. Die Einheitsvektoren $B_e = \{e_1, \ldots, e_n\}$ aus dem R^n bilden eine Basis des R^n.
3. $P_n = \{1, x, x^2, \ldots, x^n\}$ bildet eine Basis von $\mathfrak{P}_n$.
4. $P = \{1, x, x^2, \ldots\}$ bildet eine (unendliche) Basis von $\mathfrak{P}$.
5. $B = \{1, 1i\}$ ist eine Basis von C, des Vektorraums der komplexen Zahlen, da $a + bi = a \cdot 1 + b \cdot 1i$ und $\{1, 1i\}$ l.u. ist: $0 = k_1 \cdot 1 + k_2 \cdot 1i \rightarrow k_1 = 0, k_2 = 0$.

Im R^n wurde bereits nachgewiesen, daß die Darstellung eines Vektors durch die Einheitsvektoren eindeutig ist (Satz 2.42). Dies gilt nun für alle Vektorräume und alle Basen. Wir wollen uns hier wie im Folgenden auf endliche Basen beschränken.

(3.20) *Satz:* Ist $\{\mathbf{a}_1, \ldots, \mathbf{a}_r\}$ eine Basis des Unterraums U von L und **b** ein Vektor aus U. Dann ist die Darstellung von **b** als Linearkombination der $\{\mathbf{a}_1, \ldots, \mathbf{a}_r\}$ eindeutig.

Beweis:

1. **b** ist Linearkombination der $\{\mathbf{a}_1, \ldots, \mathbf{a}_r\}$, denn die $\{\mathbf{a}_1, \ldots, \mathbf{a}_r\}$ sind eine Basis von U und spannen U auf:

(3.21) $\mathbf{b} = b_1\mathbf{a}_1 + b_2\mathbf{a}_2 + \ldots + b_r\mathbf{a}_r$ mit $b_i \in R$

2. Es gebe neben (3.21) eine zweite Darstellung:

$$\mathbf{b} = c_1\mathbf{a}_1 + c_2\mathbf{a}_2 + \ldots + c_r\mathbf{a}_r \quad \text{mit} \quad c_i \in R$$

Subtraktion ergibt dann

$$\begin{aligned}\mathbf{0} = \mathbf{b} - \mathbf{b} &= (b_1\mathbf{a}_1 + \ldots + b_r\mathbf{a}_r) - (c_1\mathbf{a}_1 + \ldots + c_r\mathbf{a}_r)\\ &= (b_1 - c_1)\mathbf{a}_1 + (b_2 - c_2)\mathbf{a}_2 + \ldots + (b_r - c_r)\mathbf{a}_r\end{aligned}$$

(wegen Kommutativität und Distributivität). Die Darstellung der **0** als Linearkombination der $\mathbf{a}_1, \ldots, \mathbf{a}_r$ ist wegen der linearen Unabhängigkeit aber nur möglich mit Koeffizienten gleich Null:

$$0 = b_1 - c_1, \ldots, 0 = b_n - c_n \quad \text{oder} \quad b_1 = c_1, \ldots, b_n = c_n$$

und somit die zweite Darstellung nicht anders als die erste.

Beispiel:

$\mathbf{a}_1 = \begin{pmatrix}1\\1\\1\end{pmatrix}$, $\mathbf{a}_2 = \begin{pmatrix}1\\1\\0\end{pmatrix}$ und $\mathbf{a}_3 = \begin{pmatrix}1\\0\\0\end{pmatrix}$ sind l.u. im R^3, da

$$k_1 a_1 + k_2 a_2 + k_3 a_3 = 0 \rightarrow \begin{aligned} k_1 + k_2 + k_3 &= 0 \\ k_1 + k_2 &= 0 \\ k_1 &= 0, \end{aligned}$$

folglich $k_1 = k_2 = k_3 = 0$.

Sei $\mathbf{b} = \begin{pmatrix} b_1 \\ b_2 \\ b_3 \end{pmatrix}$ ein beliebiger Vektor aus R^3

Aus $x \cdot \mathbf{a}_1 + y \cdot \mathbf{a}_2 + z \cdot \mathbf{a}_3 = \mathbf{b}$ folgt $\begin{aligned} x + y + z &= b_1 \\ x + y &= b_2 \\ x &= b_3 \end{aligned}$

und folglich $x = b_3, y = b_2 - b_3, z = b_1 - x - y = b_1 - b_2$. Eine davon verschiedene Darstellung ist nicht möglich.

(3.22) *Satz: Vektortausch in einer Basis*

Sei $B = \{\mathbf{a}_1, \ldots, \mathbf{a}_r\}$ eine Basis von U und $\mathbf{b} \neq \mathbf{0}$ ein Vektor aus U. Dann ist

1. $\mathbf{b} = \sum_{i=1}^{r} b_i \mathbf{a}_i$,
2. $M = \{\mathbf{a}_1, \ldots, \mathbf{a}_r, \mathbf{b}\}$ ist linear abhängig.
3. Es gibt ein $\mathbf{a}_j \in B$, das sich gegen $\mathbf{b}$ austauschen läßt, derart, daß $B' = \{\mathbf{a}_1, \ldots, \mathbf{a}_{j-1}, \mathbf{a}_{j+1}, \ldots, \mathbf{a}_r, \mathbf{b}\}$ wieder eine Basis von U ist.

Beweis:

Voraussetzungen sind: B eine Basis, d.h. B l.u. und $U = [B]$. Außerdem ist $\mathbf{b} \neq 0, \mathbf{b} \in U$.

Aus $U = [B]$ und $\mathbf{b} \in U$ folgt $\mathbf{b} = b_1 \mathbf{a}_1 + \ldots + b_r \mathbf{a}_r$ (1. Behauptung). Damit aber ist $\mathbf{0} = b_1 \mathbf{a}_1 + \ldots + b_r \mathbf{a}_r + (-1)\mathbf{b}$, also M l.a., da nicht alle Koeffizienten Null sind (2. Behauptung); 3. Behauptung: $\exists\, a_j \in B$, derart, daß $B' = (B \setminus \{\mathbf{a}_j\}) \cup \{\mathbf{b}\}$ eine Basis ist, also

a) B′ l.u.
b) $U = [B']$.

Aus $\mathbf{b} = \sum_{i=1}^{r} b_i \mathbf{a}_i$ und $\mathbf{b} \neq \mathbf{0}$ folgt, daß mindestens ein $b_j \neq 0$ ist. Das zugehörige $\mathbf{a}_j$ ist das gesuchte: Austausch $\mathbf{a}_j \leftrightarrow \mathbf{b}$.

a) B′ l.u.

Sei $\mathbf{0} = c_1 \mathbf{a}_1 + \ldots + c_{j-1} \mathbf{a}_{j-1} + c_j \mathbf{b} + c_{j+1} \mathbf{a}_{j+1} + \ldots + c_r \mathbf{a}_r$ Untersuchung von c_j: Behauptung $c_j = 0$. Beweis dazu indirekt: (B Basis $\rightarrow c_j = 0) \leftrightarrow [(B \text{ Basis} \wedge c_j \neq 0) \rightarrow (C \wedge \neg C)]$ mit C = „Darstellung von **b** eindeutig". Aus Satz (3.20) folgt einerseits C; aus $c_j \neq 0$ folgt
$-c_j \mathbf{b} = c_1 \mathbf{a}_1 + \ldots + c_{j-1} \mathbf{a}_{j-1} + c_{j+1} \mathbf{a}_{j+1} + \ldots + c_r \mathbf{a}_r$ bzw.

$$\mathbf{b} = -\frac{c_1}{c_j} \mathbf{a}_1 - \ldots - \frac{c_{j-1}}{c_j} \mathbf{a}_{j-1} - \frac{c_{j+1}}{c_j} \mathbf{a}_{j+1} - \ldots - \frac{c_r}{c_j} \mathbf{a}_r,$$

also eine zweite Darstellung von **b**, die verschieden ist, da der Koeffizient von $\mathbf{a}_j$ nicht auftritt, d.h. Null ist (oben $b_j \neq 0$), d.h. es folgt $\neg C \rightarrow c_j = 0$.

Untersuchung der anderen c_i, $i \neq j$: Behauptung $c_i = 0$.

Da $c_j = 0$, ist $\mathbf{0} = c_1 \mathbf{a}_1 + \ldots + c_{j-1} \mathbf{a}_{j-1} + c_{j+1} \mathbf{a}_{j+1} + \ldots + c_r \mathbf{a}_r$. Wäre ein $c_i \neq 0$, dann wäre ja $B = \{\mathbf{a}_1, \ldots, \mathbf{a}_r\}$ l.a. entgegen der Voraussetzung, also $c_i = 0 \;\forall\, i \neq j \rightarrow B'$ l.u.

b) $U = [B']$

Sei $\mathbf{u} \in U$. Da B eine Basis, ist $\mathbf{u} = u_1 \mathbf{a}_1 + \ldots + u_j \mathbf{a}_j + \ldots + u_r \mathbf{a}_r$. Wegen $\mathbf{b} = b_1 \mathbf{a}_1 + \ldots + b_j \mathbf{a}_j + \ldots + b_r \mathbf{a}_r$ und $b_j \neq 0$ können wir aber $\mathbf{a}_j$ ersetzen:

$$\mathbf{a}_j = -\frac{b_1}{b_j}\mathbf{a}_1 - \ldots - \frac{b_{j-1}}{b_j}\mathbf{a}_{j-1} - \frac{b_{j+1}}{b_j}\mathbf{a}_{j+1} - \ldots - \frac{b_r}{b_j}\mathbf{a}_r + \frac{1}{b_j}\mathbf{b},$$

also ist nach Ersetzen von $\mathbf{a}_j$ und Umrechnung:

$$\mathbf{u} = k_1 \mathbf{a}_1 + \ldots + k_{j-1}\mathbf{a}_{j-1} + k_{j+1}\mathbf{a}_{j+1} + \ldots + k_r \mathbf{a}_r + u_j \cdot \frac{1}{b_j}\mathbf{b},$$

mit $$k_i = u_i - u_j \frac{b_i}{b_j}$$

Alle $\mathbf{u} \in U$ lassen sich folglich als Linearkombinationen von B' darstellen, $U = [B']$. Alle Behauptungen sind bewiesen.

Es läßt sich nun auch mehr als ein Vektor austauschen:

(3.23) *Satz: Austauschsatz von Steinitz*
Es sei $A = \{\mathbf{a}_1, \ldots, \mathbf{a}_n\}$ eine Basis des Unterraums U von L (auch L selbst) und $B = \{\mathbf{b}_1, \ldots, \mathbf{b}_k\}$, $B \subset U$, sei linear unabhängig. Dann gilt $k \leqslant n$ und es ist (eventuell nach Umnumerierung der $\mathbf{a}_1, \ldots, \mathbf{a}_n$) die Menge $\{\mathbf{b}_1, \mathbf{b}_2, \ldots, \mathbf{b}_k, \mathbf{a}_{k+1}, \ldots, \mathbf{a}_n\}$ wieder eine Basis von U.
(Austausch von geeigneten Vektoren aus $\{\mathbf{a}_1, \ldots, \mathbf{a}_n\}$ gegen $\{\mathbf{b}_1, \ldots, \mathbf{b}_k\}$).

Beweis durch vollständige Induktion über k:

1. *Verankerung:* $k = 0$: Satz gilt (aber auch für $k = 1$ nach Satz (3.22))
2. *Induktionsannahme für $k-1$:* Aus B l.u. folgt $B \setminus \{\mathbf{b}_k\} = \{\mathbf{b}_1, \ldots, \mathbf{b}_{k-1}\}$ l.u. und der Satz sagt dann: $k - 1 \leqslant n$ und $M = \{\mathbf{b}_1, \ldots, \mathbf{b}_{k-1}, \mathbf{a}_k, \mathbf{a}_{k+1}, \ldots, \mathbf{a}_n\}$ ist Basis von U.
3. *Schluß von $k-1$ auf k:*

1. Behauptung: $k \leqslant n$. Da $k - 1 \leqslant n$ oder $k \leqslant n + 1$, ist nur der Fall $k = n + 1$ oder $k - 1 = n$ auszuschließen. Indirekt: Wäre $k - 1 = n \rightarrow$ alle $\mathbf{a}_i$ wären schon ausgetauscht und $M = \{\mathbf{b}_1, \ldots, \mathbf{b}_{k-1}\}$ aus der Induktionsannahme ist Basis von U. Dann ist aber $\mathbf{b}_k$ Linearkombination von $\{\mathbf{b}_1, \ldots, \mathbf{b}_{k-1}\}$, d.h. B wäre l.a. Da das ein Widerspruch ist, folgt $k - 1 \neq n$, also $k \leqslant n$.

2. Behauptung: $\{\mathbf{b}_1, \ldots, \mathbf{b}_k, \mathbf{a}_{k+1}, \ldots, \mathbf{a}_n\}$ Basis von U. Es ist bereits $M = \{\mathbf{b}_1, \ldots, \mathbf{b}_{k-1}, \mathbf{a}_k, \ldots, \mathbf{a}_n\}$ eine Basis von U und $\mathbf{b}_k \neq \mathbf{0}$, da B l.u. Deshalb ist $\mathbf{b}_k = c_1 \mathbf{b}_1 + \ldots + c_{k-1}\mathbf{b}_{k-1} + c_k \mathbf{a}_k + \ldots + c_n \mathbf{a}_n$.
Wären $c_k = \ldots = c_n = 0$, dann wäre $\mathbf{b}_k$ Linearkombination von $\mathbf{b}_1, \ldots, \mathbf{b}_{k-1}$, nach Satz (3.16) wäre B l.a., Widerspruch zu B l.u. Also ist ein $c_j \neq 0$, $j \geqslant k$.
Es sei so numeriert, daß $c_k \neq 0$; Anwendung des Satzes (3.22) für den Austausch eines Vektors ergibt, daß auch $\{\mathbf{b}_1, \ldots, \mathbf{b}_k, \mathbf{a}_{k+1}, \ldots, \mathbf{a}_n\}$ eine Basis von U ist.

(3.24) *Folgerung:* Sind $\{\mathbf{a}_1, \ldots, \mathbf{a}_n\}$ und $\{\mathbf{b}_1, \ldots, \mathbf{b}_k\}$ zwei Basen von U (also auch beide l.u.), so gilt nach (3.23) einerseits $k \leqslant n$ und andererseits $n \leqslant k$, also $k = n$. Basen eines Unterraums oder des Vektorraums L selbst enthalten stets gleichviel Elemente.

Beispiel:

Seien im R^3 die Vektoren $\mathbf{u} = \begin{pmatrix} 2 \\ -7 \\ 1 \end{pmatrix}$, $\mathbf{v} = \begin{pmatrix} -3 \\ 0 \\ 4 \end{pmatrix}$, $\mathbf{w} = \begin{pmatrix} 0 \\ 0 \\ 1 \end{pmatrix}$ gegeben. Man zeigt leicht, daß $\{\mathbf{u}, \mathbf{v}, \mathbf{w}\}$ linear unabhängig sind. Da $\{\mathbf{e}_1, \mathbf{e}_2, \mathbf{e}_3\}$ bereits als Basis des R^3 bekannt ist, ist auch $\{\mathbf{u}, \mathbf{v}, \mathbf{w}\}$ eine Basis, da man ja $\mathbf{u}$ und $\mathbf{v}$ durch $\mathbf{e}_1$ und $\mathbf{e}_2$ austauschen kann und $\mathbf{w} = \mathbf{e}_3$ ist.

Beide Basen enthalten gleichviel (nämlich 3) Elemente. Sei $\mathbf{a} = \begin{pmatrix} -2 \\ 7 \\ 2 \end{pmatrix}$ ein weiterer Vektor.

Dann ist $\{\mathbf{a}, \mathbf{u}, \mathbf{v}, \mathbf{w}\}$ linear abhängig: Aus $\mathbf{a} = x\mathbf{u} + y\mathbf{v} + z\mathbf{w} \rightarrow x = -1, y = 0, z = 3$. Aus $x = -1 \neq 0$ folgt: $\mathbf{a}$ kann gegen $\mathbf{u}$ ausgetauscht werden: $\{\mathbf{a}, \mathbf{v}, \mathbf{w}\}$ ist eine Basis des R^3. Aus $y = 0$ folgt: $\mathbf{a}$ kann nicht gegen $\mathbf{v}$ ausgetauscht werden, $\{\mathbf{u}, \mathbf{a}, \mathbf{w}\}$ sind l.a., denn $1 \cdot \mathbf{u} + 1 \cdot \mathbf{a} - 3 \cdot \mathbf{w} = \mathbf{0}$, bzw. $\mathbf{a} = -\mathbf{u} + 3\mathbf{w}$. Aus $z = 3 \neq 0$ folgt: Auch $\{\mathbf{u}, \mathbf{v}, \mathbf{a}\}$ ist eine Basis des R^3.

3.3.2. Dimension

Die im letzten Abschnitt gezeigten Austauschsätze kann man als Vorbereitung für den folgenden Satz nehmen, der mehrere Charakteristika für eine endliche Basis angibt. Er ist eine Zusammenfassung der Basiseigenschaften.

(3.25) *Satz:* Für einen linearen Vektorraum U und eine endliche Untermenge B sind folgende Aussagen äquivalent ($U \neq \{0\}$):

1. B ist eine Basis von U
2. B ist eine minimale Menge, die U erzeugt oder aufspannt
3. B ist eine maximale linear unabhängige Untermenge von U
4. Jeder Vektor von U läßt sich auf genau eine Weise als Linearkombination von B darstellen.

Da die Zahl der Basisvektoren so charakteristisch ist, bezeichnet man sie als Dimension:

(3.26) *Def.:* Genügt die Vektormenge B aus U einer der äquivalenten Bedingungen von Satz (3.25), so heißt die Zahl der Elemente von B *Dimension von* U.

(3.27) *Folgerung:* Jede Basis des R^n enthält genau n Elemente, n ist die Dimension des R^n, sie ist gleich der Zahl der Komponenten.

Beweis: (von 3.25): Wir beweisen nach der Implikationsreihe 1. → 4. → 2. → 3. → 1., die sich ringförmig schließt und wegen der Transitivität der Implikation die Äquivalenzen nach sich zieht.

1. → 4.: bereits bewiesen in Satz (3.20).

4. → 2.: Aus 4. folgt zuerst, daß sich jedes $\mathbf{u} \in U$ als Linearkombination von B darstellen läßt, also spannt B U auf: $U = [B]$. Noch zu zeigen: B ist minimal, d.h. die Eigenschaft des Aufspannens geht verloren, wenn man einen Vektor aus B wegläßt. Beweis indirekt: Sei $C \subset B$ und $C \neq B$, also C eine echte Untermenge: $B = \{\mathbf{a}_1, \ldots, \mathbf{a}_r\}$, $C = \{\mathbf{a}_1, \ldots, \mathbf{a}_{r-1}\}$ und doch $U = [C]$. Da aber $\mathbf{a}_r \in U$, folgt $\mathbf{a}_r = x_1\mathbf{a}_1 + \ldots + x_{r-1}\mathbf{a}_{r-1}$ eine Darstellung durch C. Das ist aber auch eine Darstellung durch B, da $C \subset B$, neben der einfachen: $\mathbf{a}_r = 1 \cdot \mathbf{a}_r$. Also zwei verschiedene Darstellungen durch B. Aus $(4. \wedge \neg 2.) \rightarrow (4. \wedge \neg 4.)$ = Widerspruch, also 4. → 2.

2. → 3. $U = [B]$ und B minimal. Zu zeigen: B l.u. und maximal bezüglich l.u., d.h. jeder Vektor macht B l.a.

Da $U \neq \{\mathbf{0}\}$, folgt, daß B mindestens einen Vektor $\neq \mathbf{0}$ enthält: $B \neq \{\mathbf{0}\}$.

1. Fall: $B = \{a\}$, $a \neq 0$, dann ist B l.u.

2. Fall: B enthält mehr als einen Vektor. Beweis für l.u. indirekt: Angenommen, B l.a. Nach Satz (3.16) gilt für ein a_j, daß es Linearkombination der anderen Vektoren aus B ist: $a_j = \sum_{i \neq j} x_i a_i$. Sei $C = B \setminus \{a_j\}$. Dann ist $a_j \in [C]$ (als Linearkombination von C). Dann ist aber B eine Untermenge von [C], der Menge aller Linearkombinationen von C, dann aber auch $U = [B] \subset [C]$. Da [C] nicht mehr Elemente als U enthalten kann, gilt: $U = [C]$, d.h. aber B ist nicht minimal. Es ist also B l.u.

Sei **u** ein Vektor aus U, **u** ist also Linearkombination von B($U = [B]$). Nach Satz (3.22) ist dann $\{B, u\}$ l.a., also B eine maximale l.u. Untermenge von U.

3. → 1.: Sei jetzt B maximale l.u. Untermenge von U. Dann ist $\{B, u\}$ l.a. für $u \in U$, folglich $x_1 a_1 + x_2 a_2 + \ldots + x_r a_r + x_u u = 0$, und nicht alle $x_i = 0$. Speziell $x_u \neq 0$ (da sonst B l.a.), Elimination von $u = -\frac{x_1}{x_u} a_1 - \ldots - \frac{x_r}{x_u} a_r$, **u** ist Linearkombination von B. $U = [B]$ und B l.u.: B ist Basis von U.

Damit sind alle Äquivalenzen von Satz (3.25) bewiesen.

(3.28) *Satz:* Die Dimension des linearen Vektorraums L sei n: Dim L = n. Dann gilt:

1. Eine lineare unabhängige Untermenge B von L ist genau dann eine Basis, wenn B aus n Vektoren besteht.
2. Für jeden Unterraum U von L gilt: $\text{Dim } U \leq \text{Dim } L$. Aus Dim U = Dim L folgt $U = L$.

3.3.3. Summenraum und Dimensionssatz

Während man mit Satz (3.7) leicht nachweisen kann, daß für zwei Unterräume U und V von L auch $U \cap V$ ein Unterraum ist, geht dieser Nachweis nicht für $U \cup V$, da die Abgeschlossenheit bezüglich Addition nicht zwangsläufig folgt. Es sei z.B. im R^2:

$$U = \left[\begin{pmatrix}2\\1\end{pmatrix}\right] = \left\{k \cdot \begin{pmatrix}2\\1\end{pmatrix} \mid k \in R\right\}, \text{ und}$$

$$V = \left[\begin{pmatrix}1\\2\end{pmatrix}\right] = \left\{\ell \cdot \begin{pmatrix}1\\2\end{pmatrix} \mid \ell \in R\right\}, \text{ sei } \mathbf{u} = \begin{pmatrix}2\\1\end{pmatrix}, \ \mathbf{v} = \begin{pmatrix}1\\2\end{pmatrix}.$$

Ist $x \in U \cup V = \{a \mid a \in U \vee a \in V\}$, so ist **x** entweder ein Vielfaches von $\begin{pmatrix}2\\1\end{pmatrix}$ oder von $\begin{pmatrix}1\\2\end{pmatrix}$. Aber $\mathbf{u} + \mathbf{v} = \begin{pmatrix}2\\1\end{pmatrix} + \begin{pmatrix}1\\2\end{pmatrix} = \begin{pmatrix}3\\3\end{pmatrix}$ ist weder Vielfaches von **u** noch von **v**, also nicht in $U \cup V$.

Graphische Darstellung:

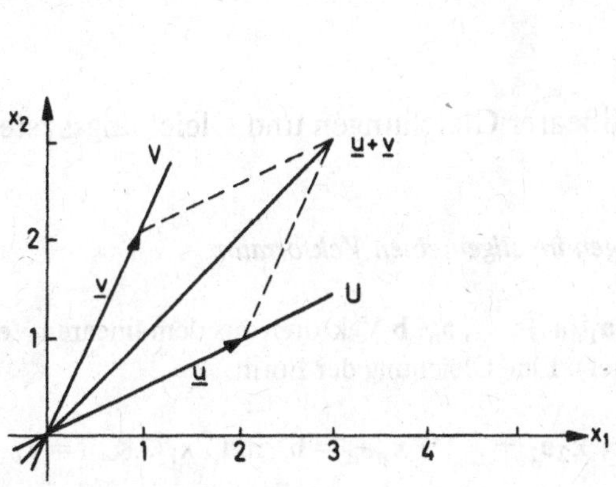

Abb. 3.1

U und V sind Geraden durch den Nullpunkt, d.h. jeweils die Menge aller Punkte der Geraden. $U \cup V$ ist aber die Menge der Punkte der zwei Geraden, enthält also nicht $\mathbf{u} + \mathbf{v}$, als Punkt „dazwischen".

Ein Unterraum, der U und V enthält, ist hier erst wieder der ganze R^2. Diesen bezeichnet man dann als „Summe" von U und V.

(3.29) *Def.:* Seien U_i, $i = 1, \ldots, r$, Unterräume von L. Dann heißt die Menge aller Summen von Vektoren aus den U_i der *Summenraum* U der U_i:

$$U = U_1 + \ldots + U_r = \sum_{i=1}^{r} U_i = \{x \mid x = \mathbf{u}_1 + \mathbf{u}_2 + \ldots + \mathbf{u}_r, \mathbf{u}_i \in U_i, i = 1, \ldots, r\}$$

(3.30) *Folgerung:* Jedes U_i ist Unterraum von U und jede Vereinigung $U_i \cup U_j$ sowie $U_1 \cup U_2 \cup \ldots \cup U_r$ sind Untermengen von U. U ist der kleinste Unterraum, der alle U_i enthält.

Beispiel:

$L = R^3, r = 2, U_1 = [(1,0,0)], \; U_2 = [(3,-1,0)]$

$\mathbf{x} = \mathbf{u}_1 + \mathbf{u}_2 = (3,0,0) + (-6,2,0) = (-3,2,0) \notin U_1 \cup U_2$

$U_1 = \{a(1,0,0) = (a,0,0), a \in R\}$ und $U_2 = \{b(3,-1,0) = (3b,-b,0), b \in R\}$

$U_1 + U_2 = \{x \mid x = a(1,0,0) + b(3,-1,0) = (a+3b,-b,0), a, b \in R\}$

$= \{x \mid x = (x_1, x_2, 0)\}$, da sich jeder Vektor $(x_1, x_2, 0)$ als ein $(a + 3b, -b, 0)$ darstellen läßt.

(3.31) *Satz:* Seien U und V zwei endlich-dimensionale Unterräume von L. Dann gilt:

1. $U \cap V$ und $U + V$ sind Unterräume von L.
2. $\text{Dim}\, U + \text{Dim}\, V = \text{Dim}\,(U \cap V) + \text{Dim}\,(U + V)$.

Punkt 1 beweist man über Satz (3.7): $U \cap V$ und $U + V$ sind nicht leer und abgeschlossen bezüglich Addition und Multiplikation mit Skalaren; Punkt 2. über die Erweiterung einer Basis von $U \cap V$ zu einer von U bzw. einer von V und von $U + V$.

Beispiel: zu 2.: $L = R^3, U = \{(0,x,y) \mid x, y \in R\}$

$V = [(1,0,0), (3,-1,0)]$

$\rightarrow U + V = L, U \cap V = \{(0,z,0) \mid z \in R\}$

$\text{Dim}\, U = 2, \text{Dim}\, V = 2, \text{Dim}\,(U + V) = 3, \text{Dim}\,(U \cap V) = 1.$

3.4. Die Lösbarkeit linearer Gleichungen und Gleichungssysteme

3.4.1. Lineare Gleichungen im allgemeinen Vektorraum

(3.32) *Def.:* Seien $\mathbf{a}_1, \mathbf{a}_2, \ldots, \mathbf{a}_n, \mathbf{b}$ Vektoren aus dem linearen Vektorraum L über K (K ein Körper). Eine Gleichung der Form

(3.33) $$x_1 \mathbf{a}_1 + x_2 \mathbf{a}_2 + \ldots + x_n \mathbf{a}_n = \mathbf{b} \quad \text{mit} \quad x_i \in K, \; i = 1, \ldots, n$$

heißt *lineare Gleichung* (LG). Die Skalare x_i heißen *Unbekannte* oder *Variable* der linearen Gleichung. Ein Vektor $\mathbf{x} = (x_1, \ldots, x_n) \in K^n$ (Raum der n-Vektoren mit Komponenten $x_i \in K$), die die Gleichung (3.33) erfüllen, heißt *Lösung* der LG. Die Menge X, $X \subset K^n$ aller Lösungen von (3.33) heißt die *allgemeine Lösung* der LG.

Ist $\mathbf{b} = \mathbf{0} \in L$, so heißt die LG (3.33) auch *lineare homogene Gleichung* (LHG); ist $\mathbf{b} \neq \mathbf{0}$, dann *lineare inhomogene Gleichung* (LIG). Ist der Lineare Vektorraum $L = R^m$, $K = R$, so spricht man statt von Linearen Gleichungen auch von *Linearen Gleichungssystemen* (siehe Abschnitt 3.5).

Zur Frage, welche Werte von $x_1, \ldots, x_n$ die Gleichung (3.33) erfüllen, ergeben sich folgende Probleme:

1. *Existenzproblem:* Unter welchen Bedingungen besitzt eine lineare Gleichung überhaupt Lösungen? Gesucht sind Lösbarkeitskriterien.
2. *Allgemeine Lösung:* Eindeutigkeit: Welche Struktur besitzt die Menge aller Lösungen X der LG, falls $X \neq \emptyset$? Unter welchen Bedingungen hat die LG genau eine Lösung?
3. *Lösungsverfahren:* Wie kann man die Lösung einer LG praktisch berechnen? Diese Frage wird besonders interessant für lineare Gleichungssysteme und wurde bereits im Abschnitt 2. über die Reduktion auf ein Treppensystem weitgehend gelöst. Eine Methode, die dieses Problem bei eindeutiger Lösung vollständig löst, wo also keine „Rückeinsetzungen" mehr erforderlich sind, ergibt sich innerhalb der Matrizenrechnung bei der Diskussion des Gaußschen Verfahrens zur Matrizeninversion.

(3.34) *Def.:* Sei A eine endliche Menge von Vektoren aus L. Dann heißt die Maximalzahl linear unabhängiger Vektoren aus A der *Rang von* A: RgA.

(3.35) *Satz:* Die lineare Gleichung (3.33) ist genau dann lösbar, wenn die Menge $A = \{\mathbf{a}_1, \ldots, \mathbf{a}_n\}$ und die erweiterte Menge $A_e = A \cup \{\mathbf{b}\} = \{\mathbf{a}_1, \ldots, \mathbf{a}_n, \mathbf{b}\}$ denselben Rang besitzen: $RgA = RgA_e$.

Beweis:

1. Die LG (3.33) sei lösbar mit $\mathbf{b} = \sum_{i=1}^{n} x_i \mathbf{a}_i$. Der Rang von A sei RgA = k und B eine maximale Menge l.u. Vektoren aus A, also k Vektoren. Ist U der Unterraum, der von A aufgespannt wird, U = [A], dann ist B Basis von U (Satz 3.25) und $\mathbf{b} \in U$. Also ist **b** darstellbar als Linearkombination von B und $B' = B \cup \{\mathbf{b}\}$ ist l.a., und zwar für jede Wahl von B. → $RgA = RgA_e$.
2. Sei $RgA = RgA_e$ und B eine Maximalzahl l.u. Vektoren aus A. Dann ist $B \cup \{\mathbf{b}\}$ l.a., **b** Linearkombination von B, also (3.33) lösbar.

3.4.2. Lineare homogene Gleichungen

Für $\mathbf{b} = \mathbf{0}$ wird (3.33)

(3.36) $$x_1\mathbf{a}_1 + x_2\mathbf{a}_2 + \ldots + x_n\mathbf{a}_n = \mathbf{0}$$

Die allgemeine Lösung X ist dann ein Unterraum:

(3.37) *Satz:* 1. Sind die Vektoren aus $A = \{\mathbf{a}_1, \ldots, \mathbf{a}_n\}$ der LHG (3.36) linear unabhängig, RgA = n, so hat (3.36) nur die triviale Lösung $\mathbf{x} = (0, \ldots, 0)$, d.h. $X = \{\mathbf{0} \mid \mathbf{0} \in K^n\}$.

2. Sind $k < n$ der $\{\mathbf{a}_1, \ldots, \mathbf{a}_n\}$ linear unabhängig, $\text{RgA} = k$, so ist die allgemeine Lösung X, die Menge der Lösungen $\mathbf{x}$, ein Unterraum von K^n (Lösungsraum) mit der Dimension $\text{Dim } X = n - k$. Es gibt dann $n - k$ „freie Variable".

Beweis:

X ist ein Unterraum: $X \neq \emptyset$, da immer $\mathbf{x} = (0, \ldots, 0) \in X$. Aus $\mathbf{x}_1, \mathbf{x}_2 \in X$ folgt auch $\mathbf{x}_1 + \mathbf{x}_2 \in X$ und $k \cdot \mathbf{x}_1 \in X$ durch Einsetzen in (3.36).

1. Ist $\{\mathbf{a}_1, \ldots, \mathbf{a}_n\}$ l.u., folgt unmittelbar $x_1 = 0, \ldots, x_n = 0$, d.h. $x = (0, \ldots, 0)$ ist einzige Lösung, $X = \{\mathbf{0}\}$.

2. Seien die ersten k Vektoren aus A l.u. Dann sind die restlichen $n - k$ Vektoren Linearkombinationen der ersten:

$$\begin{aligned} \mathbf{a}_{k+1} &= y_{k+1,1}\mathbf{a}_1 + y_{k+1,2}\mathbf{a}_2 + \ldots + y_{k+1,k}\mathbf{a}_k \\ &\ldots\ldots\ldots\ldots\ldots\ldots \\ \mathbf{a}_n &= y_{n,1}\mathbf{a}_1 + y_{n,2}\mathbf{a}_2 + \ldots + y_{n,k}\mathbf{a}_k \end{aligned} \tag{3.38}$$

Mit diesen Koeffizienten bilden wir $n - k$ Vektoren $\mathbf{x}_1, \ldots, \mathbf{x}_{n-k} \in K^n$

$$\begin{aligned} \mathbf{x}_1 &= (y_{k+1,1}, y_{k+1,2}, \ldots, y_{k+1,k}, -1, 0, 0, \ldots, 0) \\ \mathbf{x}_2 &= (y_{k+2,1}, y_{k+2,2}, \ldots, y_{k+2,k}, 0, -1, 0, \ldots, 0) \\ &\ldots\ldots\ldots\ldots\ldots\ldots \\ \mathbf{x}_{n-k} &= (y_{n,1}, y_{n,2}, \ldots, y_{n,k}, 0, 0, 0, \ldots, -1) \end{aligned}$$

Aus (3.38) geht durch Subtraktion von $\mathbf{a}_{k+i}$ hervor, daß $\mathbf{x}_1, \ldots, \mathbf{x}_{n-k}$ Lösungen sind. Außerdem sind sie l.u., da sie je an verschiedenen Stellen eine -1, die anderen aber 0, haben. X enthält also schon $n - k$ l.u. Vektoren: $\text{Dim } X \geqslant n - k$. Behauptung: $B = \{\mathbf{x}_1, \ldots, \mathbf{x}_{n-k}\}$ ist die Basis von X, also $\text{Dim } X = n - k$. Sei $\mathbf{z} \in X$ irgendeine Lösung, $\mathbf{z} = (z_1, \ldots, z_k, z_{k+1}, \ldots, z_n)$. Dann ist auch $\mathbf{c} = \mathbf{z} + z_{k+1}\mathbf{x}_1 + \ldots + z_n\mathbf{x}_{n-k}$ als Linearkombination von Lösungen eine Lösung. Die Ausrechnung ergibt: $\mathbf{c} = (c_1, \ldots, c_k, 0, \ldots, 0)$, da sich die letzten $n - k$ Komponenten gerade aufheben. $\mathbf{c}$ ist Lösung, also $c_1\mathbf{a}_1 + \ldots + c_k\mathbf{a}_k + 0\mathbf{a}_{k+1} + \ldots + 0\mathbf{a}_n = \mathbf{0}$. Da aber $\mathbf{a}_1, \ldots, \mathbf{a}_k$ l.u., folgt $c_1 = 0, \ldots, c_k = 0$. Dann ist aber

$$\mathbf{z} = -z_{k+1}\mathbf{x}_1 - \ldots - z_n\mathbf{x}_{n-k} \tag{3.39}$$

eine Linearkombination von B.

B ist l.u. und spannt X auf, also Basis: $\text{Dim } X = n - k$. Die Variablen $z_{k+1}, \ldots, z_n$ in der letzten Darstellung von $\mathbf{z}$ sind die freien Variablen.

3.4.3. Lineare inhomogene Gleichungen

Sei in (3.33) $\mathbf{b} \neq \mathbf{0}$:

$$x_1\mathbf{a}_1 + x_2\mathbf{a}_2 + \ldots + x_n\mathbf{a}_n = \mathbf{b} \tag{3.40}$$

Die zugehörige linear homogene Gleichung ist gegeben durch:

$$x_1\mathbf{a}_1 + x_2\mathbf{a}_2 + \ldots + x_n\mathbf{a}_n = \mathbf{0} \tag{3.41}$$

(3.42) *Satz:* Besitzt die LIG (3.40) wenigstens eine Lösung $\mathbf{x}$, d.h. ist $X \neq \emptyset$, so ist $X = \mathbf{x} + W$, wobei $\mathbf{x}$ irgendeine spezielle Lösung von (3.40) und W der Lösungsraum der zugehörigen LHG (3.41) ist; d.h. jede Lösung $\mathbf{z} \in X$ ist darstellbar als $\mathbf{z} = \mathbf{x} + \mathbf{w}$, $\mathbf{w} \in W$.

(3.43) *Folgerung:* Die Lösung von (3.40) ist eindeutig, $X = \{\mathbf{x}\}$, genau dann, wenn $W = \{\mathbf{0}\}$ bzw. wenn $\mathrm{Rg}A = \mathrm{Rg}A_e = n$.

Merke: Die Lösungsmenge X einer LIG ist kein linearer Vektorraum. X heißt *Lösungsmannigfaltigkeit.*

Beweis zu (3.42): Ist $\mathbf{x}$ eine Lösung von (3.40), also $\sum_{i=1}^{n} x_i\mathbf{a}_i = \mathbf{b}$ und $\mathbf{w}$ eine Lösung von (3.41), also $\sum_{i=1}^{n} w_i\mathbf{a}_i = \mathbf{0}$, so ist $\sum_{i=1}^{n} (x_i + w_i)\mathbf{a}_i = \sum_{i=1}^{n} x_i\mathbf{a}_i + \sum_{i=1}^{n} w_i\mathbf{a}_i = \mathbf{b} + \mathbf{0} = \mathbf{b}$, also $\mathbf{x} + \mathbf{w}$ ebenfalls eine Lösung von (3.40): $\mathbf{x} + W \subset X$. Noch zu zeigen: $X \subset \mathbf{x} + W$.

Sei $\mathbf{y}$ irgendeine Lösung, $\mathbf{y} \in X$. Dann ist $\mathbf{y} = \mathbf{x} + (\mathbf{y} - \mathbf{x})$; $\mathbf{w} = \mathbf{y} - \mathbf{x}$ aber ist Lösung von (3.41):

$$\sum_{i=1}^{n} (y_i - x_i)\mathbf{a}_i = \sum_{i=1}^{n} y_i\mathbf{a}_i - \sum_{i=1}^{n} x_i\mathbf{a}_i = \mathbf{b} - \mathbf{b} = \mathbf{0},$$

also $\mathbf{y} = \mathbf{x} + \mathbf{w}$, $\mathbf{y} \in \mathbf{x} + W \rightarrow X \subset \mathbf{x} + W$. Insgesamt dann $X = \mathbf{x} + W$.

3.5. Lineare Gleichungssysteme

3.5.1. Der Rang einer Matrix

Eine lineare Gleichung (3.33) mit $\{\mathbf{a}_1, \ldots, \mathbf{a}_2, \mathbf{a}_n, \mathbf{b}\} \subset L = R^m$ und $K = R$ heißt lineares Gleichungssystem. Ist

$$\mathbf{a}_1 = \begin{pmatrix} a_{11} \\ a_{21} \\ \vdots \\ a_{m1} \end{pmatrix}, \quad \mathbf{a}_2 = \begin{pmatrix} a_{12} \\ a_{22} \\ \vdots \\ a_{m2} \end{pmatrix}, \ldots, \quad \mathbf{a}_n = \begin{pmatrix} a_{1n} \\ a_{2n} \\ \vdots \\ a_{mn} \end{pmatrix}, \quad \mathbf{b} = \begin{pmatrix} b_1 \\ b_2 \\ \vdots \\ b_m \end{pmatrix}.$$

(Schreibweise als Spaltenvektoren), so ist (3.33) äquivalent mit

(3.44)
$$\begin{array}{l} a_{11}x_1 + a_{12}x_2 + \ldots + a_{1n}x_n = b_1 \\ a_{21}x_1 + a_{22}x_2 + \ldots + a_{2n}x_n = b_2 \\ \ldots\ldots\ldots\ldots\ldots\ldots\ldots\ldots \\ a_{m1}x_1 + a_{m2}x_2 + \ldots + a_{mn}x_n = b_m \end{array}$$

bzw. zusammen mit der Definition (1.44) einer Matrix:

(3.45) $\mathbf{A} \cdot \mathbf{x} = \mathbf{b}.$

(3.44) ist ein Gleichungssystem von m Gleichungen und n Unbekannten. Die Matrix A

$$(3.46)\qquad A = \begin{pmatrix} a_{11} & a_{12} & a_{13} & \cdots & a_{1n} \\ a_{21} & a_{22} & a_{23} & \cdots & a_{2n} \\ \dots & \dots & \dots & \dots & \dots \\ a_{m1} & a_{m2} & a_{m3} & \cdots & a_{mn} \end{pmatrix}$$

Die Sätze der vorigen Abschnitte sind nun direkt anwendbar, etwa die Bedingungen für die Lösbarkeit: $\text{Rg}\mathbf{A} = \text{Rg}\mathbf{A}_e$, aber man kann noch mehr darüber sagen, wenn man weiß, daß der Rang von $\{\mathbf{a}_1, \dots, \mathbf{a}_n\}$ nicht nur der Rang der Spaltenvektoren der Matrix **A** ist, sondern auch der Rang der Zeilenvektoren.

(3.47) *Def.:* Die Zeilen $\mathbf{a}_i^z = (a_{i1}, a_{i2}, \dots, a_{in})$ einer Matrix $\mathbf{A}_{m,n}$ sind die Vektoren des R^n und heißen auch *Zeilenvektoren*, die Spalten

$$\mathbf{a}_j^s = \begin{pmatrix} a_{1j} \\ a_{2j} \\ \vdots \\ a_{mj} \end{pmatrix}$$

sind Vektoren des R^m und heißen *Spaltenvektoren.*

(3.48) *Satz:* Der Rang der Menge der Zeilenvektoren einer (m, n)-Matrix **A** ist gleich dem Rang der Menge der Spaltenvektoren.

Es gibt dann also gleichviel linear unabhängige Zeilenvektoren wie Spaltenvektoren. Dieser Rang sei etwa k. Es ist einerseits $k \leqslant m$, da es nur m Zeilen gibt, und andererseits $k \leqslant n$, da es nur n Spalten gibt. In jedem Fall sind $n - k$ Spalten Linearkombinationen der anderen und $m - k$ Zeilen Linearkombinationen der anderen Zeilen. Diese $m - k$ Zeilen, das sind letztlich linke Seiten von (3.44), fallen bei der Reduktion auf ein Treppensystem dann weg oder führen zur Inkonsistenz, wenn nicht gleichzeitig die rechte Seite 0 wird.

(3.49) *Def.:* Der *Rang einer Matrix* **A**, Rg**A**, ist der Rang ihrer Zeilen- oder Spaltenvektoren.

Beweis von (3.48):

A sei die durch (3.46) angegebene Matrix. Seien $\mathbf{a}_1^z, \dots, \mathbf{a}_m^z$ die Zeilenvektoren von **A**, $\mathbf{a}_i^z = (a_{i1}, \dots, a_{in})$ und sei $\text{Rg}\mathsf{A}^z = \text{Rg}\{\mathbf{a}_1^z, \dots, \mathbf{a}_m^z\} = r$, d.h. r Vektoren aus A^z sind l.u. Diese l.u. Menge sei B, $\mathsf{B} \subset \mathsf{A}^z$, ihre Vektoren $\mathbf{b}_1, \dots, \mathbf{b}_r$ mit $\mathbf{b}_i = (b_{i1}, \dots, b_{in})$. Dann sind alle $\mathbf{a}_i^z$ Linearkombinationen von B (darunter auch $\mathbf{a}_j^z = 1 \cdot \mathbf{a}_j^z$).

$$\mathbf{a}_1^z = k_{11}\,\mathbf{b}_1 + k_{12}\,\mathbf{b}_2 + \dots + k_{1r}\,\mathbf{b}_r$$
$$\dots\dots\dots\dots\dots\dots\dots\dots$$
$$\mathbf{a}_m^z = k_{m1}\mathbf{b}_1 + k_{m2}\mathbf{b}_2 + \dots + k_{mr}\mathbf{b}_r, \qquad k_{ij} \text{ sind Skalare.}$$

Für die jeweils j-te Komponente der $\mathbf{a}_i^z$ gilt ($j = 1, \dots, n$):

$$i = 1: a_{1j} = k_{11}\,b_{1j} + k_{12}\,b_{2j} + \dots + k_{1r}\,b_{rj}$$
$$i = 2: a_{2j} = k_{21}\,b_{1j} + k_{22}\,b_{2j} + \dots + k_{2r}\,b_{rj}$$
$$\dots\dots\dots\dots\dots\dots\dots\dots$$
$$i = m: a_{mj} = k_{m1}b_{1j} + k_{m2}b_{2j} + \dots + k_{mr}b_{rj}$$

das heißt:

$$\begin{pmatrix} a_{1j} \\ a_{2j} \\ \vdots \\ a_{mj} \end{pmatrix} = b_{1j} \begin{pmatrix} k_{11} \\ k_{21} \\ \vdots \\ k_{m1} \end{pmatrix} + b_{2j} \begin{pmatrix} k_{12} \\ k_{22} \\ \vdots \\ k_{m2} \end{pmatrix} + \ldots + b_{rj} \begin{pmatrix} k_{1r} \\ k_{2r} \\ \vdots \\ k_{mr} \end{pmatrix},$$

oder $a_j^s = b_{1j}k_1 + b_{2j}k_2 + \ldots + b_{rj}k_r$.

Jeder Spaltenvektor a_j^s ist Linearkombination der r Vektoren $k_1, k_2, \ldots, k_r$, liegt also in dem von r Vektoren $k_1, \ldots, k_r$ aufgespannten Unterraum der Dimension höchstens r, d.h. $RgA^s \leqslant r = RgA^z$.

Macht man die gleiche Art von Beweis, indem man von den Spaltenvektoren ausgeht, erhält man $RgA^z \leqslant RgA^s$, also insgesamt:

$$RgA^z = RgA^s.$$

3.5.2. Verfahren zur Bestimmung des Ranges einer Matrix

Sei eine (m, n)-Matrix gemäß (3.46) gegeben. Ihr Rang ist der Rang ihrer Zeilenvektoren oder Spaltenvektoren. Man kann nun leicht nachweisen, daß die Zahl der linear unabhängigen Vektoren durch die *elementaren Zeilenoperationen* nicht verändert wird.

1. Vertauschen zweier Zeilenvektoren: $a_i^z \leftrightarrow a_j^z$
2. Multiplikation der Zeile a_i^z mit $k \in R, k \neq 0$: $a_i^z \to k \cdot a_i^z$
3. Ersetzen der Zeile a_i^z durch die Summe $a_i^z + a_j^z : a_i^z \to a_i^z + a_j^z$.

Ganz analog der Reduzierung eines linearen Gleichungssystems auf ein Treppensystem reduziert man nun die Matrix A auf eine „Treppenmatrix", z.B.:

$$\begin{pmatrix} 1 & -2 & 5 & -3 \\ 2 & 3 & 1 & -4 \\ 3 & 8 & -3 & -5 \end{pmatrix} \to \begin{pmatrix} 1 & -2 & 5 & -3 \\ 0 & 7 & -9 & 2 \\ 0 & 14 & -18 & 4 \end{pmatrix} \to \begin{pmatrix} 1 & -2 & 5 & -3 \\ 0 & 7 & -9 & 2 \\ 0 & 0 & 0 & 0 \end{pmatrix}$$

Die Zahl der Zeilenvektoren, die zuletzt ungleich 0 sind, ist der Rang der Zeilenvektoren und damit der Rang der Matrix. Damit ist auch zugleich der Rang der Spaltenvektoren bestimmt. Im Beispiel sind nur 2 der 4 Spaltenvektoren l.u.

Das gleiche Verfahren hätte man natürlich auch auf die Spaltenvektoren anwenden können und wäre zum gleichen Ergebnis, dem RgA, gekommen.

Das obige Beispiel zeigt zugleich, wie wir nunmehr auch lineare Gleichungssysteme „platzsparender" lösen können. Aus $A \cdot x = b$ bilden wir die erweiterte Matrix

$$(3.50) \qquad A = \begin{pmatrix} a_{11} & a_{12} \ldots a_{1n} & b_1 \\ a_{21} & a_{22} \ldots a_{2n} & b_2 \\ \ldots & \ldots & \ldots \\ a_{m1} & a_{m2} \ldots a_{mn} & b_m \end{pmatrix}$$

und führen die Reduktion auf ein Treppensystem in dieser Matrix durch. Tritt dann etwa Inkonsistenz auf, d.h. eine Zeile

$$(0 \;\; 0 \;\ldots\; 0\,k) \text{ mit } k \neq 0,$$

so ist ja offensichtlich $RgA \neq RgA_e$, die Bedingung für die Lösbarkeit nach Satz (3.35) also verletzt.

3.5.3. Die Lösbarkeitskriterien eines linearen Gleichungssystems

Man kann nun die verschiedenen Ergebnisse auf lineare Gleichungssysteme angewendet zusammenfassen:

1. Ein lineares Gleichungssystem ist nach Satz (3.35) *genau dann lösbar,* wenn der Rang der Matrix **A** gleich dem Rang der erweiterten Matrix $\mathbf{A_e}$ ist: $RgA = RgA_e$.
2. Ist $RgA \neq RgA_e$, das heißt $RgA_e > RgA$, dann ist **b** nicht als Linearkombination der Spaltenvektoren von **A** darstellbar, das Gleichungssystem heißt dann *inkonsistent.*
3. Ist $RgA = RgA_e = k < m$, dann ist das System lösbar, aber *m – k der Gleichungen* sind überflüssig oder *redundant,* da sie Linearkombinationen der übrigen sind. Es ist $k \leqslant n$ (siehe 4.).
4. Ist $RgA = RgA_e = k < n$, dann sind $n - k$ der Spaltenvektoren von **A** Linearkombinationen der anderen, das System ist lösbar, jedoch mit entsprechend *n – k freien Variablen,* denen beliebige Werte zugeordnet werden können. Es gibt unendlich viele Lösungen. Es ist $k \leqslant m$ (siehe 3.).
5. Ist $RgA = RgA_e = n$, dann ist $n \leqslant m$ ($m - n$ Gleichungen sind redundant), das System ist *eindeutig lösbar,* d.h. es gibt nur eine Lösung.
6. Ist in einem linearen Gleichungssystem $m = n$, d.h. *es gibt soviel Gleichungen wie Unbekannte,* dann gibt es also
   a) keine Lösung, wenn $RgA < RgA_e \leqslant n$
   b) genau eine Lösung, wenn $RgA = RgA_e = n$
   c) unendlich viele Lösungen, wenn $RgA = RgA_e < n$.
7. In einem *homogenen linearen Gleichungssystem* ist immer $RgA = RgA_e$, da $\mathbf{b} = \mathbf{0}$ die Zahl der l.u. Vektoren nicht vergrößert. Es gibt dann wenigstens eine Lösung (die triviale Lösung: $(0, 0, \ldots, 0)$). Ist zudem $RgA = n$, dann gibt es nur diese Lösung. Ist $RgA = k < n$, gibt es weitere Lösungen mit $n - k$ freien Variablen. Ist $m < n$, d.h. es gibt weniger Gleichungen als Unbekannte, dann ist auch $RgA < n$ (da $RgA \leqslant m$), also andere Lösungen als die Null. Ist $m = n$, dann gibt es nur dann mehr als die Nullösung, wenn $RgA < n$.

3.5.4. Basislösungen

Aus der Menge aller Lösungen eines linearen Gleichungssystems sollen nun die besonders untersucht werden, bei denen die freien Variablen den Wert 0 haben. Zugleich soll von redundanten Gleichungen abgesehen werden, also $RgA = m$ sein. Dann ist auch $RgA_e = m$, denn im R^m gibt es nicht mehr als m linear unabhängige Variablen.

(3.51) *Def.: Basislösung:* Ist ein lineares Gleichungssystem (3.44) gegeben mit $RgA = m$ und $m < n$ und B eine Untermenge von m linear unabhängigen Vektoren von $A^s = \{a_1, \ldots, a_n\}$ (B ist eine Basis des R^m), dann heißt $x = (x_1, \ldots, x_n)$ eine *Basislösung* von (3.44), wenn die Komponenten x_i, die zu Vektoren aus $A^s \setminus B$ gehören (das sind freie Variable), gleich Null sind und x eine Lösung von (3.44) ist. Die Vektoren aus B heißen *Basisvektoren*, die anderen *Nichtbasisvektoren;* die Variablen x_i, die danach verschieden von Null sein können (Anzahl ist m), heißen *Basisvariable*, die anderen $x_i = 0$ (Anzahl $n - m$) heißen *Nichtbasisvariable.*

Anhahl der möglichen Basislösungen: $N = \binom{n}{m} = \frac{n!}{m!(n-m)!}$

(3.52) *Def.: Degeneration:* Eine Basislösung von (3.44) heißt *degeneriert*, wenn eine oder mehr Basisvariable verschwinden (gleich Null sind).

Beispiel:

$$\begin{aligned} 3x + y - 3z &= 1\tfrac{1}{2} \\ -x \qquad + 2z &= -1 \end{aligned} \qquad a_1 = \begin{pmatrix} 3 \\ -1 \end{pmatrix}, \; a_2 = \begin{pmatrix} 1 \\ 0 \end{pmatrix}, \; a_3 = \begin{pmatrix} -3 \\ 2 \end{pmatrix}$$

Der Rang von A ist 2 : $RgA = 2$, da etwa $\begin{pmatrix} 3 \\ 1 \end{pmatrix}$ und $\begin{pmatrix} 1 \\ 0 \end{pmatrix}$ l.u. sind, und der Rang im R^2 nicht größer als 2 ist ($m = 2$ und $n = 3$).

Für $B_1 = \{a_1, a_2\}$ sind x, y Basisvariable, z Nichtbasisvariable. $xa_1 + ya_2 = b \rightarrow x = 1$, $y = -1\frac{1}{2}$; $\left(1, -1\frac{1}{2}, 0\right)$ ist eine nichtdegenerierte Basislösung.

Für $B_2 = \{a_2, a_3\}$ sind y, z Basisvariable, x Nichtbasisvariable. $ya_2 + za_3 = b \rightarrow z = -\frac{1}{2}$, $y = 0$; $\left(0, 0, -\frac{1}{2}\right)$ ist jetzt degenerierte Basislösung.

Zu $B_3 = \{a_1, a_3\}$ ergibt sich ebenfalls eine degenerierte Basislösung.

(3.53) *Satz:* Alle möglichen Basislösungen von (3.44) existieren und sind nicht-degeneriert dann und nur dann, wenn jede Untermenge von m Vektoren aus $A_e^s = \{a_1, \ldots, a_n, b\}$ linear unabhängig ist.

Beweis:

1. Nehmen wir zuerst an, daß alle Basislösungen existieren und nichtdegeneriert sind. Dann sind zunächst alle Untermengen $B \subset A^s$ mit m Vektoren l.u. (nach Def. der Basislösung), und es ist

$$\sum_{a_i \in B} x_i a_i = b \quad \text{mit} \quad x_i \neq 0 \text{ für } a_i \in B$$

wegen der Nicht-Degeneration. Anwendung des Austauschgesetzes (3.22) für den Tausch **b** gegen a_i ergibt, daß auch $B' = (B \setminus \{a_i\}) \cup \{b\}$ wieder l.u. ist. Das gilt für alle $a_i \in B$ und alle $B \subset A^s$. Somit sind also alle Untermengen von m Vektoren aus $A_e^s = A^s \cup \{b\}$ l.u.

2. Jede Untermenge $B \subset A_e^s$ von m Vektoren sei l.u. Dann existieren ja auch alle Basislösungen, wenn $B \subset A^s$ ist, $B \cup \{b\}$ l.a., also

$$b = \sum_{a_i \in B} x_i a_i \,.$$

Da aber $(B \setminus \{a_i\}) \cup \{b\}$ ohne Vektor a_i l.u. ist, muß x_i (zu a_i) ungleich Null für alle a_i sein, d.h. aber: alle Basislösungen existieren und sind nicht-degeneriert.

(1) Bildet $\mathsf{B} = \{\mathbf{a}_1, \mathbf{a}_2, \mathbf{a}_3\} = \left\{\begin{pmatrix}1\\0\\1\end{pmatrix}, \begin{pmatrix}1\\1\\0\end{pmatrix}, \begin{pmatrix}0\\1\\1\end{pmatrix}\right\}$ eine Basis des R^3?

a) Ist B linear unabhängig?

$k_1\mathbf{a}_1 + k_2\mathbf{a}_2 + k_3\mathbf{a}_3 = \mathbf{0}$ $\qquad k_1\begin{pmatrix}1\\0\\1\end{pmatrix} + k_2\begin{pmatrix}1\\1\\0\end{pmatrix} + k_3\begin{pmatrix}0\\1\\1\end{pmatrix} = \begin{pmatrix}0\\0\\0\end{pmatrix}$

$$\begin{aligned} L_1 &\equiv k_1 + k_2 = 0\\ L_2 &\equiv k_2 + k_3 = 0\\ L_3 &\equiv k_1 + k_3 = 0 \end{aligned}$$

Treppensystem:

$$\begin{aligned} k_1 + k_2 &= 0\\ k_2 + k_3 &= 0\\ 2k_3 &= 0 \end{aligned}$$

Es folgt $k_3 = 0$, $k_2 = 0$ und $k_1 = 0$.

Also existiert eine eindeutige Lösung (0, 0, 0), alle Koeffizienten *müssen* Null sein, d.h. B ist linear unabhängig.

b) $\mathsf{R}^3 = [\mathsf{B}]$?

Wenn B den R^3 aufspannt, dann muß sich jeder beliebige Vektor $\mathbf{b} \in \mathsf{R}^3$ linear aus B kombinieren lassen. Für **b** ist ein allgemeiner Vektor mit 3 Komponenten b_1, b_2, b_3 anzunehmen:

$k_1\mathbf{a}_1 + k_2\mathbf{a}_2 + k_3\mathbf{a}_3 = \mathbf{b}$ $\qquad k_1\begin{pmatrix}1\\0\\1\end{pmatrix} + k_2\begin{pmatrix}1\\1\\0\end{pmatrix} + k_3\begin{pmatrix}0\\1\\1\end{pmatrix} = \begin{pmatrix}b_1\\b_2\\b_3\end{pmatrix}$

$$\begin{aligned} L_1 &\equiv k_1 + k_2 = b_1 & \qquad k_3 &= -\frac{1}{2}b_1 + \frac{1}{2}b_2 + \frac{1}{2}b_3\\ L_2 &\equiv k_2 + k_3 = b_2 & k_2 &= +\frac{1}{2}b_1 + \frac{1}{2}b_2 - \frac{1}{2}b_3\\ L_3 &\equiv k_1 + k_3 = b_3 & k_1 &= +\frac{1}{2}b_1 - \frac{1}{2}b_2 + \frac{1}{2}b_3 \end{aligned}$$

Gleich, welche Komponenten b_1, b_2, b_3 der Vektor **b** hat, läßt er sich mit auszurechnenden k_1, k_2, k_3 als Linearkombination von B darstellen. Daß dies möglich ist, läßt sich auch ohne Rechnung aus dem Treppensystem erkennen.

Da B l.u. ist und den R^3 aufspannt, ist B eine Basis des R^3 (Def. (3.19)).

(2) Bildet $\mathsf{B} = \{\mathbf{c}_1, \mathbf{c}_2, \mathbf{c}_3\} = \left\{\begin{pmatrix}1\\0\\1\\0\end{pmatrix}, \begin{pmatrix}0\\2\\0\\0\end{pmatrix}, \begin{pmatrix}0\\-1\\1\\0\end{pmatrix}\right\}$ eine Basis des R^4?

a) Ist B linear unabhängig?

$$k_1\begin{pmatrix}1\\0\\1\\0\end{pmatrix} + k_2\begin{pmatrix}0\\2\\0\\0\end{pmatrix} + k_3\begin{pmatrix}0\\-1\\1\\0\end{pmatrix} = \begin{pmatrix}0\\0\\0\\0\end{pmatrix} \rightarrow \begin{aligned} k_1 &= 0\\ 2k_2 - k_3 &= 0\\ k_1 + k_3 &= 0\\ 0 &= 0 \end{aligned}$$

$\rightarrow k_1 = 0, k_3 = 0, k_2 = 0 \rightarrow$ B ist linear unabhängig.

b) $R^4 = [B]$?

Wenn B den R^4 aufspannt, muß sich jeder beliebige 4-Vektor $\mathbf{b} \in R^4$ durch B darstellen lassen.

$\mathbf{k_1 c_1 + k_2 c_2 + k_3 c_3 = b}$

$$k_1\begin{pmatrix}1\\0\\1\\0\end{pmatrix}+k_2\begin{pmatrix}0\\2\\0\\0\end{pmatrix}+k_3\begin{pmatrix}0\\-1\\1\\0\end{pmatrix}=\begin{pmatrix}b_1\\b_2\\b_3\\b_4\end{pmatrix}\rightarrow \quad \begin{aligned} k_1 \qquad\quad &= b_1\\ 2k_2 - k_3 &= b_2\\ k_1 \qquad + k_3 &= b_3\\ \mathbf{0} &= b_4\end{aligned}$$

→ nicht ein beliebiger Vektor des R^4, sondern nur spezielle

$\mathbf{b} = \begin{pmatrix}b_1\\b_2\\b_3\\0\end{pmatrix}$, nämlich alle, deren 4. Komponente gleich Null ist, lassen sich mit B darstellen.

→ B bildet keine Basis des R^4, wohl aber des Unterraums U, der alle 4-Vektoren mit der 4. Komponente gleich Null enthält, $U \subset R^4$. $\mathbf{b}$ hat 3 „Freiheitsgrade" durch b_1, b_2, b_3; U ist jedoch nicht der R^3, dessen Vektoren nur 3 Komponenten haben.

(3) a) Ist $U = \left\{\begin{pmatrix}z+u\\u\\z\\0\end{pmatrix} \middle|\; z, u \in R\right\}$ ein Unterraum des R^4?

b) Bildet $B = \{\mathbf{d}_1, \mathbf{d}_2\} = \left\{\begin{pmatrix}1\\0\\1\\0\end{pmatrix}, \begin{pmatrix}0\\-1\\1\\0\end{pmatrix}\right\}$ eine Basis von U?

Zu a) nach *Satz* (3.7):

(1) $U \neq \emptyset \quad \mathbf{0} \in U$ für $z = u = 0$

Bemerkung: Der Nullvektor muß immer im linearen Vektorraum enthalten sein, da er additive Gruppe ist mit dem neutralen Element $\mathbf{0}$. Es ist deshalb zweckmäßig, die Eigenschaft $U \neq \emptyset$ mit $\mathbf{0} \in U$ zu prüfen. (Aus $\mathbf{0} \notin U \rightarrow U$ kein linearer Vektorraum, also kein Unterraum.)

(2) U ist abgeschlossen bezüglich der Vektoraddition (u, z, x, w ∈ R):

$$\mathbf{c}_1 = \begin{pmatrix}z+u\\u\\z\\0\end{pmatrix}, \quad \mathbf{c}_2 = \begin{pmatrix}w+x\\x\\w\\0\end{pmatrix}, \quad \mathbf{c}_1 + \mathbf{c}_2 = \begin{pmatrix}z+u+w+x\\u+x\\z+w\\0+0\end{pmatrix} = \begin{pmatrix}z+w+u+x\\u+x\\z+w\\0\end{pmatrix}$$

Als Ergebnis hat man wieder einen Vektor, dessen 1. Komponente Summe der 2. und 3. ist. Die charakteristische Eigenschaft von U ist also erfüllt: $(\mathbf{c}_1 + \mathbf{c}_2) \in U$.

(3) U ist abgeschlossen bezüglich der Multiplikation mit Skalaren:

$$\mathbf{c} \in U, \; \mathbf{c} = \begin{pmatrix}z+u\\u\\z\\0\end{pmatrix}, \; k \in R, \; k \cdot \mathbf{c} = k\begin{pmatrix}z+u\\u\\z\\0\end{pmatrix} = \begin{pmatrix}k(z+u)\\ku\\kz\\0\end{pmatrix} = \begin{pmatrix}kz+ku\\ku\\kz\\0\end{pmatrix}$$

Auch hier sieht man: $(kc) \in U$.

U ist Unterraum des R^4; jeder Vektor $c \in U$ hat zwei Freiheitsgrade: wenn z und u beliebig festgelegt sind, liegen zwangsläufig alle Komponenten fest.

Zu b) Ist jeder Vektor der Form $c = \begin{pmatrix} z+u \\ u \\ z \\ 0 \end{pmatrix}$ durch B darstellbar?

$$x \begin{pmatrix} 1 \\ 0 \\ 1 \\ 0 \end{pmatrix} + y \begin{pmatrix} 0 \\ -1 \\ 1 \\ 0 \end{pmatrix} = \begin{pmatrix} x \\ 0 \\ x \\ 0 \end{pmatrix} + \begin{pmatrix} 0 \\ -y \\ y \\ 0 \end{pmatrix} = \begin{pmatrix} z+u \\ u \\ z \\ 0 \end{pmatrix}$$

Gleichungssystem:

$$\begin{aligned} x \quad &= z+u \\ -y &= u \\ x+y &= z \\ 0 &= 0 \end{aligned}$$

mit der Lösung:

$$\begin{aligned} x &= z+u \\ y &= -u \end{aligned}$$

Aus der Lösung sieht man, daß jeder Vektor aus U nicht nur mit B darstellbar, sondern diese Darstellung auch eindeutig ist. Nach Satz (3.23) ist B deshalb Basis von U. Die Eindeutigkeit erspart die Überprüfung der linearen Unabhängigkeit.

(4) Gegeben sei das LHG
$$\begin{aligned} 3x + y - 3z &= 0 \\ -x \qquad + 2z &= 0. \end{aligned}$$

Man zeige, daß die Menge *aller Lösungen,* X, *ein linearer Unterraum* des R^3 ist $(X \subset R^3)$.

Lösung:

(a) $\begin{aligned} L_1 &\equiv 3x + y - 3z = 0 \\ L_2 &\equiv -x \qquad + 2z = 0 \end{aligned} \rightarrow \begin{aligned} y + 3x - 3z &= 0 \\ -x + 2z &= 0 \end{aligned}$

$\rightarrow \exists$ eine freie Variable (z oder x oder y); die allgemeine Lösung lautet, wenn z freie Variable ist:

$x = 2z,\ y = 3z - 3x = -3z \rightarrow (x, y, z) = (2z, -3z, z)$

Die Menge aller Lösungen:

$$X = \{(2z, -3z, z) \mid z \in R\}$$

(b) Ist X ein Unterraum des R^3?

Nach Satz (3.7):

(1) $X \neq \emptyset$, da $\mathbf{0} \in X$ für $z = 0$.

(2) Seien **a** und **b** zwei allgemeine Lösungen des Systems mit $k_1 = z$ und $k_2 = z$, resp., dann gilt:

$\mathbf{a} = (2k_1, -3k_1, k_1), \mathbf{b} = (2k_2, -3k_2, k_2)$

$\mathbf{a} + \mathbf{b} = (2(k_1 + k_2), -3(k_1 + k_2), k_1 + k_2) \rightarrow (\mathbf{a} + \mathbf{b}) \in X$, wobei $z = k_1 + k_2$

(3) Ist **a** eine Lösung mit $z = k_1$, dann gilt für $h \in R$

$h\mathbf{a} = h(2k_1, -3k_1, k_1) = (2k_1 h, -3k_1 h, k_1 h) \rightarrow h\mathbf{a} \in X$,

wobei $z = h \cdot k_1$.

Die Menge aller Lösungen X ist Unterraum des R^3; dim X = 1 (ein Freiheitsgrad, eine freie Variable).

(5) Das *Mischungsbeispiel* Nr. 5 aus 2.2. eines linearen inhomogenen Gleichungssystems sei wieder aufgegriffen.

Es ergab sich als endgültiges Treppensystem:

$$\begin{aligned} L_1 &\equiv x_1 + x_2 + x_3 + x_4 = 1 \\ L_2 &\equiv 5x_2 + 2x_3 + 3x_4 = 2 \\ L_3 &\equiv -x_3 + x_4 = \frac{1}{9} \end{aligned}$$

Die zugehörige Koeffizientenmatrix **A** ist also:

$$\mathbf{A} = (\mathbf{a}_1, \mathbf{a}_2, \mathbf{a}_3, \mathbf{a}_4) = \begin{pmatrix} 1 & 1 & 1 & 1 \\ 0 & 5 & 2 & 3 \\ 0 & 0 & -1 & 1 \end{pmatrix} \text{ und die erweiterte}$$

$$\mathbf{A}_e = (\mathbf{a}_1, \mathbf{a}_2, \mathbf{a}_3, \mathbf{a}_4, \mathbf{b}) = \begin{pmatrix} 1 & 1 & 1 & 1 & 1 \\ 0 & 5 & 2 & 3 & 2 \\ 0 & 0 & -1 & 1 & \frac{1}{9} \end{pmatrix}$$

$RgA = RgA_e = k = 3$. Die Anzahl der Nichtbasisvariablen bzw. der freien Variablen ist:

$n - k = 4 - 3 = 1.$ n = Spaltenanzahl von A
k = RgA

Basislösungen sind:

1. Basis $B_1 = \{\mathbf{a}_1, \mathbf{a}_2, \mathbf{a}_3\}$
   Nichtbasisvariable $x_4 = 0$: $x_1\mathbf{a}_1 + x_2\mathbf{a}_2 + x_3\mathbf{a}_3 = \mathbf{b}$
   → nichtdegenerierte Basislösung: $x_3 = -\frac{1}{9}$, $x_2 = \frac{4}{9}$, $x_1 = \frac{6}{9}$

   $$(x_1, x_2, x_3, x_4) = \left(\frac{6}{9}, \frac{4}{9}, -\frac{1}{9}, 0\right).$$

2. Basis $B_2 = \{\mathbf{a}_1, \mathbf{a}_2, \mathbf{a}_4\}$
   Nichtbasisvariable $x_3 = 0$: $x_1\mathbf{a}_1 + x_2\mathbf{a}_2 + x_4\mathbf{a}_4 = \mathbf{b}$
   → nichtdegenerierte Basislösung: $x_4 = \frac{1}{9}$, $x_2 = \frac{1}{3}$, $x_1 = \frac{5}{9}$

   $$(x_1, x_2, x_3, x_4) = \left(\frac{5}{9}, \frac{1}{3}, 0, \frac{1}{9}\right)$$

3. Basis $B_3 = \{\mathbf{a}_2, \mathbf{a}_3, \mathbf{a}_4\}$
   Nichtbasisvariable $x_1 = 0$: $x_2\mathbf{a}_2 + x_3\mathbf{a}_3 + x_4\mathbf{a}_4 = \mathbf{b}$
   Es empfiehlt sich, die Matrix $\mathbf{A}_e = (\mathbf{a}_2, \mathbf{a}_3, \mathbf{a}_4, \mathbf{b})$ durch lineare Zeilentransformationen so in $\mathbf{A}_e^*$ umzuformen, daß über das Treppensystem hinaus ein *Diagonalsystem* entsteht.

   Das Diagonalsystem ist möglich, da das obige System eindeutig lösbar ist. Die resultierende rechte Spalte $\mathbf{b}^*$ gibt dann die Lösung an:

$$\mathbf{A}_e = (\mathbf{a}_2, \mathbf{a}_3, \mathbf{a}_4, \mathbf{b}) = \begin{pmatrix} 1 & 1 & 1 & 1 \\ 5 & 2 & 3 & 2 \\ 0 & -1 & 1 & \frac{1}{9} \end{pmatrix} \begin{matrix} Z_1 \\ Z_2 \\ Z_3 \end{matrix} \rightarrow \begin{matrix} \\ 5 \cdot Z_1 - Z_2 \\ \\ \end{matrix} \begin{pmatrix} 1 & 1 & 1 & 1 \\ 0 & 3 & 2 & 3 \\ 0 & -1 & 1 & \frac{1}{9} \end{pmatrix}$$

$$\xrightarrow{\frac{1}{3}Z_2}\begin{pmatrix}1 & 1 & 1 & 1\\ 0 & 1 & \frac{2}{3} & 1\\ 0 & -1 & 1 & \frac{1}{9}\end{pmatrix}\rightarrow\begin{matrix}Z_1-Z_2\\ \\ Z_3+Z_2\end{matrix}\begin{pmatrix}1 & 0 & \frac{1}{3} & 0\\ 0 & 1 & \frac{2}{3} & 1\\ 0 & 0 & \frac{5}{3} & \frac{10}{9}\end{pmatrix}\rightarrow\begin{matrix}\\ \\ \frac{3}{5}Z_3\end{matrix}\begin{pmatrix}1 & 0 & \frac{1}{3} & 0\\ 0 & 1 & \frac{2}{3} & 1\\ 0 & 0 & 1 & \frac{2}{3}\end{pmatrix}$$

$$\begin{matrix}Z_1-\frac{1}{3}Z_3\\ \rightarrow Z_2-\frac{2}{3}Z_3\\ \\ \end{matrix}\begin{pmatrix}1 & 0 & 0 & -\frac{2}{9}\\ 0 & 1 & 0 & \frac{5}{9}\\ 0 & 0 & 0 & \frac{2}{3}\end{pmatrix}=\mathbf{A}_e^*=(\mathbf{a}_2^*,\mathbf{a}_3^*,\mathbf{a}_4^*,\mathbf{b}).$$

Das zugehörige Gleichungssystem lautet:

$$x_2\mathbf{a}_2^*+x_3\mathbf{a}_3^*+x_4\mathbf{a}_4^*=\mathbf{b}^* \text{ oder } \begin{aligned}x_2 &= -\frac{2}{9}\\ x_3 &= \frac{5}{9}\\ x_4 &= \frac{2}{3}\end{aligned}$$

→ nichtdegenerierte Basislösung:

$$(x_1,x_2,x_3,x_4)=\left(0,\,-\frac{2}{9},\frac{5}{9},\frac{2}{3}\right).$$

4. Basis $B_4=\{\mathbf{a}_1,\mathbf{a}_3,\mathbf{a}_4\}$
Nichtbasisvariable $x_2=0$: $x_1\mathbf{a}_1+x_3\mathbf{a}_3+x_4\mathbf{a}_4=\mathbf{b}$

$$\mathbf{A}_e=(\mathbf{a}_1,\mathbf{a}_3,\mathbf{a}_4,\mathbf{b})=\begin{pmatrix}1 & 1 & 1 & 1\\ 0 & 2 & 3 & 2\\ 0 & -1 & 1 & \frac{1}{9}\end{pmatrix}\rightarrow\begin{pmatrix}1 & 1 & 1 & 1\\ 0 & 1 & \frac{3}{2} & 1\\ 0 & -1 & 1 & \frac{1}{9}\end{pmatrix}\rightarrow\begin{pmatrix}1 & 0 & -\frac{1}{2} & 0\\ 0 & 1 & \frac{3}{2} & 1\\ 0 & 0 & \frac{5}{2} & \frac{10}{9}\end{pmatrix}$$

$$\rightarrow\begin{pmatrix}1 & 0 & -\frac{1}{2} & 0\\ 0 & 1 & \frac{3}{2} & 1\\ 0 & 0 & 1 & \frac{4}{9}\end{pmatrix}\rightarrow\begin{pmatrix}1 & 0 & 0 & \frac{2}{9}\\ 0 & 1 & 0 & \frac{1}{3}\\ 0 & 0 & 1 & \frac{4}{9}\end{pmatrix}=\mathbf{A}_e^*=(\mathbf{a}_1^*,\mathbf{a}_3^*,\mathbf{a}_4^*,\mathbf{b}).$$

Als Lösung liest man ab:

$x_1=\frac{2}{9}$, $x_3=\frac{1}{3}$, $x_4=\frac{4}{9}$ → nichtdegenerierte Basislösung:

$$(x_1,x_2,x_3,x_4)=\left(\frac{2}{9},0,\frac{1}{3},\frac{4}{9}\right).$$

Die Basislösungen Nr. 1 und Nr. 3 sind keine Lösungen des gestellten Mischungsproblems, da nicht erklärt werden kann, was die negativen Legierungsmengen

$$x_3=-\frac{1}{9} \qquad \text{bzw.} \qquad x_2=-\frac{2}{9}$$

bedeuten. Sie sind ökonomisch sinnlose und deshalb *unzulässige Lösungen.* Dagegen sind die Basislösungen Nr. 2 und Nr. 4 *zulässige Lösungen,* da sie das Mischungsproblem lösen. Welche der zulässigen Basislösungen bei der ökonomischen Realisierung gewählt wird, hängt ab von der jeweiligen Zielvorstellung. Die Basislösungen haben den Vorteil, daß so wenig Ausgangslegierungen wie möglich verwendet werden (die freie Variable ist Null). Es wird später gezeigt (Abschnitt Lineare Programmierung), daß man sich bei linearer Zielfunktion bei der Suche nach dem Optimum tatsächlich auf Basislösungen beschränken kann.

4. Matrizenrechnung

4.1. Matrizen und Operationen

4.1.1. Begriff der Matrix

Als Zusammenfassung der Koeffizienten eines linearen Gleichungssystems haben wir bereits die Matrix kennengelernt. Dadurch konnte man den linearen Zusammenhang zwischen dem n-Vektor **x** und dem m-Vektor **b** besonders übersichtlich darstellen. Für solche und kompliziertere lineare Zusammenhänge hat sich nun die Rechnung mit in „Tabellen" zusammengestellten Koeffizienten, den Matrizen, als besonders nützlich erwiesen.

(4.1) *Def.:* Eine *Matrix,* genauer eine (m, n)-Matrix $\mathbf{A} = \mathbf{A}_{m,n}$ ist ein Rechteckschema von m · n reellen Zahlen, die in m Zeilen und n Spalten geordnet sind:

$$\mathbf{A} = \mathbf{A}_{m,n} = \begin{pmatrix} a_{11} & a_{12} & \dots & a_{1n} \\ a_{21} & a_{22} & \dots & a_{2n} \\ \dots & \dots & \dots & \dots \\ a_{m1} & a_{m2} & & a_{mn} \end{pmatrix}, \quad a_{ij} \in R$$

Hierbei bezieht sich der 1. Index auf die Zeile, der 2. auf die Spalte.

Schreibweise: $\mathbf{A} = \mathbf{A}_{m,n} = (a_{ij}) = (a_{ij})_{m,n}$.

(m, n) heißt die *Ordnung* der Matrix. Die a_{ij} heißen *Elemente* der Matrix. Matrizen mit besonderen Ordnungen:

(4.2) Ist für $\mathbf{A}_{m,n}$ m = n, d.h. die Matrix hat gleichviel Zeilen wie Spalten, so heißt **A** eine *quadratische Matrix* oder eine *Matrix der Ordnung n* (für(n, n)) oder eine *n-reihige Matrix.*

Ist n = 1, d.h. die Matrix $\mathbf{A}_{m,n} = \mathbf{A}_{m1}$ hat nur eine einzige Spalte, so ist $\mathbf{A}_{m1}$ ein *Spaltenvektor* mit m Komponenten. Ist m = 1, d.h. die Matrix $\mathbf{A}_{mn} = \mathbf{A}_{1n}$ hat nur eine einzige Zeile, so ist $\mathbf{A}_{1n}$ ein *Zeilenvektor* mit n Komponenten. Ist m = n = 1, d.h. $\mathbf{A}_{11}$ hat nur ein einziges Element, so ist $\mathbf{A}_{11}$ ein *Skalar* (eine reelle Zahl).

Schreibweise:

$$\mathbf{A}_{m1} = \begin{pmatrix} a_{11} \\ \vdots \\ a_{m1} \end{pmatrix} = \begin{pmatrix} a_1 \\ \vdots \\ a_m \end{pmatrix} = \mathbf{a} \quad \text{und} \quad \mathbf{A}_{1n} = (a_{11}, \dots, a_{1n}) = (a_1, \dots, a_n) = \mathbf{a}'$$

$\mathbf{A}_{11} = (a_{11}) = (a) = a$ eine reelle Zahl.

(4.3) *Gleichheit:* Zwei Matrizen **A** und **B** sind *gleich,* **A** = **B**, wenn sie gleiche Ordnung haben, beide etwa (m, n)-Matrizen sind und alle Elemente gleich sind:

$$a_{ij} = b_{ij}, \quad i = 1, \dots, m; \quad j = 1, \dots, n.$$

Beispiel:

$$A_{23} = \begin{pmatrix} 2 & 3 & -1.5 \\ 0 & 1 & 4 \end{pmatrix}$$ ist eine (2,3)-Matrix, 2 Zeilen, 3 Spalten

$$B_{22} = \begin{pmatrix} 2 & -1.5 \\ 0 & 4 \end{pmatrix}$$ ist eine (2, 2)-Matrix, d.h. eine quadratische Matrix (der Ordnung 2).

$$\begin{pmatrix} 1 & 2 \\ -3 & \end{pmatrix}, \begin{pmatrix} & 1.5 & \\ 2 & & 4 \end{pmatrix}, \begin{pmatrix} & 4 & \\ 3 & & 11 \\ & -5 & \end{pmatrix}$$ sind keine Matrizen.

$C_{21} = \begin{pmatrix} 1 \\ 2 \end{pmatrix} = c$ ist eine (2, 1)-Matrix bzw. ein Spaltenvektor c.

$D_{13} = (3, -5, 11) = d'$ ist eine (1, 3)-Matrix oder ein Zeilenvektor d'.

4.1.2. Addition von Matrizen und Multiplikation mit Skalaren

(4.4) *Def.: Addition:* Seien A und B zwei (m, n)-Matrizen. Dann ist die *Summe* C von A und B wieder eine (m, n)-Matrix durch elementweise Addition:

$$\begin{pmatrix} c_{11} \dots c_{1n} \\ \dots\dots\dots \\ c_{m1} \dots c_{mn} \end{pmatrix} = \begin{pmatrix} a_{11} \dots a_{1n} \\ \dots\dots\dots \\ a_{m1} \dots a_{mn} \end{pmatrix} + \begin{pmatrix} b_{11} \dots b_{1n} \\ \dots\dots\dots \\ b_{m1} \dots b_{mn} \end{pmatrix} + \begin{pmatrix} a_{11} + b_{11} \dots a_{1n} + b_{1n} \\ \dots\dots\dots \\ a_{m1} + b_{m1} \dots a_{mn} + b_{mn} \end{pmatrix}$$

Merke: Die Summe zweier Matrizen mit ungleicher Ordnung ist nicht definiert!

Da die Addition elementweise ausgeführt wird, kann man innerhalb der Summenmatrix C alle Regeln der reellen Zahlen anwenden, etwa die Kommutativität:

$$c_{ij} = a_{ij} + b_{ij} = b_{ij} + a_{ij} \quad \forall\, i, j.$$

Daraus folgt natürlich die Kommutativität der Matrizenaddition. Es gilt sogar darüber hinaus:

(4.5) *Satz:* Die Menge aller (m, n)-Matrizen bildet bezüglich der Addition eine kommutative Gruppe.
Es gilt speziell (neben der Abgeschlossenheit):
Kommutativität: $A + B = B + A$
Assoziativität: $A + (B + C) = (A + B) + C$.
Das neutrale Element ist die *Nullmatrix* **0**:

$\mathbf{0} = (a_{ij})$ mit $a_{ij} = 0 \ \forall\, i, j$. Zu jeder Ordnung (m, n) gibt es eine spezielle Nullmatrix, nämlich die mit m Zeilen und n Spalten von Nullen

$$A + \mathbf{0} = \mathbf{0} + A = A.$$

Das inverse Element zu A ist hier die *negative Matrix* $-A = (-a_{ij})$ mit

$$A + (-A) = A - A = -A + A = \mathbf{0}.$$

Neben der Addition ist die Multiplikation einer (m, n)-Matrix mit reellen Zahlen erklärt:

(4.6) *Def.: Multiplikation mit einem Skalar:* Ist **A** eine (m, n)-Matrix und k eine reelle Zahl (k ein Skalar), so ist das *Produkt von* k und **A** wieder eine (m, n)-Matrix **C** durch elementweise Multiplikation:

$$\mathbf{C} = k \cdot \mathbf{A} = \begin{pmatrix} ka_{11} & \ldots & ka_{1n} \\ \ldots & \ldots & \ldots \\ ka_{m1} & \ldots & ka_{mn} \end{pmatrix} \quad \text{oder } k\mathbf{A} = (ka_{ij}) = (c_{ij}).$$

Es gilt hier: $k \cdot \mathbf{A} = (ka_{ij}) = (a_{ij}k) = \mathbf{A} \cdot k$.

Auch hier ist die Operation auf die Rechnung mit den reellen Zahlen zurückgeführt. Man folgert also sofort, daß speziell gilt:

$$\begin{aligned} k \cdot (\mathbf{A} + \mathbf{B}) &= k\mathbf{A} + k\mathbf{B} \\ (k + h)\mathbf{A} &= k\mathbf{A} + h\mathbf{A} \\ (h \cdot k)\mathbf{A} &= h(k\mathbf{A}) \\ 1\mathbf{A} &= \mathbf{A}. \end{aligned} \tag{4.7}$$

Die Aussagen (4.7) kann man nun mit Satz (4.5) zusammenfassen:

(4.8) *Satz:* Die Menge aller (m, n)-Matrizen (für festes m und n) bildet einen linearen Vektorraum über den reellen Zahlen.

In dieser Struktur des Vektorraums spielen hier die (m, n)-Matrizen die Rolle der Vektoren. Darauf aufbauend kann man alle Ergebnisse der Theorie der linearen Vektorräume anwenden. Insbesondere sind die Eigenschaften der n-Vektoren als spezielle Matrizen auch wieder mit enthalten.

Betrachten wir das folgende Problem:

Gegeben seien r (m, n)-Matrizen $\mathbf{A}_1, \ldots, \mathbf{A}_r$ und eine weitere: **B**. Auf welche Art läßt sich die Matrix **B** als eine Linearkombination der $\mathbf{A}_1, \ldots, \mathbf{A}_r$ darstellen:

$$\mathbf{B} = k_1\mathbf{A}_1 + k_2\mathbf{A}_2 + \ldots + k_r\mathbf{A}_r? \tag{4.9}$$

Dieses Problem ist bereits allgemein gelöst: zu suchen ist nach linear unabhängigen Matrizen unter den $\mathbf{A}_1, \ldots, \mathbf{A}_r$ (wobei sich die Nullmatrix nur auf triviale Weise darstellen lassen muß), und deren Zahl sei k. Inkonsistenz besteht, wenn diese mit **B** l.u. sind, andernfalls ist (4.9) lösbar und $r - k$ ist die Anzahl der freien Variablen k_i.

Beispiel:

$$\mathbf{A}_1 = \begin{pmatrix} 1 & 0 \\ 0 & 0 \end{pmatrix}, \quad \mathbf{A}_2 = \begin{pmatrix} 0 & 1 \\ 0 & 0 \end{pmatrix}, \quad \mathbf{A}_3 = \begin{pmatrix} 1 & 1 \\ 0 & 2 \end{pmatrix}, \quad \mathbf{B} = \begin{pmatrix} 6 & 2 \\ 0 & 3 \end{pmatrix}; \ \{\mathbf{A}_1, \mathbf{A}_2, \mathbf{A}_3\} \text{ sind l.u.}$$

$$k_1\mathbf{A}_1 + k_2\mathbf{A}_2 + k_3\mathbf{A}_3 = 0.$$

$$k_1\begin{pmatrix} 1 & 0 \\ 0 & 0 \end{pmatrix} + k_2\begin{pmatrix} 0 & 1 \\ 0 & 0 \end{pmatrix} + k_3\begin{pmatrix} 1 & 1 \\ 0 & 2 \end{pmatrix} = \begin{pmatrix} k_1 & 0 \\ 0 & 0 \end{pmatrix} + \begin{pmatrix} 0 & k_2 \\ 0 & 0 \end{pmatrix} + \begin{pmatrix} k_3 & k_3 \\ 0 & 2k_3 \end{pmatrix} =$$

$$\begin{pmatrix} k_1 + k_3 & k_2 + k_3 \\ 0 & 2k_3 \end{pmatrix} = \begin{pmatrix} 0 & 0 \\ 0 & 0 \end{pmatrix} \rightarrow \begin{matrix} k_1 + k_3 = 0, & k_2 + k_3 = 0 \\ 0 = 0, & 2k_3 = 0 \end{matrix} \rightarrow k_1 = k_2 = k_3 = 0, \text{ also l.u.}$$

Für $k_1 + k_3 = 6$; $k_2 + k_3 = 2$; $0 = 0$; $2k_3 = 3$ und somit $k_3 = 1.5$; $k_1 = 4.5$; $k_2 = 0.5$ ist dann auch

$$\mathbf{B} = k_1\mathbf{A}_1 + k_2\mathbf{A}_2 + k_3\mathbf{A}_3.$$

Durch $\{\mathbf{A}_1, \mathbf{A}_2, \mathbf{A}_3\}$ können nur die Matrizen erzeugt werden, für die $a_{21} = 0$ gilt. Eine Basis hätte $n^2 = 4$ Matrizen.

4.1.3. Matrizenmultiplikation

Die Multiplikation von Matrizen miteinander ist eine neue Verknüpfung, die allerdings nicht mit allen Matrizen ausführbar ist. Gehen wir von einem Gleichungssystem

$$(4.10)\qquad \begin{array}{l} a_{11}x_1 + \ldots + a_{1n}x_n = b_1 \\ \ldots\ldots\ldots\ldots\ldots\ldots \\ a_{m1}x_1 + \ldots + a_{mn}x_n = b_m \end{array}$$

aus. Das System kann etwa bedeuten, daß für n verschiedene Zwischenprodukte, deren Mengen x_j sind, m Rohstoffe mit den Gesamtmengen b_i gebraucht werden. Jedes Zwischenprodukt j verbraucht pro Mengeneinheit einen Anteil a_{ij} des Rohstoffes i. Die Gesamtmenge an i ist dann gerade

$$(4.11)\qquad b_i = \sum_{j=1}^{n} a_{ij}x_j, \quad i = 1, \ldots, m.$$

Nehmen wir nun weiter an, daß aus den Mengen x_j der Zwischenprodukte Endprodukte k mit den Mengen y_k, $k = 1, \ldots, r$ hergestellt werden. Jedes Endprodukt k verbraucht pro Mengeneinheit b_{jk} Einheiten Zwischenprodukt j. Also hat man:

$$(4.12)\qquad \begin{array}{l} b_{11}y_1 + \ldots + b_{1r}y_r = x_1 \\ \ldots\ldots\ldots\ldots\ldots\ldots \\ b_{n1}y_1 + \ldots + b_{nr}y_r = x_n \end{array}$$

oder

$$(4.13)\qquad x_j = \sum_{k=1}^{r} b_{jk}y_k, \quad j = 1, \ldots, n.$$

Will man nun wissen, wieviel Rohstoffe direkt für die Endprodukte gebraucht werden, setzt man (4.12) bzw. (4.13) direkt in (4.10) bzw. (4.11) ein und erhält:

$$a_{11}(b_{11}y_1 + \ldots + b_{1r}y_r) + \ldots + a_{1n}(b_{n1}y_1 + \ldots + b_{nr}y_r) = b_1$$

bzw.

$$(4.14)\qquad b_i = \sum_{j=1}^{n} a_{ij} \cdot \sum_{k=1}^{r} b_{jk}y_k = \sum_{k=1}^{r} \sum_{j=1}^{n} a_{ij}b_{jk} \cdot y_k$$

und im *Beispiel:*

Rohstoffbedarf b_1, b_2, b_3 der Zwischenprodukte x_1, x_2, x_3:

$$(1)\qquad \begin{array}{l} 2x_1 \phantom{{}+ 2x_2} + 1x_3 = b_1 \\ 1x_1 + 2x_2 \phantom{{}+ 1x_3} = b_2 \\ 2x_1 + 1x_2 + 3x_3 = b_3 \end{array}$$

Zwischenproduktbedarf x_1, x_2, x_3 der Endprodukte y_1, y_2, y_3:

$$(2)\qquad \begin{array}{l} 2y_1 = x_1 \\ 1y_1 + 3y_2 = x_2 \\ 2y_1 + 2y_2 + 1y_3 = x_3 \end{array}$$

(2) in (1):

$$\begin{array}{lcl} 4y_1 + (2y_1 + 2y_2 + y_3) = b_1 & & 6y_1 + 2y_2 + y_3 = b_1 \\ 2y_1 + 2(y_1 + 3y_2) + = b_2 & \rightarrow & 4y_1 + 6y_2 = b_2 \\ 4y_1 + (y_1 + 3y_2) + 3(2y_1 + 2y_2 + y_3) = b_3 & & 11y_1 + 9y_2 + 3y_3 = b_3 \end{array}$$

Werden die Endproduktmengen y_1, y_2, y_3 vorgegeben mit z.B. $y_1 = 100$, $y_2 = 200$, $y_3 = 200$, dann ergibt sich der Gesamtrohstoffbedarf b_1, b_2, b_3 der 3 Rohstoffarten aus den letzten drei Gleichungen mit $b_1 = 1200$, $b_2 = 1600$ und $b_3 = 3500$.

Man erhält also ein neues Gleichungssystem zwischen Endprodukten y_k und Rohstoffen b_i mit aus beiden früheren Systemen zusammengesetzten Koeffizienten:

$$\sum_{j=1}^{n} a_{1j} b_{j1} \cdot y_1 + \ldots + \sum_{j=1}^{n} a_{1j} b_{jr} \cdot y_r = b_1$$

(4.15) $$\cdots\cdots\cdots\cdots\cdots\cdots\cdots\cdots$$

$$\sum_{j=1}^{n} a_{mj} b_{j1} \cdot y_1 + \ldots + \sum_{j=1}^{n} a_{mj} b_{jr} \cdot y_r = b_m$$

Die neuen Koeffizienten bilden wieder eine Matrix: Bezeichnet man die (m, n)-Matrix von (4.10) mit $\mathbf{A}_{mn}$, die (n, r)-Matrix von (4.12) mit $\mathbf{B}_{nr}$, so heißt die (m, r)-Matrix von (4.15) das Produkt von **A** und **B**.

(4.16) *Def.: Produkt zweier Matrizen:* Sei $\mathbf{A} = (a_{ij})$ eine (m, n)-Matrix und $\mathbf{B} = (b_{ij})$ eine (n, r)-Matrix, dann ist das Produkt **C** von **A** und **B** eine (m, r)-Matrix $\mathbf{C} = (c_{ij})$ mit den Koeffizienten:

(4.17) $$c_{ij} = \sum_{k=1}^{n} a_{ik} b_{kj} \text{ in } \mathbf{C}_{mr} = \mathbf{A}_{mn} \cdot \mathbf{B}_{nr}.$$

Merke: Das Produkt zweier Matrizen ist nur definiert, wenn die Spaltenzahl der ersten Matrix mit der Zeilenzahl der zweiten übereinstimmt.

Im obigen Problem kann man den Vektor **x** als Spaltenvektor und damit als (n, 1)-Matrix auffassen und hat als Spezialfall die *Multiplikation einer Matrix mit einem Vektor:*

(4.18) $$\mathbf{Ax} = \mathbf{b} \quad \text{oder} \quad \mathbf{A}_{mn} \cdot \mathbf{x}_{n1} = \mathbf{b}_{m1} \text{ mit } b_i = \sum_{j=1}^{n} a_{ij} x_j, \; i = 1, \ldots, m.$$

Merke: Das Produkt einer (m, n)-Matrix mit $n \neq 1$ mit einem Zeilenvektor ist nicht definiert.

Das System (4.10) schreibt sich also $\mathbf{Ax} = \mathbf{b}$, das System (4.12) $\mathbf{By} = \mathbf{x}$ und damit hat man

$$\mathbf{A} \cdot (\mathbf{By}) = (\mathbf{AB})\mathbf{y} = \mathbf{C} \cdot \mathbf{y} = \mathbf{b} \quad \text{oder} \quad \mathbf{A}_{mn} \cdot \mathbf{B}_{nr} \cdot \mathbf{y}_{r1} = \mathbf{b}_{m1}.$$

Die Bildung des Elementes c_{ij} des Produktes nach (4.17) kann man auch so ausdrücken:

Das Element c_{ij} ist das Skalarprodukt der i-ten Zeile von **A** mit der j-ten Spalte von **B** (weshalb die Komponentenzahlen übereinstimmen müssen) und steht an deren Kreuzungspunkt:

(4.19) $$\begin{pmatrix} c_{11} & \cdots & c_{1j} & \cdots & c_{1r} \\ \cdots & \cdots & \cdots & \cdots & \cdots \\ c_{i1} & \cdots & \boxed{c_{ij}} & \cdots & c_{ir} \\ \cdots & \cdots & \cdots & \cdots & \cdots \\ c_{m1} & \cdots & c_{mj} & \cdots & c_{mr} \end{pmatrix} = \begin{pmatrix} a_{11} & \cdots & a_{1n} \\ \cdots & \cdots & \cdots \\ \boxed{a_{i1} \; \cdots \; a_{in}} \\ \cdots & \cdots & \cdots \\ a_{m1} & \cdots & a_{mn} \end{pmatrix} \cdot \begin{pmatrix} b_{11} & \cdots & \boxed{b_{1j}} & \cdots & b_{1r} \\ \cdots & \cdots & \vdots & \cdots & \cdots \\ b_{n1} & \cdots & \boxed{b_{nj}} & \cdots & b_{nr} \end{pmatrix}$$

Stellt man die Matrix $\mathbf{A} = \mathbf{A}_{mn}$ als Spalte von Zeilenvektoren dar und $\mathbf{B} = \mathbf{B}_{nr}$ als Zeile von Spaltenvektoren

(4.20) $$\mathbf{A} = \begin{pmatrix} \mathbf{a}_1' \\ \mathbf{a}_2' \\ \vdots \\ \mathbf{a}_m' \end{pmatrix} \text{ und } \mathbf{B} = (\mathbf{b}_1, \mathbf{b}_2, \ldots, \mathbf{b}_r),$$

dann ist

$$\mathbf{A}\cdot\mathbf{B}=\begin{pmatrix}\mathbf{a}_1'\\ \mathbf{a}_2'\\ \vdots\\ \mathbf{a}_m'\end{pmatrix}\cdot(\mathbf{b}_1,\mathbf{b}_2,\ldots,\mathbf{b}_r)=\begin{pmatrix}\mathbf{a}_1'\,\mathbf{b}_1\ldots\mathbf{a}_1'\,\mathbf{b}_r\\ \mathbf{a}_1'\,\mathbf{b}_1\ldots\mathbf{a}_2'\,\mathbf{b}_r\\ \ldots\ldots\ldots\ldots\\ \mathbf{a}_m'\,\mathbf{b}_1\ldots\mathbf{a}_m'\,\mathbf{b}_r\end{pmatrix}$$

Für die Matrizenmultiplikationen gelten die folgenden Regeln:

(4.21) *Satz:* Die Matrizenmultiplikation ist

1. assoziativ: $(\mathbf{AB})\cdot\mathbf{C} = \mathbf{A}(\mathbf{BC})$, d.h. $(\mathbf{A}_{mn}\mathbf{B}_{nr})\cdot\mathbf{C}_{re}=\mathbf{A}_{mn}(\mathbf{B}_{nr}\mathbf{C}_{re})$
2. distributiv: $\mathbf{A}(\mathbf{B}+\mathbf{C}) = \mathbf{AB}+\mathbf{AC}$, d.h.
   $\mathbf{A}_{mn}(\mathbf{B}_{nr}+\mathbf{C}_{nr})=\mathbf{A}_{mn}\mathbf{B}_{nr}+\mathbf{A}_{mn}\mathbf{C}_{nr}$
   $(\mathbf{A}+\mathbf{B})\mathbf{C} = \mathbf{AC}+\mathbf{BC}$, d.h.
   $(\mathbf{A}_{mn}+\mathbf{B}_{mn})\cdot\mathbf{C}_{nr}=\mathbf{A}_{mn}\mathbf{C}_{nr}+\mathbf{B}_{mn}\mathbf{C}_{nr}$
3. assoziativ bezüglich Skalarenmultiplikation:
   $k(\mathbf{AB}) = (k\mathbf{A})\cdot\mathbf{B}=\mathbf{A}(k\mathbf{B})$ $\quad\mathbf{A}=\mathbf{A}_{mn},\ \mathbf{B}=\mathbf{B}_{nr}$

Beweis durch Anwendung der Multiplikation und Umordnen.

(4.22) *Satz:* Die Matrizenmultiplikation ist *nicht kommutativ:*

1. Fall: $\mathbf{A}_{mn}\cdot\mathbf{B}_{nr}\neq\mathbf{B}_{nr}\mathbf{A}_{mn}$, rechte Seite für $r\neq m$ nicht definiert.

2. Fall: $r=m$, $m\neq n$, Multiplikation definiert, linke Seite eine quadratische Matrix der Ordnung m, rechte Seite der Ordnung n.

3. Fall: **A** und **B** quadratische Matrizen der Ordnung n, die Vertauschbarkeit kann in speziellen Fällen gelten, im allgemeinen gilt sie nicht, z.B.:

$$\begin{pmatrix}1&1\\0&1\end{pmatrix}\cdot\begin{pmatrix}0&1\\1&0\end{pmatrix}=\begin{pmatrix}1&1\\1&0\end{pmatrix}\neq\begin{pmatrix}0&1\\1&0\end{pmatrix}\cdot\begin{pmatrix}1&1\\0&1\end{pmatrix}=\begin{pmatrix}0&1\\1&1\end{pmatrix}$$

4.1.4. Spezielle Matrizen

Wir hatten die Nullmatrix $\mathbf{0}_{mn}$ als additiv neutrales Element kennengelernt. Es gilt $\mathbf{A}+\mathbf{0}=\mathbf{0}+\mathbf{A}=\mathbf{A}$ und $\mathbf{A}-\mathbf{A}=\mathbf{0}$. Für die Multiplikation dagegen gilt:

(4.23) $\quad\mathbf{A}_{mn}\cdot\mathbf{0}_{nr}=\mathbf{0}_{mr}$ und $\mathbf{0}_{em}\cdot\mathbf{A}_{mn}=\mathbf{0}_{en}$

Merke aber:

(4.24) $\quad\mathbf{A}_{mn}\cdot\mathbf{B}_{nr}=\mathbf{0}_{mr}\not\Rightarrow\mathbf{A}_{mn}=\mathbf{0}_{mn}$ oder $\mathbf{B}_{nr}=\mathbf{0}_{nr}$,

denn es gilt z.B.:

$$\begin{pmatrix}1&4\\0&0\end{pmatrix}\cdot\begin{pmatrix}4&0\\-1&0\end{pmatrix}=\begin{pmatrix}0&0\\0&0\end{pmatrix}.$$

Die Rolle des neutralen Elements der Multiplikation spielt die *Einheitsmatrix* $\mathbf{I}_n$, die nur als quadratische Matrix existiert. (Die Matrizen bilden keine multiplikative Gruppe!).

Die Einheitsmatrix $\mathbf{I}_n$ ist definiert durch

(4.25) $\quad\mathbf{I}_n=(\delta_{ij})$ mit $\delta_{ij}=\begin{cases}1 & \text{für } i=j\\ 0 & \text{für } i\neq j\end{cases}$ $\quad\delta_{ij}$ heißt *Kroneckersymbol,* hat also nur in der Hauptdiagonalen Einsen und sonst Nullen, z.B.

$$I_3 = \begin{pmatrix} 1 & 0 & 0 \\ 0 & 1 & 0 \\ 0 & 0 & 1 \end{pmatrix}.$$

Es gilt:

(4.26) $\quad \underline{\mathbf{A}_{mn} \cdot \mathbf{I}_n = \mathbf{A}_{mn} \quad \text{und} \quad \mathbf{I}_m \cdot \mathbf{A}_{mn} = \mathbf{A}_{mn}.}$

Ist **A** speziell auch quadratisch, $\mathbf{A}_{nn} = \mathbf{A}_n$, dann ist:

(4.27) $\quad \mathbf{A}_n \cdot \mathbf{I}_n = \mathbf{I}_n \cdot \mathbf{A}_n = \mathbf{A}_n.$

Zugleich ist $\mathbf{I}_n$ die einzige Matrix der Ordnung n mit der Eigenschaft (4.27). Multipliziert man die Einheitsmatrix $\mathbf{I}_n$ mit einem Skalar k, so erhält man die *Skalarmatrix* **S**:

(4.28) $\quad \mathbf{S} = \mathbf{S}_n = (k \cdot \delta_{ij}) = k \cdot \mathbf{I}_n.$

In der Diagonalen steht je die Zahl k.

Multipliziert man jedes Diagonalelement mit einem anderen Skalar, so erhält man die allgemeine *Diagonalmatrix:*

(4.29) $$\mathbf{D} = \mathbf{D}_n = (k_i \cdot \delta_{ij}) = \begin{pmatrix} k_1 & 0 & \dots & 0 \\ 0 & k_2 & & 0 \\ \vdots & & \ddots & \\ 0 & 0 & & k_n \end{pmatrix}$$

Matrizenpotenzen sind für quadratische Matrizen $\mathbf{A}_n$ definiert:

(4.30) $\quad \mathbf{A}^0 = \mathbf{I}_n, \mathbf{A}^1 = \mathbf{A}, \mathbf{A}^2 = \mathbf{A} \cdot \mathbf{A}, \dots, \mathbf{A}^k = \mathbf{A} \cdot \mathbf{A}^{k-1}$

Eine Matrix **A** heißt *involutorisch,* wenn $\mathbf{A}^2 = \mathbf{I}$ ist.
Eine Matrix **A** heißt *idempotent,* wenn $\mathbf{A}^2 = \mathbf{A}$ ist.

Beispiel:

$$\mathbf{A} = \begin{pmatrix} -1 & 0 \\ 0 & 1 \end{pmatrix} \text{ ist involutorisch,} \quad \mathbf{B} = \begin{pmatrix} 0.5 & -0.5 \\ -0.5 & 0.5 \end{pmatrix} \text{ ist idempotent.}$$

I ist involutorisch und idempotent.

4.1.5. Transposition und Symmetrie

(4.31) *Def.:* Sei $\mathbf{A} = \mathbf{A}_{mn} = (a_{ij})$ eine beliebige Matrix. Dann ist $\mathbf{A}' = (\bar{a}_{ij})$ mit $\bar{a}_{ij} = a_{ji}$ $\forall$ i, j eine (n, m)-Matrix $\mathbf{A}' = \mathbf{A}'_{nm}$, die zu **A** *transponierte Matrix.*

Bei dem Vorgang der Transposition werden also Zeilen von **A** zu Spalten von **A'** und umgekehrt. Die Elemente scheinen an der Diagonalen gespiegelt:

$$\mathbf{A} = \begin{pmatrix} 1 & 4 \\ 2 & 5 \\ 3 & 6 \end{pmatrix} \rightarrow \mathbf{A}' = \begin{pmatrix} 1 & 2 & 3 \\ 4 & 5 & 6 \end{pmatrix}$$

$$\mathbf{a} = \begin{pmatrix} 1 \\ 2 \\ 3 \end{pmatrix} \rightarrow \mathbf{a}' = (1, 2, 3).$$

Diagonale:

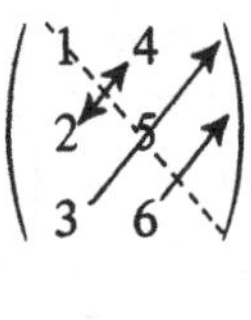

Aus Spaltenvektoren werden durch Transposition Zeilenvektoren. Das ist verträglich mit der bisherigen Schreibweise $\mathbf{a}'$ für Zeilenvektoren.

(4.32) *Satz:* Für die Transposition gelten die folgenden Regeln:

1. $\mathbf{A}'' = \mathbf{A}$ zweimalige Transposition hebt sich auf
2. $(\mathbf{A} + \mathbf{B})' = \mathbf{A}' + \mathbf{B}'$ vertauschbar mit der Addition
3. $(\mathbf{AB})' = \mathbf{B}' \cdot \mathbf{A}'$ Umkehrung der Reihenfolge bei Multiplikation
4. $(k \cdot \mathbf{A})' = k \cdot \mathbf{A}'$ k ein Skalar.

Bis auf die dritte Eigenschaft sind alle sofort klar.

Für $\mathbf{C} = \mathbf{AB}$ gilt:

$$c'_{ij} = c_{ji} = \sum_k a_{jk} b_{ki} = \sum_k a'_{kj} b'_{ik} = \sum_k b'_{ik} a'_{kj}.$$

Wendet man diese Eigenschaft auf n Faktoren an, so ist

(4.33) $$(\mathbf{A}_1 \cdot \mathbf{A}_2 \cdot \ldots \cdot \mathbf{A}_n)' = \mathbf{A}'_n \cdot \mathbf{A}'_{n-1} \cdot \ldots \cdot \mathbf{A}'_2 \cdot \mathbf{A}'_1$$

(4.34) *Def.:* Eine Matrix A heißt *symmetrisch,* wenn $\mathbf{A}' = \mathbf{A}$ ist.

A ist dann bezüglich der Diagonalen spiegelsymmetrisch, sie ist außerdem quadratisch. Nullmatrix $\mathbf{0}_{nn}$, Einheitsmatrix $\mathbf{I}_n$, Skalar- und Diagonalmatrizen sowie etwa $\begin{pmatrix} 1 & 2 \\ 2 & 3 \end{pmatrix}$ sind symmetrisch.

(4.35) *Satz:* Für jede beliebige Matrix A sind die Matrizen $\mathbf{AA}'$ und $\mathbf{A}'\mathbf{A}$ stets definiert, quadratisch und symmetrisch.

Der Beweis ergibt sich aus 1. und 3. von *Satz* (4.32):
Für $\mathbf{B} = \mathbf{A}'$ hat man $(\mathbf{AA}')' = \mathbf{A}''\mathbf{A}' = \mathbf{AA}'$, und so auch $(\mathbf{A}'\mathbf{A})' = \mathbf{A}'\mathbf{A}'' = \mathbf{A}'\mathbf{A}$.

(4.36) *Def.:* Eine Matrix A heißt *schiefsymmetrisch,* wenn $\mathbf{A} = -\mathbf{A}'$ ist, d.h. $a_{ij} = -a_{ji}$.

Es gilt dann insbesondere: A ist quadratisch und alle $a_{ii} = 0$, d.h. die Hauptdiagonale ist Null.

(4.37) *Satz:* Jede quadratische Matrix ist die Summe einer symmetrischen und einer schiefsymmetrischen Matrix:

$$\mathbf{A} = \frac{\mathbf{A} + \mathbf{A}'}{2} + \frac{\mathbf{A} - \mathbf{A}'}{2} = \mathbf{A}_s + \mathbf{A}_{ss}.$$

4.1.6. Blockmatrizen

Oft ist es zweckmäßig, eine größere Matrix A in Untermatrizen aufzuteilen, etwa

(4.38) $$\mathbf{A} = \left(\begin{array}{ccc|ccc} a_{11} & \ldots & a_{1k} & a_{1,k+1} & \ldots & a_{1n} \\ \cdots & \cdots & \cdots & \cdots & \cdots & \cdots \\ a_{r1} & \ldots & a_{rk} & a_{r,k+1} & \ldots & a_{rn} \\ \hline a_{r+1,1} & \ldots & a_{r+1,k} & a_{r+1,k+1} & \ldots & a_{r+1,n} \\ \cdots & \cdots & \cdots & \cdots & \cdots & \cdots \\ a_{m1} & \ldots & a_{mk} & a_{m,k+1} & \ldots & a_{mn} \end{array}\right) = \begin{pmatrix} \mathbf{A}_{11} & \mathbf{A}_{12} \\ \mathbf{A}_{21} & \mathbf{A}_{22} \end{pmatrix}$$

Solche *Blockmatrizen* kann man dann „blockweise addieren", wenn sie gleiche Blockstruktur haben (hier 2 „Zeilen" und 2 „Spalten") und sie entsprechende Untermatrizen gleicher Ordnung haben:

$$(4.39) \qquad \mathbf{A}+\mathbf{B}=\begin{pmatrix}\mathbf{A}_{11} & \mathbf{A}_{12}\\ \mathbf{A}_{21} & \mathbf{A}_{22}\end{pmatrix}+\begin{pmatrix}\mathbf{B}_{11} & \mathbf{B}_{12}\\ \mathbf{B}_{21} & \mathbf{B}_{22}\end{pmatrix}=\begin{pmatrix}\mathbf{A}_{11}+\mathbf{B}_{11} & \mathbf{A}_{12}+\mathbf{B}_{12}\\ \mathbf{A}_{21}+\mathbf{B}_{21} & \mathbf{A}_{22}+\mathbf{B}_{22}\end{pmatrix}$$

Betrachten wir die *Multiplikation von Blockmatrizen*, so muß für das Produkt gelten:

$$\mathbf{C}_{ij}=\sum_k \mathbf{A}_{ik}\mathbf{B}_{kj}\,.$$

Also müssen die Untermatrizen $\mathbf{A}_{ik}$ und $\mathbf{B}_{kj}$ multiplizierbar sein, d.h. die Zahl der Spalten von $\mathbf{A}_{ik}$ muß gleich sein der Zahl der Zeilen von $\mathbf{B}_{kj}$. Also müssen die Spalten von **A** in der gleichen Weise zu Untermatrizen zusammengefaßt sein wie die Zeilen von **B**. Dann ist etwa:

$$(4.40) \qquad \mathbf{A}\cdot\mathbf{B}=\begin{pmatrix}\mathbf{A}_{11}\mathbf{B}_{11}+\mathbf{A}_{12}\mathbf{B}_{21} & \mathbf{A}_{11}\mathbf{B}_{12}+\mathbf{A}_{12}\mathbf{B}_{22}\\ \mathbf{A}_{21}\mathbf{B}_{11}+\mathbf{A}_{22}\mathbf{B}_{21} & \mathbf{A}_{21}\mathbf{B}_{12}+\mathbf{A}_{22}\mathbf{B}_{22}\end{pmatrix}$$

Beispiel:

$$\mathbf{A}=\left(\begin{array}{c|cc}1 & 3 & 2\\ 2 & 5 & 0\\ \hline 4 & 1 & 7\end{array}\right),\quad \mathbf{B}=\left(\begin{array}{c|cc}0 & 1 & 2\\ 2 & 4 & 5\\ \hline 6 & 0 & 1\end{array}\right),\quad \mathbf{AB}=\left(\begin{array}{c|cc}18 & 13 & 19\\ 10 & 22 & 29\\ \hline 44 & 8 & 20\end{array}\right)$$

Besteht **B** nur aus einer „Blockspalte", so gilt:

$$(4.41) \qquad \mathbf{B}=\begin{pmatrix}\mathbf{B}_{11}\\ \mathbf{B}_{21}\end{pmatrix}\rightarrow \mathbf{AB}=\begin{pmatrix}\mathbf{A}_{11}\mathbf{B}_{11}+\mathbf{A}_{12}\mathbf{B}_{21}\\ \mathbf{A}_{21}\mathbf{B}_{11}+\mathbf{A}_{22}\mathbf{B}_{21}\end{pmatrix}$$

Die Blockbildung wird in der Regel nur dann angewendet, wenn erhebliche rechentechnische Vereinfachungen sich ergeben. Das ist z.B. dann der Fall, wenn ein Teil der Untermatrizen Null- oder Einheitsmatrizen sind.

Aufgaben zu 4.1: Matrizenrechnung: Matrizen und Operationen. Problem der Materialverflechtung in einem Betrieb

---

1. *Gleichheit*

$$\mathbf{A}=(a_{ij})=\begin{pmatrix}a_{11} & a_{12} & a_{13}\\ a_{21} & a_{22} & a_{23}\end{pmatrix}=\begin{pmatrix}9 & 7 & 2\\ 0 & 1 & 8\end{pmatrix},$$

$$\mathbf{B}=(b_{ij})=\begin{pmatrix}b_{11} & b_{12} & b_{13}\\ b_{21} & b_{22} & b_{23}\end{pmatrix}=\begin{pmatrix}9 & 7 & 2\\ 0 & 1 & 9\end{pmatrix}=\mathbf{A}\overset{?}{=}\mathbf{B}\,.$$

Nach *Def.* (4.3) gilt: Zwei Matrizen **A**, **B** sind gleich (**A** = **B**), wenn sie von gleicher Ordnung sind und alle sich entsprechenden Elemente gleich sind: $a_{ij}=b_{ij}\;\; i=1,\ldots,m;\, j=1,\ldots,n$.

Im Beispiel haben **A** und **B** gleiche Ordnung: Es sind (2,3)-Matrizen (die erste Gleichheitsbedingung ist erfüllt).

$a_{11} = 9 = b_{11} \quad a_{21} = 0 = b_{21}$

$a_{12} = 7 = b_{12} \quad a_{22} = 1 = b_{22}$

$a_{13} = 2 = b_{13} \quad a_{23} = 8 \neq b_{23} = 9$

Die zweite Gleichheitsbedingung ist nicht erfüllt → $\mathbf{A} \neq \mathbf{B}$.

2. *Addition*

a) $\mathbf{A} = (a_{ij}) = \begin{pmatrix} a_{11} & a_{12} & a_{13} \\ a_{21} & a_{22} & a_{23} \end{pmatrix} = \begin{pmatrix} 3 & 4 & 5 \\ 2 & 1 & 6 \end{pmatrix}$,

$$\mathbf{B} = (b_{ij}) = \begin{pmatrix} b_{11} & b_{12} & b_{13} \\ b_{21} & b_{22} & b_{23} \end{pmatrix} = \begin{pmatrix} 9 & 7 & 2 \\ 0 & 1 & 9 \end{pmatrix}, \ \mathbf{A} + \mathbf{B} = ?$$

$\mathbf{A} + \mathbf{B} = \mathbf{C}$. Nach *Def.* (4.4) gilt:

1. $\mathbf{A} = \mathbf{A}_{m,n} = \mathbf{A}_{2,3}$ und $\mathbf{B} = \mathbf{B}_{m,n} = \mathbf{B}_{2,3}$
2. $\mathbf{A} + \mathbf{B} = (a_{ij}) + (b_{ij}) = (a_{ij} + b_{ij}) = (c_{ij}) =$

$$= \begin{pmatrix} a_{11} & a_{12} & a_{13} \\ a_{21} & a_{22} & a_{23} \end{pmatrix} + \begin{pmatrix} b_{11} & b_{12} & b_{13} \\ b_{21} & b_{22} & b_{23} \end{pmatrix} = \begin{pmatrix} a_{11} + b_{11} & a_{12} + b_{12} & a_{13} + b_{13} \\ a_{21} + b_{21} & a_{21} + b_{22} & a_{23} + b_{23} \end{pmatrix}$$

$$= \begin{pmatrix} c_{11} & c_{12} & c_{13} \\ c_{21} & c_{22} & c_{23} \end{pmatrix} = \begin{pmatrix} 3 & 4 & 5 \\ 2 & 1 & 6 \end{pmatrix} + \begin{pmatrix} 9 & 7 & 2 \\ 0 & 1 & 9 \end{pmatrix} = \begin{pmatrix} 3+9 & 4+7 & 5+2 \\ 2+0 & 1+1 & 6+9 \end{pmatrix}$$

$$= \begin{pmatrix} 12 & 11 & 7 \\ 2 & 2 & 15 \end{pmatrix}.$$

b) $\mathbf{A} = (a_{ij}) = (a_{11} \ a_{12}) = (3, 2)$, $\mathbf{B} = (b_{ij}) = \begin{pmatrix} b_{11} \\ b_{21} \end{pmatrix} = \begin{pmatrix} 4 \\ 6 \end{pmatrix}$, $\mathbf{A} + \mathbf{B} = ?$

Nach *Def.* (4.4) müßten **A** und **B** von gleicher Ordnung (m, n) sein. Hier ist jedoch $\mathbf{B} = \mathbf{B}_{2,1}$ und $\mathbf{A} = \mathbf{A}_{1,2}$.

A und **B** sind von ungleicher Ordnung: Die Addition **A** + **B** ist nicht erklärt.

3. *Skalarmultiplikation*

$\mathbf{B} = (b_{ij}) = \begin{pmatrix} b_{11} & b_{12} \\ b_{21} & b_{22} \end{pmatrix} = \begin{pmatrix} 6 & 3 \\ 2 & 0 \end{pmatrix}$, λ sei eine reelle Zahl, $\lambda \cdot \mathbf{B} = ?$

Nach *Def.* (4.6) gilt:

$$\lambda \cdot \mathbf{B} = \lambda(b_{ij}) = (\lambda b_{ij}) = \begin{pmatrix} \lambda b_{11} & \lambda b_{12} \\ \lambda b_{21} & \lambda b_{22} \end{pmatrix} = \begin{pmatrix} \lambda \cdot 6 & \lambda \cdot 3 \\ \lambda \cdot 2 & \lambda \cdot 0 \end{pmatrix}$$

z.B. $\lambda = 3 : 3 \cdot \mathbf{B} = \begin{pmatrix} 3 \cdot 6 & 3 \cdot 3 \\ 3 \cdot 2 & 3 \cdot 0 \end{pmatrix} = \begin{pmatrix} 18 & 9 \\ 6 & 0 \end{pmatrix}$.

4. *Matrizenmultiplikation*

a) $\mathbf{A} = (a_{ij}) = \begin{pmatrix} a_{11} & a_{12} & a_{13} \\ a_{21} & a_{22} & a_{23} \end{pmatrix} = \begin{pmatrix} 1 & 2 & 3 \\ 2 & 1 & 0 \end{pmatrix}$,

$$\mathbf{B} = (b_{ij}) = \begin{pmatrix} b_{11} \\ b_{21} \\ b_{31} \end{pmatrix} = \begin{pmatrix} 1 \\ 3 \\ 2 \end{pmatrix}, \ \mathbf{A} \cdot \mathbf{B} = ?$$

$\mathbf{A} \cdot \mathbf{B} = \mathbf{C}$. Nach *Def.* (4.16) muß als Voraussetzung gelten: $\mathbf{A} = \mathbf{A}_{m,n}$ und $\mathbf{B} = \mathbf{B}_{n,r}$.

Im Beispiel ist $\mathbf{A} = \mathbf{A}_{m,n} = \mathbf{A}_{2,3}$ und $\mathbf{B} = \mathbf{B}_{n,r} = \mathbf{B}_{3,1}$: (4.16) ist erfüllt. Die Elemente c_{ij} der Matrix **C** aus $\mathbf{A} \cdot \mathbf{B} = \mathbf{C}$ ergeben sich dann gemäß (4.17)

$$c_{ij} = \sum_{k=1}^{n} a_{ik} \cdot b_{kj} \quad \begin{matrix} i = 1, \ldots, m \\ j = 1, \ldots, r \end{matrix} \quad \text{bzw.} \quad c_{ij} = \sum_{k=1}^{3} a_{ik} \cdot b_{kj} \quad \begin{matrix} i = 1, 2 \\ j = 1 \end{matrix}$$

$\underline{i = 1, j = 1:}$

$$c_{11} = \sum_{k=1}^{3} a_{1k} b_{k1} = a_{11} b_{11} + a_{12} b_{21} + a_{13} b_{31} = 1 \cdot 1 + 2 \cdot 3 + 3 \cdot 2 = 13$$

$\underline{i = 2, j = 1:}$

$$c_{21} = \sum_{k=1}^{3} a_{2k} b_{k1} = a_{21} b_{11} + a_{22} b_{21} + a_{23} b_{31} = 2 \cdot 1 + 1 \cdot 3 + 0 \cdot 2 = 5;$$

$$\mathbf{A} \cdot \mathbf{B} = \mathbf{C} = (c_{ij}) = \begin{pmatrix} c_{11} \\ c_{21} \end{pmatrix} = \begin{pmatrix} 13 \\ 5 \end{pmatrix}.$$

Hält man **C** fest, dann ergibt sich die Frage:
Mit welchem **B** muß man **A** von rechts multiplizieren, um **C** zu erhalten, $\mathbf{A} \cdot \mathbf{B} = \mathbf{C}$, wobei $\mathbf{A} = \mathbf{A}_{m,n}$, $\mathbf{B} = \mathbf{B}_{n,1}$?

Sei oben $\mathbf{B} = \mathbf{X} = \mathbf{x} = \begin{pmatrix} x_{11} \\ x_{21} \\ x_{31} \end{pmatrix}$, dann ist $\mathbf{A} \cdot \mathbf{X} = \mathbf{Ax} = \mathbf{C}$ und man erkennt sofort: jedes lineare Gleichungssystem läßt sich in der Matrizenschreibweise kurz darstellen (vgl. Abschnitt 2.3.2. und (4.18)).

b) $\mathbf{A} = (a_{ij}) = \begin{pmatrix} a_{11} \\ a_{21} \\ a_{31} \end{pmatrix} = \begin{pmatrix} 3 \\ 0 \\ 2 \end{pmatrix}$, $\mathbf{B} = (b_{ij}) = (b_{11}, b_{12}, b_{13}) = (4, 3, 1)$, $\mathbf{A} \cdot \mathbf{B} = ?$

$\mathbf{A} \cdot \mathbf{B} = \mathbf{C} = (c_{ij})$; $\mathbf{A} = \mathbf{A}_{m,n} = \mathbf{A}_{3,1}$ und $\mathbf{B} = \mathbf{B}_{n,m} = \mathbf{B}_{1,3}$. (4.16) ist erfüllt und $\mathbf{C} = \mathbf{C}_{3,3}$!

Nach (4.17) ist

$$c_{ij} = \sum_{k=1}^{1} a_{ik} \cdot b_{kj} \quad \begin{matrix} i = 1, 2, 3 \\ j = 1, 2, 3 \end{matrix}$$

$\underline{i = 1:}$

$$j = 1: c_{11} = \sum_{k=1}^{1} a_{1k} \cdot b_{k1} = a_{11} b_{11} = 3 \cdot 4 = 12;$$

$$j = 2: c_{12} = \sum_{k=1}^{1} a_{1k} \cdot b_{k2} = a_{11} b_{12} = 3 \cdot 3 = 9;$$

$$j = 3: c_{13} = \sum_{k=1}^{1} a_{1k} \cdot b_{k3} = a_{11} b_{13} = 3 \cdot 1 = 3.$$

$\underline{i = 2:}$

$$c_{21} = \sum_{k=1}^{1} a_{2k} \cdot b_{k1} = a_{21} b_{11} = 0 \cdot 4 = 0;$$

$$c_{22} = a_{21} b_{12} = 0; \quad c_{23} = a_{21} b_{13} = 0.$$

$\underline{i = 3:}$

$$c_{31} = \sum_{k=1}^{1} a_{3k} \cdot b_{k1} = a_{31} b_{11} = 2 \cdot 4 = 8;$$

$$c_{32} = a_{31} b_{12} = 6; \quad c_{33} = a_{31} b_{13} = 2.$$

$$\mathbf{A} \cdot \mathbf{B} = \mathbf{C} = (c_{ij}) = \begin{pmatrix} c_{11} & c_{12} & c_{13} \\ c_{21} & c_{22} & c_{23} \\ c_{31} & c_{32} & c_{33} \end{pmatrix} = \begin{pmatrix} 12 & 9 & 3 \\ 0 & 0 & 0 \\ 8 & 6 & 2 \end{pmatrix}.$$

5. Seien **A**, **B** Matrizen. Unter welchen Bedingungen gilt der binomische Satz $(\mathbf{A} + \mathbf{B})^2 = \mathbf{A}^2 + 2\mathbf{AB} + \mathbf{B}^2$?

Lösung:

Untersuchung und Berechnung der linken Seite: Die Summe **A** + **B** ist erklärt, wenn die
1. Bedingung: Ordnung von **A** = Ordnung von **B**, d.h. $\mathbf{A} = \mathbf{A}_{m,n}$, $\mathbf{B} = \mathbf{B}_{m,n}$ erfüllt ist. Wenn weiter $(\mathbf{A}_{m,n} + \mathbf{B}_{m,n})^2 = \mathbf{C}^2_{m,n} = \mathbf{C}_{m,n} \cdot \mathbf{C}_{m,n}$ definiert sein soll, muß
2. n = m, müssen **A**, **B**, **C** also quadratische Matrizen sein: $\mathbf{A} = \mathbf{A}_{n,n}$, $\mathbf{B} = \mathbf{B}_{n,n}$, $\mathbf{C} = \mathbf{C}_{n,n}$.
Sind die Bedingungen 1 und 2 erfüllt, dann ist die rechte Seite auch definiert. Nun ist $(\mathbf{A} + \mathbf{B})^2 = (\mathbf{A} + \mathbf{B}) \cdot (\mathbf{A} + \mathbf{B}) = \mathbf{A}^2 + \mathbf{AB} + \mathbf{BA} + \mathbf{B}^2$ nach dem Distributivgesetz. Wenn außerdem
3. **AB** = **BA**, d.h. **A** und **B** kommutierbar sind, so ist **AB** + **BA** = **AB** + **AB** = 2**AB** und somit $(\mathbf{A} + \mathbf{B})^2 = \mathbf{A}^2 + 2\mathbf{AB} + \mathbf{B}^2$. Die 3. Bedingung **AB** = **BA** gilt aber nur in Sonderfällen.

Beispiel:

a) $n = 1$, $\mathbf{A} = (2)$, $\mathbf{B} = (3)$, $(\mathbf{A}_{1,1} + \mathbf{B}_{1,1})^2 = \mathbf{A}^2_{1,1} + 2\mathbf{A}_{1,1}\mathbf{B}_{1,1} + \mathbf{B}^2_{1,1}$

$$[(2) + (3)]^2 = (4) + 2 \cdot (2) \cdot (3) + (9), \text{ da } 2 \cdot 3 = 3 \cdot 2$$
$$[(5)]^2 = (4) + (12) + (9)$$
$$(25) = (25)$$

b) $n = 2$, $\mathbf{A}_{2,2} = \begin{pmatrix} 1 & 2 \\ 2 & 1 \end{pmatrix}$, $\mathbf{B}_{2,2} = \begin{pmatrix} 3 & 1 \\ 1 & 3 \end{pmatrix}$

$$(\mathbf{A}_{2,2} + \mathbf{B}_{2,2})^2 = \mathbf{A}^2_{2,2} + \mathbf{A}_{2,2}\mathbf{B}_{2,2} + \mathbf{B}_{2,2}\mathbf{A}_{2,2} + \mathbf{B}^2_{2,2}$$

$$\left[\begin{pmatrix} 1 & 2 \\ 2 & 1 \end{pmatrix} + \begin{pmatrix} 3 & 1 \\ 1 & 3 \end{pmatrix}\right]^2 = \begin{pmatrix} 5 & 4 \\ 4 & 5 \end{pmatrix} + \begin{pmatrix} 1 & 2 \\ 2 & 1 \end{pmatrix}\begin{pmatrix} 3 & 1 \\ 1 & 3 \end{pmatrix} + \begin{pmatrix} 3 & 1 \\ 1 & 3 \end{pmatrix}\begin{pmatrix} 1 & 2 \\ 2 & 1 \end{pmatrix} + \begin{pmatrix} 10 & 6 \\ 6 & 10 \end{pmatrix}$$

$$\begin{pmatrix} 4 & 3 \\ 3 & 4 \end{pmatrix}^2 = \begin{pmatrix} 5 & 4 \\ 4 & 5 \end{pmatrix} + \begin{pmatrix} 5 & 7 \\ 7 & 5 \end{pmatrix} + \begin{pmatrix} 5 & 7 \\ 7 & 5 \end{pmatrix} + \begin{pmatrix} 10 & 6 \\ 6 & 10 \end{pmatrix}$$

AB = BA

$$\begin{pmatrix} 25 & 24 \\ 24 & 25 \end{pmatrix} = \begin{pmatrix} 25 & 24 \\ 24 & 25 \end{pmatrix}$$

c) $n = 2$, $\mathbf{A}_{2,2} = \begin{pmatrix} 2 & 1 \\ 3 & 3 \end{pmatrix}$, $\mathbf{B}_{2,2} = \begin{pmatrix} 1 & 3 \\ 5 & 4 \end{pmatrix}$

$$\left[\begin{pmatrix} 2 & 1 \\ 3 & 3 \end{pmatrix} + \begin{pmatrix} 1 & 3 \\ 5 & 4 \end{pmatrix}\right]^2 = \begin{pmatrix} 2 & 1 \\ 3 & 3 \end{pmatrix}^2 + \begin{pmatrix} 2 & 1 \\ 3 & 3 \end{pmatrix}\begin{pmatrix} 1 & 3 \\ 5 & 4 \end{pmatrix} + \begin{pmatrix} 1 & 3 \\ 5 & 4 \end{pmatrix}\begin{pmatrix} 2 & 1 \\ 3 & 3 \end{pmatrix} + \begin{pmatrix} 1 & 3 \\ 5 & 4 \end{pmatrix}^2$$

$$\begin{pmatrix} 3 & 4 \\ 8 & 7 \end{pmatrix}^2 = \begin{pmatrix} 7 & 5 \\ 15 & 12 \end{pmatrix} + \begin{pmatrix} 7 & 10 \\ 18 & 21 \end{pmatrix} + \begin{pmatrix} 11 & 10 \\ 22 & 17 \end{pmatrix} + \begin{pmatrix} 16 & 15 \\ 25 & 31 \end{pmatrix}$$

AB ≠ BA

$$\mathbf{AB} \neq \mathbf{BA} \rightarrow \mathbf{AB} + \mathbf{BA} \neq 2\mathbf{AB};$$

$$\mathbf{A}^2 + \mathbf{AB} + \mathbf{BA} + \mathbf{B}^2 = \begin{pmatrix} 41 & 40 \\ 80 & 81 \end{pmatrix} = (\mathbf{A} + \mathbf{B})^2; \mathbf{A}^2 + 2\mathbf{AB} + \mathbf{B}^2 = \begin{pmatrix} 37 & 40 \\ 76 & 75 \end{pmatrix} \neq (\mathbf{A} + \mathbf{B})^2$$

6. Gegeben seien die Matrizen

$$\mathbf{A} = \begin{pmatrix} 1 & 2 & 3 \\ 1 & 4 & 3 \\ 1 & 3 & 4 \end{pmatrix}, \quad \mathbf{B} = \begin{pmatrix} 2 & 0 & 5 & 1 \\ 1 & 3 & 2 & 1 \\ 2 & 1 & 0 & 3 \end{pmatrix}$$ Bilde das Produkt $\mathbf{A} \cdot \mathbf{B}$ mit Hilfe von Blockmatrizen!

1. Herkömmliche Methode (als Vergleichsgrundlage):

$$\mathbf{A} \cdot \mathbf{B} = \begin{pmatrix} 1 & 2 & 3 \\ 1 & 4 & 3 \\ 1 & 3 & 4 \end{pmatrix} \begin{pmatrix} 2 & 0 & 5 & 1 \\ 1 & 3 & 2 & 1 \\ 2 & 1 & 0 & 3 \end{pmatrix} = \begin{pmatrix} 10 & 9 & 9 & 12 \\ 12 & 15 & 13 & 14 \\ 13 & 13 & 11 & 16 \end{pmatrix}$$

2. mit Blockbildung:

$$2.1.: \mathbf{A} \cdot \mathbf{B} = \begin{pmatrix} \mathbf{A}_{11} & \mathbf{A}_{12} \\ \mathbf{A}_{21} & \mathbf{A}_{22} \end{pmatrix} \begin{pmatrix} \mathbf{B}_{11} & \mathbf{B}_{12} \\ \mathbf{B}_{21} & \mathbf{B}_{22} \end{pmatrix} = \begin{pmatrix} \mathbf{A}_{11}\mathbf{B}_{11} + \mathbf{A}_{12}\mathbf{B}_{21} & \mathbf{A}_{11}\mathbf{B}_{12} + \mathbf{A}_{12}\mathbf{B}_{22} \\ \mathbf{A}_{21}\mathbf{B}_{11} + \mathbf{A}_{22}\mathbf{B}_{21} & \mathbf{A}_{21}\mathbf{B}_{12} + \mathbf{A}_{22}\mathbf{B}_{22} \end{pmatrix}$$

$$= \left(\begin{array}{cc|c} 1 & 2 & 3 \\ 1 & 4 & 3 \\ \hline 1 & 3 & 4 \end{array}\right) \left(\begin{array}{cc|cc} 2 & 0 & 5 & 1 \\ 1 & 3 & 2 & 1 \\ \hline 2 & 1 & 0 & 3 \end{array}\right) = \begin{pmatrix} \begin{pmatrix} 4 & 6 \\ 6 & 12 \end{pmatrix} + \begin{pmatrix} 6 & 3 \\ 6 & 3 \end{pmatrix} & \begin{pmatrix} 9 & 3 \\ 13 & 5 \end{pmatrix} + \begin{pmatrix} 0 & 9 \\ 0 & 9 \end{pmatrix} \\ (5 \quad 9) + (8 \quad 4) & (11 \quad 4) + (0 \quad 12) \end{pmatrix}$$

$$= \begin{pmatrix} \begin{pmatrix} 10 & 9 \\ 12 & 15 \end{pmatrix} & \begin{pmatrix} 9 & 12 \\ 13 & 14 \end{pmatrix} \\ (13 \quad 13) & (11 \quad 16) \end{pmatrix} = \begin{pmatrix} 10 & 9 & 9 & 12 \\ 12 & 15 & 13 & 14 \\ 13 & 13 & 11 & 16 \end{pmatrix}$$

$$2.2.: \mathbf{A} \cdot \mathbf{B} = \left(\begin{array}{cc|c} 1 & 2 & 3 \\ 1 & 4 & 3 \\ \hline 1 & 3 & 4 \end{array}\right) \cdot \left(\begin{array}{ccc|c} 2 & 0 & 5 & 1 \\ 1 & 3 & 2 & 1 \\ \hline 2 & 1 & 0 & 3 \end{array}\right) = \begin{pmatrix} \begin{pmatrix} 4 & 6 & 9 \\ 6 & 12 & 13 \end{pmatrix} + \begin{pmatrix} 6 & 3 & 0 \\ 6 & 3 & 0 \end{pmatrix} & \begin{pmatrix} 3 \\ 5 \end{pmatrix} + \begin{pmatrix} 9 \\ 9 \end{pmatrix} \\ (5 \quad 9 \quad 11) + (8 \quad 4 \quad 0) & (4) + (12) \end{pmatrix} =$$

$$\begin{pmatrix} \begin{pmatrix} 10 & 9 & 9 \\ 12 & 15 & 13 \end{pmatrix} & \begin{pmatrix} 12 \\ 14 \end{pmatrix} \\ (13 \quad 13 \quad 11) & (16) \end{pmatrix} = \begin{pmatrix} 10 & 9 & 9 & 12 \\ 12 & 15 & 13 & 14 \\ 13 & 13 & 11 & 16 \end{pmatrix} \quad \text{vgl.!}$$

Merke: Die Matrix **A** muß soviel Spalten haben wie Matrix **B** Zeilen hat. Das gilt auch für die zu multiplizierenden Untermatrizen!

7. *Materialverflechtung in einem industriellen Produktionsbetrieb:*

Ein Betrieb stellt aus sechs Rohstoffen oder vorgefertigten Halbfabrikaten vier Zwischenprodukte her, aus denen drei Endprodukte gefertigt werden. Der Materialfluß und die zugehörigen Mengen-Zahlenangaben sind aus dem Diagramm und den Tabellen ersichtlich.

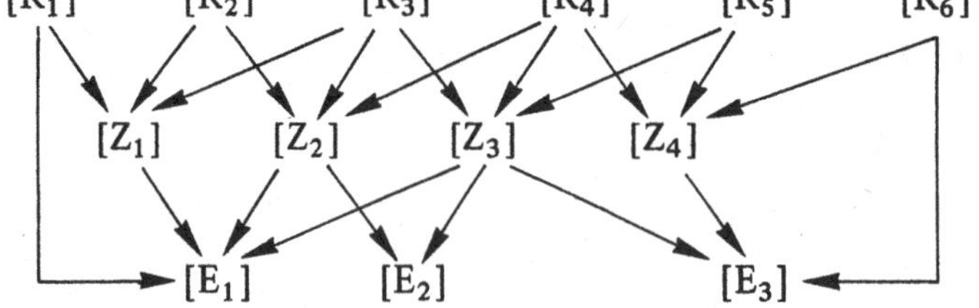

R_i = Rohstoff i, i = 1, . . . , 6

Z_j = Zwischenprodukt j, j = 1, . . . , 4

E_k = Endprodukt k, k = 1, . . . , 3.

Tabelle:

1.

Zw. j. / Roh. i	Z_1	Z_2	Z_3	Z_4
R_1	2	0	0	0
R_2	1	2	0	0
R_3	2	1	3	0
R_4	0	2	1	1
R_5	0	0	1	1
R_6	0	0	0	4

2.

k / j	E_1	E_2	E_3
Z_1	2	0	0
Z_2	1	3	0
Z_3	2	2	1
Z_4	0	0	2

3.

k / i	E_1	E_3
R_1	4	0
R_6	0	2

Problemstellung:

I. Es ist die Gesamtrohstoffverbrauchsmatrix X der Endprodukte anzugeben.

II. Welche Rohstoffmengen sind bereitzustellen, wenn der Betrieb 100 Einheiten E_1, 200 Einheiten E_2 und 200 Einheiten E_3 herstellen soll?

III. Außer den in II. vorgesehenen Endproduktmengen sind noch folgende Zwischenproduktmengen als Ersatzteile zu liefern: $z' = (Z_1, Z_2, Z_3, Z_4) = (50, 90, 100, 200)$.

Lösung:

I.a) Interpretation des Aussagewertes der Tabellen.
Tabelle 1 gibt die Rohstoffverbrauchsmatrix $\mathbf{R_Z}$ der Zwischenprodukte $Z_1, \ldots, Z_4$ an:

$$\mathbf{R_Z} = \begin{pmatrix} 2 & 0 & 0 & 0 \\ 1 & 2 & 0 & 0 \\ 2 & 1 & 3 & 0 \\ 0 & 2 & 1 & 1 \\ 0 & 0 & 1 & 1 \\ 0 & 0 & 0 & 4 \end{pmatrix}$$

Man liest aus ihr den Rohstoffverbrauch der einzelnen Rohstoffe pro Einheit der einzelnen Zwischenprodukte ab.

Zeile i: Wieviel Rohstoffeinehiten R_i gehen in welche Zwischenprodukteinheiten j ein? $i = 1, \ldots, 6, j = 1, \ldots, 4.$

Spalte j: Welche Rohstoffe i und wieviel Einheiten von i gehen in eine Einheit eines bestimmten Zwischenproduktes Z_j, $i = 1, \ldots, 6, j = 1, \ldots, 4$, ein?

Das Element $\mathbf{R}_{Z(i,j)}$ sagt also aus, wieviel Einheiten des Rohstoffes i für eine Einheit des Zwischenproduktes j benötigt werden.

Tabelle 2 zeigt die Zwischenproduktbereitstellungsmatrix Z_E für die Endprodukte E_1, E_2, E_3:

$$\mathbf{Z_E} = \begin{pmatrix} 2 & 0 & 0 \\ 1 & 3 & 0 \\ 2 & 2 & 1 \\ 0 & 0 & 2 \end{pmatrix}$$

Aus $\mathbf{Z_E}$ entnimmt man die Verbrauchsmengen an Zwischenprodukteinheiten pro Endprodukteinheit.

Das Element $Z_{E(i,j)}$ sagt also aus, wieviel Einheiten des Zwischenprodukts i für eine Einheit des Endprodukts j benötigt werden.

Tabelle 3 repräsentiert die direkte Rohstoffverbrauchsmatrix $\mathbf{R_E}$ der Endprodukte E_1 und E_3: Sie verzeichnet den direkten Rohstoffverbrauch pro Einheit E_1 und E_3:

$$\mathbf{R_E} = \begin{pmatrix} 4 & 0 \\ 0 & 2 \end{pmatrix}$$

Für allgemeinere Betrachtungen ist es nützlich, den direkten Rohstoffverbrauch aller Endprodukte in einer Gesamtmatrix anzuzeigen. So läßt sich $\mathbf{R_E}$ zu einer (6,3)-Matrix $\mathbf{R_E^*}$ erweitern (vgl. Lösung Teil b):

$$\mathbf{R_E^*} = \begin{pmatrix} 4 & 0 & 0 \\ 0 & 0 & 0 \\ 0 & 0 & 0 \\ 0 & 0 & 0 \\ 0 & 0 & 0 \\ 0 & 0 & 2 \end{pmatrix}$$

Tabelle zu $\mathbf{R_E^*}$:

	E_1	E_2	E_3
R_1	4	0	0
R_2	0	0	0
R_3	0	0	0
R_4	0	0	0
R_5	0	0	0
R_6	0	0	2

b) Rechnung: Vorüberlegungen:

Tabelle 2 bzw. $\mathbf{Z_E}$ zeigt z.B., daß man zur Produktion von einer Endprodukteinheit E_1 2 Einheiten des Zwischenproduktes Z_1, 1 Einheit Z_2 und2 Einheiten Z_3 benötigt. Z_4 ist kein Bestandteil von E_1. Eine Einheit Z_1 braucht jedoch 2 Einheiten des Rohstoffes R_3, eine von Z_2 braucht 1 Einheit R_3 und eine von Z_3 braucht 3 Einheiten R_3 (Tabelle 1).

Also muß insgesamt für eine Einheit E_1

$$2\left|\frac{Z_1}{E_1}\right| \cdot 2\left|\frac{R_3}{Z_1}\right| + 1\left|\frac{Z_2}{E_1}\right| \cdot 1\left|\frac{R_3}{Z_2}\right| + 2\left|\frac{Z_3}{E_1}\right| \cdot 3\left|\frac{R_3}{Z_3}\right| = 11\left|\frac{R_3}{E_1}\right| = R_{EZ(3,1)}$$

einsetzen. Der hier dargestellte Rechenvorgang kann für alle $R_1, \ldots, R_6$ und E_1, E_2, E_3 ausgeführt werden. Formal gesehen geschieht folgendes: Die 3. (i-te) Zeile der Matrix $\mathbf{R_Z}$ wird mit der 1. (j-ten) Spalte von $\mathbf{Z_E}$ derart multipliziert, daß man entsprechende Elemente multipliziert und addiert gemäß der Multiplikationsregel für Matrizen (Def. (4.16, 4.17)).

1. Fazit: Die Multiplikation der Rohstoffverbrauchsmatrix der Zwischenprodukte $\mathbf{R_Z}$ mit der Zwischenproduktbereitstellungsmatrix der Endprodukte $\mathbf{Z_E}$, also $(\mathbf{R_Z} \cdot \mathbf{Z_E})$, ergibt eine Rohstoffverbrauchsmatrix der einzelnen Endprodukte über die Zwischenprodukte.

$\mathbf{R_Z} \cdot \mathbf{Z_E} = \mathbf{R_{EZ}}$

$$\begin{pmatrix} 2 & 0 & 0 & 0 \\ 1 & 2 & 0 & 0 \\ \boxed{2 \; 1 \; 3 \; 0} \\ 0 & 2 & 1 & 1 \\ 0 & 0 & 1 & 1 \\ 0 & 0 & 0 & 4 \end{pmatrix} \cdot \begin{pmatrix} \boxed{2} & 0 & 0 \\ \boxed{1} & 3 & 0 \\ \boxed{2} & 2 & 1 \\ \boxed{0} & 0 & 2 \end{pmatrix} = \begin{pmatrix} 4 & 0 & 0 \\ 4 & 6 & 0 \\ \boxed{11} & 9 & 3 \\ 4 & 8 & 3 \\ 2 & 2 & 3 \\ 0 & 0 & 8 \end{pmatrix}$$

Tabelle zu $\mathbf{R_{EZ}}$:

	E_1	E_2	E_3
R_1	4	0	0
R_2	4	6	0
R_3	11	9	3
R_4	4	8	3
R_5	2	2	3
R_6	0	0	8

Wie aus den obigen Erörterungen hervorgeht, zeigt $\mathbf{R_{EZ}}$ nur den indirekten Rohstoffverbrauch der Endprodukte E_j (j = 1, 2, 3) an den einzelnen Rohstoffen i (i = 1, . . . , 6).

Der totale Rohstoffeinsatz für das jeweilige E_i ergibt sich erst, wenn man zu dem indirekten den direkten Rohstoffverbrauch addiert.

Die Summe aus $\mathbf{R_{EZ}}$ und $\mathbf{R_E^*}$, also $\mathbf{R_{EZ}} + \mathbf{R_E^*}$, ist somit die Gesamtrohstoffverbrauchsmatrix jeweils einer Einheit der einzelnen Endproduktarten $\mathbf{R_{EG}}$.

$$\mathbf{R}_{EZ} + \mathbf{R}_E^* = \mathbf{R}_{EG}$$

$$\begin{pmatrix} 4 & 0 & 0 \\ 4 & 6 & 0 \\ 11 & 9 & 3 \\ 4 & 8 & 3 \\ 2 & 2 & 3 \\ 0 & 0 & 8 \end{pmatrix} + \begin{pmatrix} 4 & 0 & 0 \\ 0 & 0 & 0 \\ 0 & 0 & 0 \\ 0 & 0 & 0 \\ 0 & 0 & 0 \\ 0 & 0 & 2 \end{pmatrix} = \begin{pmatrix} 8 & 0 & 0 \\ 4 & 6 & 0 \\ 11 & 9 & 3 \\ 4 & 8 & 3 \\ 2 & 2 & 3 \\ 0 & 0 & 10 \end{pmatrix}$$

Tabelle zu $\mathbf{R}_{EG}$:

	E_1	E_2	E_3
R_1	8	0	0
R_2	4	6	0
R_3	11	9	3
R_4	4	8	3
R_5	2	2	3
R_6	0	0	10

II. Die Gesamtrohstoffverbrauchsmatrix der einzelnen Endprodukte bei gegebenem Endproduktvektor q

1. mit $q' = (E_1, E_2, E_3) = (100, 200, 200)$, $\mathbf{R}_{Eq}$ ergibt sich aus der Multiplikation von $\mathbf{R}_{EG}$ mit der 3-Diagonalmatrix **D**, die den Produktionsplan angibt:

$$\mathbf{R}_{EG} \cdot \mathbf{D}_{3,3} = \mathbf{R}_{Eq}$$

$$\begin{pmatrix} 8 & 0 & 0 \\ 4 & 6 & 0 \\ 11 & 9 & 3 \\ 4 & 8 & 3 \\ 2 & 2 & 3 \\ 0 & 0 & 10 \end{pmatrix} \cdot \begin{pmatrix} 100 & 0 & 0 \\ 0 & 200 & 0 \\ 0 & 0 & 200 \end{pmatrix} = \begin{pmatrix} 800 & 0 & 0 \\ 400 & 1200 & 0 \\ 1100 & 1800 & 600 \\ 400 & 1600 & 600 \\ 200 & 400 & 600 \\ 0 & 0 & 2000 \end{pmatrix}$$

In der letzten Matrix $\mathbf{R}_{Eq}$ ist der Rohstoffverbrauch aufgeschlüsselt nach Endprodukten ersichtlich.

2. Der Gesamtverbrauch der einzelnen Rohstoffe für alle Endprodukte bei gegebenem Produktionsvektor $q = (100, 200, 200)$ ist dann r_q:

$$\mathbf{R}_{Eq} \cdot s = r_q, \quad s = \begin{pmatrix} 1 \\ 1 \\ 1 \end{pmatrix}$$

$$\begin{pmatrix} 800 & 0 & 0 \\ 400 & 1200 & 0 \\ 1100 & 1800 & 600 \\ 400 & 1600 & 600 \\ 200 & 400 & 600 \\ 0 & 0 & 2000 \end{pmatrix} \cdot \begin{pmatrix} 1 \\ 1 \\ 1 \end{pmatrix} = \begin{pmatrix} 800 \\ 1600 \\ 3500 \\ 2600 \\ 1200 \\ 2000 \end{pmatrix}$$

r_q hätte auch aus $\mathbf{R}_{EG} \cdot q = r_q$ mit $q = \begin{pmatrix} 100 \\ 200 \\ 200 \end{pmatrix}$ errechnet werden können. Aus dieser Formel könnte man auch bei vorgegebenem Rohstoffbereitstellungsvektor r_q ein mögliches Produktionsprogramm q zu errechnen versuchen.

III. Der zusätzliche Rohstoffbedarf, der durch die geforderte Ersatzteilproduktion $z' = (Z_1^*, Z_2^*, Z_3^*, Z_4^*) = (50, 90, 100, 200)$ entsteht, folgt aus:

$$\mathbf{R}_Z \cdot \mathbf{z} = \mathbf{r}_Z$$

$$\begin{pmatrix} 2 & 0 & 0 & 0 \\ 1 & 2 & 0 & 0 \\ 2 & 1 & 3 & 0 \\ 0 & 2 & 1 & 1 \\ 0 & 0 & 1 & 1 \\ 0 & 0 & 0 & 4 \end{pmatrix} \cdot \begin{pmatrix} 50 \\ 90 \\ 100 \\ 200 \end{pmatrix} = \begin{pmatrix} 100 \\ 230 \\ 490 \\ 480 \\ 300 \\ 800 \end{pmatrix}$$

Der Gesamtbedarf an Rohstoffen beträgt dann:

$$\mathbf{r}_q + \mathbf{r}_Z = \mathbf{r}_G$$

$$\begin{pmatrix} 800 \\ 1600 \\ 3500 \\ 2600 \\ 1200 \\ 2000 \end{pmatrix} + \begin{pmatrix} 100 \\ 230 \\ 490 \\ 480 \\ 300 \\ 800 \end{pmatrix} = \begin{pmatrix} 900 \\ 1830 \\ 3990 \\ 3080 \\ 1500 \\ 2800 \end{pmatrix} \qquad \begin{aligned} R_1 &= 900 \\ R_2 &= 1830 \\ R_3 &= 3990 \\ R_4 &= 3080 \\ R_5 &= 1500 \\ R_6 &= 2800 \end{aligned}$$

IV. Kurzfassung des Rechengangs der Matrizenoperationen:

$$(\mathbf{R}_Z \cdot \mathbf{Z}_E) + \mathbf{R}_E^* = \mathbf{R}_{EG} \qquad [(\mathbf{R}_Z \cdot \mathbf{Z}_E) + \mathbf{R}_E^*]\,\mathbf{D} = \mathbf{R}_{Eq}$$
$$[(\mathbf{R}_Z \cdot \mathbf{Z}_E) + \mathbf{R}_E^*]\,\mathbf{D} \cdot \mathbf{s} = [(\mathbf{R}_Z \cdot \mathbf{Z}_E) + \mathbf{R}_E^*]\,\mathbf{q} = \mathbf{r}_q, \ \mathbf{R}_Z \cdot \mathbf{z} = \mathbf{r}_Z$$
$$\mathbf{r}_q + \mathbf{r}_Z = [(\mathbf{R}_Z \cdot \mathbf{Z}_E) + \mathbf{R}_E^*]\,\mathbf{q} + \mathbf{R}_Z \cdot \mathbf{z} = \mathbf{z} = \mathbf{r}_G$$
$$= \mathbf{R}_Z(\mathbf{Z}_E \cdot \mathbf{q} + \mathbf{z}) + \mathbf{R}_E^* \cdot \mathbf{q} \qquad = \mathbf{r}_G$$

Obige Rechnung wurde nach der vorletzten Gleichung ausgeführt. Man hätte auch entsprechend der letzten vorgehen können, wobei $\mathbf{Z}_E\mathbf{q} + \mathbf{z}$ den Gesamtbedarf an Zwischenprodukten darstellt.

4.2. Reguläre und singuläre Matrizen, Inverse

4.2.1. Regularität und Singularität

Nächstes Ziel ist es nun, zu untersuchen, wann eine gegebene Matrix bezüglich der Multiplikation eine Inverse hat, d.h. zu $\mathbf{A}$ eine Matrix $\mathbf{A}^{-1}$ existiert, so daß sich als Produkt eine Einheitsmatrix ergibt. Dieses Problem ist eng verwandt mit dem der eindeutigen Lösbarkeit eines linearen Gleichungssystems mit n Gleichungen und n Unbekannten. Wir gehen deshalb davon aus. Zuerst zur Wiederholung die Definition des Ranges einer Matrix nach (3.49):

(4.42) *Def.:* Der *Rang* einer Matrix $\mathbf{A}$ ist die Maximalzahl der linear unabhängigen Zeilen- oder Spaltenvektoren in $\mathbf{A}$.

Nach *Satz* (4.48) war diese Definition insofern gerechtfertigt, als der Rang der Zeilenvektoren gleich dem Rang der Spaltenvektoren ist.

Ein lineares Gleichungssystem von n Gleichungen in n Unbekannten ist nach Abschnitt 3.5.3. genau dann eindeutig lösbar, wenn RgA = n ist (denn dann ist auch $RgA = RgA_e$, da es nicht mehr als n l.u. Vektoren gibt). Ist RgA = k < n, so hat man n − k freie Variable. Folgende Eigenschaften sind sofort klar:

(4.43) *Satz:* 1. Ist **A** eine (m, n)-Matrix $\mathbf{A}_{mn}$, so ist RgA ≤ m und RgA ≤ n, also RgA ≤ Min (m, n)

2. Für die Nullmatrix $\mathbf{0}_{mn}$ gilt $Rg\mathbf{0}_{mn} = 0$.

3. Ist $\mathbf{A} \neq \mathbf{0}$, so ist RgA ≥ 1.

Verlangt man, daß alle Zeilenvektoren l.u. und alle Spaltenvektoren l.u. sind, so heißt die Matrix regulär:

(4.44) *Def.:* Die Matrix **A** heißt *regulär*, wenn sie quadratisch ist und ihr Rang gleich ihrer Ordnung ist: RgA = n. Die Matrix **A** heißt *singulär*, wenn sie quadratisch ist und ihr Rang kleiner als ihre Ordnung ist: RgA < n.

Eine quadratische Matrix ist offensichtlich entweder regulär oder singulär. Reguläre Matrizen heißen sehr oft auch *nicht-singulär*.

(4.45) *Satz:* Ein lineares Gleichungssystem in n Unbekannten ist genau dann eindeutig lösbar, wenn die Koeffizientenmatrix **A** regulär bzw. nicht-singulär ist.

Das ist lediglich der bekannte Sachverhalt in der neuen Ausdrucksweise.

Für den Gebrauch in der linearen Regression, Methode der kleinsten Quadrate, braucht man folgenden Satz:

(4.46) *Satz:* Ist $\mathbf{X} = \mathbf{X}_{Tn}$ eine (T, n)-Matrix mit $Rg\mathbf{X} = n \leq T$, so ist $\mathbf{X}'\mathbf{X}$ eine reguläre Matrix.

Beweis:

Sind $\mathbf{x}_i$, i = 1, ..., n die Spalten (als T-Vektoren) von **X**, so sind $\mathbf{x}_i'$, i = 1, ..., n, zugleich die Zeilen der transponierten Matrix **X'**. **X'X** ist quadratisch der Ordnung n und ihre Elemente c_{ij} sind nach (4.20) gleich $\mathbf{x}_i' \cdot \mathbf{x}_j = \sum_{t=1}^{T} x_{ti}x_{tj}$. Die i-te Zeile von **X'X** ist dann

$$(\mathbf{x}_i'\mathbf{x}_1, \mathbf{x}_i'\mathbf{x}_2, \ldots, \mathbf{x}_i'\mathbf{x}_n) = x_{1i}\mathbf{x}_1^z + x_{2i}\mathbf{x}_2^z + \ldots + x_{Ti}\mathbf{x}_T^z,$$

wobei $\mathbf{x}_j^z$ (j = 1, ..., T) der j-te Zeilenvektor von **X** ist. Somit entsteht jeder Zeilenvektor von **X'X** durch elementare Vektoroperationen (Ersetzen durch Vielfache oder Summen), die die lineare Unabhängigkeit nicht verändern, aus n l.u. Vektoren, also $Rg\mathbf{X}'\mathbf{X} = n$.

4.2.2. Inverse einer Matrix

(4.47) *Def.:* **A** sei eine quadratische Matrix; existiert eine Matrix $\mathbf{A}^{-1}$ der gleichen Ordnung mit $\mathbf{A}^{-1}\mathbf{A} = \mathbf{A}\mathbf{A}^{-1} = \mathbf{I}$, dann heißt $\mathbf{A}^{-1}$ die zu **A** *inverse Matrix* oder *Kehrmatrix*.

Wie üblich kann man beweisen, daß die Inverse, falls sie existiert (nur dann kann man von der Inversen sprechen), eindeutig ist. Sei **B** eine weitere Inverse zu **A**:

$$\mathbf{A}^{-1} = \mathbf{A}^{-1}\mathbf{I} = \mathbf{A}^{-1}(\mathbf{AB}) = (\mathbf{A}^{-1}\mathbf{A})\mathbf{B} = \mathbf{IB} = \mathbf{B}.$$

Für das Rechnen mit Inversen gelten die Regeln:

(4.48) *Satz:* $\mathbf{A}$ und $\mathbf{B}$ seien quadratische Matrizen der gleichen Ordnung mit Inversen $\mathbf{A}^{-1}$ und $\mathbf{B}^{-1}$. Dann gilt:
1. $(\mathbf{A}^{-1})^{-1} = \mathbf{A}$
2. $(\mathbf{AB})^{-1} = \mathbf{B}^{-1}\mathbf{A}^{-1}$
3. $(k \cdot \mathbf{A})^{-1} = 1/k\, \mathbf{A}^{-1}$, k ein Skalar
4. $(\mathbf{A}')^{-1} = (\mathbf{A}^{-1})'$.

Beweis:

1. $\mathbf{A}$ ist invers zu $\mathbf{A}^{-1}$, denn $\mathbf{AA}^{-1} = \mathbf{A}^{-1}\mathbf{A} = \mathbf{I}$;
2. Allgemeine Regel für Inverse bei Nicht-Kommutativität:
$(\mathbf{AB}) \cdot (\mathbf{AB})^{-1} = \mathbf{I} = \mathbf{AA}^{-1} = \mathbf{AIA}^{-1} = \mathbf{A}(\mathbf{BB}^{-1})\mathbf{A}^{-1} = (\mathbf{AB})(\mathbf{B}^{-1}\mathbf{A}^{-1})$;
3. $(k\mathbf{A}) \cdot (k\mathbf{A})^{-1} = \mathbf{I} = \mathbf{AA}^{-1} = (k \cdot 1/k)(\mathbf{AA}^{-1}) = (k\mathbf{A})(1/k\, \mathbf{A}^{-1})$;
4. $(\mathbf{A}')(\mathbf{A}')^{-1} = \mathbf{I} = \mathbf{I}' = (\mathbf{AA}^{-1})' = (\mathbf{A}^{-1})' \cdot \mathbf{A}'$.

Beispiel:

Zu $\mathbf{A} = \mathbf{I}$ ist invers $\mathbf{I}$, zu $\mathbf{B} = \begin{pmatrix} 0 & 1 \\ 1 & 0 \end{pmatrix}$ ist $\mathbf{B}^{-1} = \begin{pmatrix} 0 & 1 \\ 1 & 0 \end{pmatrix}$, zu $\mathbf{C} = \begin{pmatrix} 1 & 0 \\ 2 & 3 \end{pmatrix}$ ist $\mathbf{C}^{-1} = \begin{pmatrix} 1 & 0 \\ -2/3 & 1/3 \end{pmatrix}$.

Zu $\mathbf{A} + \mathbf{B} = \begin{pmatrix} 1 & 1 \\ 1 & 1 \end{pmatrix}$ existiert keine Inverse (also $(\mathbf{A} + \mathbf{B})^{-1}$ existiert nicht immer, und selbst wenn, dann ist i.a. $(\mathbf{A} + \mathbf{B})^{-1} \neq \mathbf{A}^{-1} + \mathbf{B}^{-1}$).

Nun kann man die Beziehung zur Regularität herstellen:

(4.49) *Satz:* Für eine quadratische Matrix $\mathbf{A}$ ist äquivalent:
1. $\mathbf{A}$ ist eine reguläre Matrix
2. Zu $\mathbf{A}$ existiert die Inverse $\mathbf{A}^{-1}$.

Beweis:

Sei $\mathbf{A}$ regulär mit den Spaltenvektoren $\mathbf{a}_i$, $i = 1, \ldots, n$. Dann ist jedes Gleichungssystem

$$x_1\mathbf{a}_1 + \ldots + x_n\mathbf{a}_n = \mathbf{b}$$

eindeutig lösbar. Das wird nun auf das Problem, eine Matrix $\mathbf{X}$ zu finden mit $\mathbf{A} \cdot \mathbf{X} = \mathbf{I}$, angewendet. Die unbekannten Spalten von $\mathbf{X}$ seien $\mathbf{x}_j$ mit $\mathbf{x}_j' = (x_{1j}, \ldots, x_{nj})$, $j = 1, \ldots, n$.
$\mathbf{A} \cdot \mathbf{X} = \mathbf{I}$ ist nun ein Gleichungssystem in n^2 Unbekannten x_{ij} mit n^2 Gleichungen, von denen aber nur jeweils n simultan zu lösen sind, die Spalten von $\mathbf{X}$ und Spalten von $\mathbf{I}$ entsprechen:

(4.50) $\mathbf{Ax}_1 = \mathbf{e}_1, \ldots, \mathbf{Ax}_n = \mathbf{e}_n$.

$\mathbf{e}_j$ sind die Einheitsvektoren als Spalten von $\mathbf{I}$. $\mathbf{Ax}_2 = \mathbf{e}_2$ ist z.B.

$$\begin{aligned} a_{11}x_{12} + a_{12}\,x_{22} + \ldots + a_{1n}x_{n2} &= 0 \\ a_{21}x_{12} + a_{22}x_{22} \;+ \ldots + a_{2n}x_{n1} &= 1 \\ \ldots\ldots\ldots\ldots\ldots\ldots\ldots\ldots\ldots\ldots \\ a_{n1}x_{12} + a_{n2}x_{22} \;+ \ldots + a_{nn}x_{n2} &= 0. \end{aligned}$$

Die Systeme in (4.50) sind jeweils eindeutig lösbar, also ist $\mathbf{X}$ eindeutig bestimmt mit $\mathbf{AX} = \mathbf{I}$, $\mathbf{X}$ ist somit die Inverse $\mathbf{A}^{-1}$ zu $\mathbf{A}$. Die Vertauschbarkeit mit $\mathbf{A}$ kann man aus der Eindeutigkeit von $\mathbf{I}$ zeigen:

$$\mathbf{A}^{-1} = \mathbf{A}^{-1}\mathbf{I} = \mathbf{A}^{-1}(\mathbf{AA}^{-1}) = (\mathbf{A}^{-1}\mathbf{A})\mathbf{A}^{-1} \rightarrow \mathbf{A}^{-1}\mathbf{A} = \mathbf{I}.$$

Existiert umgekehrt die Inverse $\mathbf{A}^{-1}$ zu $\mathbf{A}$, so ist sie eindeutig und aus

$$\mathbf{Ax} = \mathbf{b} \rightarrow \mathbf{A}^{-1}(\mathbf{Ax}) = \mathbf{A}^{-1}\mathbf{b} \rightarrow \mathbf{Ix} = \mathbf{x} = \mathbf{A}^{-1}\mathbf{b}.$$

(4.51) Also hat das Gleichungssystem $\mathbf{Ax} = \mathbf{b}$ die eindeutige Lösung $\mathbf{x} = \mathbf{A}^{-1}\mathbf{b}$.

Das ist aber äquivalent mit $\mathrm{Rg}\mathbf{A} = n$, also $\mathbf{A}$ ist regulär.

Die multiplikative Struktur der quadratischen Matrizen kann man zumindest für die regulären Matrizen wie folgt zusammenfassen:

(4.52) *Satz:* Die Menge der regulären Matrizen der Ordnung n bildet eine multiplikative Gruppe.

Will man Addition und Multiplikation zusammen betrachten, so gilt:

(4.53) *Satz:* Die Menge der quadratischen Matrizen der Ordnung n bildet einen (bezüglich der Multiplikation nicht-kommutativen) Ring.

Merke: Die regulären Matrizen bilden keinen Ring, da etwa für $\mathbf{A} = \begin{pmatrix} 1 & 0 \\ 0 & 1 \end{pmatrix}$ und $\mathbf{B} = \begin{pmatrix} 0 & 1 \\ 1 & 0 \end{pmatrix}$ die Summe $\mathbf{A} + \mathbf{B}$ nicht regulär ist.

4.2.3. Gaußscher Algorithmus zur Berechnung der Inversen

Die Grundidee des Gaußschen Algorithmus steht im Beweis zu Satz (4.49): Es sind alle x_{ij} aus $\mathbf{AX} = \mathbf{I}$ zu bestimmen. Das ist identisch mit der Lösung der Gleichungssysteme (4.50). Das System $\mathbf{Ax}_j = \mathbf{e}_j$ wird nun gelöst, indem wir die Reduktion auf ein Treppensystem in der platzsparenden Version so weitertreiben, daß die Leitkoeffizienten alle gleich 1 werden und zugleich die einzigen Koeffizienten ungleich Null ihrer Spalte sind. Das Gleichungssystem wird also statt auf ein Treppensystem auf ein *Diagonalsystem* reduziert, was wegen $\mathrm{Rg}\mathbf{A} = n$ möglich ist:

Aus dem allgemeinen Gleichungssystem

$$\begin{array}{l} a_{11}x_1 + \ldots + a_{1n}x_n = b_1 \quad \text{oder} \quad \mathbf{Ax} = \mathbf{b} \\ \ldots\ldots\ldots\ldots\ldots\ldots\ldots \\ a_{n1}x_1 + \ldots + a_{nn}x_n = b_n \end{array}$$

wird

$$\begin{array}{llll} 1 \cdot x_1 & & & = u_1 \quad \text{oder} \quad \mathbf{Ix} = \mathbf{u} \\ & 1 \cdot x_2 & & = u_2 \\ & & & \vdots \\ & & 1 \cdot x_n & = u_n \end{array}$$

Die rechte Seite $\mathbf{u}$ ist zugleich die Lösung $\mathbf{x}$.

Da für die Systeme $\mathbf{Ax}_j = \mathbf{e}_j$ die Manipulation der linken Seite, d.h. in $\mathbf{A}$, immer gleich ist $\forall\, \mathbf{e}_j$, kann man das Problem zugleich für alle $\mathbf{e}_j$ lösen, indem man alle rechten Seiten nebeneinander schreibt und gleichzeitig umformt. Von $\mathbf{e}_j$ ausgehend ergibt sich je die Lösung $\mathbf{x}_j$, nebeneinander geschrieben aus $\mathbf{I}$ die Matrix $\mathbf{X}$ und $\mathbf{X} = \mathbf{A}^{-1}$. Also hat man:

$\mathbf{A} = \mathbf{A}_{nn}$ sei eine reguläre Matrix. Gesucht: $\mathbf{A}^{-1}$.

(4.55)
Ausgang des Verfahrens: $\mathbf{S} = [\mathbf{A}, \mathbf{I}]$
Ziel des Verfahrens: $\mathbf{S}^* = [\mathbf{I}, \mathbf{A}^{-1}]$

Iterationsschritte:

Mit den elementaren Zeilenoperationen werden die Spalten von **A** sukzessive in Einheitsvektoren umgeformt und damit **S** in **S***.

1. Schritt: *Umformung der 1. Spalte*

1.1. Prüfen, ob $a_{11} \neq 0$.
Ist $a_{11} = 0$, suche man ein Element a_{i1} der ersten Spalte von **A**, das von 0 verschieden ist. Wegen der Regularität von **A** gibt es mindestens ein solches (da ein Nullvektor zur linearen Abhängigkeit führt). Vertauschung von i-ter und erster Zeile; sei jetzt $a_{11} \neq 0$.

1.2. Das Element a_{11} der 1. Zeile zu 1 machen:
Multiplikation der 1. Zeile der ganzen Matrix **S** mit $\frac{1}{a_{11}}$;

1.3. Die Elemente a_{i1} mit $i \neq 1$ zu 0 machen:
Addition der mit $(-a_{i1})$ multiplizierten neuen ersten Zeile zur i-ten, für $i = 2, 3, \ldots, n$;
Ergebnis: $\mathbf{S}^{(1)} = [\mathbf{A}^{(1)}, \mathbf{I}^{(1)}]$.
Die Elemente von $\mathbf{A}^{(1)}$ werden im folgenden wieder mit a_{ij} bezeichnet.

2. Schritt: *Umformung der 2. Spalte*

2.1 Prüfen, ob $a_{22} \neq 0$.
Ist $a_{22} = 0$, so suche man ein Element der zweiten Spalte unterhalb von a_{22}, das von 0 verschieden ist. Wegen der Regularität von A, und daher auch der von $\mathbf{A}^{(1)}$, gibt es ein solches, denn sonst enthielte die zweite Spalte, wie die erste, von der zweiten Zeile an nur Nullen, wäre also ein Vielfaches der ersten. Daher hätte $\mathbf{A}^{(1)}$ linear abhängige Vektoren. Sei also $a_{i2} \neq 0$ mit $i \neq 1, 2$. Vertauschung von i-ter mit 2. Zeile. Sei jetzt $a_{22} \neq 0$.

2.2. Das Element a_{22} der 2. Zeile zu 1 machen:
Multiplikation der 2. Zeile der ganzen Matrix $\mathbf{S}^{(1)}$ mit $\frac{1}{a_{22}}$;

2.3. Die Elemente a_{i2} mit $i \neq 2$ zu 0 machen:
Addition der mit $(-a_{i2})$ multiplizierten neuen zweiten Zeile zur i-ten für $i = 1, 3, \ldots, n$:
Ergebnis: $\mathbf{S}^{(2)} = [\mathbf{A}^{(2)}, \mathbf{I}^{(2)}]$.

Sei $\mathbf{S}^{(n-1)} = [\mathbf{A}^{(n-1)}, \mathbf{I}^{(n-1)}]$ das Ergebnis des $(n-1)$ten Schrittes.

n-ter Schritt: *Umformung der n-ten Spalte*

n.1. Prüfen, ob $a_{nn} \neq 0$.
Aus der Regularität von **A** folgt die von $\mathbf{A}^{(n-1)}$, wobei

$$\mathbf{A}^{(n-1)} = \begin{bmatrix} 1 & 0 & \ldots & 0 & a_{1n} \\ 0 & 1 & \ldots & 0 & a_{2n} \\ \ldots & \ldots & \ldots & \ldots & \ldots \\ 0 & 0 & \ldots & 1 & a_{n-1,n} \\ 0 & 0 & \ldots & 0 & a_{nn} \end{bmatrix}$$

Wäre nun $a_{nn} = 0$, so wäre die letzte Spalte darstellbar als Linearkombination der $(n-1)$ ersten, $\mathbf{A}^{(n-1)}$ also nicht regulär. Die Prüfung könnte deshalb entfallen. Doch ist der Vergleich von a_{nn} mit 0 sinnvoll als Regularitätsprüfung von $\mathbf{A}^{(n-1)}$ und damit von **A**.

n.2. Das Element a_{nn} der n-ten Zeile zu 1 machen:
Multiplikation der n-ten Zeile mit $\frac{1}{a_{nn}}$;

n.3. Die Elemente a_{in} mit $i \neq n$, zu 0 machen:
Addition der mit $(-a_{in})$ multiplizierten n-ten Zeile zur i-ten für $i = 1, 2, \ldots, n-1$;
Ergebnis: $\mathbf{S}^* = [\mathbf{I}, \mathbf{A}^{-1}]$.

Beispiel:

$$\mathbf{A} = \begin{bmatrix} 1 & 2 & 3 \\ 2 & 3 & 2 \\ 1 & 2 & 2 \end{bmatrix} \quad n = 3 \qquad \mathbf{S} = \begin{bmatrix} 1 & 2 & 3 & 1 & 0 & 0 \\ 2 & 3 & 2 & 0 & 1 & 0 \\ 1 & 2 & 2 & 0 & 0 & 1 \end{bmatrix}$$

1. Schritt (1. Spalte):

1.1. $a_{11} = 1 \neq 0$

1.2. $a_{11} = 1$

1.3. Die 2. Zeile von **S** ersetzen durch

$$\begin{aligned} & [2\ \ 3\ \ 2\ \ 0\ \ 1\ \ 0] \\ + & [-2\ -4\ -6\ -2\ \ 0\ \ 0] \\ = & [0\ -1\ -4\ -2\ \ 1\ \ 0] \end{aligned}$$

[−2 −4 −6] = (1. Zeile von S) multipliziert mit (−2) und zur 2. Zeile addie[rt]

Die 3. Zeile von **S** ersetzen durch

$$\begin{aligned} & [1\ \ 2\ \ 2\ \ 0\ \ 0\ \ 1] \\ + & [-1\ -2\ -3\ -1\ \ 0\ \ 0] \\ = & [0\ \ 0\ -1\ -1\ \ 0\ \ 1] \end{aligned}$$

Ergebnis:

$$\mathbf{S}^{(1)} = \begin{bmatrix} 1 & 2 & 3 & 1 & 0 & 0 \\ 0 & -1 & -4 & -2 & 1 & 0 \\ 0 & 0 & -1 & -1 & 0 & 1 \end{bmatrix} = [\mathbf{A}^{(1)}, \mathbf{I}^{(1)}]$$

2. Schritt (2. Spalte):

2.1. $a_{22}^{(1)} = -1 \neq 0$

2.2. Die 2. Zeile von $\mathbf{S}^{(1)}$ ersetzen durch $[0\ \ 1\ \ 4\ \ 2\ -1\ \ 0]$

2.3. Die 1. Zeile von $\mathbf{S}^{(1)}$ ersetzen durch

$$\begin{aligned} & [1\ \ 2\ \ 3\ \ 1\ \ 0\ \ 0] \\ + & [0\ -2\ -8\ -4\ \ 2\ \ 0] \\ = & [1\ \ 0\ -5\ -3\ \ 2\ \ 0] \end{aligned}$$

Die 3. Zeile von $\mathbf{S}^{(1)}$ bleibt stehen.

Ergebnis:

$$\mathbf{S}^{(2)} = \begin{bmatrix} 1 & 0 & -5 & -3 & 2 & 0 \\ 0 & 1 & 4 & 2 & -1 & 0 \\ 0 & 0 & -1 & -1 & 0 & 1 \end{bmatrix} = [\mathbf{A}^{(n-1)}, \mathbf{I}^{(n-1)}]$$

3. und n-ter Schritt: (n-te Spalte):

n.1. $a_{nn}^{(n)} = -1 \neq 0$, also ist **A** auch regulär.

n.2. Die 3. Zeile von $\mathbf{S}^{(n-1)} = \mathbf{S}^{(2)}$ ersetzen durch $[0\ \ 0\ \ 1\ \ 1\ \ 0\ -1]$

n.3. Die 1. Zeile von $\mathbf{S}^{(2)}$ ersetzen durch

$$\begin{aligned} & [1\ \ 0\ -5\ -3\ \ 2\ \ 0] \\ + & [0\ \ 0\ \ 5\ \ 5\ \ 0\ -5] \\ = & [1\ \ 0\ \ 0\ \ 2\ \ 2\ -5] \end{aligned}$$

Die 2. Zeile von $\mathbf{S}^{(2)}$ ersetzen durch

$$\begin{aligned} & [0\ \ 1\ \ 4\ \ 2\ -1\ \ 0] \\ + & [0\ \ 0\ -4\ -4\ \ 0\ \ 4] \\ = & [0\ \ 1\ \ 0\ -2\ -1\ \ 4] \end{aligned}$$

Ergebnis:

$$\mathbf{S}^* = \begin{pmatrix} 1 & 0 & 0 & 2 & 2 & -5 \\ 0 & 1 & 0 & -2 & -1 & 4 \\ 0 & 0 & 1 & 1 & 0 & -1 \end{pmatrix}, \quad \text{also } \mathbf{A}^{-1} = \begin{pmatrix} 2 & 2 & -5 \\ -2 & -1 & 4 \\ 1 & 0 & -1 \end{pmatrix}$$

Natürlich kann man dieses Verfahren auch verwenden, um ein Gleichungssystem, das eine eindeutige Lösung hat, in dem also **A** regulär ist, zu lösen, indem man statt **I** auf der „rechten Seite" lediglich den Vektor **b** einsetzt.

Weiter kann man auch nur den Rang bestimmen wollen. Dann läßt man jegliche „rechte Seite“, also hier **I**, weg und formt nur **A** um. Bricht das Verfahren ab, so ist der Rang gleich der Zahl der erreichten Einheitsvektoren als Spalten.

4.2.4. Orthogonalmatrizen. Inverse von *Blockmatrizen und andere spezielle Inverse*

Zwei Vektoren **a** und **b** aus dem R^n heißen nach (2.46) orthogonal oder senkrecht, wenn ihr Skalarprodukt gleich Null ist. Auf die Zeilenvektoren einer Matrix bezogen kann man definieren:

(4.56) *Def.:* Eine quadratische Matrix heißt *Orthogonalmatrix,* wenn sie die folgenden zwei Eigenschaften erfüllt:

1. Je zwei verschiedene Zeilenvektoren sind orthogonal zueinander: $\mathbf{a}_i \cdot \mathbf{a}_j' = 0$ für alle i, j, $i \neq j$.
2. Die Länge oder die Norm jedes Zeilenvektors $\mathbf{a}_i$ ist 1: $\|\mathbf{a}_i\| = \mathbf{a}_i \cdot \mathbf{a}_i' = 1$ für alle i (Siehe (2.48)).

Wegen der 2. Eigenschaft werden Orthogonalmatrizen auch oft Orthonormalmatrizen genannt.

Beispiel:

Einheitsmatrix $\mathbf{I}, \mathbf{I}^{-1} = \mathbf{I}$

$$\mathbf{Q} = \begin{pmatrix} 0 & 0 & 1 \\ \frac{1}{2} & -\frac{\sqrt{3}}{2} & 0 \\ \frac{\sqrt{3}}{2} & \frac{1}{2} & 0 \end{pmatrix}, \quad \mathbf{Q}^{-1} = \begin{pmatrix} 0 & \frac{1}{2} & \frac{\sqrt{3}}{2} \\ 0 & -\frac{\sqrt{3}}{2} & \frac{1}{2} \\ 1 & 0 & 0 \end{pmatrix}$$

(4.57) *Satz:* Für eine quadratische Matrix **A** sind folgende Aussagen äquivalent:

1. **A** ist Orthogonalmatrix
2. $\mathbf{A} \cdot \mathbf{A}' = \mathbf{I}$
3. $\mathbf{A}^{-1} = \mathbf{A}'$.

Dieser Satz garantiert also immer die Existenz der Inversen zugleich als Transponierte. Die Äquivalenz von 2. und 3. ist nach Definition der Inversen evident. Zu zeigen bleibt 1. ↔ 2.:

Die Spalten von $\mathbf{A}'$ sind die Zeilen von **A**, also werden zur Berechnung der Elemente von $\mathbf{AA}'$ die Zeilen von **A** miteinander multipliziert. Bedingung 1. der Definition für Orthogonalmatrizen ist daher gleichbedeutend damit, daß die Elemente von $\mathbf{AA}'$ außerhalb der Diagonalen gleich 0 sind; Bedingung 2. ist gleichbedeutend damit, daß die Diagonalelemente von $\mathbf{AA}'$ gleich 1 sind.

(4.58) *Folgerung:* Ist **A** symmetrisch ($\mathbf{A}' = \mathbf{A}$) und orthogonal ($\mathbf{A}' = \mathbf{A}^{-1}$), so ist **A** involutorisch ($\mathbf{A}^2 = \mathbf{I}$) und $\mathbf{A}^{-1} = \mathbf{A}$.

Allgemein gilt für involutorische Matrizen:

(4.59) *Satz:* Ist **A** involutorisch, so ist $\mathbf{A}^{-1} = \mathbf{A}$.

Für zahlreiche spätere Anwendungen in Theorie und Praxis der Matrizenrechnung ist die Möglichkeit der „Diagonalisierung“ einer symmetrischen Matrix wichtig:

(4.60) *Satz: Diagonalisierung:*
Zu jeder symmetrischen Matrix **A** gibt es eine orthogonale Matrix **T**, so daß die sogenannte transformierte Matrix $\mathbf{T}^{-1}\mathbf{AT}$ Diagonalform hat:

(4.61) $$\mathbf{T}^{-1}\mathbf{AT} = \mathbf{T}'\mathbf{AT} = \mathbf{D}.$$

Der Beweis soll nicht gebracht werden. Im allgemeinen bringen die Beweise zugleich ein Verfahren, das sogenannte *Jacobi-Verfahren*, mit dem man die Diagonalmatrix **D** und die Orthogonalmatrix **T** findet. Das Jacobi-Verfahren dient meist der Berechnung der Eigenwerte von **A**, (siehe Abschnitt 4.4.1. und 4.4.2.), die die Diagonalelemente von **D** sind. Gehen wir wieder von einer beliebigen quadratischen Matrix **A** aus und sei **R** eine reguläre Matrix der gleichen Ordnung, dann existiert $\mathbf{R}^{-1}$ und man kann wieder $\mathbf{R}^{-1}\mathbf{AR}$ bilden:

(4.62) *Def.:* Sind **A** und **B** quadratische Matrizen und existiert eine reguläre Matrix **R** mit $\mathbf{B} = \mathbf{R}^{-1}\mathbf{AR}$, so heißen **A** und **B** *ähnliche Matrizen.*

Für **A** und **B** wird später gezeigt, daß sie gleiche Determinante, gleiche Spur und gleiche Eigenwerte haben.

Wenden wir uns Diagonalmatrizen und darunter auch Skalarmatrizen zu:

(4.63) *Satz:* Ist $\mathbf{A} = (k_i\delta_{ij})$ eine Diagonalmatrix, so sind auch $\mathbf{A}' = \mathbf{A}$ und $\mathbf{A}^{-1}$ Diagonalmatrizen und $\mathbf{A}^{-1} = \left(\frac{1}{k_i}\,\delta_{ij}\right)$.

$$\mathbf{A} = \begin{pmatrix} 3 & 0 \\ 0 & 4 \end{pmatrix} \quad \mathbf{A}^{-1} = \begin{pmatrix} \frac{1}{3} & 0 \\ 0 & \frac{1}{4} \end{pmatrix}$$

Blockmatrizen:

(4.64) *Satz:* Ist die quadratische Matrix $\mathbf{A} = \mathbf{A}_{nn}$ regulär mit der Blockdarstellung (s. (4.38)) $\mathbf{A} = \begin{pmatrix} \mathbf{E} & \mathbf{F} \\ \mathbf{G} & \mathbf{H} \end{pmatrix}$ und sind **E** und $\mathbf{D} = \mathbf{H} - \mathbf{G}\mathbf{E}^{-1}\mathbf{F}$ regulär, so ist

$$\mathbf{A}^{-1} = \begin{pmatrix} \mathbf{E}^{-1}(\mathbf{I} + \mathbf{F}\mathbf{D}^{-1}\mathbf{G}\mathbf{E}^{-1}) & -\mathbf{E}^{-1}\mathbf{F}\mathbf{D}^{-1} \\ -\mathbf{D}^{-1}\mathbf{G}\mathbf{E}^{-1} & \mathbf{D}^{-1} \end{pmatrix}$$

Man überprüfe das durch $\mathbf{A} \cdot \mathbf{A}^{-1} = \mathbf{I}$.

Zu bemerken ist, daß aus der Darstellung von **A** noch nicht die Regularität von **E** etwa folgt: $\mathbf{A} = \left(\begin{array}{c|c} 0 & 1 \\ \hline 1 & 0 \end{array}\right)$. Auf jeden Fall müssen **E** und **H** auch schon quadratisch sein. Diese Darstellung bringt insbesondere Vorteile, wenn eine oder mehrere der Untermatrizen einfache Strukturen haben:

(4.65) $$\mathbf{A} = \begin{pmatrix} \mathbf{I} & \mathbf{F} \\ \mathbf{0} & \mathbf{H} \end{pmatrix} \rightarrow \mathbf{A}^{-1} = \begin{pmatrix} \mathbf{I} & -\mathbf{F} \cdot \mathbf{H}^{-1} \\ \mathbf{0} & \mathbf{H}^{-1} \end{pmatrix}$$

Das Rechenproblem reduziert sich im wesentlichen auf die Berechnung von $\mathbf{H}^{-1}$. Selbst wenn nur $\mathbf{G} = \mathbf{0}$ ist, bringt die Blockdarstellung noch Vorteile:

(4.66) $$\mathbf{A} = \begin{pmatrix} \mathbf{E} & \mathbf{F} \\ \mathbf{0} & \mathbf{H} \end{pmatrix} \rightarrow \mathbf{A}^{-1} = \begin{pmatrix} \mathbf{E}^{-1} & -\mathbf{E}^{-1}\mathbf{F}\mathbf{H}^{-1} \\ \mathbf{0} & \mathbf{H}^{-1} \end{pmatrix}$$

Betrachten wir eine Zahlenfolge jährlich gleichbleibender Beträge, die zeitlich unbeschränkt ist. Um den „Wert" dieser Folge zu berechnen, sucht man in der Regel einen Zinssatz, mit dem man die Zahlungen diskontiert und addiert, d.h. den Barwert berechnet. Ist a die konstante Zahlung und q der Diskontierungsfaktor, so hat man als Barwert die unendliche geometrische Reihe

(4.67) $$s = a + aq + aq^2 + aq^3 + \ldots = a \sum_{k=0}^{\infty} q^k = a \frac{1}{1-q},$$

die allerdings nur konvergiert für $|q| < 1$. Die Summe der ersten n Glieder ist dabei

(4.68) $$s_n = a \cdot \frac{1-q^{n+1}}{1-q} \quad \text{und} \quad s = \lim_{n\to\infty} s_n = a \cdot \frac{1}{1-q}$$

ist der Grenzwert dieser Summen.

Die allgemeinere Form von *Potenzreihen* ist gegeben durch

(4.69) $$s = a_0 + a_1 x + a_2 x^2 + \ldots = \sum_{k=0}^{\infty} a_k x^k = \lim_{n\to\infty} s_n = \lim_{n\to\infty} \sum_{k=0}^{n} a_k x^k.$$

In dieser allgemeinen Form kann man über die Konvergenz und die Größe des Grenzwertes keine konkreten Angaben machen, jedoch ist s nur existent, wenn zu jedem vorgegebenen $\epsilon > 0$ ein $n_0 \in N$ existiert mit

$$|s - s_n| < \epsilon \quad \text{für} \quad n > n_0.$$

Dann schreibt man $\lim_{n\to\infty} s_n = s$ oder $\lim_{n\to\infty} (s - s_n) = 0$. (Vgl. zu Folgen und Grenzwert Abschnitt 6.1.2)

Da wir für quadratische Matrizen **A** auch Potenzen definiert hatten mit

$$\mathbf{A}^0 = \mathbf{I}, \mathbf{A}^1 = \mathbf{A}, \mathbf{A}^2 = \mathbf{A} \cdot \mathbf{A}, \ldots$$

kann man auch *unendliche Potenzreihen von Matrizen* bilden:

(4.70) $$\sum_{k=0}^{\infty} a_k \mathbf{A}^k \quad \text{mit} \quad a_k \in R.$$

Die Konvergenz von Matrizenfolgen $\mathbf{B}_1, \mathbf{B}_2, \mathbf{B}_3, \ldots$ ist durch die Konvergenz aller Elementfolgen definiert:

(4.71) *Def.:* $\mathbf{B}_k = (b_{ij}^{(k)})$: Ist $\mathbf{B} = (b_{ij})$ und $\lim_{k\to\infty} b_{ij}^{(k)} = b_{ij}\ \forall\, i, j$, so heißt $\{\mathbf{B}_1, \mathbf{B}_2, \ldots\}$ *konvergent* und **B** *ist der Grenzwert* der Folge:

$$\mathbf{B} = \lim_{k\to\infty} \mathbf{B}_k \quad \text{oder} \quad \lim_{k\to\infty} (\mathbf{B} - \mathbf{B}_k) = \mathbf{0}.$$

Bildet man für die Potenzreihe einer quadratischen Matrix **A** die Summen

$$\mathbf{S}_n = \sum_{k=0}^{n} a_k \mathbf{A}^k,$$

so ist die Reihe (4.70) konvergent, falls eine Matrix **S** existiert mit $\mathbf{S} = \lim_{n\to\infty} \mathbf{S}_n$. **S** heißt die *Summe der unendlichen Reihe:*

(4.72) $$S = \sum_{k=0}^{\infty} a_k A^k,$$

Die Reihe (4.67) ist nur konvergent, wenn in (4.68) $\lim_{n\to\infty} q^n = 0$ ist, gegeben durch $|q| < 1$. In (4.69) ist notwendig (aber noch nicht hinreichend) $\lim_{n\to\infty} a_n x^n = 0$. Für (4.72) ist natürlich diese Bedingung für alle Matrixelemente notwendig, also $\lim_{n\to\infty} a_n \mathbf{A}^n = \mathbf{0}$.

Im folgenden beschränken wir uns auf *geometrische Reihen von Matrizen,* d.h. $a_i = a\ \forall i$ und speziell $a = 1$, untersuchen also Reihen der Form

(4.73) $$\sum_{k=0}^{\infty} \mathbf{A}^k.$$

Reihen der Form (4.73) heißen *Neumannsche Reihen.*

Bildet man Matrizen $\mathbf{B}_k$ mit

$$\mathbf{B}_k = (\mathbf{I} - \mathbf{A}) \cdot (\mathbf{I} + \mathbf{A} + \mathbf{A}^2 + \ldots + \mathbf{A}^k) = \mathbf{I} - \mathbf{A}^{k+1},$$

so ist, *falls*

(4.74) $$\lim_{k\to\infty} (-\mathbf{A}^{k+1}) = \mathbf{0}, \text{ auch } \lim_{k\to\infty} (\mathbf{B}_k - \mathbf{I}) = \lim_{k\to\infty} (-\mathbf{A}^{k+1}) = \mathbf{0},$$

also

$$\mathbf{I} = \lim_{k\to\infty} \mathbf{B}_k = (\mathbf{I} - \mathbf{A}) \cdot (\mathbf{I} + \mathbf{A} + \mathbf{A}^2 + \ldots) = (\mathbf{I} - \mathbf{A}) \cdot \sum_{k=0}^{\infty} \mathbf{A}^k.$$

Nach der Definition der Inversen sieht man, daß $(\mathbf{I} - \mathbf{A})$ und $\sum_{k=0}^{\infty} \mathbf{A}^k$ zueinander invers sind:

(4.75) $$(\mathbf{I} - \mathbf{A})^{-1} = \sum_{k=0}^{\infty} \mathbf{A}^k.$$

Hier entspricht $(\mathbf{I} - \mathbf{A})^{-1}$ genau dem Grenzwert von (4.67) für $a = 1$, nämlich $(1 - q)^{-1}$.

(4.76) *Satz:* Gilt für eine quadratische Matrix $\lim_{k\to\infty} \mathbf{A}^k = \mathbf{0}$, so ist die Beziehung (4.75) für die Inverse $(\mathbf{I} - \mathbf{A})^{-1} = \mathbf{I} + \mathbf{A} + \mathbf{A}^2 + \ldots$

Während das praktische Interesse für die Reihe (4.67) darin besteht, die Summe $s = 1 + q + q^2 + \ldots$ durch $(1 - q)^{-1}$ leicht ausrechnen zu können, ist hier das Interesse umgekehrt: Durch (4.75) kann man die Inverse $(\mathbf{I} - \mathbf{A})^{-1}$ durch die Reihe berechnen bzw. approximieren, was besonders bei höherer Ordnung rechnerisch vorteilhaft ist.

In Leontief-Systemen, die später behandelt werden sollen, kann man ein brauchbares Kriterium für die Konvergenz (4.74) von $\mathbf{A}^k$ angeben.

(4.77) *Satz:* Ist $\mathbf{A}$ eine quadratische Matrix der Ordnung n mit $0 \leq a_{ij} \leq 1\ \forall i, j$ und $\sum_{i=1}^{n} a_{ij} < 1\ \forall j$, so ist $\lim_{k\to\infty} \mathbf{A}^k = \mathbf{0}$, und es existiert die Leontief-Inverse $(\mathbf{I} - \mathbf{A})^{-1}$ mit $(\mathbf{I} - \mathbf{A})^{-1} = \mathbf{I} + \mathbf{A} + \mathbf{A}^2 + \ldots$

Beweis:

Zu zeigen ist $\lim\limits_{k\to\infty} \mathbf{A}^k = \mathbf{0}$. Es existiert eine Zahl c mit $\sum\limits_{i=1}^{n} a_{ij} \leqslant c < 1$ für alle j. Für die Elemente von $\mathbf{A}^2$ gilt:

$$a_{ij}^{(2)} = \sum_k a_{ik}a_{kj} \quad \text{und} \quad \sum_{i=1}^{n} a_{ij}^{(2)} = \sum_i \sum_k a_{ik}a_{kj} = \sum_k \Big(\sum_i a_{ik}\Big) a_{kj} \leqslant c \cdot \sum_k a_{kj} \leqslant c^2 \ \forall j.$$

Hieraus folgt aber auch $a_{ij}^{(2)} \leqslant c^2 \ \forall i, j$.

Mit der vollständigen Induktion kann man auf diese Art zeigen, daß

$$a_{ij}^{(k)} \leqslant c^k \quad \forall i, j$$

und somit

$$\lim_{k\to\infty} a_{ij}^{(k)} = \lim_{k\to\infty} c^k = 0 \ \forall i, j,$$

also

$$\lim_{k\to\infty} \mathbf{A}^k = \mathbf{0}, \text{ und der Satz gilt.}$$

Aufgaben zu 4.2. Reguläre und singuläre Matrizen, Inverse. Ein Problem der Input-Output-Rechnung

---

1. *Invertiere* die Matrix $\mathbf{A} = \left(\begin{array}{c|c} \mathbf{E} & \mathbf{F} \\ \hline \mathbf{G} & \mathbf{H} \end{array}\right) = \left(\begin{array}{cc|c} 1 & 2 & 3 \\ 1 & 4 & 3 \\ \hline 1 & 3 & 4 \end{array}\right)$

a) nach dem Gaußschen Algorithmus,

b) durch Invertieren der Blöcke.

a) nach (4.2.3.)

$$\mathbf{S} = (\mathbf{A}, \mathbf{I}) = \begin{pmatrix} a_{11} & a_{12} & a_{13} & 1 & 0 & 0 \\ a_{21} & a_{22} & a_{23} & 0 & 1 & 0 \\ a_{31} & a_{32} & a_{33} & 0 & 0 & 1 \end{pmatrix} = \begin{pmatrix} 1 & 2 & 3 & 1 & 0 & 0 \\ 1 & 4 & 3 & 0 & 1 & 0 \\ 1 & 3 & 4 & 0 & 0 & 1 \end{pmatrix}$$

1. Schritt:
$a_{11} = 1 \neq 0$

$$\begin{matrix} \\ Z_2 - Z_1 \\ Z_3 - Z_1 \end{matrix} \begin{pmatrix} 1 & 2 & 3 & 1 & 0 & 0 \\ 0 & 2 & 0 & -1 & 1 & 0 \\ 0 & 1 & 1 & -1 & 0 & 1 \end{pmatrix}$$

2. Schritt:
$a_{22} = 2 \neq 0$

$$\begin{matrix} Z_1 - 2Z_2 \\ 0{,}5\, Z_2 \\ Z_3 - Z_2 \end{matrix} \begin{pmatrix} 1 & 0 & 3 & 2 & -1 & 0 \\ 0 & 1 & 0 & -0{,}5 & 0{,}5 & 0 \\ 0 & 0 & 1 & -0{,}5 & -0{,}5 & 1 \end{pmatrix}$$

3. Schritt: $a_{nn} = a_{33} = 1 \neq 0$:

$$\begin{matrix} Z_1 - 3Z_3 \\ \\ \\ \end{matrix} \begin{pmatrix} 1 & 0 & 0 & 3{,}5 & 0{,}5 & -3 \\ 0 & 1 & 0 & -0{,}5 & 0{,}5 & 0 \\ 0 & 0 & 1 & -0{,}5 & -0{,}5 & 1 \end{pmatrix} = (\mathbf{I}, \mathbf{A}^{-1}) = \mathbf{S}^*$$

b) Nach Satz (4.64) ist zu **A** Allgemein

$$\mathbf{A}^{-1} = \begin{pmatrix} \mathbf{E}^{-1}(\mathbf{I} + \mathbf{F}\mathbf{D}^{-1}\mathbf{G}\mathbf{E}^{-1}) & -\mathbf{E}^{-1}\mathbf{F}\mathbf{D}^{-1} \\ -\mathbf{D}^{-1}\mathbf{G}\mathbf{E}^{-1} & \mathbf{D}^{-1} \end{pmatrix}, \text{ mit } \mathbf{D} = \mathbf{H} - \mathbf{G}\mathbf{E}^{-1}\mathbf{F}, \text{ wenn } \mathbf{E} \text{ und } \mathbf{D} \text{ regulär.}$$

(1) $E^{-1} : (E, I) = \begin{pmatrix} 1 & 2 & 1 & 0 \\ 1 & 4 & 0 & 1 \end{pmatrix} \to \begin{pmatrix} 1 & 0 & 2 & -1 \\ 0 & 1 & -0.5 & 0.5 \end{pmatrix} = (I, E^{-1})$

(2) $D = (4) - (1\ 3) \begin{pmatrix} 2 & -1 \\ -0.5 & 0.5 \end{pmatrix} \begin{pmatrix} 3 \\ 3 \end{pmatrix} = (4) - (0.5, 0.5) \begin{pmatrix} 3 \\ 3 \end{pmatrix} = (4) - (3) = (1) =$

$= 1 \to D^{-1} = 1 = (1)$

(3) $E^{-1}(I + FD^{-1}GE^{-1}) = \begin{pmatrix} 2 & -1 \\ -0.5 & 0.5 \end{pmatrix} \left[\begin{pmatrix} 1 & 0 \\ 0 & 1 \end{pmatrix} + \begin{pmatrix} 3 \\ 3 \end{pmatrix} \cdot (1)(1\ 3) \begin{pmatrix} 2 & -1 \\ -0.5 & 0.5 \end{pmatrix} \right]$

$= \begin{pmatrix} 2 & -1 \\ -0.5 & 0.5 \end{pmatrix} \left[\begin{pmatrix} 1 & 0 \\ 0 & 1 \end{pmatrix} + \begin{pmatrix} 3 & 9 \\ 3 & 9 \end{pmatrix} \begin{pmatrix} 2 & -1 \\ -0.5 & 0.5 \end{pmatrix} \right]$

$= \begin{pmatrix} 2 & -1 \\ -0.5 & 0.5 \end{pmatrix} \left[\begin{pmatrix} 1 & 0 \\ 0 & 1 \end{pmatrix} + \begin{pmatrix} 1.5 & 1.5 \\ 1.5 & 1.5 \end{pmatrix} \right]$

$= \begin{pmatrix} 2 & -1 \\ -0.5 & 0.5 \end{pmatrix} \begin{pmatrix} 2.5 & 1.5 \\ 1.5 & 2.5 \end{pmatrix} = \begin{pmatrix} 3.5 & 0.5 \\ -0.5 & 0.5 \end{pmatrix}$

(4) $-E^{-1}FD^{-1} = - \begin{pmatrix} 2 & -1 \\ -0.5 & 0.5 \end{pmatrix} \cdot \begin{pmatrix} 3 \\ 3 \end{pmatrix} (1) = - \begin{pmatrix} 3 \\ 0 \end{pmatrix} = \begin{pmatrix} -3 \\ 0 \end{pmatrix}$

(5) $-D^{-1}GE^{-1} = -(1)(1\ 3) \begin{pmatrix} 2 & -1 \\ -0.5 & 0.5 \end{pmatrix} = -(1)\ (0.5, 0{,}5) = (-0.5, -0.5)$

$\to A^{-1} = \begin{pmatrix} 3.5 & 0.5 & -3 \\ -0.5 & 0.5 & 0 \\ -0.5 & -0.5 & 1 \end{pmatrix}$

vergleiche Lösung a.!

2. *Invertiere* $A = \begin{pmatrix} 1 & 2 & 3 \\ 1 & 2 & 1 \\ 1 & 3 & 4 \end{pmatrix}$ $\quad (A, I) = \begin{pmatrix} 1 & 2 & 3 & 1 & 0 & 0 \\ 1 & 2 & 1 & 0 & 1 & 0 \\ 1 & 3 & 4 & 0 & 0 & 1 \end{pmatrix} \to \begin{pmatrix} 1 & 2 & 3 & 1 & 0 & 0 \\ 0 & 0 & 2 & 1 & -1 & 0 \\ 0 & 1 & 1 & -1 & 0 & 1 \end{pmatrix} \to$

Zeilentausch wegen $a_{22} = 0$ $\begin{pmatrix} 1 & 2 & 3 & 1 & 0 & 1 \\ 0 & 1 & 1 & -1 & 0 & 1 \\ 0 & 0 & 2 & 1 & -1 & 0 \end{pmatrix} \to \begin{pmatrix} 1 & 0 & 1 & 3 & 0 & -2 \\ 0 & 1 & 1 & -1 & 0 & 1 \\ 0 & 0 & 2 & 1 & -1 & 0 \end{pmatrix} \to \begin{pmatrix} 1 & 0 & 0 & 2.5 & 0.5 & -2 \\ 0 & 1 & 0 & -1.5 & 0.5 & 1 \\ 0 & 0 & 1 & 0.5 & -0.5 & 0 \end{pmatrix} = (I, A^{-1}).$

Die Existenz von A^{-1} (folgt aus RgA = 3, bzw. der Ausrechnung direkt), impliziert jedoch nicht, daß in einer Blockzerlegung von **A** analog Aufgabe 1 **E** regulär ist und E^{-1} existiert.

$$E = \begin{pmatrix} 1 & 2 \\ 1 & 2 \end{pmatrix} \to \text{RgE} = 1 < 2,$$

d.h.: das Blockinvertieren ist nicht für jede Blockeinteilung ausführbar. Wenn **E** singulär ist, kann man also nicht folgern, daß A^{-1} nicht existiert.

Zur Input-Output-Rechnung

3. Eine Volkswirtschaft bestehe aus 2 produzierenden Sektoren i = 1, 2, Landwirtschaft und Nichtlandwirtschaft und den Konsumenten. Jede Industrie (Landwirtschaft, Nichtlandwirtschaft) produziert nur ein Gut. Die Verteilung der Ausbringung x_i, i = 1, 2, der 2 Güter auf diese Sektoren und die Konsumenten in einer Periode zeigt die folgende gesamtwirtschaftliche Input-Output-Tabelle:

i \ j (y_{ij})	Nichtlandwirtschaft	Landwirtschaft	Konsum
Nichtlandwirtschaft	$y_{11} = 8$	$y_{12} = 2$	$b_1 = 14$
Landwirtschaft	$y_{21} = 3$	$y_{22} = 1$	$b_2 = 6$

Die Zeilen geben die Outputverwendung an: Input und Konsum; die Spalten geben den Inputursprung aus den outputproduzierenden Sektoren an.

Das Element $y_{ij}(i, j = 1, 2)$ sagt aus: y_{ij} Mengeneinheiten des Gutes i werden zur Produktion des Gutes j gebraucht.

Problemstellung:

a) Wieviel hat jeder Sektor insgesamt produziert?

b) Berechne die Inputmatrix A!

c) Es sollen in der nächsten Periode $\mathbf{b}^* = \begin{pmatrix} 23 \\ 11.5 \end{pmatrix}$ Einheiten für den Konsum bereitstehen.

Bestimme den gesamtwirtschaftlichen Produktionsvektor $\mathbf{x}^*$.

Lösung:

a) Die Gesamtproduktion eines Gutes x_i, i = 1, 2, eines Sektors ist die Summe aller Verwendungsmengen dieses Gutes i:

$$x_i = \sum_{j=1}^{2} y_{ij} + b_i \qquad (i = 1, 2); \qquad x_1 = \sum_{j=1}^{2} y_{1j} + b_1 = y_{11} + y_{12} + b_1 = 8 + 2 + 14 = 24$$

$$x_2 = \sum_{j=1}^{2} y_{2j} + b_2 = y_{21} + y_{22} + b_2 = 3 + 1 + 6 = 10.$$

b) Die Elemente a_{ij} der Inputmatrix $\mathbf{A} = \begin{pmatrix} a_{11} & a_{12} \\ a_{21} & a_{22} \end{pmatrix}$ sind Input-Koeffizienten oder Produktionskoeffizienten. Sie zeigen die Input-Menge pro Output-Einheit an. Im Leontief-Modell werden diese a_{ij} als konstant angenommen (Die technologischen Bedingungen der Produktion bleiben konstant im Zeitverlauf, kein technischer Fortschritt!).

Formal lassen sich die Elemente a_{ij} der Inputmatrix $\mathbf{A}$ so herleiten:

Die Produktion von 24 Einheiten (= Summe der 1. Zeile) des Gutes i = 1 erfordert die Input-Menge $y_{ij} = y_{11} = 8$ Einheiten dieses Gutes i = 1 und $y_{ij} = y_{21} = 3$ Input-Mengeneinheiten des Gutes i = 2. Die zugehörigen Produktionskoeffizienten a_{11} und a_{21} sind also:

$$a_{11} = \frac{8}{24} \left| \frac{\text{Einheiten Gut i} = 1}{\text{Einheiten Gut j} = 1} \right|, \quad a_{21} = \frac{3}{24} \left| \frac{\text{Einheiten Gut i} = 2}{\text{Einheiten Gut j} = 1} \right|,$$

Die Produktion von 10 Einheiten des Gutes i = 2 (= Summe der 2. Zeile) ergibt die Produktionskoeffizienten

$$a_{12} = \frac{2}{10} \quad a_{22} = \frac{1}{10}.$$

Allgemein sind die Produktionskoeffizienten somit:

$$a_{ij} = \frac{y_{ij}}{x_j} \text{ für alle i, j.}$$

Die Inputmatrix **A** lautet:

$$\mathbf{A} = \begin{pmatrix} a_{11} & a_{12} \\ a_{21} & a_{22} \end{pmatrix} = \begin{pmatrix} \frac{1}{3} & \frac{2}{10} \\ \frac{1}{8} & \frac{1}{10} \end{pmatrix}$$

Mit diesen Produktionskoeffizienten a_{ij} kann man nun die Gesamtproduktion einer Industrie i (hier i = 1, 2) als Funktion der gesamten Produktion *aller* Industrien und des Konsums darstellen:

allgemein: $x_i = \sum_{j=1}^{n} a_{ij}x_j + b_i$

und im Beispiel:

$$x_1 = \sum_{j=1}^{2} a_{1j}x_j + b_1 = a_{11}x_1 + a_{12}x_2 + b_1 = \frac{1}{3}x_1 + \frac{2}{10}x_2 + b_1$$

$$x_2 = \sum_{j=1}^{2} a_{2j}x_j + b_2 = a_{21}x_1 + a_{22}x_2 + b_2 = \frac{1}{8}x_1 + \frac{1}{10}x_2 + b_2.$$

Ebenso läßt sich der Konsum b_i ausdrücken:

allgemein: $b_i = x_i - \sum_j a_{ij}x_j$

oder $b_1 = x_1 - a_{11}x_1 - a_{12}x_2$
$b_2 = x_2 - a_{21}x_1 - a_{22}x_2$

oder $b_1 = (1 - a_{11})x_1 + (0 - a_{12})x_2$
$b_2 = (0 - a_{21})x_1 + (1 - a_{22})x_2$

In Matrixschreibweise:

$$\begin{pmatrix} b_1 \\ b_2 \end{pmatrix} = \begin{pmatrix} 1 - a_{11} & 0 - a_{12} \\ 0 - a_{21} & 1 - a_{22} \end{pmatrix} \begin{pmatrix} x_1 \\ x_2 \end{pmatrix} = \left[\begin{pmatrix} 1 & 0 \\ 0 & 1 \end{pmatrix} - \begin{pmatrix} a_{11} & a_{12} \\ a_{21} & a_{22} \end{pmatrix}\right] \begin{pmatrix} x_1 \\ x_2 \end{pmatrix}; \quad \mathbf{b} = [\mathbf{I} - \mathbf{A}]\mathbf{x}.$$

Die letzte Formel zeigt, daß man bei vorgegebenen Konsummengen (**b** gegeben) versuchen kann, den für diesen Konsum notwendigen Produktionsvektor **x** zu errechnen. Das ist möglich, wenn zu $(\mathbf{I} - \mathbf{A})$ die Inverse $(\mathbf{I} - \mathbf{A})^{-1}$ existiert. Man multipliziert dann von links mit $(\mathbf{I} - \mathbf{A})^{-1}$:

$$(\mathbf{I} - \mathbf{A})^{-1}\mathbf{b} = (\mathbf{I} - \mathbf{A})^{-1}(\mathbf{I} - \mathbf{A})\mathbf{x} = \mathbf{I}\mathbf{x} = \mathbf{x}$$

($(\mathbf{I} - \mathbf{A})^{-1}$ wird auch Leontief-Inverse genannt).

Anmerkung:

Diese Darstellung sagt nichts darüber aus, inwieweit es im konkreten realwirtschaftlichen Fall möglich ist, daß der Konsum die Produktion bestimmt oder umgekehrt. Zum anderen ist das Modell – wie es hier geboten wird – zu eng an spezielle Bedingungen gebunden (konstante Technologie, keine Preise, Arbeit etc.).

Bildung der Leontief-Inversen:

$$(\mathbf{I} - \mathbf{A}) = \begin{pmatrix} 1 - \frac{1}{3} & 0 - \frac{2}{10} \\ 0 - \frac{1}{8} & 1 - \frac{1}{10} \end{pmatrix} = \begin{pmatrix} \frac{2}{3} & -\frac{2}{10} \\ -\frac{1}{8} & \frac{9}{10} \end{pmatrix}$$

Nach Gauß:

$$\begin{pmatrix} \frac{2}{3} & -\frac{2}{10} & 1 & 0 \\ -\frac{1}{8} & \frac{9}{10} & 0 & 1 \end{pmatrix} \to \begin{pmatrix} 1 & 0 & 1\frac{13}{23} & \frac{8}{23} \\ 0 & 1 & \frac{5}{23} & 1\frac{11}{69} \end{pmatrix} \qquad (\mathbf{I}-\mathbf{A})^{-1} = \begin{pmatrix} 1\frac{13}{23} & \frac{8}{23} \\ \frac{5}{23} & 1\frac{11}{69} \end{pmatrix}$$

Man mache die *Probe:* $(\mathbf{I}-\mathbf{A})^{-1}(\mathbf{I}-\mathbf{A}) = \mathbf{I}$!

c) $(\mathbf{I}-\mathbf{A})^{-1}\mathbf{b}^* = \mathbf{x}^*$

$$\begin{pmatrix} 1\frac{13}{23} & \frac{8}{23} \\ \frac{5}{23} & 1\frac{11}{69} \end{pmatrix} \begin{pmatrix} 23 \\ 11.5 \end{pmatrix} = \begin{pmatrix} x_1^* \\ x_2^* \end{pmatrix} \to \begin{array}{l} x_1^* = \frac{36}{23} \cdot 23 + \frac{8}{23} \cdot 11.5 = 36 + 4 = 40 \\ x_2^* = \frac{5}{23} \cdot 23 + 1\frac{11}{69} \cdot 11.5 = 5 + \frac{80}{69} \cdot \frac{23}{2} = 18\frac{1}{3} \end{array}$$

$$\mathbf{x}^* = \begin{pmatrix} x_1^* \\ x_2^* \end{pmatrix} = \begin{pmatrix} 40 \\ 18\frac{1}{3} \end{pmatrix}$$

Bei der Erhöhung des Konsums der Güter $i = 1, 2$ beider Sektoren von 14 auf 23 bzw. 6 auf 11.5 Einheiten muß die Produktion (unter den gegebenen Bedingungen) von $x_1 = 24$ auf $x_1^* = 40$ bzw. $x_2 = 10$ auf $x_2^* = 18\frac{1}{3}$ erhöht werden.

4.3. Determinanten und Matrizen

4.3.1. Definition und Eigenschaften

Bei der Untersuchung der Lösbarkeit eines Gleichungssystems

$$\begin{aligned} ax + by &= e \\ cx + dy &= f \end{aligned}$$

sind wir für die eindeutige Lösbarkeit auf die Bedingung $\frac{a}{c} \neq \frac{b}{d}$ oder $ad - cb \neq 0$ gestoßen. Untersucht man auf dieselbe Weise ein Gleichungssystem von 3 Gleichungen in 3 Unbekannten, so kann man ebenso die Bedingung für die eindeutige Lösbarkeit durch einen einzigen arithmetischen Ausdruck angeben. Man hat deshalb Interesse, auch für n Gleichungen in n Unbekannten aus der Matrix A der Koeffizienten wie oben für

(4.78) $$\mathbf{A} = \begin{pmatrix} a & b \\ c & d \end{pmatrix} \to \mathbf{D} = \begin{vmatrix} a & b \\ c & d \end{vmatrix} = ad - cb$$

eine einzige Zahl D auszurechnen, die angibt, ob das System eindeutig lösbar ist oder nicht: $D \neq 0 \leftrightarrow$ eindeutig lösbar. D ist für zweireihige Matrizen das Produkt der Hauptdiagonalen ad minus Produkt der Nebendiagonalen cb. Die Zahl D heißt Determinante und wird aus quadratischen Matrizen berechnet. Für A von der Ordnung 3 ist:

$$A = \begin{pmatrix} a_{11} & a_{12} & a_{13} \\ a_{21} & a_{22} & a_{23} \\ a_{31} & a_{32} & a_{33} \end{pmatrix} \rightarrow D = \begin{vmatrix} a_{11} & a_{12} & a_{13} \\ a_{21} & a_{22} & a_{23} \\ a_{31} & a_{32} & a_{33} \end{vmatrix}$$

(4.79) $$D = a_{11}a_{22}a_{33} + a_{12}a_{23}a_{31} + a_{13}a_{21}a_{32} - a_{13}a_{22}a_{31} - a_{11}a_{23}a_{32} - a_{12}a_{21}a_{33}.$$

Für diesen Ausdruck hat man auch das folgende Rechenverfahren:

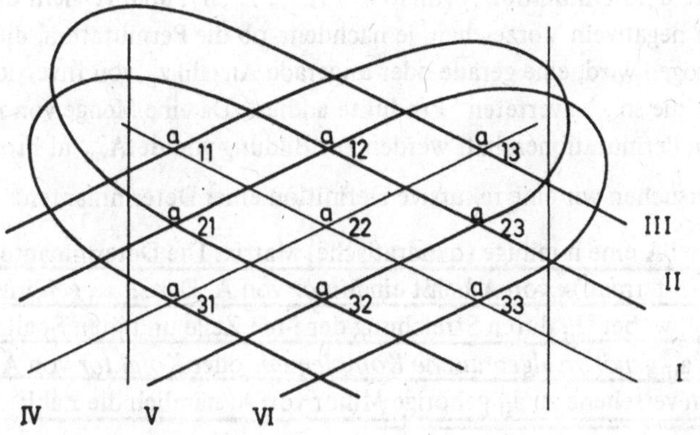

Rechenverfahren für n = 3

Kurven verbinden zu multiplizierende Elemente.

$$D = I + II + III - IV - V - VI$$

Dieses Rechenverfahren ist aber für $n > 3$ nicht mehr möglich. Man bemerkt, daß in jedem Summand aus jeder Zeile und jeder Spalte ein Element als Faktor vorkommt und alle Möglichkeiten, aus jeder Zeile und jeder Spalte einen Faktor zu nehmen, auftreten: es sind sechs. Dabei variieren die Vorzeichen auf eine bestimmte Weise.

Beispiel:

$$A = \begin{pmatrix} 1 & 0 & 2 \\ 3 & 4 & 5 \\ 5 & 6 & 7 \end{pmatrix} \qquad D = \det A = 28 + 0 + 36 - 40 - 30 - 0 = -6$$

(4.80) *Def.:* Sind die n Zahlen in $M = \{1, 2, 3, \ldots, n\}$ gegeben, so heißt eine beliebige Vertauschung der Reihenfolge der Elemente in M eine *Permutation* p.

Beispiel:

$M = \{1, 2, 3\}$. Man hat die Permutationen $p_1 = (1, 2, 3)$, $p_2 = (2, 3, 1)$, $p_3 = (3, 1, 2)$, $p_4 = (3, 2, 1)$, $p_5 = (1, 3, 2)$, $p_6 = (2, 1, 3)$.

Die allgemeine Darstellung sei $p = (i_1, i_2, \ldots, i_n)$. Ist nun $j < k$, aber $i_j > i_k$, d.h. folgt in p ein kleineres Element (i_k) einem größeren (i_j), dann heißt (i_j, i_k) eine *Inversion*.

Beispiel:

p_5 hat eine Inversion, nämlich (3, 2), p_2 hat dagegen 2 Inversionen (2, 1) und (3, 1).

Es kommt nun darauf an, ob p eine gerade oder ungerade Zahl von Inversionen hat; je nachdem wird ein positives oder negatives Vorzeichen verwendet:

(4.81) *Def.:* Sei $\mathbf{A} = (a_{ij})_{nn}$ eine quadratische n-reihige Matrix und P die Menge aller Permutationen von $M = \{1, 2, \ldots, n\}$, z_p sei die Anzahl der Inversionen in $p \in P$. Dann heißt die aus A gebildete Zahl

$$\det\mathbf{A} = |\mathbf{A}| = \sum_{p \in P} (-1)^{z_p} \cdot a_{1i_1} \cdot a_{2i_2} \cdot a_{3i_3} \cdot \ldots \cdot a_{ni_n}$$

die *Determinante* von **A**.

Man bildet also zur Berechnung von det**A** zunächst Produkte (von je n Faktoren), in denen genau ein Element aus jeder Zeile und genau ein Element aus jeder Spalte als Faktor vorkommt. Dabei werden die Faktoren nach ihrer Zeilenzugehörigkeit geordnet; die Zugehörigkeit zu den Spalten ergibt sich mit Hilfe der Permutation p von $M = \{1, 2, \ldots, n\}$. Man versieht dann die Produkte mit positivem oder negativem Vorzeichen, je nachdem, ob die Permutation, die zur Bildung des Produkts herangezogen wird, eine gerade oder ungerade Anzahl z_p von Inversionen aufweist. Schließlich werden die so „bewerteten" Produkte addiert. Da eine Menge von n Elementen $n! = 1 \cdot 2 \cdot \ldots \cdot n$ Permutationen hat, werden zur Bildung von $\det\mathbf{A}_{nn}$ n! Produkte addiert.

Im folgenden untersuchen wir eine rekursive Definition einer Determinanten:

(4.82) *Def.:* Sei **A** eine n-reihige (quadratische) Matrix. Die Determinante einer quadratischen Untermatrix von **A** heißt ein *Minor* von **A**. Der *zu* a_{ij} *gehörige Minor von* **A** ist $|\mathbf{U}_{ij}|$, wobei $\mathbf{U}_{ij}$ durch Streichung der i-ten Zeile und j-ten Spalte aus **A** entsteht, das *zu* a_{ij} *gehörige algebraische Komplement* oder *Kofaktor* von **A** ist der mit Vorzeichen versehene zu a_{ij} gehörige Minor von **A**, nämlich die Zahl:

$$A_{ij} = (-1)^{i+j} \cdot |\mathbf{U}_{ij}|.$$

(Als *Hauptminoren* bezeichnet man die Determinanten der Untermatrizen von **A**, die aus den ersten k Zeilen und Spalten von **A** entstehen.)

Dann definiert man die *Determinante* einer n-reihigen Matrix **A** durch Rekursion auf die Definition der Determinante einer (n – 1)-reihigen Matrix:

$$\det\mathbf{A} = |\mathbf{A}| = \sum_{j=1}^{n} a_{1j} \cdot (-1)^{1+j} \cdot |\mathbf{U}_{ij}| = \sum_{j=1}^{n} a_{1j} \cdot A_{1j},$$

wobei die Determinante einer 1-reihigen Matrix (a) definiert wird durch:

$$\det(a) = |(a)| = a.$$

Berechnet man det**A** nach oben stehender Definition, so spricht man von Entwicklung nach der ersten Zeile. Das gleiche Ergebnis liefert die *Entwicklung nach der i-ten Zeile:*

(4.83) $$|\mathbf{A}| = \sum_{j=1}^{n} a_{ij} \cdot (-1)^{i+j} \cdot |\mathbf{U}_{ij}| = \sum_{j=1}^{n} a_{ij} \cdot A_{ij}, \ \forall\, i$$

oder die *Entwicklung nach der j-ten Spalte*

(4.84) $$|\mathbf{A}| = \sum_{i=1}^{n} a_{ij} \cdot (-1)^{i+j} \cdot |\mathbf{U}_{ij}| = \sum_{i=1}^{n} a_{ij} \cdot A_{ij}, \ \forall\, j$$

Beispiel:

$$\mathbf{A} = \begin{pmatrix} 1 & 0 & 2 \\ 3 & 4 & 5 \\ 5 & 6 & 7 \end{pmatrix} \quad |\mathbf{A}| = \begin{vmatrix} 1 & 0 & 2 \\ 3 & 4 & 5 \\ 5 & 6 & 7 \end{vmatrix}$$

$$|\mathbf{A}| = 1 \cdot \begin{vmatrix} 4 & 5 \\ 6 & 7 \end{vmatrix} - 0 \cdot \begin{vmatrix} 3 & 5 \\ 5 & 7 \end{vmatrix} + 2 \cdot \begin{vmatrix} 3 & 4 \\ 5 & 6 \end{vmatrix}$$

$$= 1 \cdot [4 \cdot |(7)| - 5 \cdot |(6)|] - 0 + 2 \cdot [3 \cdot |(6)| - 4\ |(5)|]$$

$$= 1 \cdot [4 \cdot 7 - 5.6] - 0 + 2 \cdot [3 \cdot 6 - 4 \cdot 5] = -6$$

Man kann nun zeigen, was hier nicht getan werden soll, daß beide Definitionen äquivalent sind:

(4.85) *Satz: Def.* (4.81) und *Def.* (4.82) einer Determinante sind äquivalent.

Verändert man die Zeilen (oder Spalten) einer Matrix mittels elementarer Zeilenoperationen, so ändert sich die Determinante nur zum Teil:

(1) Entsteht $\mathbf{A}^{(k)}$ durch Multiplikation irgendeiner Zeile von **A** mit k, so multipliziert sich auch die Determinante:

(4.86) $|\mathbf{A}^{(k)}| = k \cdot |\mathbf{A}|$.

Da in jedem Summanden der *Def.* (4.81) nun statt a_{ji_j} der Koeffizient der mit k multiplizierten j-ten Zeile $k \cdot a_{ji_j}$ steht, kann man k insgesamt ausklammern.

(2) Entsteht $\mathbf{A}^{(+)}$ aus **A** durch Addition einer Zeile zu einer anderen, so ändert sich die Determinante nicht:

(4.87) $|\mathbf{A}^{(+)}| = |\mathbf{A}|$.

Es steht jeweils statt a_{ji_j} etwa $a_{ji_j} + a_{ei_j}$. Dadurch ergeben sich nach Ausmultiplizieren neue Summanden, für die man im einzelnen nachweisen kann, daß sie sich alle aufheben und deshalb det**A** nicht verändern.

(3) Entsteht $\mathbf{A}^{(v)}$ aus **A** durch Vertauschung zweier Zeilen, so wechselt det**A** ihr Vorzeichen:

(4.88) $|\mathbf{A}^{(v)}| = -|\mathbf{A}|$.

Durch die Vertauschung verändert sich die Zahl der Inversionen der Permutationen von gerade auf ungerade und umgekehrt, so daß sich bei jedem Summand ein Vorzeichenwechsel ergibt.

Für *spezielle Matrizen* ergibt sich besonders einfach die Determinante:

Einheitsmatrix: $|\mathbf{I}| = 1$ $\det \mathbf{I} = \delta_{11} \cdot \delta_{22} \ldots \delta_{nn} = 1$
Nullmatrix : $|\mathbf{0}| = 0$
(4.89) Skalarmatrix : $|\mathbf{S}| = |(k\delta_{ij})| = k^n$
Diagonalmatrix: $|\mathbf{D}| = |(k_i\delta_{ij})| = k_1 \cdot k_2 \ldots k_n$
Matrizen $\mathbf{A}_0$ mit einer Zeile oder Spalte mit nur Nullen:

$$|\mathbf{A}_0| = 0,$$

da in jedem Summand der *Def.* (4.81) eine Null vorkommt. Matrizen $\mathbf{A}_g$ mit zwei gleichen Zeilen (oder Spalten)

$$|\mathbf{A}_g| = 0,$$

da nach (4.86) und (4.87) das Negative der einen Zeile zur anderen addiert werden kann, und dann eine Zeile mit nur Nullen entsteht.

Anschauliche Interpretation der Determinante:

Die Zeilen (oder Spalten) der Matrix **A** spannen im n-dimensionalen Raum ein Parallelotop auf, das ist für $\mathbf{A}_{22}$ im R^2 ein Parallelogramm:

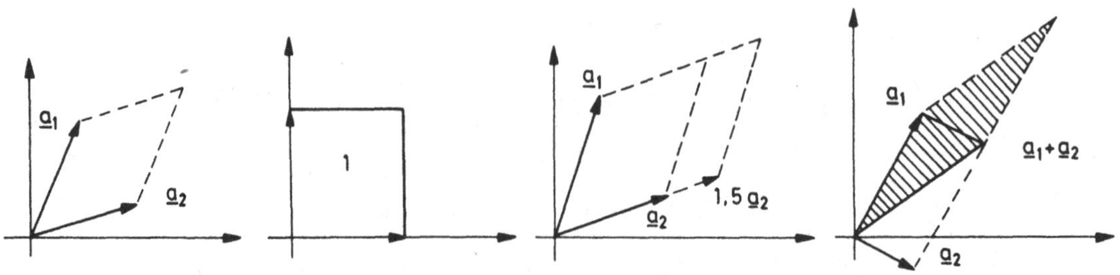

Abb. 4.1

Der Absolutbetrag der Determinante von **A** ist dann der n-dimensionale Rauminhalt des Parallelotops, im R^2 die Fläche des Parallelogramms. $|\mathbf{I}| = 1$: Der Würfel (im R^2 Quadrat) hat Inhalt 1.

Zeilenmultiplikation mit k: Kantenverlängerung mit k;
Zeilenaddition: Verlagerung eines Teils des Parallelotops.

Ist etwa $\mathbf{a}_2 = k \cdot \mathbf{a}_1$, dann ist der Flächeninhalt 0, oder lineare Abhängigkeit der Vektoren läßt das Parallelotop auf eines niederer Dimension zusammenschrumpfen mit dem n-dimensionalen Rauminhalt 0.

Weitere Eigenschaften der Determinante:

Satz: für quadratische Matrizen gelten die folgenden Eigenschaften:

(4.90) 1. $|\mathbf{A} + \mathbf{B}| \underset{\text{i.a.}}{\neq} |\mathbf{A}| + |\mathbf{B}|$,

denn es sei z.B. $\mathbf{A} = \mathbf{B} = \mathbf{I}_2$: $4 = \begin{vmatrix} 2 & 0 \\ 0 & 2 \end{vmatrix} \neq \begin{vmatrix} 1 & 0 \\ 0 & 1 \end{vmatrix} + \begin{vmatrix} 1 & 0 \\ 0 & 1 \end{vmatrix} = 1 + 1 = 2$

(4.91) 2. $|\mathbf{A} \cdot \mathbf{B}| = |\mathbf{A}| \cdot |\mathbf{B}|$.

Ausrechnen nach *Def.* (4.81) durch Ersetzen von a_{ji_j} durch $c_{ji_j} = \sum_{k=1}^{n} a_{jk} \cdot b_{ki_j}$

(4.92) 3. $|a \cdot \mathbf{A}| = a^n \cdot |\mathbf{A}|$, $a \in R$,

da $a\mathbf{A}$ aus n Multiplikationen je einer Zeile mit a entsteht und Eigenschaft (4.86) gilt.

(4.93) 4. $|\mathbf{A}'| = |\mathbf{A}|$,

da man nach *Def.* (4.81) dasselbe Ergebnis erhält, wenn man statt nach Zeilen nach Spalten ordnet und permutiert.

(4.94) 5. $|\mathbf{A}^{-1}| = \frac{1}{|\mathbf{A}|}$, falls **A** regulär, d.h. $\mathbf{A}^{-1}$ existiert.

Es ist nämlich $1 = |\mathbf{I}| = |\mathbf{A}\mathbf{A}^{-1}| = |\mathbf{A}| \cdot |\mathbf{A}^{-1}|$, also $|\mathbf{A}^{-1}| = |\mathbf{A}|^{-1}$.

(4.95) 6. Ist **U** orthogonal, so ist $|\mathbf{U}| = 1$ oder $|\mathbf{U}| = -1$.

Es gilt nach (4.57) $\mathbf{U}\mathbf{U}' = \mathbf{I}$, also $1 = |\mathbf{I}| = |\mathbf{U}\mathbf{U}'| = |\mathbf{U}| \cdot |\mathbf{U}'| = |\mathbf{U}|^2$, also $|\mathbf{U}| = \pm\sqrt{1} = \pm 1$.

(4.96) 7. Ist **T** regulär, so ist $|\mathbf{A}| = |\mathbf{T}^{-1}\mathbf{A}\mathbf{T}|$, d.h. die Determinanten ähnlicher Matrizen sind gleich.

Hier ist $|\mathbf{T}^{-1}\mathbf{A}\mathbf{T}| = |\mathbf{T}^{-1}| \cdot |\mathbf{A}| \cdot |\mathbf{T}| = \frac{1}{|\mathbf{T}|} \cdot |\mathbf{A}| \cdot |\mathbf{T}| = |\mathbf{A}|$.

4.3.2. Determinante, Rang und Inverse, Cramersche Regel

Für die Eindeutigkeit der Lösung eines linearen Gleichungssystems hatten wir bereits mehrere Kriterien, etwa der Rang der Koeffizientenmatrix mußte gleich der Zahl der Unbekannten sein oder es muß die Inverse der Koeffizientenmatrix existieren. Im Fall $n = 2$ war bereits zu sehen, daß auch die Determinante ein Kriterium war. Es gilt allgemein:

(4.97) *Satz:* Sei A eine quadratische Matrix der Ordnung n. Dann sind die folgenden Bedingungen für A äquivalent:

1. A ist eine reguläre bzw. nicht-singuläre Matrix, d.h. zu A existiert die Inverse A^{-1}.
2. Der Rang von A ist gleich ihrer Ordnung: $RgA = n$, d.h. ihre Zeilen- bzw. Spaltenvektoren sind linear unabhängig.
3. Die Determinante von A ist ungleich 0: $|A| \neq 0$.
4. Das Gleichungssystem $\mathbf{Ax} = \mathbf{b}$, $\mathbf{x}, \mathbf{b} \in R^n$ ist eindeutig lösbar.

(4.98) *Folgerung:* A ist genau dann singulär, wenn $|A| = 0$.

Die Äquivalenz von 1., 2. und 4. wurde bereits gezeigt. Insbesondere ist die Lösung von $\mathbf{Ax} = \mathbf{b}$ gegeben durch

$$\mathbf{x} = A^{-1}\mathbf{b} ;$$

es bleibt zu zeigen, daß $|A| \neq 0$ zu einer der anderen Bedingungen äquivalent ist. Den Beweis erbringen wir zugleich mit dem Satz (4.100), der angibt, welcher Zusammenhang zwischen Inverse, adjungierter Matrix und Determinante besteht.

(4.99) *Def.:* Die *Adjungierte* einer quadratischen Matrix A ist eine Matrix, die aus A dadurch entsteht, daß man jedes Element a_{ij} von A durch sein algebraisches Komplement A_{ij} ersetzt und diese Matrix transponiert.

Schreibweise:
adj A oder A_{adj}; $A_{adj} = (A_{ij})' = (\bar{a}_{ij})$ mit $\bar{a}_{ij} = A_{ji}$.

(4.100) *Satz:* Ist A eine n-reihige (quadratische) Matrix, dann ist

(4.101)
$$A \cdot A_{adj} = A_{adj} \cdot A = |A| \cdot I$$

und die Regularität von A, d.h. die Existenz der Inversen A^{-1}, ist äquivalent mit $|A| \neq 0$, wobei

(4.102)
$$A^{-1} = \frac{1}{|A|} \cdot A_{adj} \text{ ist.}$$

Beweis:

Untersucht man das Matrizenprodukt $A \cdot A_{adj}$ und $A_{adj} \cdot A$, so folgt aus $\mathbf{C} = A \cdot A_{adj} = (a_{ij}) \cdot (A_{ij})'$ die allgemeine Darstellung eines Elementes c_{ij} von $\mathbf{C}$:

$$c_{ij} = \sum_{k=1}^{n} a_{ik} A_{jk} .$$

Für $i = j$ ist insbesondere

$$c_{ii} = \sum_{k=1}^{n} a_{ik} A_{ik} = \sum_{k=1}^{n} a_{ki} A_{ki} = |A| ,$$

nämlich die Entwicklung der Determinanten $|\mathbf{A}|$ nach der i-ten Zeile bzw. der i-ten Spalte. Also ist die Hauptdiagonale von $\mathbf{A}\mathbf{A}_{adj}$ und $\mathbf{A}_{adj}\mathbf{A}$ gleich, und zwar $|\mathbf{A}|$.

Sei jetzt $i \neq j$. Dann kann man c_{ij} ansehen als die Entwicklung der Determinanten einer neuen Matrix **B**, die aus **A** entsteht, indem man die i-te Zeile von **A** ersetzt durch die j-te Zeile. Diese aber ist eine Matrix mit zwei gleichen Zeilen, also $|\mathbf{B}| = 0$. Das gleiche gilt für die Spaltenentwicklung, wo man die j-te Spalte durch die i-te ersetzt, also ist:

$$c_{ij} = \sum_{k=1}^{n} a_{ik} A_{jk} = \sum_{k=1}^{n} a_{kj} A_{ki} = 0 \quad \text{für} \quad i \neq j.$$

Zusammen ist $c_{ij} = |\mathbf{A}| \cdot \delta_{ij}$ (δ_{ij} Kronecker-Symbol), also gilt (4.101). Ist $|\mathbf{A}| \neq 0$, so folgt sofort, daß nach Division durch $|\mathbf{A}|$ die Matrix $|\mathbf{A}|^{-1} \cdot \mathbf{A}_{adj}$ die Inverse darstellt.

Existiert andererseits $\mathbf{A}^{-1}$, so folgt aus $1 = |\mathbf{I}| = |\mathbf{A}^{-1} \cdot \mathbf{A}| = |\mathbf{A}^{-1}| \cdot |\mathbf{A}|$ nach (4.91) auch $|\mathbf{A}| \neq 0$ und wieder $\mathbf{A}^{-1} = |\mathbf{A}|^{-1} \cdot \mathbf{A}_{adj}$.

Beispiel:

Sei $\mathbf{A} = \begin{pmatrix} 4 & 2 \\ 1 & 5 \end{pmatrix}$ $|\mathbf{A}| = 18$; $(A_{ij}) = \begin{pmatrix} 5 & -1 \\ -2 & 4 \end{pmatrix}$; $\mathbf{A}_{adj} = \begin{pmatrix} 5 & -2 \\ -1 & 4 \end{pmatrix}$

$$\mathbf{A}^{-1} = \frac{1}{18} \cdot \begin{pmatrix} 5 & -2 \\ -1 & 4 \end{pmatrix} = \begin{pmatrix} 5/18 & -2/18 \\ -1/18 & 4/18 \end{pmatrix}.$$

Zur Formel (4.102) ist nun allerdings noch zu bemerken, daß sie zur Berechnung der Inversen nur für kleine Matrizen sinnvoll ist, während bei größeren das Gaußsche Verfahren bedeutend weniger Rechenschritte erfordert als das Determinantenverfahren. Letzteres ist also wenig „Computergerecht". Das gleiche gilt für die „Cramersche Regel" zur Berechnung der Lösung eines linearen Gleichungssystems. Sie bringt nichts, was nicht schon durch behandelte Verfahren gelöst werden könnte, soll aber noch angeführt werden:

(4.103) *Satz: Cramersche Regel:*

Sei **A** eine n-reihige reguläre Matrix, $\mathbf{b}' = (b_1, \ldots, b_n)$ und es sei $\mathbf{A}^{(j)}$ aus **A** dadurch entstanden, daß die j-te Spalte von **A** durch **b** ersetzt wurde. Dann wird das Gleichungssystem

$$\mathbf{A}\mathbf{x} = \mathbf{b} \quad \text{mit} \quad \mathbf{x}' = (x_1, \ldots, x_n)$$

gelöst durch

(4.104) $$x_j = \frac{|\mathbf{A}^{(j)}|}{|\mathbf{A}|}, \quad j = 1, 2, \ldots, n.$$

$A \cdot A_{adj} = |A| \cdot I$

Beweis:

Aus $\mathbf{A}\mathbf{x} = \mathbf{b}$ folgt $\mathbf{A}_{adj}\mathbf{A}\mathbf{x} = \mathbf{A}_{adj}\mathbf{b}$ und mit (4.101)

$$|\mathbf{A}|\mathbf{I} \cdot \mathbf{x} = \mathbf{A}_{adj} \cdot \mathbf{b}, \quad \Rightarrow \quad x = \frac{1}{|A|} \cdot A_{adj} \cdot b$$

d.h. aber $|\mathbf{A}| \cdot x_j = A_{1j} \cdot b_1 + \ldots + A_{nj} \cdot b_n = |\mathbf{A}^{(j)}|$, wenn man $|\mathbf{A}^{(j)}|$ nach (4.84) nach der j-ten Spalte (ersetzt durch **b**) entwickelt.

Beispiel:

Sei $\begin{matrix} 4x_1 + 2x_2 = 3 \\ 1x_1 + 5x_2 = 2 \end{matrix}$ $\quad \mathbf{A} = \begin{pmatrix} 4 & 2 \\ 1 & 5 \end{pmatrix}$, $\quad |\mathbf{A}| = 18$, $\quad \mathbf{A}^{(1)} = \begin{pmatrix} 3 & 2 \\ 2 & 5 \end{pmatrix}$, $\quad |\mathbf{A}^{(1)}| = 11$,

$$A^{(2)} = \begin{pmatrix} 4 & 3 \\ 1 & 2 \end{pmatrix}, \quad |A^{(2)}| = 5 \rightarrow x = \frac{1}{|A|} \begin{pmatrix} |A^{(1)}| \\ |A^{(2)}| \end{pmatrix} = \frac{1}{18} \begin{pmatrix} 11 \\ 5 \end{pmatrix}$$

$$x_1 = \frac{11}{18}, \; x_2 = \frac{5}{18}.$$

Lösbar auch über $A^{-1} = \frac{1}{18}\begin{pmatrix} 5 & -2 \\ -1 & 4 \end{pmatrix}$; $x = \frac{1}{18}\begin{pmatrix} 5 & -2 \\ -1 & 4 \end{pmatrix} \cdot \begin{pmatrix} 3 \\ 2 \end{pmatrix} = \frac{1}{18}\begin{pmatrix} 11 \\ 5 \end{pmatrix}$ wie zuvor.

4.3.3. Weitere skalare Funktionen auf Matrizen: Spur

Neben der Determinante, die für eine quadratische Matrix definiert ist und eine reelle Zahl ergibt, deshalb eine reellwertige oder skalare Funktion heißt, gibt es noch weitere skalare Funktionen, die in der Anwendung eine wichtige Rolle spielen können. Es soll nun nur noch die Spur behandelt werden.

(4.105) *Def.:* Es sei $\mathbf{A} = (a_{ij})_{nn}$. Dann ist die *Spur von* **A** die Summe der Diagonalelemente $\sum_{i=1}^{n} a_{ii}$.

Schreibweise: spA, sp(A) oder trA (trace).

Satz: Es gelten die *Rechenregeln:*

(4.106) 1. $sp(\mathbf{A} + \mathbf{B}) = sp\mathbf{A} + sp\mathbf{B}$,
denn: $sp(\mathbf{A} + \mathbf{B}) = \sum (a_{ii} + b_{ii}) = \sum a_{ii} + \sum b_{ii} = sp\mathbf{A} + sp\mathbf{B}$

(4.107) 2. $sp(\mathbf{A}_{nm}\mathbf{B}_{mn}) = sp(\mathbf{B}_{mn}\mathbf{A}_{nm}) = \sum_{i=1}^{n}\sum_{j=1}^{m} a_{ij}b_{ji}$,

denn: $\mathbf{A}_{nm}\mathbf{B}_{mn} = \mathbf{C} = (c_{ij})_{nn}$ mit $c_{ii} = \sum_{j=1}^{m} a_{ij}b_{ji}$

$\mathbf{B}_{mn}\mathbf{A}_{nm} = \mathbf{D} = (d_{ij})_{mm}$ mit $d_{jj} = \sum_{i=1}^{n} b_{ji}a_{ij}$

Also ist:

$$sp(\mathbf{A}_{nm}\mathbf{B}_{mn}) = \sum_{i=1}^{n} c_{ii} = \sum_{i=1}^{n}\left(\sum_{j=1}^{m} a_{ij}b_{ji}\right) = \sum_{j=1}^{m}\left(\sum_{i=1}^{n} b_{ji}a_{ij}\right) = \sum_{j=1}^{m} d_{jj} =$$

$$= sp(\mathbf{B}_{mn}\mathbf{A}_{nm})$$

(4.108) 3. $sp(a \cdot \mathbf{A}) = a \cdot sp\,\mathbf{A}$, $a \in R$,
denn: $sp(a\mathbf{A}) = \sum aa_{ii} = a \cdot \sum a_{ii} = a \cdot sp\mathbf{A}$

(4.109) 4. $sp(\mathbf{A}') = sp\mathbf{A}$
denn: Diagonale von **A** und ihrer Transponierten **A'** sind gleich.

(4.110) 5. $sp(\mathbf{A}^{-1}) = |\mathbf{A}|^{-1} \cdot sp(\mathbf{A}_{adj})$,
was sofort aus (4.102) und (4.108) folgt.

(4.111) 6. Ist **T** regulär, so ist $sp(\mathbf{T}^{-1}\mathbf{A}\mathbf{T}) = sp\,\mathbf{A}$, d.h. die Spur ähnlicher Matrizen ist gleich, denn nach (4.107) ist $sp(\mathbf{T}^{-1}\mathbf{A}\mathbf{T}) = sp(\mathbf{T}^{-1}\mathbf{T}\mathbf{A}) = sp(\mathbf{I}\mathbf{A}) = sp\mathbf{A}$.

Man hat für *spezielle Matrizen*

$$
(4.112) \quad
\begin{aligned}
&sp(a) = a,\ a \in R\\
&sp\,\mathbf{0} \ = 0\\
&sp\,\mathbf{I}_n = n\\
&sp\,\mathbf{S} \ = sp(k\delta_{ij}) = k \cdot n.
\end{aligned}
$$

Aufgaben zu 4.3. Determinanten und Matrizen. Probleme der gewöhnlichen linearen Regression

1. (1) $\det(\mathbf{A}) = |\mathbf{A}| = \begin{vmatrix} 1 & 3 & 0 \\ 2 & 1 & 1 \\ 0 & 4 & 2 \end{vmatrix}$?

Entwicklung von $|\mathbf{A}|$ nach der 1. Zeile:

$$
|\mathbf{A}| = \sum_{j=1}^{3} (-1)^{1+j} a_{1j}|\mathbf{U}_{1j}| = (-1)^{1+1} a_{11}|\mathbf{U}_{11}| + (-1)^{1+2} a_{12}|\mathbf{U}_{12}|
$$

$$
+ (-1)^{1+3} a_{13}|\mathbf{U}_{13}| = a_{11}|\mathbf{U}_{11}| - a_{12}|\mathbf{U}_{12}| + a_{13}|\mathbf{U}_{13}|.
$$

$$
\mathbf{U}_{11} = \begin{pmatrix} 1 & - & - \\ | & 1 & 1 \\ | & 4 & 2 \end{pmatrix} = \begin{pmatrix} 1 & 1 \\ 4 & 2 \end{pmatrix}, \quad
\mathbf{U}_{12} = \begin{pmatrix} - & 3 & - \\ 2 & | & 1 \\ 0 & | & 2 \end{pmatrix} = \begin{pmatrix} 2 & 1 \\ 0 & 2 \end{pmatrix}, \quad
\mathbf{U}_{13} = \begin{pmatrix} - & - & 0 \\ 2 & 1 & | \\ 0 & 4 & | \end{pmatrix} = \begin{pmatrix} 2 & 1 \\ 0 & 4 \end{pmatrix}
$$

$$
|\mathbf{A}| = a_{11} \cdot (-2) - a_{12} \cdot (4) + a_{13} \cdot (8) = 1 \cdot (-2) - 3 \cdot 4 + 0 \cdot 8 = -2 - 12 = -14
$$

(2)

$|\mathbf{A}| =$ 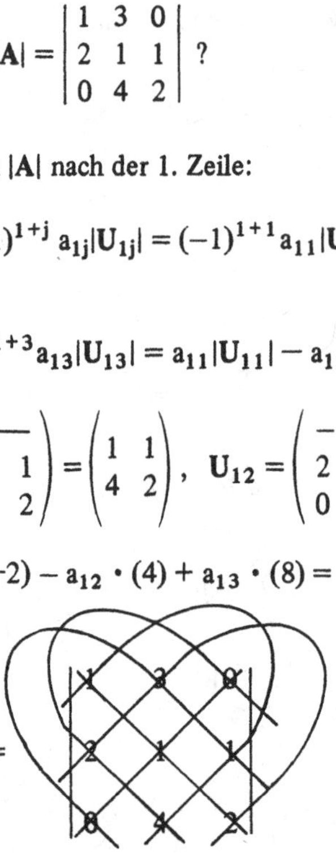

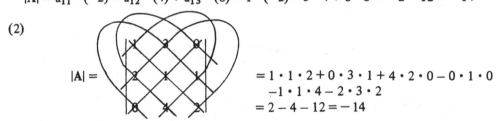

$$
\begin{aligned}
&= 1 \cdot 1 \cdot 2 + 0 \cdot 3 \cdot 1 + 4 \cdot 2 \cdot 0 - 0 \cdot 1 \cdot 0\\
&\quad -1 \cdot 1 \cdot 4 - 2 \cdot 3 \cdot 2\\
&= 2 - 4 - 12 = -14
\end{aligned}
$$

2. *Probleme der linearen Regression:*

In einer Stichprobe vom Umfang T = 3 wurden drei Farmen zufällig ausgewählt und dort die von ihnen eingesetzten Faktormengen an Bewässerung und Dung sowie die erzielten Erträge festgestellt.

Die Beobachtungen seien in der folgenden Tabelle wiedergegeben:

Faktor j / Farm i	x_{ij}	Bewässerung		Dung		Ertrag	
	1	x_{11}	1	x_{12}	2	y_1	11
	2	x_{21}	3	x_{22}	4	y_2	20
	3	x_{31}	0	x_{32}	1	y_3	4

Mit Hilfe der linearen Regressionsrechnung (Methode der kleinsten Quadrate) ist die Regressionsgleichung

$$\hat{\mathbf{y}} = \mathbf{Xb} \qquad (\mathbf{X} = \mathbf{X}_{T,n} = \mathbf{X}_{3,2}, \mathbf{b}' = (b_1, b_2))$$

zu bilden, wobei der Koeffizientenvektor **b** so beschaffen sein muß, daß

$$\sum_{t=1}^{T} (y_t - \hat{y}_t)^2 \quad \text{mit} \quad T = 3$$

ein Minimum wird. Die Methode der kleinsten Quadrate ergibt

$$\mathbf{b} = (\mathbf{X}'\mathbf{X})^{-1}\mathbf{X}'\mathbf{y}.$$

Mit Hilfe der Regressionsgleichung $\hat{\mathbf{y}} = \mathbf{Xb}$ und der Gleichung $\mathbf{y} = \mathbf{X}\beta + \epsilon$ für die wahren (empirischen) Werte mit β als allgemeinem Parameter und ϵ als Zufallsabweichung läßt sich die Regressionsabweichung $\mathbf{y} - \hat{\mathbf{y}}$ der wahren Werte **y** von den Regressionswerten $\hat{\mathbf{y}}$ in Abhängigkeit von ϵ so darstellen:

$$\mathbf{y} = \mathbf{X}\beta + \epsilon \qquad \mathbf{X} = \mathbf{X}_{T,n} = \mathbf{X}_{3,2} \qquad \beta = \beta_{n,1} = \beta_{2,1} \qquad \epsilon = \epsilon_{T,1} = \epsilon_{3,1}$$

$$\hat{\mathbf{y}} = \mathbf{Xb} \quad \text{mit} \quad \mathbf{b} = (\mathbf{X}'\mathbf{X})^{-1}\mathbf{X}'\mathbf{y} \qquad \mathbf{b} = \mathbf{b}_{n,1} = \mathbf{b}_{2,1}$$

$$\begin{aligned}
\mathbf{y} - \hat{\mathbf{y}} &= \mathbf{X}\beta + \epsilon - \mathbf{Xb} = \mathbf{X}\beta + \epsilon - \mathbf{X}(\mathbf{X}'\mathbf{X})^{-1}\mathbf{X}'\mathbf{y} = \mathbf{X}\beta + \epsilon - \mathbf{X}(\mathbf{X}'\mathbf{X})^{-1}\mathbf{X}'(\mathbf{X}\beta + \epsilon) \\
&= \mathbf{X}\beta + \epsilon - \mathbf{X}[(\mathbf{X}'\mathbf{X})^{-1}\mathbf{X}'\mathbf{X}\beta + (\mathbf{X}'\mathbf{X})^{-1}\mathbf{X}'\epsilon] = \mathbf{X}\beta + \epsilon - \mathbf{X}[\mathbf{I}\beta + (\mathbf{X}'\mathbf{X})^{-1}\mathbf{X}'\epsilon] \\
&= \mathbf{X}\beta - \mathbf{X}\beta + \epsilon - \mathbf{X}(\mathbf{X}'\mathbf{X})^{-1}\mathbf{X}'\epsilon = \epsilon - \mathbf{X}(\mathbf{X}'\mathbf{X})^{-1}\mathbf{X}'\epsilon \\
&= (\mathbf{I} - \mathbf{X}(\mathbf{X}'\mathbf{X})^{-1}\mathbf{X}')\epsilon = \mathbf{M}\epsilon
\end{aligned}$$

$$\mathbf{M} = \mathbf{M}_{TT} = \mathbf{M}_{33}$$

Problemstellung:

a) Zeige, daß **M** idempotent und symmetrisch ist für beliebiges **X**.

b) Berechne **M** und **b** für $\mathbf{X} = \begin{pmatrix} 1 & 2 \\ 3 & 4 \\ 0 & 1 \end{pmatrix}$

c) Berechne sp(**M**)!

zu a): Ist $\mathbf{M} = \mathbf{M}' = \mathbf{M}^2$?

(1) $\mathbf{M}' = ?$

$\mathbf{M}' = (\mathbf{I} - \mathbf{X}(\mathbf{X}'\mathbf{X})^{-1}\mathbf{X}')' = \mathbf{I}' - \mathbf{X}'' \cdot [\mathbf{X}(\mathbf{X}'\mathbf{X})^{-1}]'$ nach (4.32–3)

wenn man $\mathbf{A} = \mathbf{X}(\mathbf{X}'\mathbf{X})^{-1}$ und $\mathbf{B} = \mathbf{X}'$ setzt

$$\mathbf{M}' = \underset{}{\mathbf{I}} - \underset{(4.32-1)}{\mathbf{X}} \cdot \underset{(4.32-3)}{((\mathbf{X}'\mathbf{X})^{-1})'} \cdot \mathbf{X}' = \mathbf{I} - \mathbf{X} \cdot \underset{(4.48-4)}{(\mathbf{X}'\mathbf{X}'')^{-1}\mathbf{X}'}$$

$\mathbf{M}' = \mathbf{I} - \mathbf{X}(\mathbf{X}'\mathbf{X})^{-1}\mathbf{X}' = \mathbf{M} \rightarrow \mathbf{M}$ symmetrisch.

(2) $\mathbf{M} \cdot \mathbf{M}' = \mathbf{M} \cdot \mathbf{M} = \mathbf{M}^2 = \mathbf{M}$?

$$\begin{aligned}
\mathbf{M}^2 &= (\mathbf{I} - \mathbf{X}(\mathbf{X}'\mathbf{X})^{-1}\mathbf{X}')^2 = (\mathbf{I} - \mathbf{X}(\mathbf{X}'\mathbf{X})^{-1}\mathbf{X}')(\mathbf{I} - \mathbf{X}(\mathbf{X}'\mathbf{X})^{-1}\mathbf{X}') \\
&= \mathbf{I}^2 - \mathbf{I} \cdot \mathbf{X}(\mathbf{X}'\mathbf{X})^{-1}\mathbf{X}' - \mathbf{X}(\mathbf{X}'\mathbf{X})^{-1}\mathbf{X}'\mathbf{I} + \mathbf{X}(\mathbf{X}'\mathbf{X})^{-1}\mathbf{X}' \cdot \mathbf{X}(\mathbf{X}'\mathbf{X})^{-1}\mathbf{X}'
\end{aligned}$$

[Alle Multiplikationen sind erklärt, denn: $\mathbf{I} = \mathbf{I}_{T,T} = \mathbf{I}_{3,3}$,

$\mathbf{X}(\mathbf{X}'\mathbf{X})^{-1}\mathbf{X}' = [\mathbf{X}(\mathbf{X}'\mathbf{X})^{-1}\mathbf{X}']_{T,T}$]

$$\begin{aligned}
&= \mathbf{I} - 2\mathbf{X}(\mathbf{X}'\mathbf{X})^{-1}\mathbf{X}' + \mathbf{X} \cdot [(\mathbf{X}'\mathbf{X})^{-1}\mathbf{X}' \cdot \mathbf{X}](\mathbf{X}'\mathbf{X})^{-1}\mathbf{X}' \\
&= \mathbf{I} - 2\mathbf{X}(\mathbf{X}'\mathbf{X})^{-1}\mathbf{X}' + \mathbf{X} \cdot \mathbf{I} \cdot (\mathbf{X}'\mathbf{X})^{-1}\mathbf{X}' = \mathbf{I} - \mathbf{X}(\mathbf{X}'\mathbf{X})^{-1}\mathbf{X}' = \mathbf{M}
\end{aligned}$$

Wegen (1) und (2) folgt, daß **M** idempotent ist.

zu b): $\mathbf{X} = \mathbf{X}_{3,2}, \mathbf{X}' = \mathbf{X}_{2,3}, \mathbf{X}'_{2,3} \cdot \mathbf{X}'_{3,2} = (\mathbf{X}'\mathbf{X})_{2,2}$

(1) $$(\mathbf{X}'\mathbf{X}) = \begin{pmatrix} 1 & 3 & 0 \\ 2 & 4 & 1 \end{pmatrix} \begin{pmatrix} 1 & 2 \\ 3 & 4 \\ 0 & 1 \end{pmatrix} = \begin{pmatrix} 10 & 14 \\ 14 & 21 \end{pmatrix} \quad \text{(symmetrisch)}$$

(2) $$(\mathbf{X}'\mathbf{X})^{-1}: \begin{pmatrix} 10 & 14 & 1 & 0 \\ 14 & 21 & 0 & 1 \end{pmatrix} \rightarrow \begin{pmatrix} 1 & \frac{14}{10} & \frac{1}{10} & 0 \\ 0 & \frac{14}{10} & -\frac{14}{10} & 1 \end{pmatrix} \rightarrow \begin{pmatrix} 1 & 0 & \frac{15}{10} & -1 \\ 0 & 1 & -1 & \frac{10}{14} \end{pmatrix}$$

$$\rightarrow (\mathbf{X}'\mathbf{X})^{-1} = \begin{pmatrix} \frac{3}{2} & -1 \\ -1 & \frac{5}{7} \end{pmatrix} \quad \text{(symmetrisch)}$$

(3) $$\mathbf{X}(\mathbf{X}'\mathbf{X})^{-1} = \begin{pmatrix} 1 & 2 \\ 3 & 4 \\ 0 & 1 \end{pmatrix} \begin{pmatrix} 15/10 & -1 \\ -1 & 10/14 \end{pmatrix} = \begin{pmatrix} -5/10 & 3/7 \\ 5/10 & -2/14 \\ -1 & 10/14 \end{pmatrix}$$

(4) $$\mathbf{X}(\mathbf{X}'\mathbf{X})^{-1}\mathbf{X}' = \begin{pmatrix} -5/10 & 3/7 \\ 5/10 & -2/14 \\ -1 & 10/14 \end{pmatrix} \cdot \begin{pmatrix} 1 & 3 & 0 \\ 2 & 4 & 1 \end{pmatrix} = \begin{pmatrix} 5/14 & 3/14 & 3/7 \\ 3/14 & 13/14 & -1/7 \\ 3/7 & -1/7 & 5/7 \end{pmatrix}$$

(5) $$\mathbf{M} = \mathbf{I} - \mathbf{X} \cdot (\mathbf{X}'\mathbf{X})^{-1}\mathbf{X}' = \begin{pmatrix} 1 & 0 & 0 \\ 0 & 1 & 0 \\ 0 & 0 & 1 \end{pmatrix} - \begin{pmatrix} 5/14 & 3/14 & 3/7 \\ 3/14 & 13/14 & -1/7 \\ 3/7 & -1/7 & 5/7 \end{pmatrix}$$

$$= \begin{pmatrix} 9/14 & -3/14 & -3/7 \\ -3/14 & 1/14 & 1/7 \\ -3/7 & 1/7 & 2/7 \end{pmatrix} \quad \text{(symmetrisch)}$$

(6) $$\mathbf{b} = (\mathbf{X}'\mathbf{X})^{-1}\mathbf{X}'\mathbf{y} = \begin{pmatrix} 3/2 & -1 \\ -1 & 5/7 \end{pmatrix} \begin{pmatrix} 1 & 3 & 0 \\ 2 & 4 & 1 \end{pmatrix} \begin{pmatrix} 11 \\ 20 \\ 4 \end{pmatrix} = \begin{pmatrix} 3/2 & -1 \\ -1 & 5/7 \end{pmatrix} \begin{pmatrix} 71 \\ 106 \end{pmatrix}$$

$$= \begin{pmatrix} 213/2 & -106 \\ -71 & +530/7 \end{pmatrix} = \begin{pmatrix} 1/2 \\ 33/7 \end{pmatrix}$$

Regressionswerte der Stichprobe:

$$\hat{\mathbf{y}} = \mathbf{X}\mathbf{b} = \mathbf{X}(\mathbf{X}'\mathbf{X})^{-1}\mathbf{X}'\mathbf{y} = \begin{pmatrix} 1 & 2 \\ 3 & 4 \\ 0 & 1 \end{pmatrix} \begin{pmatrix} 1/2 \\ 33/7 \end{pmatrix} = \begin{pmatrix} 139/14 \\ 285/14 \\ 33/7 \end{pmatrix} = \begin{pmatrix} 9.93 \\ 20.36 \\ 4.71 \end{pmatrix}$$

zu c) (1) $\text{sp}(\mathbf{M}) = \frac{9}{14} + \frac{1}{14} + \frac{2}{7} = \frac{14}{14} = 1$

(2) allgemein: $\text{sp}(\mathbf{M}) = \text{sp}(\mathbf{I} - \mathbf{X}(\mathbf{X}'\mathbf{X})^{-1}\mathbf{X}') = \text{sp}(\mathbf{I}) - \text{sp}(\mathbf{X}(\mathbf{X}'\mathbf{X})^{-1}\mathbf{X}')$ nach (4.106)

$\text{sp}(\mathbf{M}) = T - \text{sp}(\mathbf{X}'\mathbf{X}(\mathbf{X}'\mathbf{X})^{-1})$ nach (4.107) $\text{sp}(\mathbf{A}_{Tn} \cdot \mathbf{B}_{nT}) = \text{sp}(\mathbf{B}_{nT} \cdot \mathbf{A}_{Tn})$

$\text{sp}(\mathbf{M}) = T - \text{sp}(\mathbf{I}_n) = T - n = 3 - 2 = 1.$

4.4. Eigenwertproblem. Quadratische Formen und Definite Matrizen

4.4.1. Eigenwerte

Bislang wurden nur Gleichungssysteme behandelt, bei denen die rechte Seite, **b**, fest vorgegeben war. Bei gewissen Anwendungen taucht allerdings das Problem auf, daß die rechte Seite nicht konstant ist, sondern selbst gleich einem Vielfachen des gesuchten Lösungsvektors **x** ist. Das „Vielfache" heißt dann Eigenwert, **x** ein Eigenvektor und beide Größen sind voneinander abhängig.

(4.113) *Def.:* **A** sei eine quadratische Matrix. Dann heißt die Zahl λ *Eigenwert* (oder charakteristische Wurzel) von **A**, wenn es einen Vektor $\mathbf{x} \neq \mathbf{0}$ gibt mit der Eigenschaft, daß

(4.114) $$\mathbf{A}\mathbf{x} = \lambda\mathbf{x} \quad \lambda \in \mathsf{R}$$

x heißt der zu λ gehörige *Eigenvektor* von **A**.

Gleichung (4.114) kann man durch Subtraktion von $\lambda\mathbf{x}$ umschreiben in

(4.115) $$\mathbf{A}\mathbf{x} - \lambda\mathbf{x} = \mathbf{A}\mathbf{x} - \lambda\mathbf{I}\mathbf{x} = (\mathbf{A} - \lambda\mathbf{I}) \cdot \mathbf{x} = \mathbf{0}.$$

Gibt man einen Wert von λ vor, so hat man ein lineares Gleichungssystem in n Unbekannten. Es ist homogen, also stets lösbar mit $\mathbf{x} = \mathbf{0}$. Diese triviale Lösung interessiert aber nicht, also soll es mehr als eine Lösung geben. Die Matrix des Gleichungssystems (4.115) ist $(\mathbf{A} - \lambda\mathbf{I})$, die Bedingung für eine eindeutige Lösung ist nach Satz (4.97): $|\mathbf{A} - \lambda\mathbf{I}| \neq 0$. Als Bedingung für mehr als eine Lösung hat man also

(4.116) $$|\mathbf{A} - \lambda\mathbf{I}| = 0,$$

eine Bedingung an λ, damit überhaupt ein Eigenvektor zu λ existiert.

(4.117) *Satz:* Für eine quadratische Matrix **A** sind äquivalent:
(1) λ ist Eigenwert von **A**
(2) λ hat die Eigenschaft: $|\mathbf{A} - \lambda\mathbf{I}| = 0$.

(4.118) *Def.:* λ sei Eigenwert von **A**. Dann heißt die Gesamtheit aller Lösungen **x** von $(\mathbf{A} - \lambda\mathbf{I})\mathbf{x} = \mathbf{0}$ der zu λ gehörige *Eigenraum* $E(\lambda)$ von **A**.

(4.119) *Satz:* $E(\lambda)$ ist ein Unterraum des R^n, d.h. nach Satz (3.7)
(1) $E(\lambda) \neq \emptyset$, da nach *Def.* (4.113) ein $\mathbf{x} \neq \mathbf{0}$ zu λ, also $\mathbf{x} \in E(\lambda)$ existiert;
(2) $\mathbf{x}_1, \mathbf{x}_2 \in E(\lambda) \rightarrow \mathbf{x}_1 + \mathbf{x}_2 \in E(\lambda)$, da
$$(\mathbf{A} - \lambda\mathbf{I})(\mathbf{x}_1 + \mathbf{x}_2) = (\mathbf{A} - \lambda\mathbf{I})\mathbf{x}_1 + (\mathbf{A} - \lambda\mathbf{I})\mathbf{x}_2 = \mathbf{0} + \mathbf{0} = \mathbf{0}$$
(3) $\mathbf{x} \in E(\lambda) \rightarrow k\mathbf{x} \in E(\lambda)$ für $k \in \mathsf{R}$, da
$$(\mathbf{A} - \lambda\mathbf{I})(k\mathbf{x}) = k(\mathbf{A} - \lambda\mathbf{I})\mathbf{x} = k\mathbf{0} = \mathbf{0}.$$

Die Dimension dieses Unterraums entspricht bei symmetrischen Matrizen der Vielfachheit des Eigenwertes als Wurzel des charakteristischen Polynoms (s.u.). Untersuchen wir die Bedingung $|\mathbf{A} - \lambda\mathbf{I}| = 0$ genauer:

$$|\mathbf{A} - \lambda\mathbf{I}| = \begin{vmatrix} a_{11} - \lambda & a_{12} & \dots & a_{1n} \\ a_{21} & a_{22} - \lambda & \dots & a_{2n} \\ \dots & \dots & \dots & \dots \\ a_{n1} & a_{n2} & \dots & a_{nn} - \lambda \end{vmatrix} = p(\lambda) = 0$$

Durch Ausrechnen der Determinante sieht man, daß $|\mathbf{A} - \lambda\mathbf{I}| = p(\lambda)$ ein Polynom von λ ist:

(4.120) $$p(\lambda) = (-\lambda)^n + b_{n-1}(-\lambda)^{n-1} + \ldots + b_1(-\lambda) + b_0$$

(4.121) *Def.:* **A** sei quadratisch. Dann heißt die Determinante $|\mathbf{A} - \lambda\mathbf{I}|$ mit λ unbestimmt die *charakteristische Determinante* von **A**. Man nennt $p(\lambda) = |\mathbf{A} - \lambda\mathbf{I}|$ das *charakteristische Polynom* von **A**. Die Nullstellen dieses Polynoms sind die Eigenwerte von **A**. Sie sind Lösungen der *charakteristischen Gleichung*

(4.122) $$p(\lambda) = |\mathbf{A} - \lambda\mathbf{I}| = 0.$$

Satz: Für das charakteristische Polynom (4.120) einer quadratischen Matrix $\mathbf{A}_{nn}$ gilt:

(4.123) (1) $b_{n-1} = \text{sp}\,\mathbf{A},\ b_0 = |\mathbf{A}|$

(Beweis durch Ausrechnen der Determinante)

(4.124) (2) $p(\lambda) = (\lambda_1 - \lambda)(\lambda_2 - \lambda) \ldots (\lambda_n - \lambda)$,

wobei $\lambda_1, \ldots, \lambda_n$ alle Eigenwerte von **A** sind.

Da $p(\lambda)$ den Grad n hat, gibt es für $p(\lambda) = 0$ genau n Nullstellen. Sie seien $\lambda_1, \ldots, \lambda_n$, wobei bei mehrfachen Nullstellen entsprechende Mehrfachaufzählung vorliegt. Einige der λ_i können dabei aber auch komplex sein. Nach dem Wurzelsatz von Vieta läßt sich dann aber $p(\lambda)$ in der Form (4.124) darstellen.

Aus (4.123) und (4.124) läßt sich die Folgerung angeben:

Folgerung: Für die Eigenwerte $\lambda_1, \ldots, \lambda_n$ einer n-reihigen Matrix **A** gilt:

(4.125)
$$\begin{aligned}
b_{n-1} &= \sum_{i=1}^{n} \lambda_i = \lambda_1 + \lambda_2 + \ldots + \lambda_n = \text{sp}\,\mathbf{A} \\
b_{n-2} &= \sum_{j>i} \lambda_i\lambda_j = \lambda_1\lambda_2 + \ldots + \lambda_1\lambda_n + \lambda_2\lambda_3 + \ldots + \lambda_2\lambda_n + \ldots + \lambda_{n-1}\lambda_n \\
&\vdots \\
b_{n-r} &= \sum_{k > \ldots > j > i} \lambda_i\lambda_j \ldots \lambda_k \quad \text{(jeder Summand ist ein Produkt von r der } \lambda_i) \\
&\vdots \\
b_0 &= \lambda_1\lambda_2\lambda_3 \ldots \lambda_n = |\mathbf{A}|
\end{aligned}$$

Von diesen Werten konnte man sofort b_{n-1} und b_0 mit bekannten skalaren Funktionen von **A** identifizieren. Die restlichen könnte man für $n > 2$ ebenfalls als skalare Funktionen einführen.

Die Beziehungen (4.125) geben uns direkt Möglichkeiten der Berechnung von λ_1 und λ_2 bei $n = 2$:

$$\mathbf{A} = \begin{pmatrix} a_{11} & a_{12} \\ a_{21} & a_{22} \end{pmatrix} \rightarrow p(\lambda) = \begin{vmatrix} a_{11} - \lambda & a_{12} \\ a_{21} & a_{22} - \lambda \end{vmatrix}$$

$$\begin{aligned}
p(\lambda) &= (a_{11} - \lambda)(a_{22} - \lambda) - a_{12}a_{21} = (-\lambda)^2 + (a_{11} + a_{22})(-\lambda) + a_{11}a_{22} - a_{12}a_{21} \\
&= (-\lambda)^2 + \text{sp}\,\mathbf{A} \cdot (-\lambda) + |\mathbf{A}|
\end{aligned}$$

(4.126) $\lambda_{1,2} = \frac{1}{2}\,\mathrm{sp}\,\mathbf{A} \pm \sqrt{\frac{(\mathrm{sp}\,\mathbf{A})^2}{4} - |\mathbf{A}|}$

oder $b_0 = \lambda_1\lambda_2 = |\mathbf{A}|\,,\ b_1 = \lambda_1 + \lambda_2 = \mathrm{sp}\,\mathbf{A}.$

Für $\mathbf{A} = \begin{pmatrix} 4 & 2 \\ 1 & 5 \end{pmatrix}$ ist $\mathrm{sp}\,\mathbf{A} = 9$, $|\mathbf{A}| = 18$, $\lambda_{1,2} = 4.5 \pm 1.5$, $\lambda_1 = 6$, $\lambda_2 = 3$.

Zu λ_1 gehört $\mathbf{A} - \lambda_1\mathbf{I} = \begin{pmatrix} -2 & 2 \\ 1 & -1 \end{pmatrix} \to -2x_1 + 2x_2 = 0 \to \mathbf{x}_1 = \begin{pmatrix} a \\ a \end{pmatrix}$, $a \in \mathrm{R}$.

Zu λ_2 geöhrt $\mathbf{A} - \lambda_2\mathbf{I} = \begin{pmatrix} 1 & 2 \\ 2 & 2 \end{pmatrix} \quad \to \quad x_1 + 2x_2 = 0 \to \mathbf{x}_2 = \begin{pmatrix} -2b \\ b \end{pmatrix}$, $b \in \mathrm{R}$.

Für $\mathbf{A} = \begin{pmatrix} 1 & -2 \\ 1 & 1 \end{pmatrix}$ erhält man $\lambda_{1,2} = 1 \pm \sqrt{-2} = 1 \pm i \cdot \sqrt{2}$, also zwei komplexe Eigenwerte.

Für $\mathbf{A} = \begin{pmatrix} 2 & 0 \\ 0 & 2 \end{pmatrix}$ erhält man $\lambda_{1,2} = 2 \pm \sqrt{0} = 2$, also eine doppelte Nullstelle, zwei gleiche Eigenwerte.

4.4.2. Eigenwerte symmetrischer Matrizen

In den meisten praktischen Fällen braucht man nur Eigenwerte symmetrischer Matrizen. Der unangenehme Fall komplexer Eigenwerte kann dann nicht eintreten. Einfachste Matrizen dieser Art sind Diagonalmatrizen:

(4.127) *Satz:* Ist $\mathbf{D}$ eine Diagonalmatrix, dann sind die Eigenwerte gleich den Diagonalelementen.

Es ist $|\mathbf{D} - \lambda\mathbf{I}| = (d_{11} - \lambda)(d_{22} - \lambda) \ldots (d_{nn} - \lambda)$, also sind die Nullstellen $\lambda_1 = d_{11}, \ldots, \lambda_n = d_{nn}$. Die zugehörigen Eigenvektoren sind die Einheitsvektoren und ihre Vielfache: Zu $\lambda_i = d_{ii}$ gehört $\mathbf{x}_i = k \cdot \mathbf{e}_i$, $k \in \mathrm{R}$.

(4.128) *Satz:* Ist $\mathbf{T}$ regulär, dann haben die ähnlichen Matrizen $\mathbf{A}$ und $\mathbf{B} = \mathbf{T}^{-1}\mathbf{A}\mathbf{T}$ die gleichen Eigenwerte.

Das charakteristische Polynom ist jeweils das gleiche:

$$|\mathbf{T}^{-1}\mathbf{A}\mathbf{T} - \lambda\mathbf{I}| = |\mathbf{T}^{-1}(\mathbf{A} - \lambda\mathbf{I})\mathbf{T}| = |\mathbf{T}^{-1}| \cdot |\mathbf{A} - \lambda\mathbf{I}| \cdot |\mathbf{T}| = |\mathbf{A} - \lambda\mathbf{I}|$$

(4.129) *Satz:* Zu jeder symmetrischen Matrix $\mathbf{A}$ gibt es eine orthogonale Matrix $\mathbf{U}$ derart, daß $\mathbf{U}^{-1}\mathbf{A}\mathbf{U} = \mathbf{D}$ Diagonalform hat und somit die Eigenwerte von $\mathbf{A}$ die Diagonalelemente von $\mathbf{D}$ sind.

(4.130) *Folgerung:* Symmetrische Matrizen haben nur reelle Eigenwerte.

Die Matrix $\mathbf{U}$ aus (4.129) existiert nach Satz (4.60). $\mathbf{A}$ und $\mathbf{D}$ sind ähnlich, haben also gleiche Eigenwerte. Folglich stehen die Eigenwerte von $\mathbf{A}$ in der Diagonalen von $\mathbf{D}$ und sind reell. Das Eigenwertproblem für symmetrische Matrizen ist gelöst, wenn eine passende orthogonale Matrix $\mathbf{U}$ gefunden ist. Das sogenannte Jacobi-Verfahren liefert zugleich $\mathbf{U}$ und die Eigenwerte λ_i.

(4.131) *Satz:* Ist $\mathbf{A}$ eine symmetrische Matrix, dann sind die Eigenvektoren zu verschiedenen Eigenwerten orthogonal zueinander.

Sei also $\lambda_i \neq \lambda_j$ und $\mathbf{x}_i$ bzw. $\mathbf{x}_j$ zugehörige Eigenvektoren. Es gilt $\mathbf{A}\mathbf{x}_i = \lambda_i\mathbf{x}_i$ und $\mathbf{A}\mathbf{x}_j = \lambda_j\mathbf{x}_j$ und somit $x_j'Ax_i = \lambda_i x_j' x_i$ und $x_i'Ax_j = \lambda_j x_i' x_j = \lambda_j x_j' x_i$. Subtraktion ergibt aber, da $x_j'Ax_i = x_i'Ax_j$:

$$(\lambda_i - \lambda_j) x_j' x_i = 0 \rightarrow x_j' x_i = 0.$$

Beispiel:

$$A = \begin{pmatrix} 2 & \sqrt{2} \\ \sqrt{2} & 1 \end{pmatrix}, \qquad |A - \lambda I| = \lambda^2 - 3\lambda = 0,\ \lambda_1 = 0,\ \lambda_2 = 3$$

$$x_1 = \begin{pmatrix} a \\ -\sqrt{2}a \end{pmatrix}, \quad x_2 = \begin{pmatrix} \sqrt{2}b \\ b \end{pmatrix}, \qquad x_1' \cdot x_2 = 0.$$

Man kann tatsächlich zeigen, daß man zu einer symmetrischen n-reihigen Matrix **A** n verschiedene, paarweise orthogonale Vektoren je der Länge 1 (normiert) finden kann, von denen jeder zu einem Eigenwert gehört. Sind alle Eigenwerte verschieden, so sind es die normierten x_i. Ist ein Eigenwert k-fache Wurzel, so hat der zugehörige Eigenraum die Dimension k, eine Basis davon ist so zu finden, daß die Orthogonalität erhalten bleibt. Alle Eigenvektoren zusammen spannen dann den R^n auf. Diese orthogonalen normierten Eigenvektoren bilden die Zeilen- (oder Spalten-)vektoren der in Satz (4.129) benötigten Matrix **U**.

Beispiel:

Für $A = \begin{pmatrix} 2 & \sqrt{2} \\ \sqrt{2} & 1 \end{pmatrix}$ normieren wir $x_1 = \begin{pmatrix} -1/\sqrt{3} \\ \sqrt{2}/\sqrt{3} \end{pmatrix} \left(a = -\frac{1}{\sqrt{3}}\right)$ und $x_2 = \begin{pmatrix} \sqrt{2}/\sqrt{3} \\ 1/\sqrt{3} \end{pmatrix}$ $\left(b = \frac{1}{\sqrt{3}}\right)$. Dann ist $U = \begin{pmatrix} -1/\sqrt{3} & \sqrt{2}/\sqrt{3} \\ \sqrt{2}/\sqrt{3} & 1/\sqrt{3} \end{pmatrix} = \frac{1}{\sqrt{3}} \begin{pmatrix} -1 & \sqrt{2} \\ \sqrt{2} & 1 \end{pmatrix}$. Nach (4.57) ist $U^{-1} = U'$, also $U^{-1} = \frac{1}{\sqrt{3}} \begin{pmatrix} -1 & \sqrt{2} \\ \sqrt{2} & 1 \end{pmatrix}$ und $U^{-1}AU = U'AU = \frac{1}{3} \begin{pmatrix} -1 & \sqrt{2} \\ \sqrt{2} & 1 \end{pmatrix} \begin{pmatrix} 2 & \sqrt{2} \\ \sqrt{2} & 1 \end{pmatrix} \begin{pmatrix} -1 & \sqrt{2} \\ \sqrt{2} & 1 \end{pmatrix} =$
$\begin{pmatrix} 0 & 0 \\ 0 & 3 \end{pmatrix} = \begin{pmatrix} \lambda_1 & 0 \\ 0 & \lambda_2 \end{pmatrix}$

4.4.3. Quadratische Formen

Bei der Ableitung hinreichender Bedingungen für Extremwerte in der Analysis, in der nichtlinearen (speziell quadratischen) Programmierung und in der Ökonometrie bei Schätzproblemen kommen Ausdrücke vor, sogenannte quadratische Formen, die ihrem Wesen nach nichtlinear sind, sich aber mit den Mitteln der linearen Algebra sehr leicht behandeln lassen.

(4.132) *Def.:* Ein Ausdruck in den n Variablen $x_1, \ldots, x_n$ der Form

$$F = \sum_{i=1}^{n} \sum_{j=1}^{n} a_{ij} x_i x_j = a_{11} x_1^2 + a_{12} x_1 x_2 + \ldots + a_{1n} x_1 x_n + a_{21} x_2 x_1 + \ldots + a_{2n} x_2 x_n + \ldots + a_{nn} x_n^2$$

heißt eine *quadratische Form* in $x = (x_1, \ldots, x_n)$.

Für jeden numerischen Wert von **x**, d.h. von $x_1, \ldots, x_n$, ist F eine Zahl. Die Form F heißt quadratisch, weil die Variablen als Quadrate x_i^2 oder Produkte $x_i x_j$ vorkommen.

Man kann nun F in Matrizenschreibweise bringen:

(4.133) $$F = \sum_{i=1}^{n} x_i \sum_{j=1}^{n} a_{ij}x_j = \sum_{i=1}^{n} x_i(Ax)_i = x'Ax$$

mit einer quadratischen Matrix **A**.

In F kommen je zweimal Summanden mit $x_i x_j$ vor, nämlich $a_{ij}x_i x_j$ und $a_{ji}x_j x_i$, die man zu $(a_{ij} + a_{ji})x_i x_j$ zusammenfassen könnte. Wir wollen dies jedoch nicht tun, sondern nur erreichen, daß a_{ij} und a_{ji} gleich sind: Ist $a_{ij} \neq a_{ji}$, so setzt man

$$a^*_{ij} = a^*_{ji} = (a_{ij} + a_{ji})/2$$

und alle anderen Elemente von **A** bleiben gleich. Die neue Matrix $\mathbf{A}^*$ ist dann symmetrisch und $\mathbf{x}'\mathbf{A}^*\mathbf{x}$ ergibt dieselbe Form **F**.

(4.134) *Satz:* Jede quadratische Form ist mit einer symmetrischen Matrix **A** darstellbar mit

$$F = \mathbf{x}'\mathbf{A}\mathbf{x}, \mathbf{A} = \mathbf{A}'.$$

Beispiel:

Sei $F = 4x_1^2 + 6x_1x_2 + 6x_2^2$, dann ist F darstellbar mit der unsymmetrischen Matrix $\mathbf{B}_1 = \begin{pmatrix} 4 & 2 \\ 4 & 6 \end{pmatrix}$, aber auch mit der symmetrischen $\mathbf{B}_2 = \begin{pmatrix} 4 & 3 \\ 3 & 6 \end{pmatrix}$.

Im weiteren sollen nur symmetrische Matrizen **A** unterstellt werden. Das Interesse bezieht sich nun darauf, inwieweit $\mathbf{x}'\mathbf{A}\mathbf{x}$ für alle möglichen $\mathbf{x} \neq \mathbf{0}$ nur positiv, negativ, das eine und das andere, oder auch Null werden kann.

(4.135) *Def.:* Ist **A** eine symmetrische Matrix, so heißt die quadratische Form $\mathbf{x}'\mathbf{A}\mathbf{x}$ oder auch **A** selbst unter der Bedingung

1. $\mathbf{x}'\mathbf{A}\mathbf{x} > 0 \ \forall \mathbf{x} \neq \mathbf{0}$: *positiv definit*
2. $\mathbf{x}'\mathbf{A}\mathbf{x} \geqslant 0 \ \forall \mathbf{x} \neq \mathbf{0}$: *positiv semidefinit* (oder nicht-negativ definit)
3. $\mathbf{x}'\mathbf{A}\mathbf{x} \leqslant 0 \ \forall \mathbf{x} \neq \mathbf{0}$: *negativ semidefinit* (oder nicht-positiv definit)
4. $\mathbf{x}'\mathbf{A}\mathbf{x} < 0 \ \forall \mathbf{x} \neq \mathbf{0}$: *negativ definit*

Trifft keiner der 4 Fälle zu, d.h. ist $\mathbf{x}'\mathbf{A}\mathbf{x}$ für gewisse **x** negativ und für andere positiv, so heißt $\mathbf{x}'\mathbf{A}\mathbf{x}$ bzw. **A** *indefinit.*

Beispiel:

$F_1 = 2x_1^2 + 3x_2^2$ ist positiv definit
$F_2 = 4x_1^2 + x_2^2 - 4x_1x_2 + 3x_3^2$ ist positiv semidefinit, da F nie negativ ist, aber für $x_2 = 2x_1, x_3 = 0$ verschwindet.
$-F_1$ ist negativ definit, $-F_2$ ist negativ semidefinit
$F_3 = x_1^2 - x_2^2$ ist indefinit.

(4.136) *Satz:* Ist **A** positiv definit (oder semidefinit), dann ist $-\mathbf{A}$ negativ definit (oder semidefinit) und umgekehrt.

Das folgt aus: $F^{(-)} = \mathbf{x}'(-\mathbf{A})\mathbf{x} = \mathbf{x}'(-1)\mathbf{A}\mathbf{x} = -(\mathbf{x}'\mathbf{A}\mathbf{x}) = -F$.

Ist **A** eine n-reihige symmetrische Matrix und **P** eine (n, m)-Matrix, dann ist $\mathbf{P}'\mathbf{A}\mathbf{P}$ eine m-reihige symmetrische Matrix und es gilt:

(4.137) *Satz:* Ist **A** eine $\left\{\begin{array}{l}\text{positiv definite}\\ \text{positiv semidefinite}\\ \text{negativ semidefinite}\\ \text{negativ definite}\end{array}\right\}$ n-reihige, symmetrische Matrix und **P** eine (n, m)-Matrix

$$\left\{\begin{array}{l}\text{mit } \mathrm{Rg}\mathbf{P} = \mathrm{m}\\ \text{ohne Voraussetzung}\\ \text{ohne Voraussetzung}\\ \text{mit } \mathrm{Rg}\mathbf{P} = \mathrm{m}\end{array}\right\}\text{, so ist } \mathbf{P'AP} \text{ eine m-reihige, symmetrische und}$$

$$\left\{\begin{array}{l}\text{positiv definite}\\ \text{positiv semidefinite}\\ \text{negativ semidefinite}\\ \text{negativ definite}\end{array}\right\}\text{ Matrix.}$$

Beweis:

Zu untersuchen ist $\mathbf{y}'(\mathbf{P}'\mathbf{A}\mathbf{P})\mathbf{y}$ für alle $\mathbf{y} \neq \mathbf{0}$.

Es ist $\mathbf{y}'(\mathbf{P}'\mathbf{A}\mathbf{P})\mathbf{y} = (\mathbf{y}'\mathbf{P}')\mathbf{A}(\mathbf{P}\mathbf{y}) = \mathbf{x}'\mathbf{A}\mathbf{x}$ mit $\mathbf{x} = \mathbf{P}\mathbf{y}$. Ist $\mathbf{x} \neq \mathbf{0}$, so ist $\mathbf{x}'\mathbf{A}\mathbf{x}$ größer, bzw. größer-gleich, bzw. kleiner-gleich, bzw. kleiner als Null je nach Voraussetzung über **A**. Ist $\mathbf{x} = \mathbf{0}$, so auch $\mathbf{x}'\mathbf{A}\mathbf{x} = 0$. Ohne weitere Voraussetzungen über **P** gelten also die beiden mittleren Zeilen des Satzes.

Ist nun $\mathrm{Rg}\,\mathbf{P} = \mathrm{m}$ und $\mathbf{y} \neq \mathbf{0}$, so ist $\mathbf{x} = \mathbf{P}\mathbf{y}$ eine Linearkombination der Spalten von **P**, somit wegen deren Unabhängigkeit (siehe *Def.* des Ranges) von Null verschieden (siehe *Def.* der linearen Unabhängigkeit). Also ist je nach Voraussetzung über **A** die quadratische Form $\mathbf{x}'\mathbf{A}\mathbf{x}$ stets positiv oder stets negativ. Daraus folgen die beiden äußeren Zeilen des Satzes.

Setzt man speziell in Satz (4.137) für **A** die wegen

$$\mathbf{x}'\mathbf{I}\mathbf{x} = \mathbf{x}'\mathbf{x} = \sum_{i=1}^{n} x_i^2 > 0 \quad \text{für} \quad \mathbf{x} \neq \mathbf{0}$$

positiv definite Matrix **I** ein, so hat man:

(4.138) *Folgerung:* Für jede (n, m)-Matrix **P** hat man:
1. $\mathbf{P}'\mathbf{P}$ ist symmetrisch und positiv semidefinit,
2. $\mathbf{P}'\mathbf{P}$ ist symmetrisch und, falls $\mathrm{Rg}\mathbf{P} = \mathrm{m}$, positiv definit.

Nimmt man für **P** eine reguläre n-reihige Matrix, so ist $\mathrm{Rg}\mathbf{P} = \mathrm{m} = \mathrm{n}$. Man definiert:

(4.139) *Def.:* Ist **A** eine n-reihige Matrix und **P** eine n-reihige reguläre Matrix, so heißen die n-reihigen Matrizen **A** und $\mathbf{B} = \mathbf{P}'\mathbf{A}\mathbf{P}$ *kongruent.*

(4.140) *Folgerung:* Alle zu einer Matrix **A** kongruenten Matrizen haben die gleiche Definität wie **A**.

Für die (streng) definiten Matrizen kann man noch zeigen:

(4.141) *Satz:* Jede positiv definite und jede negativ definite Matrix ist regulär.

Beweis:

Ist **A** positiv oder negativ definit, so gilt für alle $\mathbf{x} \neq \mathbf{0}$: $\mathbf{x}'\mathbf{A}\mathbf{x} \neq \mathbf{0}$. Also gilt für alle $\mathbf{x} \neq \mathbf{0}$: $\mathbf{A}\mathbf{x} \neq \mathbf{0}$. Also ist $\mathbf{A}\mathbf{x}$, d.h. die Linearkombination der Spalten von **A**, nur dann gleich Null, wenn $\mathbf{x} = \mathbf{0}$ ist. Also sind die Spalten von **A** linear unabhängig und folglich ist die quadratische Matrix **A** regulär.

4.4.4. *Kriterien der Definität*

Es sollen zwei zur Definition der Definität einer (symmetrischen) Matrix **A** äquivalente Eigenschaften angegeben werden, von denen die eine die Eigenschaften der Eigenwerte und die andere gewisse Determinanten, nämlich die Hauptminoren, benutzt.

(4.142) *Satz:* Die symmetrische Matrix **A** bzw. **x'Ax** ist genau dann

1. positiv (negativ) definit, wenn alle Eigenwerte von **A** positiv (negativ) sind,
2. positiv (negativ) semidefinit, wenn alle Eigenwerte von **A** nicht-negativ (nicht-positiv) sind,
3. indefinit, wenn **A** positive und negative Eigenwerte hat.

Dieser Satz folgt aus der Tatsache, daß sich jede symmetrische Matrix nach Satz (4.60) mit einer Orthogonalmatrix auf Diagonalgestalt bringen läßt:

$$\mathbf{U}^{-1}\mathbf{A}\mathbf{U} = \mathbf{U}'\mathbf{A}\mathbf{U} = \mathbf{D}, \text{ da } \mathbf{U}^{-1} = \mathbf{U}', \ \mathbf{U} \text{ orthogonal.}$$

Die Definitheit von **A** ist nach Satz (4.140) die von **D** (**A** und **D** sind kongruent). Für **D** ist aber

$$\text{(4.143)} \qquad F = \mathbf{x}'\mathbf{D}\mathbf{x} = \sum_{i=1}^{n} d_i x_i^2$$

Hier ist $F > 0$, falls alle $d_i > 0$; $F < 0$, falls alle $d_i < 0$; $F \geqslant 0$, falls alle $d_i \geqslant 0$; $F \leqslant 0$, falls alle $d_i \leqslant 0$ und $F \gtreqless 0$, falls $d_i < 0$ (mit $x_i = 1$, $x_j = 0$ für $j \neq i$ wird $F < 0$) und $d_k > 0$ (mit $x_k = 1$, $x_j = 0$ für $j \neq k$ wird $F > 0$).

Die Äquivalenz ist daraus sofort ersichtlich.

(4.144) *Satz:* Die symmetrische Matrix **A** bzw. **x'Ax** ist genau dann

1. positiv definit, wenn alle Hauptminoren positiv sind:

$$\text{(4.145)} \qquad a_{11} > 0, \begin{vmatrix} a_{11} & a_{12} \\ a_{21} & a_{22} \end{vmatrix} > 0, \begin{vmatrix} a_{11} & a_{12} & a_{13} \\ a_{21} & a_{22} & a_{23} \\ a_{31} & a_{32} & a_{33} \end{vmatrix} > 0, \ldots, |\mathbf{A}| > 0,$$

2. negativ definit, wenn alle Hauptminoren im Vorzeichen alternieren:

$$\text{(4.146)} \qquad a_{11} < 0, \begin{vmatrix} a_{11} & a_{12} \\ a_{21} & a_{22} \end{vmatrix} > 0, \begin{vmatrix} a_{11} & a_{12} & a_{13} \\ a_{21} & a_{22} & a_{23} \\ a_{31} & a_{32} & a_{33} \end{vmatrix} < 0, \ldots, (-1)^n |\mathbf{A}| > 0.$$

Nur die eine Richtung der Äquivalenz soll gezeigt werden: Ist **A** positiv definit, dann ist $\mathbf{D} = \mathbf{U}'\mathbf{A}\mathbf{U}$ positiv definit und $|\mathbf{D}| = |\mathbf{U}'| \cdot |\mathbf{A}| \cdot |\mathbf{U}| = \frac{1}{|\mathbf{U}|} \cdot |\mathbf{U}| \cdot |\mathbf{A}| = |\mathbf{A}|$ und $|\mathbf{D}| = d_1 d_2 \ldots d_n$; alle d_i sind nach Satz (4.142) positiv, also $|\mathbf{D}| > 0 \rightarrow |\mathbf{A}| > 0$.

Streicht man aus **A**, **U** und **D** die letzte Zeile und Spalte heraus, so ist $\mathbf{D}_{n-1} = \mathbf{U}'_{n-1}\mathbf{A}_{n-1}\mathbf{U}_{n-1}$ und die Argumentation wiederholt sich usw.

Ist **A** negativ definit, so ist $|\mathbf{D}| = d_1 d_2 \ldots d_n$ Produkt von n negativen Zahlen, also $|\mathbf{D}| > 0$ für n gerade, $|\mathbf{D}| < 0$ für n ungerade, d.h. $(-1)^n|\mathbf{A}| = (-1)^n|\mathbf{D}| > 0$ usw.

(4.147) *Folgerung:* Eigenschaften (4.142) und (4.145) bzw. (4.146) sind Kriterien dafür, ob alle Eigenwerte positiv oder negativ sind.

Beispiel:

Sei $\mathbf{A} = \begin{pmatrix} 2 & \sqrt{2} \\ \sqrt{2} & 1 \end{pmatrix}$ mit den Eigenwerten $\lambda_1 = 0, \lambda_2 = 3$. Also ist **A** nach Satz (4.142) positiv semidefinit, d.h. $2x^2 + 2\sqrt{2}xy + y^2 \geqslant 0$ für alle (x, y). Die quadratische Form wird etwa für $(x, y) = (-1, \sqrt{2})$ gleich Null.

Ist $\mathbf{A} = \begin{pmatrix} 4 & 2 \\ 1 & 5 \end{pmatrix}$, $\lambda_1 = 6, \lambda_2 = 3$, so ist **A** positiv definit, ebenfalls alle zu **A** kongruenten Matrizen, etwa $\mathbf{B} = \begin{pmatrix} 18 & 6 \\ 0 & 36 \end{pmatrix}$, $\mathbf{B} = \mathbf{P'AP}$ mit $\mathbf{P} = \begin{pmatrix} 1 & 3 \\ -2 & 0 \end{pmatrix}$.

Aufgaben zu 4.4. Eigenwerte und Definitheit. Probleme in der orthogonalen und gewöhnlichen linearen Regression

1. *Eigenwerte, Eigenvektoren. Ein Rechenbeispiel:*

Gegeben sei die Matrix $\mathbf{A} = \begin{pmatrix} 3 & 0 & 0 \\ 0 & 4 & \sqrt{3} \\ 0 & \sqrt{3} & 6 \end{pmatrix}$

Es sind zu bestimmen:
(a) Eigenwerte,
(b) Eigenvektoren,
(c) Eigenräume.

Lösung: Formulierung des Eigenwertproblems:

(1) $\mathbf{Ax} = \lambda\mathbf{x}$ (2) $\mathbf{Ax} - \lambda\mathbf{x} = \mathbf{0}$ (3) $(\mathbf{A} - \lambda\mathbf{I})\mathbf{x} = \mathbf{0}$

Wenn das Gleichungssystem (3) außer der trivialen Lösung auch nicht-triviale Lösungen ($\mathbf{x} \neq \mathbf{0}$) hat, entsteht das Problem, die Eigenwerte λ und die zugehörigen Eigenvektoren zu bestimmen. Das Kriterium für die Existenz nicht-trivialer Lösungen, also von weiteren Lösungen außer der **0**, lautet nach Satz (4.98):

(4) $p(\lambda) = |\mathbf{A} - \lambda\mathbf{I}| = 0$, d.h. das charakteristische Polynom der Matrix **A**, die Determinante $|\mathbf{A} - \lambda\mathbf{I}|$, muß Null sein.

(a) Gemäß (4) gilt:

$$p(\lambda) = |\mathbf{A} - \lambda\mathbf{I}| = 0 \qquad p(\lambda) = \begin{vmatrix} 3-\lambda & 0 & 0 \\ 0 & 4-\lambda & \sqrt{3} \\ 0 & \sqrt{3} & 6-\lambda \end{vmatrix} = 0$$

Die Determinante entwickelt man zweckmäßigerweise nach der 1. Zeile (Spalte):

$p(\lambda) = (3-\lambda)\,[(4-\lambda)(6-\lambda) - 3] + 0 + 0$; aus $p(\lambda) = 0$ folgt:

$$3 - \lambda = 0 \rightarrow \lambda_1 = 3; \qquad (4-\lambda)(6-\lambda) - 3 = 0$$
$$\lambda^2 - 10\lambda + 21 = 0$$
$$\lambda_{2,3} = 5 \pm \sqrt{25 - 21}; \quad \lambda_{2,3} = 5 \pm 2$$
$$\lambda_2 = 7; \qquad \lambda_3 = 3.$$

(b) 1. Eigenvektoren zu $\lambda_1 = \lambda_3 = 3$.

Das Gleichungssystem lautet: $(A - 3I)x = 0$

$$\begin{pmatrix} 3-3 & 0 & 0 \\ 0 & 4-3 & \sqrt{3} \\ 0 & \sqrt{3} & 6-3 \end{pmatrix}\begin{pmatrix} x_1 \\ x_2 \\ x_3 \end{pmatrix} = \begin{pmatrix} 0 \\ 0 \\ 0 \end{pmatrix} \qquad \begin{pmatrix} 0 & 0 & 0 \\ 0 & 1 & \sqrt{3} \\ 0 & \sqrt{3} & 3 \end{pmatrix}\begin{pmatrix} x_1 \\ x_2 \\ x_3 \end{pmatrix} = \begin{pmatrix} 0 \\ 0 \\ 0 \end{pmatrix}$$

Die lineare Zeilentransformation in der Koeffizientenmatrix liefert

$$1x_2 + \sqrt{3}x_3 = 0$$
$$x_2 = -\sqrt{3}x_3$$

Die allgemeine Lösung des Gleichungssystems ist der allgemeine Eigenvektor zum Eigenwert $\lambda_1 = \lambda_3 = 3 \quad x' = (x_1, x_2, x_3) = (x_1, -\sqrt{3}x_3, x_3)$

Die Menge E aller Lösungen, Eigenvektoren zu $\lambda = 3$:

$E_{\lambda=3} = \{(x_1, -\sqrt{3}\,x_3, x_3)\}$.

2. Eigenvektoren zu $\lambda_2 = 7$:

Das Gleichungssystem lautet: $\begin{pmatrix} -4 & 0 & 0 \\ 0 & -3 & \sqrt{3} \\ 0 & \sqrt{3} & -1 \end{pmatrix}\begin{pmatrix} x_1 \\ x_2 \\ x_3 \end{pmatrix} = \begin{pmatrix} 0 \\ 0 \\ 0 \end{pmatrix}$

Die lineare Zeilentransformation in der Koeffizientenmatrix liefert

$$x_1 \qquad = 0$$
$$-3x_2 + \sqrt{3}x_3 = 0 \rightarrow x_2 = \frac{1}{3}\sqrt{3}\,x_3$$

Der allgemeine Eigenvektor zum Eigenwert $\lambda_2 = 7$ ist

$x' = (x_1, x_2, x_3) = \left(0, \frac{1}{3}\sqrt{3}x_3, x_3\right)$.

Die Menge E aller Eigenvektoren bezüglich $\lambda = 7$ ist:

$E_{\lambda=7} = \left\{\left(0, \frac{1}{3}\sqrt{3}x_3, x_3\right)\right\}$.

(c) Eigenräume

1. Eigenraum zum Eigenwert $\lambda_1 = \lambda_3 = 3$.

Der Eigenraum enthält allgemein alle Eigenvektoren der Matrix **A**; er wird von der zugehörigen Eigenvektorbasis aufgespannt. $E_{\lambda=3}$ und $E_{\lambda=7}$ sind bereits die Eigenräume, jedoch soll jetzt noch eine Darstellung über eine Basis erfolgen:

Sei $x_1 = 0, x_3 = 1$, dann folgt die spezielle Eigenvektorlösung zu

$$\lambda = 3 \text{ mit } a' = (x_1, x_2, x_3) = (0, -\sqrt{3}, 1)$$

Sei $x_1 = 1, x_3 = 0$, dann folgt

$$b' = (x_1, x_2, x_3) = (1, 0, 0)$$

Die Vektoren **a** und **b** bilden eine Eigenvektorbasis des speziellen Eigenraumes $E_{\lambda=3}$ zum speziellen Eigenwert $\lambda = 3$. Der Eigenraum $E_{\lambda=3}$ ist gleich der Menge aller Linearkombinationen dieser Eigenvektorbasis:

$E_{\lambda=3} = \{k_1(0, -\sqrt{3}, 1) + k_2(1, 0, 0) \mid k_1, k_2 \in R\}$, $\dim E_{\lambda=3} = 2$, $E_{\lambda=3} \subset R^3$.

2. Eigenraum zum Eigenwert $\lambda_2 = 7$.

Sei $x_3 = 1 \rightarrow c = (x_1, x_2, x_3) = (0, \frac{1}{3}\sqrt{3}, 1)$

Der Vektor c bildet die Eigenvektorbasis des Eigenraums $E_{\lambda=7}$:

$$E_{\lambda=7} = \left\{ k\left(0, \frac{1}{3}\sqrt{3}, 1\right) \mid k \in \mathbb{R} \right\}, \quad \dim E_{\lambda=7} = 1, \quad E_{\lambda=7} \subset \mathbb{R}^3.$$

Feststellung: Da die Matrix **A** symmetrisch ist, sind je zwei Eigenvektoren zu verschiedenen Eigenwerten orthogonal zueinander (gemäß Satz 4.131).

$$\text{z.B. } \mathbf{a}' \cdot \mathbf{c} = 0: (0, -\sqrt{3}, 1)\begin{pmatrix} 0 \\ \frac{1}{3}\sqrt{3} \\ 1 \end{pmatrix} = 0 - 1 + 1 = 0.$$

2. *Ein Beispiel der orthogonalen linearen Regression*

Die „Größe" eines Unternehmens kann man mit dem Merkmal „Jahresumsatz", aber auch mit der „Jahreslohnsumme", in die nicht nur die Zahl der Beschäftigten, sondern über die Höhe des Lohnes bzw. Gehalts auch ihre Qualifikation eingeht, angeben. Um aus beiden Werten für eine Statistik der größten Unternehmen eine einheitliche Bezugsgröße abzuleiten, kann man die orthogonale lineare Regression anwenden. Die Berechnung dieser neuen Bezugsgröße wird an einem Beispiel mit drei Unternehmen gezeigt. Die Ausgangsdaten sind (in Mrd. DM):

	Umsatz	Lohnsumme
U_1	1	1
U_2	3	2
U_3	4	3

$$\text{bzw.} \quad \mathbf{X} = \begin{pmatrix} 1 & 1 \\ 3 & 2 \\ 4 & 3 \end{pmatrix},$$

wobei **X** *Beobachtungsmatrix* heißt.

Im Diagramm wird nun die Ursprungsgerade gesucht, zu der die Summe der Abstandsquadrate der Beobachtungspunkte minimal ist. Die neue „Unternehmensgröße" ist dann die Entfernung d vom Ursprung zum Fußpunkt des Lotes des Beobachtungspunktes auf die Regressionsgerade.

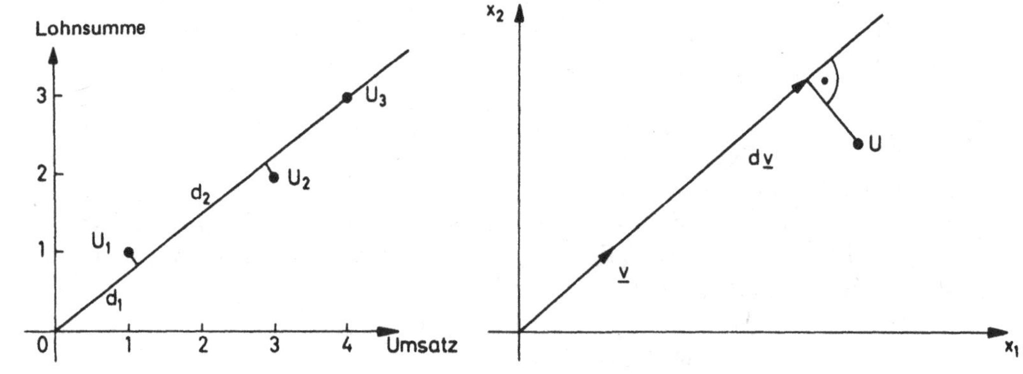

Abb. 4.2

Um die Lage der Regressionsgeraden zu bestimmen, sind zunächst die Eigenwerte der Matrix $\mathbf{X}'\mathbf{X}$ aus $p(\lambda) = |\mathbf{X}'\mathbf{X} - \lambda\mathbf{I}| = 0$ zu errechnen. Der Eigenvektor zum maximalen Eigenwert ist dann der (Richtungs)Vektor der gesuchten Regressionsgeraden.

$$\mathbf{X}'\mathbf{X} = \begin{pmatrix} 1 & 3 & 4 \\ 1 & 2 & 3 \end{pmatrix}\begin{pmatrix} 1 & 1 \\ 3 & 2 \\ 4 & 3 \end{pmatrix} = \begin{pmatrix} 26 & 19 \\ 19 & 14 \end{pmatrix}, \quad |\mathbf{X}'\mathbf{X} - \lambda\mathbf{I}| = \begin{vmatrix} 26-\lambda & 19 \\ 19 & 14-\lambda \end{vmatrix} = 0$$

Es ergibt sich $(26-\lambda)(14-\lambda)-19^2=\lambda^2-40\lambda+3=0$

$\lambda_{1,2}=20\pm\sqrt{397}\approx 20\pm 19.925,\ \lambda_1=39.925=\lambda_{max},\ \lambda_2=0.075$

Zu $\lambda_{max}=39.925$ bestimmt man den Eigenvektor **v** als Richtungsvektor:

$$(\mathbf{X'X}-39.925\,\mathbf{I})\cdot\mathbf{v}=\mathbf{0}\quad\text{bzw.}\quad\begin{pmatrix}-13.925 & 19\\ 19 & 25.925\end{pmatrix}\begin{pmatrix}v_1\\ v_2\end{pmatrix}=\begin{pmatrix}0\\ 0\end{pmatrix}$$

Eine Gleichung ist redundant, d.h. es ergibt sich jeweils

$$v_2=0{,}7329\,v_1,\quad \mathbf{v}'=(v_1,0.7329\,v_1)$$

Der Vektor **v** ist auf die Länge 1 zu normieren:

$$\|\mathbf{v}\|=\sqrt{v_1^2+v_2^2}=\sqrt{(1^2+0{,}7329^2)}\;v_1=1.240v_1=1,\ \text{also}\ v_1=0.807$$

und somit $\mathbf{v}'=(0.807,\ 0.591)$

Die Koordinaten jedes Punktes auf der Regressionsgeraden stehen im Verhältnis 1 : 0.7329.

Der Vektor **d** der Dehnungsfaktoren, d.h. der neuen Bezugsgrößen, wird berechnet aus

$$\mathbf{d}=\mathbf{Xv}=\begin{pmatrix}1 & 1\\ 3 & 2\\ 4 & 3\end{pmatrix}\begin{pmatrix}0.807\\ 0.591\end{pmatrix}=\begin{pmatrix}1.398\\ 3.603\\ 5.001\end{pmatrix}=\begin{pmatrix}1.4\\ 3.6\\ 5.0\end{pmatrix}$$

Die drei Unternehmen haben die neuen rechnerischen Größen 1.4, 3.6 und 5.0. Diese Größen sind nun weder Umsatz noch Lohnsumme, noch sind sie in der gleichen Dimension, hier Mrd. DM, zu messen. Insofern sind es nur rechnerische Größen, zu denen die beiden ursprünglichen Maßstäbe gleichwertig beigetragen haben. Man überlegt sich etwa anhand der Abb. 4.2, daß bei unveränderter Lage der Regressionsgeraden ein Unternehmen mit 3 Mrd. DM Umsatz und 2 Mrd. DM Lohnsumme (U_2) in diesem Sinne gleich groß ist wie eines mit 2.91 Umsatz und 2.13 Lohnsumme (Fußpunkt des Lotes von U_2 auf die Gerade, also gleich $d_2\mathbf{v}$).

Die minimale Summe der Abstandsquadrate ist

$$\mathrm{sp}(\mathbf{XX'})-\mathbf{v'X'Xv}=40-39.946=0.054$$

(Das Gleichheitszeichen gilt immer nur im Rahmen der Rechengenauigkeit).

3. *Definitheit. Minimum der quadratischen Abweichungen*

Das Beispiel 2. aus den Aufgaben zu 4.3 zur gewöhnlichen linearen Regressionsrechnung sei wieder aufgegriffen. Die Regressionsfunktion lautet dort

$$\mathbf{y}=\mathbf{X}\beta+\epsilon\,;$$

die Summe der Entfernungsquadrate ist

$$s=\epsilon'\epsilon=(\mathbf{y}-\mathbf{X}\beta)'(\mathbf{y}-\mathbf{X}\beta).$$

Die Ableitungen lauten (zur Differentiation siehe auch Abschnitt 7.2.2):

$$\frac{\partial s}{\partial\beta}=-2\mathbf{X'y}+2\mathbf{X'X}\beta:\ \frac{\partial^2 s}{\partial\beta^2}=2\mathbf{X'X}.$$

Kriterium für Minimum:

Wenn die Matrix $2\mathbf{X'X}$ positiv definit ist, liegt ein Minimum vor.

Prüfung der Definitheit:

$$\mathbf{X} = \begin{pmatrix} 1 & 2 \\ 3 & 4 \\ 0 & 1 \end{pmatrix}, \quad \mathbf{X'X} = \begin{pmatrix} x_{11} & x_{12} \\ x_{21} & x_{22} \end{pmatrix} = \begin{pmatrix} 10 & 14 \\ 14 & 21 \end{pmatrix}.$$

Nach Satz (4.144) ist $\mathbf{X'X}$ positiv definit, denn alle Hauptminoren sind positiv:

$$x_{11} = 10 > 0, \quad \begin{vmatrix} x_{11} & x_{12} \\ x_{21} & x_{22} \end{vmatrix} = \begin{vmatrix} 10 & 14 \\ 14 & 21 \end{vmatrix} = 210 - 196 = 14 > 0.$$

4.5. Matrizen und lineare Abbildungen (Transformationen)

4.5.1. Abbildungen

Multipliziert man einen gegebenen n-Vektor $\mathbf{x}$ mit einer (m, n)-Matrix $\mathbf{A}$, so erhält man einen neuen Vektor, und zwar einen m-Vektor $\mathbf{y}$,

$$\mathbf{y} = \mathbf{Ax}$$

auf genau eine Weise. Diese Art, einem gegebenen Element einer Menge, hier $\mathbf{x}$, ein Element einer anderen Menge, hier $\mathbf{y}$ zuzuordnen, nennt man eine Abbildung.

(4.148) *Def.:* Eine Vorschrift, mittels der jedem Element a einer Menge A genau ein Element b einer Menge B zugeordnet wird, heißt eine *Funktion* oder *Abbildung:*

$$f\colon \mathsf{A} \to \mathsf{B} \quad \text{oder} \quad \mathsf{A} \xrightarrow{f} \mathsf{B}.$$

Das Element a heißt ein *Urbild* und $b = f(a)$ heißt ein *Bild* (oder *Wert*) von f.

Ist A' eine Untermenge von A (z.B. $\mathsf{A}' = \mathsf{A}$), dann ist $f(\mathsf{A}')$ die Menge aller Bilder von $a \in \mathsf{A}'$, der *Bildbereich* von A'. Ist B' eine Untermenge von B, dann ist $f^{-1}(\mathsf{B}')$, die Menge aller der Elemente aus A, deren Bilder in B' liegen, der *Urbildbereich* von B'.

(4.149) $$f(\mathsf{A}') = \{f(a) \mid a \in \mathsf{A}'\}, \quad f^{-1}(\mathsf{B}') = \{a \mid a \in \mathsf{A},\ f(a) \in \mathsf{B}'\}.$$

Beispiel:

1.

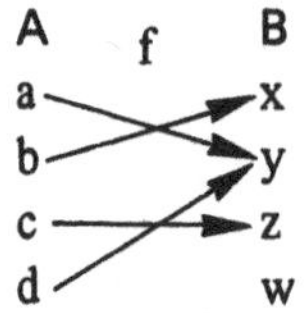

$\mathsf{A} = \{a, b, c, d\}, \ \mathsf{B} = \{x, y, z, w\}$

$f(a) = y, f(b) = x, \ldots$

$f(\{a, b, d\}) = \{f(a), f(b), f(d)\}$

$\qquad = \{y, x, y\} = \{x, y\}$

$f(\mathsf{A}) = \{x, y, z\}$

2. $\mathsf{A} = \mathsf{R}^3, \ \mathsf{B} = \mathsf{R}^2$

Die (2, 3)-Matrix $\mathbf{A}$, $\mathbf{A} = \begin{pmatrix} 1 & -3 & 5 \\ 2 & 4 & -1 \end{pmatrix}$, bildet den R^3 in den R^2 ab:

$\mathbf{x} \in \mathsf{R}^3 \to \mathbf{y} = \mathbf{Ax} \in \mathsf{R}^2$ oder T: $\mathsf{R}^3 \to \mathsf{R}^2$

z.B.: $\mathbf{v} = \begin{pmatrix} 3 \\ 1 \\ -2 \end{pmatrix}, \quad T(v) = \begin{pmatrix} -10 \\ 12 \end{pmatrix} \in \mathsf{R}^2$

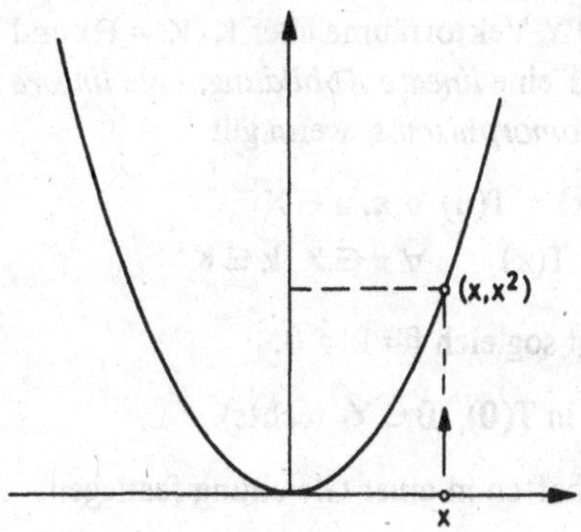

Abb. 4.3

3. $A = R, B = R^2$; $f: x \in R \to (x, x^2) \in R^2$
Dies ist die bekannte Parabel $y = x^2$:
Die Menge $C = \{(x, x^2) \mid x \in R\}$ ist der
Graph der Parabel $y = x^2$.

Ist f eine Abbildung von A in B und g eine Abbildung von B in C, dann kann man eine neue, zusammengesetzte Abbildung definieren, das *Produkt von f und g* durch die Hintereinanderausführung:

(4.150) $g \circ f : A \to C$ mit $(g \circ f)(a) = g(f(a))$

$$A \xrightarrow{f} B \xrightarrow{g} C : A \xrightarrow{g \circ f} C .$$

Es gilt das Assoziativgesetz:

(4.151) $h \circ (g \circ f) = (h \circ g) \circ f$

für die Hintereinanderausführung von 3 Abbildungen.

Wir führen nun noch spezielle Abbildungen ein, bei denen es nicht vorkommen kann, daß zwei verschiedene Elemente, z.B. a und d auf *ein* Bild y abgebildet werden:

(4.152) *Def.:* Eine Abbildung $f: A \to B$ heißt *eineindeutig* (oder eins-zu-eins, 1–1 oder *injektiv*), wenn verschiedene Elemente von A verschiedene Bilder in B haben: $a \neq a' \to f(a) \neq f(a')$ oder äquivalent: $f(a) = f(a') \to a = a'$.

(4.153) *Def.:* Eine Abbildung $f: A \to B$ heißt eine Abbildung *auf* B oder *surjektiv*, wenn jedes $b \in B$ das Bild eines $a \in A$ ist. Eine eineindeutige Abbildung von A auf B heißt *bijektiv*.

Beispiel 1 von oben ist nicht surjektiv, da w kein Urbild hat.
Beispiel 2 von oben ist surjektiv.

4.5.2. Lineare Abbildungen

Nun interessieren uns allerdings insbesondere Abbildungen zwischen Mengen, auf denen eine Verknüpfung definiert ist, speziell Abbildungen von Vektorräumen. Wir fordern eine Verknüpfungstreue, d.h. die Additivität sowie die Multiplikation mit Skalaren soll auch im Bildbereich erhalten bleiben.

(4.154) *Def.:* Seien X und Y Vektorräume über K (K = R) und T eine Abbildung von X in Y. Dann heißt T eine *lineare Abbildung,* eine *lineare Transformation* oder ein *Vektorraum-Homomorphismus,* wenn gilt:

(4.155) 1. $T(\mathbf{x} + \mathbf{u}) = T(\mathbf{x}) + T(\mathbf{u}) \quad \forall\, \mathbf{x}, \mathbf{u} \in X$

2. $T(k\mathbf{x}) \quad = k \cdot T(\mathbf{x}) \qquad \forall\, \mathbf{x} \in X, k \in K$

Aus diesen Eigenschaften folgt sogleich für k = 0:

(4.156) $T(\mathbf{0}) = \mathbf{0}$ ($\mathbf{0} \in X$ in $T(\mathbf{0})$, $\mathbf{0} \in Y$ rechts).

Man kann auch beide Eigenschaften in einer Gleichung festlegen:

(4.157) $T(a_1 x_1 + a_2 x_2) = a_1 T(x_1) + a_2 T(x_2)$,

d.h., das Bild einer Linearkombination ist die Linearkombination der Bilder.

(4.158) *Satz:* Die durch (m, n)-Matrizen definierten Abbildungen des R^n in den R^m sind lineare Transformationen.

Sei $\mathbf{x} = a_1 \mathbf{x}_1 + a_2 \mathbf{x}_2 \in R^n$ und A eine (m, n)-Matrix. Dann ist

$$\mathbf{y} = \mathbf{A}\mathbf{x} = \mathbf{A}(a_1 \mathbf{x}_1 + a_2 \mathbf{x}_2) = \mathbf{A}(a_1 \mathbf{x}_1) + \mathbf{A}(a_2 \mathbf{x}_2) = a_1 \mathbf{A}\mathbf{x}_1 + a_2 \mathbf{A}\mathbf{x}_2 = a_1 \mathbf{y}_1 + a_2 \mathbf{y}_2.$$

Beispiele:

Die „Translation", die einen Vektor $\mathbf{x} \in R^n$ um ein Stück c verschiebt, etwa $F(x_1, x_2) = (x_1 + 1, x_2 + 2)$, ist keine lineare Transformation, da $F(0, 0) = (1, 2) \neq \mathbf{0}$ ist.

Die Abbildung $f: x \to (x, x^2)$ ist ebenfalls nicht-linear, da $f(kx) = (kx, (kx)^2) = (kx, k^2x^2) \neq k(x, x^2)$ ist.

(4.159) *Satz:* Die linearen Transformationen des R^n in den R^m werden genau durch alle (m, n)-Matrizen dargestellt.

Hierzu muß noch gezeigt werden, daß es keine lineare Transformation T gibt, die nicht durch eine Matrix dargestellt werden könnte:

Sei $\mathbf{x} \in R^n$. Dann ist $\mathbf{x} = \mathbf{x}_1 \mathbf{e}_1 + \ldots + \mathbf{x}_n \mathbf{e}_n$, $\mathbf{y} = T(\mathbf{x}) = x_1 T(e_1) + \ldots + x_n T(e_n)$. Hierbei sind **y** und $T(e_i)$ alles m-Vektoren. Wir bilden eine Matrix **A** mit den $T(e_1), \ldots, T(e_n)$ als Spalten und erhalten eine (m, n)-Matrix. Dann ist

$$\mathbf{A} \cdot \mathbf{x} = (T(e_1), \ldots, T(e_n)) \cdot \begin{pmatrix} x_1 \\ \vdots \\ x_n \end{pmatrix} = x_1 T(e_1) + \ldots + x_n T(e_n) = \mathbf{y} \quad \text{wie oben.}$$

Im folgenden werden Transformation T und Matrix **A** teilweise gleich bezeichnet mit **A**.

Beispiel:

T sei die Projektion des R^3 auf den R^2 durch

$$T(x_1, x_2, x_3) = (x_1, x_2)$$

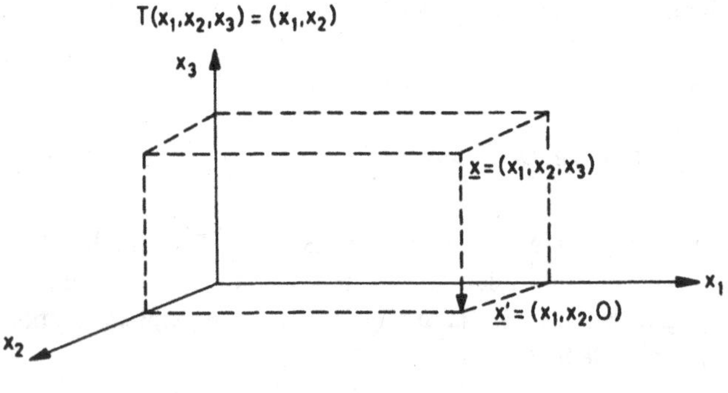

Abb. 4.4

T ist linear, da

1. $T(x_1 + y_1, x_2 + y_2, x_3 + y_3) = (x_1 + y_1, x_2 + y_2) = (x_1, x_2) + (y_1, y_2)$
$= T(x_1, x_2, x_3) + T(y_1, y_2, y_3)$

2. $T(kx_1, kx_2, kx_3) = (kx_1, kx_2) = k(x_1, x_2) = kT(x_1, x_2, x_3)$.

Es ist $T(e_1) = \begin{pmatrix}1\\0\end{pmatrix}$; $T(e_2) = \begin{pmatrix}0\\1\end{pmatrix}$; $T(e_3) = \begin{pmatrix}0\\0\end{pmatrix} \to \mathbf{A} = \begin{pmatrix}1 & 0 & 0\\0 & 1 & 0\end{pmatrix}$ und

$$\mathbf{A}x = \begin{pmatrix}1 & 0 & 0\\0 & 1 & 0\end{pmatrix}\begin{pmatrix}x_1\\x_2\\x_3\end{pmatrix} = \begin{pmatrix}x_1\\x_2\end{pmatrix}.$$

Der Urbildbereich hat hier die Dimension 3, der Bildbereich die Dimension 2 und die Matrix **A** den Rang 2. Ein Freiheitsgrad geht verloren durch das „Nichtbeachten" der 3. Komponente. Weiter werden alle Vektoren der Art $(0, 0, x_3)$ auf $\mathbf{0} = (0, 0)$ abgebildet, also ein Unterraum der Dimension 1.

Mit der Definition des Kerns der linearen Transformation kann man einen allgemeineren Satz beweisen:

(4.160) *Def.:* Sei T eine lineare Transformation von X in Y. Dann heißt die Menge, die auf die $\mathbf{0} \in Y$ abgebildet wird, *Kern von* T:
Kern $T = \{a \mid a \in X, T(a) = \mathbf{0} \in Y\} \subset X$
und die Menge aus Y, die Bilder von Vektoren aus X sind, heißt das *Bild von* T:
Bild $T = \{b \mid b \in Y, \exists\, a \in X \text{ mit } T(a) = b\} \subset Y$.

Man zeigt mit der Linearität von T:

(4.161) *Satz:* Sei T eine lineare Transformation von X in Y. Dann ist *Kern* T ein Unterraum von X und *Bild* T ein Unterraum von Y.

Für die Dimension gilt dann der Satz:

(4.162) *Satz:* Sei T eine lineare Transformation von X in Y und X habe endliche Dimension. Dann gilt:
Dim X = Dim (*Kern* T) + Dim (*Bild* T).

Für den Beweis sei auf die Literatur verwiesen.

Für die lineare Transformation des R^n in den R^m ergeben sich teils bekannte Zusammenhänge:

Sei $\mathbf{A}: R^n \to R^m$ durch $y = \mathbf{A}x$. Dann ist

(4.163) *Kern* $\mathbf{A} = \{x \mid \mathbf{A}x = \mathbf{0}\}$

die Menge der Lösungen des homogenen Gleichungssystems $\mathbf{A}x = \mathbf{0}$.

Bekanntlich ist

(4.164) Dim (*Kern* **A**) = n − k = n − Rg**A**.

Aus Satz (4.162) ergibt sich dann:

(4.165) Dim (*Bild* **A**) = Dim R^n − Dim (*Kern* **A**)
= n − (n − Rg**A**) = Rg**A**,

also hat die Bildmenge die Dimension des Ranges von **A**.

(4.166) *Satz:* Für die lineare Transformation $\mathbf{A}: R^n \to R^m$ mit $\mathbf{A}(x) = \mathbf{A}x$ gilt: Der Bildbereich hat die Dimension Rg**A** und der Kern von **A** die Dimension n − Rg**A**.

(4.167) *Def.:* Eine lineare Transformation $T : X \rightarrow Y$ heißt ein *Isomorphismus,* wenn sie eine eineindeutige Abbildung ist. Zwei Vektorräume X und Y heißen *isomorph,* wenn ein *Isomorphismus* existiert, der X *auf* Y abbildet.

Beim Vorliegen einer eineindeutigen linearen Transformation können insbesondere nicht zwei Elemente auf **0** abgebildet werden:

$$T(x) = \mathbf{0} \rightarrow x = \mathbf{0}, \text{ da } T(\mathbf{0}) = \mathbf{0}.$$

Deshalb gilt hier

(4.168) $\textit{Kern}\ T = \{\mathbf{0}\}$, $\text{Dim}(\textit{Kern}\ T) = 0$.

Für $\mathbf{A} : R^n \rightarrow R^m$ folgt deshalb weiter:

(4.169) $\text{Dim}(\textit{Kern}\ \mathbf{A}) = n - \text{Rg}\mathbf{A} = 0 \rightarrow \text{Rg}\mathbf{A} = n$
$\text{Dim}(\textit{Bild}\ \mathbf{A}) = n - \text{Dim}(\textit{Kern}\ \mathbf{A}) = n.$

$\text{Rg}\mathbf{A} = n$ ist nur dann möglich, falls $m \geqslant n$. Sei zunächst $m = n$, also $\mathbf{A} : R^n \rightarrow R^n$, **A** eine quadratische Matrix.

(4.170) *Satz:* Für die lineare Transformation $\mathbf{A} : R^n \rightarrow R^n$ sind die folgenden Aussagen äquivalent:

1. **A** ist eine eineindeutige lineare Transformation des R^n in sich selbst,
2. **A** ist ein Isomorphismus des R^n in sich,
3. $\text{Rg}\mathbf{A} = n$,
4. $\textit{Kern}\ \mathbf{A} = \{\mathbf{0}\}$ oder $\text{Dim}(\textit{Kern}\ \mathbf{A}) = 0$,
5. **A** ist regulär bzw. nicht-singulär,
6. **A** hat eine Inverse $\mathbf{A}^{-1}$.

Die Äquivalenzen wurden bereits gezeigt. Interessant ist noch die folgende Bemerkung:

Da **A** eineindeutig ist, kann man alle Bildelemente eindeutig „zurückabbilden", also die Abbildung invertieren:

(4.171) $\mathbf{y} = \mathbf{A}\mathbf{x} \rightarrow \mathbf{x} = \mathbf{A}^{-1}\mathbf{y}.$

Diese inverse Abbildung ist also zugleich wieder eine lineare Transformation und wird durch $\mathbf{A}^{-1}$ bewirkt.

4.5.3. Probleme der Matrizenrechnung und Lineare Transformationen

In diesem Abschnitt sollen nur einige bereits gelöste Probleme mit dem Begriff der linearen Transformation dargestellt werden.

1. Lineare Gleichungssysteme:

$\mathbf{A}\mathbf{x} = \mathbf{0}$: gesucht alle Vektoren **x**, die mittels **A** auf die **0** abgebildet werden. Lösung: $X = \textit{Kern}\ \mathbf{A}$.

$\mathbf{A}\mathbf{x} = \mathbf{b}$: welche Vektoren kann man auf **b** abbilden? Lösbar für $\mathbf{b} \in \textit{Bild}\ \mathbf{A}$, unlösbar oder inkonsistent für $\mathbf{b} \notin \textit{Bild}\ \mathbf{A}$. Lösung: $X =$ eine spezielle Lösung $+$ *Kern* **A**.

2. Problem der Eigenwerte:

$\mathbf{A}\mathbf{x} = \lambda\mathbf{x}$: Gibt es Vektoren, deren Bild ein Vielfaches des Urbildes ist? Ist **A** symmetrisch, kann man **x** mittels einer Orthogonalmatrix **T** transformieren (diese ist ein Isomorphismus):

$$x = Tx^* \; : ATx^* = \lambda Tx^* \rightarrow (T^{-1}AT)x^* = \lambda x^*$$

derart, daß $T^{-1}AT$ Diagonalgestalt hat. T heißt dann auch *Hauptachsentransformation* (von A).

3. Problem der Definitheit:

$x'Ax \geqslant 0$ für alle x?
Bei dieser Untersuchung ist es gleichgültig, ob direkt alle x untersucht werden, oder die Bilder von x mittels einer eineindeutigen Transformation, die ja die gleiche Menge durchläuft. Sei wieder $x = Tx^*$ mit $T^{-1} = T'$:

$$x'Ax \geqslant 0 \leftrightarrow (Tx^*)'ATx^* = x^{*\prime}T'ATx^* \geqslant 0.$$

Nach der Hauptachsentransformation hat die zweite Form aber nur noch quadratische Glieder, und es läßt sich sofort die Definitheit angeben.

Aufgaben zu 4.5. Matrizen und lineare Abbildungen. Lineare Transformationen im Input-Output-Modell

---

1. Gegeben sei $T = \begin{pmatrix} 1 & 0 & -1 \\ 2 & 2 & 2 \\ 2 & 1 & 2 \end{pmatrix}$. Ist die durch T definierte lineare Abbildung des R^3 in den R^3 injektiv, surjektiv oder bijektiv:

$$T : x \in A \rightarrow y = Tx \in B, \; A = B = R^3?$$

Lösung:

Nach Def. (4.152) ist eine Abbildung eineindeutig (injektiv), wenn verschiedene Urbildvektoren auf verschiedene Bildvektoren abgebildet werden:
Sei $a_1, a_2 \in A$ (Urbildmenge) und $b_1 = Ta_1, b_2 = Ta_2$ aus B (Bildmenge). T ist injektiv, wenn $a_1 \neq a_2 \rightarrow b_1 \neq b_2$. Sei $a_1 \neq a_2$ und angenommen $b_1 = b_2$, so ist

$$0 = b_1 - b_2 = Ta_1 - Ta_2 = T(a_1 - a_2) = Tc$$

mit $c = a_1 - a_2 \neq 0$. Nach Satz (4.97) ist aber das Gleichungssystem $Tx = 0$ genau eindeutig lösbar, wenn T regulär ist, also T^{-1} existiert. Hier hätte man zwei Lösungen: $T0 = 0$ und $Tc = 0$. Andererseits aber existiert T^{-1} und mit dem Gaußschen Algorithmus berechnet man

$$T^{-1} = \begin{pmatrix} 1/2 & -1/4 & 1/2 \\ 0 & 1 & -1 \\ -1/2 & -1/4 & 1/2 \end{pmatrix}$$ Also ist $Tc \neq 0$, sonst wäre $c = T^{-1}0 = 0$.

Die Abbildung ist injektiv (Satz 4.170). Weiter ist für einen Vektor b aus B der Vektor $a = T^{-1}b$ das zugehörige Urbild, denn $Ta = TT^{-1}b = Ib = b$. Also ist die Abbildung auch surjektiv und nach Definition (4.153) bijektiv als Zusammenfassung beider Eigenschaften. T^{-1} ergibt die zugehörige inverse Transformation. Im Beispiel ergibt sich aus $Ta = b$:

$$\begin{aligned} a_1 \quad\; - a_3 &= b_1 \rightarrow \ldots \rightarrow & a_1 &= 1/2b_1 - 1/4b_2 + 1/2b_3 \\ 2a_1 + 2a_2 + 2a_3 &= b_2 & a_2 &= \ldots \\ 2a_1 + \; a_2 + 2a_3 &= b_3 & a_3 &= \end{aligned}$$

Für jeden Vektor $b \in R^3$ bestimmt sich eindeutig der Urbildvektor $a \in R^3$. Zum Vergleich berechne man a aus $a = T^{-1}b$!

2. Sei $X = R^2$ und $Y = \left\{(y_1, y_2) \mid y_1 = \frac{1}{2} y_2\right\} \subset R^2$

Durch welche Matrix wird die (lineare) Abbildung f,
f: $x' = (x_1, x_2) \in X \rightarrow y' = (3x_1 + x_2, y_2) \in Y$
abgebildet?

Lösung:

In $y' = (3x_1 + x_2, y_2)$ ist bereits explizit gesagt, wie die 1. Komponente y_1 aus **x** entsteht. Für y_2 weiß man: $y_2 = 2y_1$, also $y_2 = 6x_1 + 2x_2 \rightarrow y' = (3x_1 + x_2, 6x_1 + 2x_2)$. Man sieht nun leicht, daß f eine lineare Abbildung ist. Gesucht ist eine Matrix **T** mit **Tx** = **y**

oder $\begin{pmatrix} t_{11} & t_{12} \\ t_{21} & t_{22} \end{pmatrix} \begin{pmatrix} x_1 \\ x_2 \end{pmatrix} = \begin{pmatrix} 3x_1 + x_2 \\ 6x_1 + 2x_2 \end{pmatrix}$ oder $\begin{matrix} t_{11}x_1 + t_{12}x_2 = 3x_1 + x_2 \\ t_{21}x_1 + t_{22}x_2 = 6x_1 + 2x_2 \end{matrix}$

Dieses Gleichungssystem muß für alle $\mathbf{x} \in X$, also alle x_1, x_2 gelten.

Koeffizientenvergleich (oder auch Einsetzen von $x_1 = 1, x_2 = 0$ und $x_1 = 0, x_2 = 1$) ergibt:

$$t_{11} = 3,\ t_{12} = 1,\ t_{21} = 6,\ t_{22} = 2 \text{ und somit } \mathbf{T} = \begin{pmatrix} 3 & 1 \\ 6 & 2 \end{pmatrix}$$

Die Bestimmung von **T** entspricht der im Beispiel nach Satz (4.159) über die Einheitsvektoren:

3. Sei $X = \{(x_1, x_2, x_3) \mid 2x_1 + 3x_2 = 0, x_3 \in R\} \subset R^3$
und $Y = \{(y_1, y_2) \mid 2y_1 + 3y_2 = 0\} \subset R^2$

a) Welche lineare Transformationen von X auf X sind denkbar?
b) Durch welche Matrix **T** wird die Abbildung f, f:
$\mathbf{x}' = (x_1, x_2, x_3) \in X \rightarrow \mathbf{y}' = (x_1, x_2) \in Y$ bewirkt?

Lösung:

Im Unterschied zu Aufgabe 1 ist hier X nur ein (echter) Unterraum, so daß nicht nur in a), sondern auch in b) die Matrix **T** nicht mehr eindeutig bestimmt ist.

a) $\mathbf{Tx} = \mathbf{y}$ mit $x_1 = -3/2x_2$, $y_1 = -3/2y_2$

$$\begin{pmatrix} t_{11} & t_{12} & t_{13} \\ t_{21} & t_{22} & t_{23} \end{pmatrix} \begin{pmatrix} -3/2x_2 \\ x_2 \\ x_3 \end{pmatrix} = \begin{pmatrix} -3/2y_2 \\ y_2 \end{pmatrix}$$

$$t_{11}(-3/2x_2) + t_{12}x_2 + t_{13}x_3 = -3/2y_2 \mid \cdot (-2/3)$$
$$t_{21}(-3/2x_2) + t_{22}x_2 + t_{23}x_3 = y_2$$
oder $x_2(t_{11} - 2/3t_{12}) + x_3(-2/3t_{13}) = y_2$
$x_2(-3/2t_{21} + t_{22}) + x_3t_{23} = y_2$

Beide Ausdrücke müssen für alle x_2 und x_3 gleich sein; Koeffizientenvergleich ergibt dann:

$$t_{11} - 2/3t_{12} = -3/2t_{21} + t_{22} \quad \text{und} \quad -2/3t_{13} = t_{23}.$$

Die möglichen linearen Transformationen von X auf Y bestehen nun aus der ganzen Klasse von Matrizen **T** mit den 2 Bedingungen, also

$$\mathbf{T} = \begin{pmatrix} 2/3t_{12} - 3/2t_{21} + t_{22} & t_{12} & t_{13} \\ t_{21} & t_{22} & -2/3t_{13} \end{pmatrix}$$

Hier sind t_{21}, t_{12}, t_{22} und t_{13} frei wählbar. Insbesondere kann also auch x_3 einen Beitrag leisten (falls $t_{13} \neq 0$), dieser wird aber entsprechend der Bedingung $2y_1 + 3y_2 = 0$ auf die Komponenten y_1 und y_2 verteilt.

b) Das Bild **y** ist jetzt bekannt, falls **x** bekannt ist, $y_1 = x_1$ und $y_2 = x_2$. Es ist also

$$x_2(t_{11} - 2/3t_{12}) + x_3(-2/3t_{13}) = x_2 \quad \text{und}$$

$$x_2(-3/2t_{21} + t_{22}) + x_3 t_{23} = x_2.$$

Daraus folgt $t_{11} - 2/3\, t_{12} = -3/2t_{21} + t_{22} = 1$ und $-2/3t_{13} = t_{23} = 0$, das sind statt 2 jetzt 4 Bedingungen. Es wird

$$\mathbf{T} = \begin{pmatrix} 2/3t_{12} + 1 & t_{12} & 0 \\ t_{21} & 3/2t_{21} + 1 & 0 \end{pmatrix}$$

mit frei wählbaren t_{12} und t_{21}. Die Abbildung f wird jetzt also durch die Projektion:

$$\mathbf{T}_1 = \begin{pmatrix} 1 & 0 & 0 \\ 0 & 1 & 0 \end{pmatrix}$$ für $t_{12} = 0$, $t_{21} = 0$ bewirkt, aber auch etwa durch

$$\mathbf{T}_2 = \begin{pmatrix} 1\ 2/3 & 1 & 0 \\ 1 & 2\ 1/2 & 0 \end{pmatrix}$$ für $t_{12} = 1$, $t_{21} = 1$ und allen anderen Matrizen dieser Klasse.

Grund für die Wählbarkeit ist die Tatsache, daß X und Y jeweils echte Unterräume sind, also R^3 bzw. R^2 nicht ausfüllen.

4. Der in der Aufgabe 3 zum Abschnitt 4.2 erklärte Zusammenhang zwischen Konsum und Produktion im Leontiefschen Input-Output-Modell kann in der Abbildungsterminologie neu gefaßt werden.

Bei vorgegebener Produktion stellt sich in $\mathbf{b} = (\mathbf{I} - \mathbf{A})\mathbf{x}$ ($\mathbf{b}$ = Konsumvektor, $\mathbf{x}$ = Produktionsvektor, $\mathbf{A}$ = Inputmatrix) der Konsumvektor **b** als lineare, bijektive Abbildung des Produktionsvektors **x** dar, falls $(\mathbf{I} - \mathbf{A})$ regulär ist.

Bei vorgegebenem Konsumniveau **b** ist die Produktion die inverse Abbildung des Konsumvektors in

$$\mathbf{x} = (\mathbf{I} - \mathbf{A})^{-1}\mathbf{b}.$$

Die Transformationsmatrix ist hier die Leontief-Inverse.

---

5. Lineare Programmierung und n-dimensionale Geometrie

5.1. Lineare Programmierung

5.1.1. Das allgemeine Problem der linearen Programmierung

In Abschnitt 2.4. hatten wir bereits ein einfaches Problem der Linearen Programmierung untersucht und graphisch gelöst:

$$\begin{aligned} 2x_1 + x_2 &\leqslant 40 \\ x_1 + x_2 &\leqslant 30 \\ x_1 \qquad &\leqslant 15 \\ x_2 &\leqslant 25 \end{aligned} \qquad \begin{aligned} &x_1, x_2 \geqslant 0 \\ \\ &Z = 8x_1 + 5x_2 \rightarrow \text{Max} \end{aligned}$$

Als bestmögliches Ergebnis ergab sich $Z = 180$ durch die Wahl von $x_1 = 10, x_2 = 20$. Dieser Punkt $\mathbf{x} = (10, 20)$ war der Schnittpunkt der Geraden $x_1 + x_2 = 30$ und $2x_1 + x_2 = 40$ und zugleich ein Eckpunkt der in der Abbildung schraffierten Menge der zulässigen Lösungen. Der schraffierte Bereich hatte mehrere bemerkenswerte Eigenschaften: er wird durch Geraden begrenzt, einige der Geradenschnittpunkte bilden die Ecken des Bereichs, jede Verbindungsstrecke von Punkten des Bereichs ist wieder in ihm enthalten, das Optimum befindet sich in einer Ecke oder auch bei Parallelität der Zielgeraden zu einer Begrenzungsgeraden in der ganzen Verbindungsstrecke zweier Eckpunkte.

Die Lineare Programmierung beruht nun auf der Kenntnis solcher geometrischer Gebilde, die in den folgenden Abschnitten genauer zu beschreiben sind. Die Lineare Programmierung ist dabei allerdings nur ein spezieller Fall der Anwendung. Um ihn als Beipsiel verwenden zu können, ist das obige Problem zunächst etwas allgemeiner zu fassen.

(5.1) *Def.: Gleichheit und Ungleichheit von Vektoren:*
Seien $\mathbf{x}$ und $\mathbf{y}$ Vektoren aus dem R^m. Dann heißt
$\mathbf{x} = \mathbf{y}$, wenn $x_i = y_i \ \forall\, i = 1, \ldots, m$
$\mathbf{x} \leqslant \mathbf{y}$, wenn $x_i \leqslant y_i \ \forall\, i = 1, \ldots, m$
$\mathbf{x} \geqslant \mathbf{y}$, wenn $x_i \geqslant y_i \ \forall\, i = 1, \ldots, m$.

Beispiel:

Nichtnegativität von $\mathbf{x}$: $\mathbf{x} \geqslant \mathbf{0}$, d.h. $x_i \geqslant 0 \ \forall\, i$. Es lautet in allegmeiner Schreibweise das *Maximierungsproblem:*

$$\begin{aligned} a_{11}x_1 + a_{12}x_2 + \ldots + a_{1r}x_r &\leqslant b_1 \\ a_{21}x_1 + a_{22}x_2 + \ldots + a_{2r}x_r &\leqslant b_2 \\ \ldots\ldots\ldots\ldots\ldots\ldots\ldots\ldots \\ a_{m1}x_1 + a_{m2}x_2 + \ldots + a_{mr}x_r &\leqslant b_m \end{aligned}$$

(*Nebenbedingungen* des Maximierungsproblems) oder äquivalent mit Koeffizienten als Spaltenvektoren:

$$a_1 x_1 + a_2 x_2 + \ldots + a_r x_r \leqslant b$$

oder mit der Koeffizientenmatrix $A = A_{mr}$

(5.2) $\quad A \cdot x \leqslant b.$

Zusätzliche Beschränkung: $x \geqslant 0$, *Nichtnegativität der Lösung.*

(5.3) $\quad$ *Zielfunktion:* $c_1 x_1 + c_2 x_2 + \ldots + c_r x_r = c'x \to \text{Max.}$

$Ax \leqslant b$, $x \geqslant 0$ und $c'x \to \text{Max}$ heißt die *Standardform* der Maximierung. Überführung der obigen Ungleichung in Gleichungsform durch Einführung von nicht-negativen *Schlupfvariablen* x_{r+i}, $i = 1, \ldots, m$:

(5.4)
$$\begin{array}{llll} a_{11} x_1 + \ldots + a_{1r} x_r + x_{r+1} & & & = b_1 \\ a_{21} x_1 + \ldots + a_{2r} x_r + & x_{r+2} & & = b_2 \\ \ldots\ldots\ldots\ldots\ldots\ldots & & & \\ a_{m1} x_1 + \ldots + a_{mr} x_r + & & x_{r+m} & = b_m \end{array}$$

Dies ergibt die *Kanonische Form* des Maximierungsproblems:
Mit $\tilde{A} = (A, I)$ und $\tilde{x}' = (x', x_{r+1}, \ldots, x_{r+m})$ und $\tilde{c}' = (c', 0, \ldots, 0)$ hat man

(5.5) $\quad \tilde{A}\tilde{x} = b,\ \tilde{x} \geqslant 0$ und $Z = Z(\tilde{x}) = \tilde{c}'\tilde{x} \to \text{Max.}$

In der Anwendung kommen nun allerdings Gleichungen und Ungleichungen jeder Art gemischt vor, so daß es der Einfachheit der Darstellung sowie der leichteren theoretischen Zugänglichkeit wegen zweckmäßig ist, die Nebenbedingungen sämtlich in die Gleichungsform zu überführen.

Ist also eine Nebenbedingung der Form

(5.6) $\quad L_i(x) = a_{i1} x_1 + \ldots + a_{in} x_n \ \{\leqslant, = \text{oder} \geqslant\}\ b_i$

gegeben, so wird

1. im Fall $L_i(x) \leqslant b_i$ eine Schlupfvariable $\hat{x}_i \geqslant 0$ definiert und addiert:

(5.7) $\quad L_i(x, \hat{x}_i) = a_{i1} x_1 + \ldots + a_{in} x_n + \hat{x}_i = b_i,$

2. im Fall $L_i(x) = b_i$ die Gleichung unverändert gelassen, und

3. im Fall $L_i(x) \geqslant b_i$ ebenfalls eine Schlupfvariable $\hat{x}_i \geqslant 0$ definiert und subtrahiert:

(5.8) $\quad L_i(x, \hat{x}_i) = a_{i1} x_1 + \ldots + a_{in} x_n - \hat{x}_i = b_i.$

Die Matrix A wird um die entsprechenden Spalten $\hat{a}_i = e_i$ im Fall 1. bzw. $\hat{a}_i = -e_i$ im Fall 3. ergänzt, ebenso x um alle $\hat{x}_i$ und c um weitere Komponenten, die gleich Null gesetzt werden. Dann können wir das *allgemeine Problem der Linearen Programmierung* (in der kanonischen Form) schreiben:

(5.9) $\quad Ax = b,\ x \geqslant 0$ und $Z(x) = c'x \to \text{Max (oder Min)}.$

Für die weitere Erörterung werden noch einige Begriffe gebraucht:

(5.10) *Def.:* Im LP-Problem $Ax = b$, $x \geqslant 0$, $Z = c'x \to \text{Max}$ heißt x eine *zulässige Lösung,* wenn gilt: $Ax = b$ und $x \geqslant 0$. Eine zulässige Lösung x^* heißt *optimal (Maximalpunkt),* wenn gilt $Z(x^*) \geqslant Z(x)$ für alle zulässigen Lösungen x (Entsprechend im Minimumproblem $Z(x^*) \leqslant Z(x)$).

A ist eine (m, n)-Matrix, **x** und **c** sind n-Vektoren, **b** ein m-Vektor.

Wir nehmen an, daß

$$n > m$$

gilt, da für $n \leq m$ das Gleichungssystem $\mathbf{Ax} = \mathbf{b}$ entweder die Lösung **x** eindeutig bestimmt (ist dann $\mathbf{x} \geq \mathbf{0}$, so ist das Optimierungsproblem durch **x** gelöst), oder $\mathbf{Ax} = \mathbf{b}$ inkonsistent ist oder aber einige Gleichungen linear abhängig sind und deshalb weggelassen werden können. Für eine echte Wahlmöglichkeit entsprechend der Zielfunktion kann also $n > m$ vorausgesetzt werden. Für das Folgende wird dabei vorausgesetzt, daß in $\mathbf{Ax} = \mathbf{b}$ keine redundanten Gleichungen enthalten sind, daß also $\text{Rg}\mathbf{A} = m$ gilt mit $m < n$.

Im folgenden Abschnitt wird eine Einführung in die Rechenmethode der linearen Programmierung gegeben, die an das Lösen von Gleichungssystemen anknüpft. Danach wird diese Methode allgemein dargestellt und der Rechenvorgang schematisiert. Im Abschnitt 5.2, speziell 5.2.3 findet der Leser die mehr abstrakten theoretischen Grundlagen.

5.1.2. Die Lösung eines linearen Programmes. Eine Einführung in die Simplexmethode.

Anhand eines Beispieles werden die grundlegenden Begriffe und Schritte des Verfahrens der linearen Programmierung, der Simplexmethode, dargestellt.

Auf zwei Anlagen sollen drei Produkte P_1, P_2 und P_3 in den Mengen x_1, x_2 und x_3 gefertigt werden. Beanspruchung der Anlagen je Produktionseinheit und verfügbare Kapazität ergeben sich aus der folgenden Tabelle und dem entsprechenden Ungleichungssystem:

	P_1	P_2	P_3	Kapazität
Anlage 1	2	1	1	33
Anlage 2	1	$4\frac{1}{2}$	$2\frac{1}{2}$	$28\frac{1}{2}$
Deckungsbeitrag	10	8	7	

$$2x_1 + 1x_2 + 1x_3 \leq 33$$
$$1x_1 + 4\tfrac{1}{2}x_2 + 2\tfrac{1}{2}x_3 \leq 28\tfrac{1}{2}$$
$$x_1, x_2, x_3 \geq 0$$
$$Z = 10x_1 + 8x_2 + 7x_3 \to \text{Max}$$

Der Gesamtdeckungsbeitrag Z ist zu maximieren; dabei ist die Nichtnegativität der Produktmengen zu beachten. Zunächst ist das LP-Problem als Standardmaximumproblem gegeben, jedoch ist es zur Anwendung der Kenntnisse über die Lösung linearer Gleichungssysteme zweckmäßig, das kanonische Problem durch Einführung der Schlupfvariablen x_4 und x_5 aufzustellen. x_4 und x_5 sind die Mengen unverbrauchter Kapazitäten der beiden Anlagen. Um auch die Zielfunktion als Gleichung zu erhalten, ersetzen wir Z durch die Variable x_0 und ziehen die rechte Seite von x_0 ab. Ergebnis:

$$\begin{array}{lllllll} (5.11) & \text{Zeile 0:} & x_0 - 10x_1 - & 8x_2 - & 7x_3 & & = 0 \\ & \text{Zeile 1:} & 2x_1 + & 1x_2 + & 1x_3 + 1x_4 & & = 33 \\ & \text{Zeile 2:} & 1x_1 + & 4\frac{1}{2}x_2 + & 2\frac{1}{2}x_3 & + 1x_5 & = 28\frac{1}{2} \end{array}$$

Es ist dabei $x_1 \geq 0$, $x_2 \geq 0$, $x_3 \geq 0$, $x_4 \geq 0$ und $x_5 \geq 0$ zu beachten, sowie daß x_0 zu maximieren ist.

Das Gleichungssystem hat nun die allgemeine Form $\mathbf{Ax} = \mathbf{b}$, $\mathbf{x} \geqslant \mathbf{0}$ sowie $x_0 - \mathbf{c'x} = 0$, $x_0 \to$ Max. Es ist $n = 5$, $m = 2$ und RgA = 2. Das Gleichungssystem (5.10) kann man als nach den Variablen x_0, x_4 und x_5 aufgelöst interpretieren. Dann wären x_1, x_2 und x_3 freie Variable und x_0 und x_4 und x_5 von ihnen abhängig. Setzt man die freien Variablen Null, so wird $x_4 = 33$, $x_5 = 28\frac{1}{2}$ und $x_0 = 0$. Die so gefundene Lösung $\mathbf{x}' = (x_1, x_2, \ldots, x_5)$ ist eine Basislösung entsprechend Definition (3.51). x_4 und x_5 heißen also auch *Basisvariable* und x_1, x_2 und x_3 *Nichtbasisvariable.* Solche Basislösungen sind wiederum *Ecken* des Bereichs der zulässigen Lösungen.

In dieser Lösung wird aber keine einzige Einheit produziert mit der Folge $x_0 = 0$. Der Deckungsbeitrag wird höher, wenn wenigstens ein Produkt hergestellt wird, nehmen wir also P_1, da P_1 den höchsten Beitrag pro Einheit liefert. Das ist gleichbedeutend damit, daß der Gesamtbeitrag dann steigen kann, wenn es noch negative Koeffizienten in der Zeile 0 von (5.11) gibt, und unter diesen ist -10 der niedrigste. Der Wert x_1 kann nun aber nicht unbeschränkt groß werden, da sonst andere Variablen negativ werden müßten, sich also eine unzulässige Lösung ergäbe. Denkt man sich x_2, x_3 und x_4 in Zeile 1 gleich Null, so wird x_1 höchstens $33 : 2 = 16\frac{1}{2}$, da jede Einheit zwei Einheiten Kapazität verbraucht. Die gleiche Überlegung für Zeile 2 ergibt, daß x_1 höchstens $28\frac{1}{2} : 1 = 28\frac{1}{2}$ werden kann. Zeile 1 ergibt somit die strengere Restriktion mit $16\frac{1}{2}$. Wird nun x_1 tatsächlich so groß, so bleiben x_2 und x_3 gleich Null und x_4 wird Null.

x_1 wird in der neuen Lösung Basisvariable und x_4 Nichtbasisvariable (gleich Null). Mit den Zeilenoperationen des Gaußschen Algorithmus (vgl. 4.2.3.), die auch *Pivotoperationen* genannt werden, eliminieren wir x_1 aus allen Zeilen bis auf Zeile 1, die die Restriktion $16\frac{1}{2}$ ergab. Der Koeffizient 2 heißt dabei *Pivotelement*.

Die neue Zeile 1 ergibt sich durch Division der Zeile 1 durch das Pivotelement: $Z_1^* = \frac{1}{2} \cdot Z_1 \equiv x_1 + \frac{1}{2}x_2 + \frac{1}{2}x_3 + \frac{1}{2}x_4 = 16\frac{1}{2}$.

In Zeile 2 wird x_1 eliminiert: $Z_2^* = Z_2 - 1 \cdot Z_1^*$ und ebenso in Zeile 0: $Z_0^* = Z_0 + 10 \cdot Z_1^*$.
Das neue Gleichungssystem lautet:

$$
\begin{array}{lllr}
 & \text{Zeile 0:} & x_0 \quad -3x_2 - 2x_3 + 5x_4 & = 165 \\
(5.12) & \text{Zeile 1:} & x_1 + \frac{1}{2}x_2 + \frac{1}{2}x_3 + \frac{1}{2}x_4 & = 16\frac{1}{2} \\
 & \text{Zeile 2:} & 4x_2 + 2x_3 - \frac{1}{2}x_4 + 1x_5 & = 12
\end{array}
$$

Hierin sind x_2, x_3 und x_4 freie Variable (Nichtbasisvariable) und werden Null gesetzt. Die Basisvariablen sind dann $x_1 = 16\frac{1}{2}$, $x_5 = 12$ und der Deckungsbeitrag $x_0 = 165$. Dieser kann weiter steigen, wenn x_2 oder x_3 positiv wird, und zwar um 3 bzw. 2 je Einheit, entsprechend den negativen Koeffizienten der Zeile 0. Entscheiden wir uns für x_2 wegen des größeren Anstiegs je Einheit.

Nach Zeile 1 kann x_2 höchstens $16\frac{1}{2} : \frac{1}{2} = 33$ werden (Null alle anderen Variablen), nach Zeile 2 höchstens $12 : 4 = 3$. Letztere ist restriktiv für x_2. Lösen wir Zeile 2 nach x_2 auf durch Division durch das Pivotelement 4, so wird $Z_2^{**} = \frac{1}{4} Z_2^* \equiv x_2 + \frac{1}{2}x_3 - \frac{1}{8}x_4 + \frac{1}{4}x_5$ und eliminieren x_2 in den anderen Zeilen durch $Z_1^{**} = Z_1^* - \frac{1}{2} Z_2^{**}$ und $Z_0^{**} = Z_0^{**} + 3Z_2^{**}$, so wird das

Gleichungssystem:

$$\begin{array}{llllllll} & \text{Zeile 0: } x_0 & & -\frac{1}{2}x_3 & + 4\frac{5}{8}x_4 & + \frac{3}{4}x_5 & = 174 \\ (5.13) & \text{Zeile 1: } & x_1 & +\frac{1}{4}x_3 & + \frac{9}{16}x_4 & + -\frac{1}{8}x_5 & = 15 \\ & \text{Zeile 2: } & x_2 & +\frac{1}{2}x_3 & - \frac{1}{8}x_4 & + \frac{1}{4}x_5 & = 3 \end{array}$$

Nun werden $x_1 = 15$ und $x_2 = 3$ Einheiten produziert mit dem Deckungsbeitrag $x_0 = 174$. Die anderen Variablen sind Null.

Der Deckungsbeitrag läßt sich aber immer noch vergrößern durch Einführung von x_3, da x_3 den negativen Koeffizienten $-\frac{1}{2}$ in der Zeile 0 hat. Zeile 1 ergibt: x_3 höchstens $15 : \frac{1}{4} = 60$, Zeile 2 : x_3 höchstens $3 : \frac{1}{2} = 6$. Da sich in Zeile 2 die unterste Schranke ergibt, wird $x_3 = 6$ und $x_2 = 0$. Die Pivotoperationen ergeben:

$$\begin{array}{llllllll} & \text{Zeile 0: } x_0 & + 1x_2 & & + 4\frac{1}{2}x_4 & + 1x_5 & = 177 \\ (5.14) & \text{Zeile 1: } x_1 & -\frac{1}{2}x_2 & & + \frac{5}{8}x_4 & - \frac{1}{4}x_5 & = 13\frac{1}{2} \\ & \text{Zeile 2: } & 2x_2 & + x_3 & - \frac{1}{4}x_4 & + \frac{1}{2}x_5 & = 6 \end{array}$$

Durch den letzten Schritt ist die optimale Lösung erreicht, da in der Zeile 0 kein negativer Koeffizient mehr steht, der eine Verbesserung von x_0 anzeigt. Die optimale Produktion ist $x_1 = 13\frac{1}{2}$, $x_2 = 0$, $x_3 = 6$ und keine Leerkapazität, $x_4 = 0$, $x_5 = 0$, mit dem Gesamtdeckungsbeitrag $x_0 = 177$.

Zusammenfassend stellen wir fest, daß das LP-Problem lediglich durch Umformungen des anfänglichen Gleichungssystems (5.11) gelöst werden konnte, wobei wir aus den früheren Ausführungen wissen, daß die Zeilenoperationen die Lösungsmenge unverändert lassen. Nur zwei Punkte waren hier zusätzlich zu beachten: 1. die gleichzeitige Maximierung der Zielfunktion, die durch die Auswahl der Variablen erreicht wurde, nach der im nächsten Schritt aufgelöst wurde, und 2. die Nichtnegativität aller Variablen, die durch die Auswahl der Zeile, die die Obergrenze für die neue Variable angab und zur *Pivotzeile* wurde, gewährleistet blieb. Daß wir uns auf Basislösungen (Ecken des zulässigen Bereichs, freie Variablen gleich Null) beschränken konnten, wird in 5.2.3. ausführlich begründet.

Die Operationen führt man zur Vereinfachung meist in einem Schema, den sogenannten Simplextableaus (vgl. 5.1.4.), aus. Spalten und Zeilenauswahl sind mit einem ◯ , das Pivotelement durch □ gekennzeichnet. Zum Vergleich sind außerdem nochmals Zeilennummer und Operation angegeben:

Zeile	Basis	x_1	x_2	x_3	x_4	x_5	rechte Seite	Obergrenze	Operation
1	x_4	2	1	1	1	0	33	$33:2=16\frac{1}{2}$	$Z_1^* = \frac{1}{2} Z_1$
2	x_5	1	$4\frac{1}{2}$	$2\frac{1}{2}$	0	1	$28\frac{1}{2}$	$28\frac{1}{2}:1=28\frac{1}{2}$	$Z_2^* = Z_2 - 1Z_1^*$
0	x_0	−10	−8	−7	0	0	0		
1	x_1	1	$\frac{1}{2}$	$\frac{1}{2}$	$\frac{1}{2}$	0	$16\frac{1}{2}$	$16\frac{1}{2}:\frac{1}{2}=33$	$Z_1^{**} = Z_1^* - \frac{1}{2} Z_2^{**}$
2	x_5	0	4	2	$-\frac{1}{2}$	1	12	$12:4=3$	$Z_2^{**} = \frac{1}{4} Z_2^*$
0	x_0	0	−3	−2	5	0	165		
1	x_1	1	0	$\frac{1}{4}$	$\frac{9}{16}$	$-\frac{1}{8}$	15	$15:\frac{1}{4}=60$	$Z_1^{***} = Z_1^{**} - \frac{1}{4} Z_2^{***}$
2	x_2	0	1	$\frac{1}{2}$	$-\frac{1}{8}$	$\frac{1}{4}$	3	$3:\frac{1}{2}=6$	$Z_2^{***} = 2 \cdot Z_2^{**}$
0	x_0	0	0	$-\frac{1}{2}$	$4\frac{5}{8}$	$\frac{3}{4}$	174		
1	x_1	1	$-\frac{1}{2}$	0	$\frac{5}{8}$	$-\frac{1}{4}$	$13\frac{1}{2}$		
2	x_3	0	2	1	$-\frac{1}{4}$	$\frac{1}{2}$	6		
0	x_0	0	1	0	$4\frac{1}{2}$	1	177	= Opt!	

Mit dem letzten Tableau ist das Optimum erreicht, da kein Koeffizient der 0-Zeile mehr negativ ist. Das Ergebnis liest man in einfacher Weise ab. Man möge noch beachten, daß in den Spalten, die zu Basisvariablen gehören, immer nur Einheitsvektoren stehen.

Die 0-Zeilen sollen nochmals kurz beleuchtet werden. Die Koeffizienten geben an, um wieviel die Zielfunktion steigt (Koeffizient negativ) oder fällt (Koeffizient positiv), wenn die entsprechende Variable um eine Einheit (vom Niveau Null aus) erhöht wird. In diesem Wert ist bereits berücksichtigt, daß wegen der Einhaltung der Kapazitäten sich gleichzeitig andere Variable ändern müssen; der Betrag dafür steht mit umgekehrtem Vorzeichen jeweils in der gleichen Spalte. Im dritten Tableau ergibt die Erhöhung von x_3 um 1 Einheit (von 0 auf 1) eine Erhöhung der Zielfunktion um $\frac{1}{2}$, x_1 verringert sich um $\frac{1}{4}$ und x_2 um $\frac{1}{2}$. Da x_3 auf 6 erhöht wird, ergibt sich sofort das gesamte Ausmaß der Veränderungen.

Die letzte 0-Zeile gibt noch weitere Informationen. Würde man x_4 um 1 (von 0 auf 1) erhöhen, so verringerte sich die Zielfunktion um $4\frac{1}{2}$. $x_4 = 1$ bedeutet aber die Nichtverwendung einer Einheit Kapazität der 33 verfügbaren Einheiten. Wären von vornherein nur 32 statt 33 (resp. 34 statt 33) Einheiten verfügbar, so wäre der Deckungsbeitrag um $4\frac{1}{2}$ geringer (resp. höher). Mit $4\frac{1}{2}$ Geldeinheiten pro Kapazitätseinheit ist somit eine rechnerische Bewertung der Kapazität der ersten Restriktion gefunden; der Wert wird deshalb auch *Verrechnungspreis* oder *Schattenpreis* dieser Kapazität genannt. Analoges gilt für die zweite Kapazität. Ist eine Nebenbedingung nicht restriktiv im Optimum, d.h. die zugehörige Schlupfvariable positiv, so wird ihr Schattenpreis Null.

5.1.3. Der Basis- oder Eckentausch der Simplexmethode

Das am Beispiel dargestellte Rechenverfahren, die *Simplexmethode,* beruht auf dem Wissen (vgl. 5.2.3.), daß es zur Optimumsuche genügt, die zulässigen Basislösungen des Gleichungssystems, das sind die Ecken des Beschränkungsbereichs, zu untersuchen. Die Methode gibt an, wie und unter welchen Kriterien man von einer Lösung zur nächsten gelangt, bis das Optimum erreicht ist. Das im Prinzip bereits gezeigte Verfahren wird nun formal dargestellt, wobei sich die Auswahlkriterien exakt ableiten lassen.

Das Verfahren enthält also zwei Teile:

1. der Rechenschritt, von einer Basis (Ecke) zu einer anderen mittels Pivotoperationen überzugehen, der sogenannte Ecken- oder Basistausch (eine Iteration),
2. die Berechnung von Kriterien, die angeben, welche Ecke als nächste anzusteuern ist.

Das Verfahren des Basistauschs:

Es sei daran erinnert, daß $\text{Rg}\mathbf{A} = m$ und $m < n$. $\mathbf{x}$ sei eine Ecke der Menge M der zulässigen Lösungen und die Basis zu dieser Ecke $B = \{\mathbf{a}_k \mid k \in Z\}$, die aus m linear unabhängigen Spaltenvektoren von $\mathbf{A}$ besteht. Dabei sind die Komponenten x_k, $k \in Z$, gleich Null und es gilt

$$(5.15) \qquad \sum_{k \in Z} x_k \mathbf{a}_k = \mathbf{b}.$$

Die Menge B ist eine Basis des R^m und deshalb ist jeder Spaltenvektor von $\mathbf{A}$ als Linearkombination mit B darstellbar:

$$(5.16) \qquad \mathbf{a}_i = \sum_{k \in Z} y_{ki} \mathbf{a}_k \qquad (i = 1, \ldots, n).$$

ist i selbst aus Z, so ist natürlich $\mathbf{a}_i = 1 \cdot \mathbf{a}_i$, d.h. $y_{ii} = 1$ und $y_{ki} = 0$ für $k \neq i$.

Da die Zielfunktion in der Schreibweise der 0-Zeile ebenfalls in die Umrechnung einbezogen wird, macht man den Ansatz

$$(5.17) \qquad x_0 + \sum_{j=1}^{n} d_j x_j = Z$$

Nehmen wir der einfacheren Schreibweise wegen an, die Basis B sei $B = \{a_1, \dots, a_m\}$, so heißt in vektorieller Schreibweise die Basislösung $\begin{pmatrix} x_1 \\ \vdots \\ x_m \end{pmatrix}$ mit der Eigenschaft (5.15) unter Weglassen der Nichtbasisvariablen das *Programm* zur Basis B. Die Vektoren $y_j = \begin{pmatrix} y_{1j} \\ \vdots \\ y_{mj} \end{pmatrix}$ mit den Koeffizienten aus (5.16) heißen die Vektoren der *Programmkoeffizienten.* Die Zusammenstellung all dieser Koeffizienten heißt *Simplextableau:*

		Zielkoeff. c_j	$c_1 \dots c_j \dots c_n$	
Spaltenbasis $Z = \{1,\dots,m\}$ $i \in Z$	Zielkoeff. d. Spaltenbasis c_i	Spalte j / Basislösung x_i	$1 \dots j \dots n$	$\frac{x_i}{y_{ij}}$
1	c_1	x_1	$y_{11} \dots y_{1j} \dots y_{1n}$	
$\vdots$	$\vdots$	$\vdots$	....	
ℓ	c_ℓ	x_ℓ	$y_{\ell 1} \dots y_{\ell j} \dots y_{\ell n}$	Min
$\vdots$	$\vdots$	$\vdots$	....	
m	c_m	x_m	$y_{m1} \dots y_{mj} \dots y_{mn}$	
0		Wert der Zielfunktion $Z = c' \cdot x$	$d_1 \dots d_j \dots d_n$	

Beispiel:

Das Anfangstableau zum Standardmaximierungsproblem ($b_i > 0, i = 1, \dots, m$)

$$
\begin{aligned}
a_{11} x_1 + \dots + a_{1n} x_n + x_{n+1} \qquad\qquad &= b_1 \\
a_{22} x_1 + \dots + a_{2n} x_n \qquad + x_{n+2} \qquad &= b_2 \\
\dots\dots\dots\dots\dots\dots\dots\dots\dots\dots\dots\dots& \\
a_{m1} x_1 + \dots + a_{mn} x_n \qquad\qquad + x_{n+m} &= b_m \\
x_i \geqslant 0, \; i = 1, \dots, n + m; \qquad\qquad & \\
x_0 - c_1 x_1 - \dots - c_n x_n \qquad\qquad &= 0, \quad x_0 \to \text{Max}
\end{aligned}
$$

entsteht nach Eintragung der Werte in das oben gegebene allgemeine Tableau:

		c_j	$c_1 \ \ldots c_n$	$0 \quad 0 \ \ldots \ 0$	
i	c_i	j / x_i	$1 \ \ldots n$	$n+1 \ \ n+2 \ldots n+m$	$\frac{x_k}{y_{kj}}$
$n+1$	0	b_1	$a_{11} \ldots a_{1n}$	$1 \quad 0 \ \ldots \ 0$	
$n+2$	0	b_2	$a_{21} \ldots a_{2n}$	$0 \quad 1 \ \ldots \ 0$	
$\vdots$	$\vdots$	$\vdots$	$\ldots\ldots\ldots$	$\ldots\ldots\ldots\ldots$	
$n+m$	0	b_m	$a_{m1} \ldots a_{mn}$	$0 \quad 0 \ \ldots \ 1$	
0		0	$-c_1 \ldots -c_n$	$0 \quad 0 \ \ldots \ 0$	

Gehen wir zunächst wieder von den Gleichungen (5.15) und (5.16) aus.

Sei $\mathbf{x}$ eine *nicht-degenerierte* Basislösung, d.h. alle $x_k > 0$ für $k \in Z$. Dann sucht man unter den Zahlen y_{ki} mit $k \in Z$ und $i \notin Z$, d.h. y_{ki} aus der Darstellung eines Nichtbasisvektors, eine positive, z.B. $y_{\ell j} > 0$. Jetzt kann man eine neue Ecke $\mathbf{x}^*$ finden mit einer Basis B^*, die den Vektor $\mathbf{a}_j$ neu enthält und alle $\mathbf{a}_k$ mit $k \in Z$ bis auf einen wegzulassenden, also wieder m. Welcher Vektor $\mathbf{a}_j$ Verwendung findet, kann erst später erklärt werden.

Man bildet zunächst einen Vektor $\mathbf{x}(\delta)$ für $\delta \geqslant 0$ aus $\mathbf{x}$ durch

$$(5.18) \qquad \begin{aligned} x_k(\delta) &= x_k - \delta y_{kj} && \text{für } k \in Z \\ x_j(\delta) &= \delta && j \notin Z \\ x_i(\delta) &= 0 && \text{für } i \notin Z \text{ und } i \neq j. \end{aligned}$$

Die Nebenbedingungen bleiben weiterhin erfüllt, nämlich

$$\mathbf{A}\mathbf{x}(\delta) = \sum_{k \in Z} (x_k - \delta y_{kj})\mathbf{a}_k + \delta \mathbf{a}_j = \sum_{k \in Z} x_k \mathbf{a}_k = \mathbf{b}$$

und hält man δ innerhalb des Bereichs $0 \leqslant \delta \leqslant \delta^*$, wobei

$$(5.19) \qquad \delta^* = \frac{x_\ell}{y_{\ell j}} = \operatorname*{Min}_k \left(\frac{x_k}{y_{kj}}\right) \text{ für } k \in Z \text{ mit } y_{kj} > 0,$$

so wird keine Komponente von $\mathbf{x}(\delta)$ negativ.

Speziell ist aber $\mathbf{x}^* = \mathbf{x}(\delta^*)$ eine zulässige Lösung, δ^* ist positiv und $\mathbf{x}^*$ hat höchstens m von Null verschiedene (positive) Komponenten. Es ist neu

$$x_j^* = \delta^* = \frac{x_\ell}{y_{\ell j}} > 0,$$

$$(5.20) \qquad x_k^* = x_k - \frac{x_\ell}{y_{\ell j}} y_{kj} \geqslant 0, \ k \in Z \text{ während}$$

$$x_\ell^* = x_\ell - \delta^* y_{\ell j} \quad = 0 \text{ wird.}$$

(Evtl. sind mehrere Komponenten Null geworden.)

Es bleibt zu zeigen, daß die zugehörige Menge $B^* = B \setminus \{a_\ell\} \cup \{a_j\}$ linear unabhängig, also wieder Basis ist. Angenommen, B^* sei l.a.

Sei $\sum\limits_{k \in Z, k \neq \ell} h_k a_k + h_j a_j = 0$. Es ist $h_j \neq 0$, da sonst B l.a. wäre.

Setze $h_j = 1$. Es ist dann

$$0 = \sum_{k \in Z, k \neq \ell} h_k a_k + a_j = y_{\ell j} a_\ell + \sum_{k \in Z, k \neq \ell} (h_k + y_{kj}) a_k, \text{ da } a_j = \sum_{k \in Z} y_{kj} a_k .$$

Hier kommen nur noch Vektoren aus B vor, die l.u. sind, also ist $y_{\ell j} = 0$. Das ist aber ein Widerspruch zu (5.19), wo für $y_{\ell j} > 0$ gerade das Minimum δ^* vorlag. Also ist B^* linear unabhängig. Die zugehörige Indexmenge Z^* entsteht durch Weglassen von ℓ und Zufügung von j.

Mit der neuen Basis stellt man entsprechend (5.16) wieder alle Spaltenvektoren dar:

$$a_i = \sum_{k \in Z^*} y^*_{ki} a_k .$$

Die neue Darstellung rechnet man wie folgt aus der alten:

Aus $a_j = \sum\limits_{k \in Z} y_{kj} a_k$ wird nach Division durch das *Pivotelement* $y_{\ell j}$ nach

$$a_\ell = \frac{1}{y_{\ell j}} \left(a_j - \sum_{k \in Z, k \neq \ell} y_{kj} a_k\right) \tag{5.21}$$

aufgelöst und dann in die Darstellung (5.16) für a_i ($i \neq j$) eingesetzt:

$$a_i = \frac{y_{\ell i}}{y_{\ell j}} a_j + \sum_{k \in Z, k \neq \ell} \left(y_{ki} - \frac{y_{\ell i}\, y_{kj}}{y_{\ell j}} a_k\right) .$$

So entstehen die neuen Koeffizienten:

$$\begin{aligned} & y^*_{j\ell} = \frac{1}{y_{\ell j}} ; && y^*_{k\ell} = -\frac{y_{kj}}{y_{\ell j}} \quad (k \in Z, k \neq \ell) \\ & y^*_{ji} = \frac{y_{\ell i}}{y_{\ell j}} \quad (i \neq \ell) ; && y^*_{ki} = y_{ki} - \frac{y_{\ell i} y_{kj}}{y_{\ell j}} \quad (k \in Z, k \neq \ell, i \neq \ell) . \end{aligned} \tag{5.22}$$

Nimmt man der einfacheren Schreibweise wegen wieder an, es sei $B = \{a_1, \ldots, a_m\}$ bzw. $Z = \{1, \ldots, m\}$, was zum allgemeinen Simplextableau führte, so ergibt sich für das Programm x^* zur Basis $B^* = \{a_1, \ldots, a_j, \ldots, a_m\}$ mit a_j statt a_ℓ nach (5.20).

$$\begin{pmatrix} x^*_1 \\ x^*_2 \\ \vdots \\ x^*_j \\ \vdots \\ x^*_m \end{pmatrix} = \begin{pmatrix} x_1 - \dfrac{y_{1j}}{y_{\ell j}} x_\ell \\ x_2 - \dfrac{y_{2j}}{y_{\ell j}} x_\ell \\ \vdots \\ \dfrac{1}{y_{\ell j}} x_\ell \\ \vdots \\ x_m - \dfrac{y_{mj}}{y_{\ell j}} x_\ell \end{pmatrix} \tag{5.23}$$

wobei $x_\ell^* = x_\ell - \frac{y_{\ell j}}{y_{\ell j}} x_\ell = 0$ nicht mehr vorkommt.

In diesem speziellen Fall wird Gleichung (5.21) zu

$$\mathbf{a}_\ell = \frac{1}{y_{\ell j}} \mathbf{a}_j - \frac{y_{1j}}{y_{\ell j}} \mathbf{a}_1 - \ldots - \frac{y_{mj}}{y_{\ell j}} \mathbf{a}_m .$$

Setzt man diese Gleichung in $x_1 \mathbf{a}_1 + \ldots + x_\ell \mathbf{a}_\ell + \ldots + x_m \mathbf{a}_m = \mathbf{b}$ ein, so erhält man nach Umrechnung

$$\left(x_1 - \frac{y_{1j}}{y_{\ell j}} x_\ell\right) \cdot \mathbf{a}_1 + \left(x_2 - \frac{y_{2j}}{y_{\ell j}} x_\ell\right) \cdot \mathbf{a}_2 + \ldots + \left(\frac{1}{y_{\ell j}} x_\ell\right) \cdot \mathbf{a}_j + \ldots + \left(x_m - \frac{y_{mj}}{y_{\ell j}} x_\ell\right) \cdot \mathbf{a}_m = \mathbf{b}$$

woraus wieder das neue Programm (5.23) ablesbar ist.

Im Fall $Z = \{1, \ldots, m\}$ ergibt die Umrechnung der Programmkoeffizienten für (5.22) mit $\mathbf{a}_j$ statt $\mathbf{a}_\ell$:

$$(5.24) \quad y_i^* = \begin{pmatrix} y_{1i}^* \\ y_{2i}^* \\ \vdots \\ y_{ji}^* \\ \vdots \\ y_{mi}^* \end{pmatrix} = \begin{pmatrix} y_{1i} - \frac{y_{1j}}{y_{\ell j}} y_{\ell i} \\ y_{2i} - \frac{y_{2j}}{y_{\ell j}} y_{\ell i} \\ \vdots \\ \frac{1}{y_{\ell j}} y_{\ell i} \\ \vdots \\ y_{mi} - \frac{y_{mj}}{y_{\ell j}} y_{\ell i} \end{pmatrix} \quad \text{für } i = 1, \ldots, n,$$

wobei $y_{\ell i}^* = y_{\ell i} - \frac{y_{\ell j}}{y_{\ell j}} y_{\ell i} = 0$ nicht mehr vorkommt. Insbesondere wird y_j^* ein Einheitsvektor.

Es muß noch einmal betont werden, daß der Vektor $\mathbf{a}_\ell$ (bzw. die Variable x_ℓ), der aus der Basis genommen wird, durch die Gleichung (5.19) als Minimum der Quotienten x_k/y_{kj} mit $y_{kj} > 0$ festgelegt wird. Es ist dadurch gewährleistet, daß in (5.23) kein Wert negativ wird. Zur besseren Rechenübersicht wird im Simplextableau die letzte Spalte zur Minimumsuche benutzt.

Die Berechnung einer neuen Basislösung (Ecke) ist im Grunde nichts anderes, als daß man die freien Variablen in $\mathbf{Ax} = \mathbf{b}$ Null setzt, dabei diese aber so auswählt, daß das restliche Gleichungssystem mit einer eindeutigen Lösung keine negativen Komponenten enthält. Faßt man die Spaltenvektoren aus B bzw. B* zu je einer quadratischen Matrix B bzw. B* zusammen, so ist

$$\mathbf{Bx} = \mathbf{b} \quad \text{bzw.} \quad \mathbf{x} = \mathbf{B}^{-1}\mathbf{b} \text{ (entsprechend für } \mathbf{B}^*\text{)}.$$

Ist die Ecke x in der obigen Ableitung degeneriert, so kann δ^* Null werden, und zwar dann, wenn zu $x_\ell = 0$ auch $y_{\ell j} > 0$ ist. Dann findet wohl nur ein fiktiver Eckenaustausch statt, wohl wird aber die Basis B in B* getauscht. Dieser Fall kann (muß aber nicht) zu Komplikationen führen.

Im bisher dargestellten Basistausch blieb nur die Frage offen, welcher Vektor $\mathbf{a}_j$ bzw. Index j in (5.18) und damit im gesamten Umrechnungsverfahren Verwendung findet. Durch diese Entscheidung wird die Zielfunktion beeinflußt, so daß nun entsprechende Kriterien abzuleiten sind.

Die Auswahl der in die Basis einzuführenden Aktivität a_j *und das Simplexkriterium.*

Sei wieder B die Basis zu **x**, $B = \{a_k / k \in Z\}$ und y_{ki} durch (5.16) definiert. Da nur die Basisvariablen zur Zielfunktion beitragen, ist im alten Programm **x**:

$$Z(x) = \sum_{k \in Z} c_k x_k$$

Mit dem neuen Programm x^* aus (5.20) wird

$$Z(x^*) = \sum_{k \in Z, k \neq \ell} c_k \left(x_k - \frac{y_{kj}}{y_{\ell j}} x_\ell \right) + c_j \frac{1}{y_{\ell j}} x_\ell$$

Nach gleichzeitigem Zufügen $c_\ell x_\ell$ und Abziehen von $c_\ell x_\ell = \frac{x_\ell}{y_{\ell j}} \cdot c_\ell y_{\ell j}$ wird

(5.25) $$Z(x^*) = \sum_{k \in Z} c_k x_k - \frac{x_\ell}{y_{\ell j}} \left[\sum_{k \in Z} c_k y_{kj} - c_j \right]$$

Setzt man

(5.26) $$t_j = \sum_{k \in Z} c_k y_{kj}$$

so wird die neue Zielgröße $Z(x^*)$ vergleichbar mit $Z(x)$ durch

(5.27) $$Z(x^*) = Z(x) - \frac{x_\ell}{y_{\ell j}} (t_j - c_j) = Z(x) + \frac{x_\ell}{y_{\ell j}} (c_j - t_j)$$

oder in der Schreibweise der 0-Zeile mit $Z(x^*)$ für x_0:

(5.28) $$Z(x^*) + \frac{x_\ell}{y_{\ell j}} (t_j - c_j) = Z(x)$$

Aus der Formel (5.27) können wir nunmehr ablesen, unter welchen Bedingungen die Zielfunktion verbessert werden kann im Maximumproblem:

(5.29) *Satz:* Ist **x** nicht-degeneriert und gibt es Indizes $\ell \in Z$, $j \notin Z$ mit $t_j < c_j$ bzw. $d_j = t_j - c_j < 0$ und $y_j > 0$, so liefert der Übergang von Ecke **x** zu x^* ein $Z(x^*) = Z(x) - \delta^*(t_j - c_j) > Z(x)$.

(5.30) *Satz:* ist **x** eine beliebige Basislösung (Ecke) und gibt es ein $j \in Z$ mit $t_j < c_j$ bzw. $d_j = t_j - c_j < 0$ und $y_{kj} \leqslant 0$ für alle $k \in Z$, dann gibt es keine maximale Lösung.

In diesem Fall kann man in $x(\delta)$ $\delta > 0$ beliebig groß machen und damit auch $Z(x(\delta)) = Z(x) + \delta(c_j - t_j)$ unbeschränkt groß machen.

(5.31) *Satz:* Gilt für eine Ecke $x : t_j \geqslant c_j$ bzw. $d_j = t_j - c_j \geqslant 0$ für alle $j \notin Z$, so ist **x** die optimale Lösung (Maximalpunkt).

In der Schreibweise der 0-Zeile sind die Koeffizienten d_j aus dem Ansatz (5.17) und im Simplextableau bis auf den Faktor $1/y_{\ell j}$ gegeben durch

(5.32) $$d_j = t_j - c_j = \sum_{k \in Z} c_k y_{kj} - c_j$$

Negativität von d_j bedeutet, daß das Programm durch Einführung von a_j noch verbessert werden kann (5.29) und (5.30).

Im Fall der Maximierung entstehen zwei *Auswahlkriterien:*

1. Unter den $d_j = t_j - c_j < 0$ wird das absolut größte gewählt: j wird bestimmt durch
   $$d_j = t_j - c_j = \max_{t_i - c_i < 0} |t_i - c_i|$$
2. Wie unter 1., allerdings Beachtung des gesamten Zuwachses $-\frac{x_\varrho}{y_{\varrho j}}(t_j - c_j)$, wobei aber jeweils zuerst $\frac{x_\varrho}{y_{\varrho j}}$ als zugehöriges Minimum für den ausscheidenden Vektor a_ϱ bestimmt werden muß.

Die Umrechnung der Simplexkriterien für das neue Tableau

Nimmt man als Simplexkriterium $d_i = t_i - c_i$ nach (5.32), wobei $B = \{a_1, \ldots, a_\varrho, \ldots, a_m\}$ die alte Basis und $B^* = \{a_1, \ldots, a_j, \ldots, a_m\}$ die neue Basis ist, so gilt für das neue Tableau und somit als neues Simplexkriterium:

$$d_i^* = \sum_{k \in Z} y_{ki}^* c_k - c_i = \left[\left(y_{1i} - \frac{y_{1j}}{y_{\varrho j}} y_{\varrho i}\right) c_1 + \left(y_{2i} - \frac{y_{2j}}{y_{\varrho j}} y_{\varrho i}\right) c_2 + \ldots + \right.$$

$$\left.\left(\frac{1}{y_{\varrho j}} y_{\varrho i}\right) c_j + \ldots + \left(y_{mi} - \frac{y_{mj}}{y_{\varrho j}} y_{\varrho i}\right) c_m\right] - c_i$$

$$= [y_{1i}c_1 + \ldots + y_{\varrho i}c_\varrho + \ldots + y_{mi}c_m]$$

$$- \frac{y_{\varrho i}}{y_{\varrho j}} \cdot ([y_{1j}c_1 + \ldots + y_{\varrho j}c_\varrho + \ldots + y_{mj}c_m] - c_j) - c_i$$

wobei im ersten Term $y_{\varrho i}c_\varrho$ addiert und im zweiten wieder subtrahiert wird. Also ist

$$(5.33) \qquad d_i^* = d_i - \frac{y_{\varrho i}}{y_{\varrho j}} d_j = d_i - \frac{d_j}{y_{\varrho j}} y_{\varrho i}$$

Zusammenfassend ergibt sich das neue Simplextableau:

		c_i	c_1		c_j		c_n
k	c_k	x_k^* \ i	1	...	j	...	n
1	c_1	$x_1 - \frac{y_{1j}}{y_{\varrho j}} x_\varrho$	$y_{11} - \frac{y_{1j}}{y_{\varrho j}} y_{\varrho 1}$	...	$y_{1j} - \frac{y_{1j}}{y_{\varrho j}} y_{\varrho j} = 0$	...	$y_{1n} - \frac{y_{1j}}{y_{\varrho j}} y_{\varrho n}$
⋮	⋮	⋮	....	....	....	....	....
j	c_j	$\frac{1}{y_{\varrho j}} x_\varrho$	$\frac{1}{y_{\varrho j}} y_{\varrho 1}$	...	$\frac{1}{y_{\varrho j}} y_{\varrho j} = 1$	...	$\frac{1}{y_{\varrho j}} y_{\varrho n}$
⋮	⋮	⋮	....	....	....	....	....
m	c_m	$x_m - \frac{y_{mj}}{y_{\varrho j}} x_\varrho$	$y_{m1} - \frac{y_{mj}}{y_{\varrho j}} y_{\varrho 1}$	...	$y_{mj} - \frac{y_{mj}}{y_{\varrho j}} y_{\varrho j} = 0$	...	$y_{mn} - \frac{y_{mj}}{y_{\varrho j}} y_{\varrho n}$
		$Z(x^*)$	$d_1 - \frac{d_j}{y_{\varrho j}} y_{\varrho 1}$	...	$d_j - \frac{d_j}{y_{\varrho j}} y_{\varrho j} = 0$	...	$d_n - \frac{d_j}{y_{\varrho j}} y_{\varrho n}$

Das Simplexverfahren:

Man geht von einer bekannten Anfangsecke (siehe 5.1.4) aus und berechnet die Darstellung aller Spaltenvektoren entsprechend (5.16). Dann:

1. Auswahl eines $j \notin Z$ unter denen, für die $d_j = t_j - c_j < 0$, etwa das j mit der größten Differenz $|d_j| = |t_j - c_j|$. Sind alle $d_j = t_j - c_j \geqslant 0$, so ist das Optimum erreicht.
2. Auswahl eines $\ell \in Z$ entsprechend (5.19). a_ℓ verläßt die Basis und a_j wird aufgenommen.
3. Umrechnung aller Komponenten x_i, nach (5.20) bzw. (5.23), von y_{ik} nach (5.22) bzw. (5.24) und d_i nach (5.33).

Man schreitet also von Ecke zu Ecke, sozusagen mit jeweils wachsendem $\delta > 0$ an den Kanten entlang, zur optimalen Ecke fort.

Beispiel:

Standard-Maximum-Problem aus Abschnitt 2.4.

		c_k	8	5	0	0	0	0	
i	c_i	x_i \ k	1	2	3	4	5	6	
3	0	40	2	1	1	0	0	0	40/2 = 20
4	0	30	1	1	0	1	0	0	30/1 = 30
5	0	15	1	0	0	0	1	0	15/1 = 15
6	0	25	0	1	0	0	0	1	
		0	−8	−5	0	0	0	0	
3	0	10	0	1	1	0	−2	0	10
4	0	15	0	1	0	1	−1	0	15
1	8	15	1	0	0	0	1	0	
6	0	25	0	1	0	0	0	1	25
		120	0	−5	0	0	+8	0	
2	5	10	0	1	1	0	−2	0	
4	0	5	0	0	−1	1	1	0	5
1	8	15	1	0	0	0	1	0	15
6	0	15	0	0	−1	0	2	1	7,5
		170	0	0	+5	0	−2	0	
2	5	20	0	1	−1	2	0	0	
5	0	5	0	0	−1	1	1	0	
1	8	10	1	0	1	−1	0	0	
6	0	5	0	0	1	−2	0	1	
		180	0	0	+3	+2	0	0	

Alle $d_k \geqslant 0$, Optimum ist erreicht mit $x_1 = 10, x_2 = 20, x_3 = 0, x_4 = 0, x_5 = 5$ und $x_6 = 5$ bei $Z = 180$.

5.1.4. Problem der Anfangslösung. 2-Phasen-Methode

Im LP-Standard-Problem der Maximierung steht stets eine Anfangsecke zum Ingangsetzen des Simplexverfahrens zur Verfügung. Als Basis kann man nämlich die Einheitsvektoren, die zu den Schlupfvariablen gehören, wählen und hat:

$$x_1 \mathbf{a}_1 + \ldots + x_n \mathbf{a}_n + x_{n+1} \mathbf{a}_{n+1} + \ldots + x_{n+m} \mathbf{a}_{n+m} = \mathbf{b}$$

mit $\mathbf{a}_{n+i} = \mathbf{e}_i$ für $i = 1, \ldots, m$ und

$$\mathbf{a}_k = \sum_{i=1}^{m} a_{ik} \mathbf{e}_i = \sum_{i=1}^{m} a_{ik} \mathbf{a}_{n+i} \quad \text{für } \mathsf{B} = \{\mathbf{a}_{n+1}, \ldots, \mathbf{a}_{n+m}\}.$$

Die y_{ik} des Anfangstableaus sind deshalb die Koeffizienten des ursprünglichen Problems.

Im allgemeineren Problem mit $\mathbf{Ax} = \mathbf{b}, \mathbf{x} \geqslant \mathbf{0}$ geht man so vor, daß zunächst noch *künstliche Schlupfvariable* u_i eingeführt werden durch

(5.34) $$\mathbf{Ax} + \mathbf{u} = \mathbf{b}, \mathbf{x} \geqslant \mathbf{0}, \mathbf{u} \geqslant \mathbf{0}.$$

Für dieses Problem kann man eine Anfangsbasis zu $u_1, \ldots, u_m$ wie im Standard-Maximum-Problem finden. Da diese Variablen für die eigentliche Problemstellung aber nicht auftreten dürfen, schaltet man der Optimierung eine *1. Phase* vor, in der diese künstlichen Variablen eliminiert werden. Am Ende der 1. Phase treten keine u_i mehr auf, aber infolge der Austauschschritte hat man eine Basis B mit Vektoren aus A und alle notwendigen Koeffizienten y_{ij}. Man erreicht dies durch die Wahl einer speziellen Zielfunktion, und zwar:

$$Z_u = -u_1 - u_2 - \ldots - u_m \rightarrow \text{Max},$$

also $c_1 = c_2 = \ldots = c_n = 0, c_{n+1} = \ldots = c_{n+m} = -1$.

Hieraus berechnet man nach Formel (5.26) die Werte t_i, $i = 1, \ldots, n+m$:

$$t_i = \sum_{k \in Z} y_{ki} c_k = \sum_{k=1}^{m} a_{ki}(-1) = -\sum_{k=1}^{m} a_{ki} \text{ für } i = 1, \ldots, n$$

und $\quad t_i = -1, i = n+1, \ldots, n+m.$

Daraus wird

(5.35) $$d_i = t_i - c_i = -\sum_{k=1}^{m} a_{ki} - 0 = -\sum_{k=1}^{m} a_{ki} \qquad \text{für } i = 1, \ldots, n$$

und

$$d_i = -1 - (-1) = 0 \qquad \text{für } i = n+1, \ldots, n+m.$$

Mit diesen d_i beginnt man die 1. Phase und rechnet entsprechend dem Simplexverfahren. Dann wird entweder

1. $Z_u = 0$, Ende der 1. Phase und Übergang zur 2. Phase, oder
2. das Verfahren bricht ab mit $Z_u < 0$. Dann existiert für die ursprüngliche Problemstellung keine zulässige Lösung, das System ist inkonsistent.

2. Phase: Es liegt jetzt eine Basis zu $\mathbf{Ax} = \mathbf{b}$, $\mathbf{x} \geqslant \mathbf{0}$ vor und die zugehörigen Programmkoeffizienten y_{ki} sind bekannt. Man führt die ursprüngliche Zielfunktion

$$Z(\mathbf{x}) = c_1 x_1 + \ldots + c_n x_n$$

wieder ein und berechnet die benötigten d_i:

$$d_i = t_i - c_i = \sum_{k \in Z} y_{ki} c_k - c_i, \quad i = 1, \ldots, n.$$

Damit startet man wieder das Simplexverfahren und rechnet bis

1. $Z(\mathbf{x})$ das Optimum in $\mathbf{x}^0$ erreicht,
2. $Z(\mathbf{x})$ als unbeschränkt erkannt wird.

Ende des Verfahrens.

Bei praktischen Problemen wird man allerdings zu Beginn der 1. Phase für die Nebenbedingungen, zu denen eine „positive" Schlupfvariable, also

$$a_{i1} x_1 + \ldots + a_{in} x_n + \bar{x}_i = b_i$$

eingeführt wird, keine künstliche Schlupfvariable zu definieren brauchen und diesen Vektor $\mathbf{e}_i$ zu $\bar{x}_i$ in die Anfangsbasis übernehmen. Zu Gleichungen $L_i(\mathbf{x}) = b_i$ und Ungleichungen $L_i(\mathbf{x}) \geqslant b_i$ braucht man aber künstliche Schlupfvariable, im Fall $L_i(\mathbf{x}) \geqslant b_i$ natürlich ohnehin eine „negative" Schlupfvariable.

Beispiel:

$$\begin{array}{rcrcrcl} & & 2x_2 & + & x_3 & \geqslant & 8 \\ x_1 & + & & & 4x_3 & \geqslant & 10 \\ 2x_1 & + & 4x_2 & & & \geqslant & 6 \\ x_1, & & x_2, & & x_3 & \geqslant & 0 \end{array}$$

$$Z(\mathbf{x}) = 1x_1 + 8x_3 + 12x_3 \rightarrow \text{Min!}$$

oder äquivalent:

$$Z'(\mathbf{x}) = -1x_1 - 8x_2 - 12x_3 \rightarrow \text{Max!}$$

Kanonische Form und künstliche Schlupfvariable:

$$\begin{array}{rcrcrcrcrcrcrcrcl} & & 2x_2 & + & x_3 & - & x_4 & & & & & + & u_1 & & & = & 8 \\ x_1 & + & & & 4x_3 & & & - & x_5 & & & & & + u_2 & & = & 10 \\ 2x_1 & + & 4x_2 & & & & & & & - & x_6 & & & & + u_3 & = & 6 \end{array}$$

1. Phase:

$$d_1 = -\sum_{k=1}^{3} a_{ki} = -3, \quad d_2 = -6, \quad d_3 = -5, \quad d_4 = d_5 = d_6 = +1$$

$$d_7 = d_8 = d_9 = 0$$

		c_j	0	0	0	0	0	0	−1	−1	−1	
i		x_j \ j	1	2	3	4	5	6	7	8	9	
7	−1	8	0	2	1	−1	0	0	1	0	0	$\frac{8}{2} = 4$
8	−1	10	1	0	4	0	−1	0	0	1	0	
9	−1	6	2	[4]	0	0	0	−1	0	0	1	$\frac{6}{4} = (1{,}5)$
		−24	−3	(−6)	−5	+1	+1	+1				
7	−1	5	−1	0	1	−1	0	0,5	1	0	−0,5	5
8	−1	10	1	0	[4]	0	−1	0	0	1	0	(2,5)
2	0	1,5	0,5	1	0	0	0	−0,25	0	0	0,25	
		−15	0	0	(−5)	+1	+1	−0,5				
7	−1	2,5	−1,25	0	0	−1	0,25	[0,5]	1	−0,25	−0,5	(5)
3	0	2,5	0,25	0	1	0	−0,25	0	0	0,25	0	
2	0	1,5	0,5	1	0	0	0	−0,25	0	0	0,25	
		−2,5	+1,25	0	0	+1	−0,25	(−0,5)				
6	0	5	−2,5	0	0	−2	0,5	1	2	−0,5	−1	
3	0	2,5	0,25	0	1	0	−0,25	0	0	0,25	0	
2	0	2,75	−0,125	1	0	−0,5	0,125	0	0,5	−0,125	0	
		0										

Ende der 1. Phase, $Z_u = 0$, Ausgangstableau der 2. Phase, Neuberechnung der d_j mit den c_k, $k = 1, \ldots, n$ nach $d_j = \sum_{i \in Z} y_{ij} c_i - c_j$

		c_j	−1	−8	−12	0	0	0	
i	c_i	x_i \ j	1	2	3	4	5	6	
6	0	5	−2,5	0	0	−2	0,5	1	
3	−12	2,5	[0,25]	0	1	0	−0,25	0	(10)
2	−8	2,75	−0,125	1	0	−0,5	0,125	0	
		−52	(−1)	0	0	+4	+2	0	
6		30	0	0	10	−2	2	1	
1	−1	10	1	0	4	0	−1	0	
2	−8	4	0	1	0,5	−0,5	0	0	
		−42	0	0	+4	+4	+1	0	

Alle $d_j \geqslant 0$, Optimum ist erreicht mit $x_1 = 10$, $x_2 = 4$, $x_3 = 0$, $x_4 = 0$, $x_5 = 0$ und $x_6 = 30$. Die Zielfunktion hat einen Wert von −42, bzw. +42 in der ursprünglichen Problemstellung.

Aufgaben zu 5.1. Lineare Programmierung

1. Ein Nebenerwerbslandwirt hat 2 ha Weideland und möchte sich auf Schafhaltung umstellen. Im Herbst hat er die Möglichkeit, trächtige Mutterschafe zum Preis von 250,– DM und/oder neun Monate alte Jungschafe zum Preis von 125, – DM zu kaufen, wobei er allerdings nur 3.000, – DM zur Verfügung hat. Sein Wintervorrat an Heu liegt bei 20 Einheiten, wobei ein Mutterschaf und ein Jungschaf ungefähr je eine Einheit verbrauchen. Auf der Weide können maximal 21 Schafe den nächsten Sommer verbringen, wobei die Lämmer der Mutterschafe als halbe Schafe gezählt werden und angenommen wird, daß von jedem Mutterschaf ein Lamm geboren wird. Nach Abzug von Kraftfutterkosten und Anrechnung des Wollertrags erzielt ein Mutterschaf samt seinem Lamm einen Wertzuwachs von 100, – DM und ein Jungschaf von 80, – DM. Der Schafhalter möchte den Wertzuwachs des Planungsjahres maximieren.

Lösung:

Mit x_1 als Anzahl der Mutterschafe und x_2 als Anzahl der Jungschafe ergibt sich das folgende Standardmaximumproblem:

$$
\begin{aligned}
Z = 100x_1 + 80x_2 &\rightarrow \text{Max} \\
250x_1 + 125x_2 &\leqslant 3000 \quad \text{(finanzielle Mittel)} \\
1.5x_1 + x_2 &\leqslant 21 \quad \text{(Sommerweide)} \\
x_1 + x_2 &\leqslant 20 \quad \text{(Winterheu)} \\
x_1, x_2 &\geqslant 0 \quad \text{(Nichtnegativitätsbedingung)}
\end{aligned}
$$

Nach Einführung von Schlupfvariablen werden die Werte in das Simplextableau eingetragen und die optimale Lösung gesucht:

i	c_i	c_j / x_i \ j	100 1	80 2	0 3	0 4	0 5	x_i/y_{ij}
3	0	3000	250	125	1	0	0	3000/250 = 12
4	0	21	1.5	1.5	0	1	0	21/1.5 = 14
5	0	20	1	1	0	0	1	20/1 = 20
Z		0	−100	−80	0	0	0	
1	100	12	1	0.5	0.004	0	0	12/0.5 = 24
4	0	3	0	0.25	−0.006	1	0	3/0.25 = 12
5	0	8	0	0.5	−0.004	0	1	8/0.5 = 16
Z	1200	1200	0	−30	0.4	0	0	
1	100	6	1	0	0.016	−2	0	6/0.016 ≐ 375
2	80	12	0	1	−0.024	4	0	–
5	0	2	0	0	0.008	−2	1	2/0.008 = 250
Z		1560	0	0	−0.320	120	0	
1	100	2	1	0	0	2	−2	
2	80	18	0	1	0	−2	3	
3	0	250	0	0	1	−250	125	
Z		1640	0	0	0	40	40	

Da in der letzten Zeile alle $d_j \geqslant 0, j = 1, \ldots, 5$, sind, ist das Maximum erreicht. Es sind $x_1 = 2$ Mutterschafe und $x_2 = 18$ Jungschafe zu kaufen, wobei ein Wertzuwachs von 1.640, – DM erzielt wird. Von den finanziellen Mitteln werden 250, – DM ($x_3 = 250$) nicht aufgebraucht, während der Heuvorrat und die Sommerweide voll ausgenutzt werden ($x_4 = 0, x_5 = 0$).

Eine zusätzliche Information bietet etwa die Spalte der Schlupfvariablen x_5, also des Heuvorrats. Die Größe $d_5 = 40$ gibt an, daß bei Einführung der Variablen x_5 mit $x_5 = 1$ der Zielwert um 40, – DM sinken würde. Mit $x_5 = 1$ würde der verwertete Vorrat nur noch 19 Einheiten betragen, eine Einheit Heu weniger bedeutet eine Einbuße von 40, – DM. Die Koeffizienten (–2, 3, 125) der gleichen Spalte besagen, daß die Verringerung des Heuvorrats um eine Einheit zur Folge hat, daß die Anzahl x_1 um 2 Stück steigt, x_2 um 3 Stück sinkt und die Restmittel um 125, – DM sinken.

Umgekehrt kann man argumentieren: Ist eine Einheit Heu mehr vorhanden oder läßt sie sich beschaffen, so steigt der Zielwert um 40, – DM, die Anzahl Mutterschafe sinkt um 2 auf 0, die Anzahl Jungschafe steigt um 3 auf 21 und die Restmittel nehmen um 125, – DM auf 375, – DM zu.

Der Schafhalter hat also die Möglichkeit, für eine zusätzliche Einheit Heu einem Bauern bis zu 40, – DM zu bieten, wobei der Differenzbetrag zu seinem Gewinn wird. Eine alternative Verwendung der Restmittel wird nicht berücksichtigt.

Graphische Darstellung:

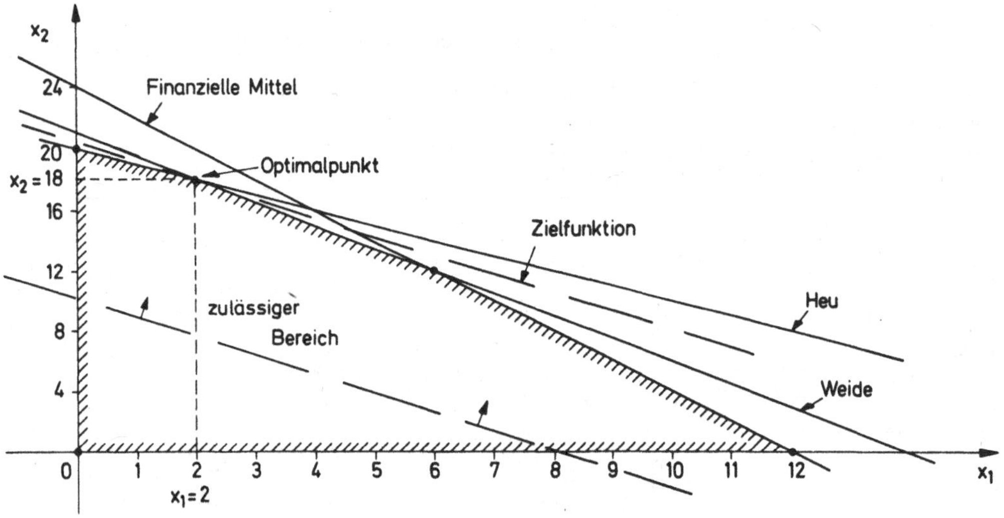

2. Die Aufgabe Nr. 5 (aus 2.2. und 3.) sei in veränderter Form als Lineares Programmierungsproblem gestellt:

Sie lautet als Standard-Minimumproblem:

$$\begin{aligned} 1x_1 + 1x_2 + 1x_3 &= 1 \\ 0.6x_1 + 0.1x_2 + 0.4x_3 &= 0.4 \\ \hline 1x_1 + 2x_2 + 10x_3 &= z \to \min, \; x_1, x_2, x_3 \geqslant 0 \end{aligned}$$

Anmerkung: Die Koeffizienten in der Zielform mögen Kosten pro Einheit bedeuten:

Die zulässigen Lösungspunkte des Problems liegen in der konvexen Durchschnittspunktmenge der Beschränkungshyperebenen (die dick gezogene Linie kennzeichnet die Durchschnittsmenge).

Abbildung des Lösungspolyeders:

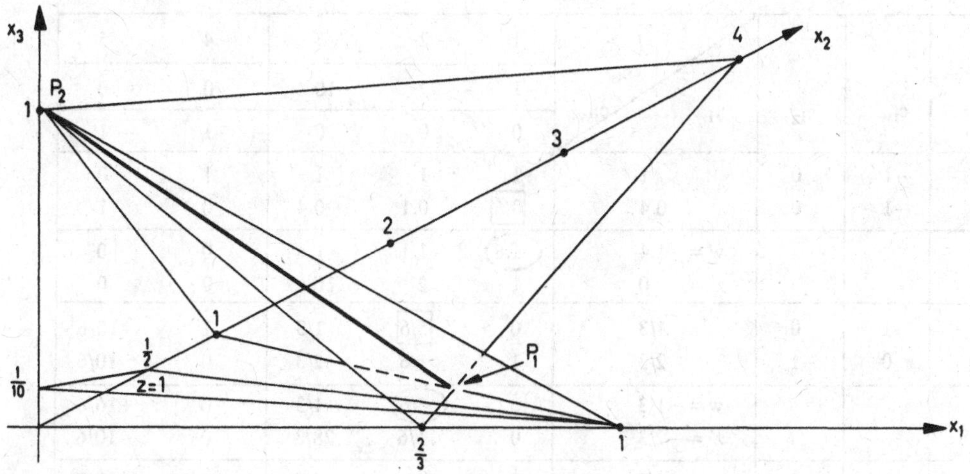

Abb. 5.1

Interpretation der Extremalpunkte in den Ecken:
Es liegen 2 Ecken a_1 und a_2 im konvexen Durchschnitt der konvexen Punktmengen der Nebenbedingungshyperebenen.

(1) P_1 entspricht der Möglichkeit, die Legierungen A und B zu mischen,
(2) P_2 entspricht der Möglichkeit, die Legierung C zu wählen, ohne mischen zu müssen,
(3) die Konvexkombination auf P_1 und P_2 entspricht der Mischung aus A, B, C.

Die Zielfunktion, geometrisch in Gestalt der Zielhyperebene, bildet das Auswahlkriterium: Die parallele Verschiebung der Zielhyperebene (in der Abbildung z.B. vom Niveau $z = 1$ ausgehend) führt, wenn P_1 Punkt einer bestimmten Zielebene wird, zu dem minimalen zulässigen Zielwert $z_{min} = z$. Jede weitere Parallelverschiebung über P_1 hinaus bedingt weitere Zielwerterhöhungen, wobei nichtoptimale zulässige Lösungen (Mischungen) längs der Verbindungsstrecke zwischen P_1 und P_2 erreicht werden. Das bedeutet, daß in der optimalen Lösung des Systems (in der optimalen Mischung) die Legierung C nicht benötigt wird, keine echte Konvexkombination der zulässigen Ecken P_1 und P_2 stattfindet.

Kanonische Form des Problems mit künstlichen Schlupfvariablen:

$$\begin{array}{rcl}
1x_1 + 1x_2 + 1x_3 + 1\bar{x}_4 & = & 1 \\
0.6x_1 + 0.1x_2 + 0.4x_3 \qquad + 1\bar{x}_5 & = & 0.4 \\
\hline
1x_1 + 2x_2 + 10x_3 + 0\bar{x}_4 + 0\bar{x}_5 & = & z \rightarrow \min \\
0x_1 + 0x_2 + 0x_3 - 1\bar{x}_4 - 1\bar{x}_5 & = & w \rightarrow \max
\end{array}$$

w: Zielfunktion in Phase I
Z: Zielfunktion in Phase II, Setze

$$-1x_1 - 2x_2 - 10x_3 - 0\bar{x}_4 - 0\bar{x}_5 = z' \rightarrow \max$$

Tableaufolge:

i	c_{iw}	c_{iz}'	x_i \ j / c_{jz}' / c_{jw}	1	2	3	4	5
			j	1	2	3	4	5
			c_{jz}'	–1	–2	–10	0	0
			c_{jw}	0	0	0	–1	– 1
4	–1	0	1	1	1	1	1	0
5	–1	0	0.4	0.6	0.1	0.4	0	1
			w = –1.4	–1.6	–1.1	–1.4	0	0
			z′ = 0	1	2	10	0	0
4	–1	0	1/3	0	5/6	1/3	1	–10/6
1	0	–1	2/3	1	1/6	2/3	0	10/6
			w = –1/3	0	–5/6	–1/3	0	+16/6
			z′ = –2/3	0	11/6	28/3	0	–10/6
2	0	–2	2/5	0	1	2/5	6/5	–10/5
1	0	–1	3/5	1	0	3/5	–1/5	4/3
Ende			w = 0					
			z′ = –1 2/5	0	0	8 3/5		

Optimalitätstest:

Sind alle relativen Kostenfaktoren (in der letzten Zielzeile) nichtnegativ ($d_j \geqslant 0$)?

Antwort: ja. Also liegt das Optimum vor. Phase II erübrigt sich. Der Faktor $d_3 = 8\ 3/5$ zeigt an, daß die zugehörige Nichtbasisvariable x_3 die Kosten erhöhen würde, und zwar um genau 8 3/5 Einheiten pro Einheit x_3. Im Maximumproblem wäre genau umgekehrt zu verfahren.

Im obigen Minimierungsbeispiel ist es kostenminimal, die Legierung A und B mit 3/5 und 2/5 Mengeneinheiten der zur Verfügung stehenden Gesamtmenge 1 zu mischen. Die Abbildung bestätigt das Ergebnis.

5.2. *n*-dimensionale Geometrie

In der Darstellung der Linearen Programmierung im Abschnitt 5.1 wurde darauf verwiesen, daß immer wenn es optimale Lösungen gibt, auch optimale Eckpunkte vorliegen. Die Beweise sollen nun nach breiterer Grundlegung gebracht werden. Begriffe der n-dimensionalen Geometrie wie „Hyperebene", „Polyeder", „Polyederkegel" usw. werden außer in der Optimierungstheorie auch in der Aktivitätsanalyse als Teilgebiet der Produktionstheorie benutzt.

5.2.1. Punktmengen, Geraden und Hyperebenen

(5.36) *Def.: Punktmengen* sind Mengen, deren Elemente Vektoren eines linearen Vektorraums, speziell des R^n für $n \geqslant 1$, sind.

In der Ausdrucksweise macht man dabei keinen Unterschied zwischen *„Vektoren" und „Punkten"*. Letzteres ist allerdings eher der Ausdruck in der geometrischen Darstellung.

Beispiel:

$X = \{(x_1, x_2) \mid x_1 \geqslant 0, x_2 \geqslant 0\}$ enthält alle Punkte des R^2, die nichtnegative Komponenten haben.

$K = \{(x_1, x_2) \mid x_1^2 + x_2^2 = 1\}$ enthält alle Punkte der Kreislinie um den Ursprung mit Radius 1.

$K' = \{(x_1, x_2) \mid x_1^2 + x_2^2 < 1\}$ enthält alle Punkte des Kreises innerhalb der Kreislinie K, also K selbst ausgeschlossen. Es folgt hier:

$$K \cap K' = \emptyset$$

(5.37) *Def.:* Eine *Hypersphäre im* R^n mit dem *Mittelpunkt a* und dem *Radius* $\epsilon > 0$ ist die Punktmenge

$$S = \{x \mid x \in R^n,\ \|x - a\| = \epsilon\}.$$

Das ist die Verallgemeinerung der Kreisdefinition im R^2: Die Norm $\|x - a\|$ ist nach (2.48):

$$\|x - a\| = \sqrt{(x_1 - a_1)^2 + \ldots + (x_n - a_n)^2}\ ,$$

also

$$S = \{x \mid (x_1 - a_1)^2 + \ldots + (x_n - a_n)^2 = \epsilon^2\}.$$

Die S definierende Eigenschaft P(x) ist die Mittelpunktform der Kreisgleichung im R^2. Für $n = 3$ ist S eine Kugel.

(5.38) *Def.:* Eine *ε-Umgebung* $U_\epsilon(a)$ des Punktes a ist die Punktmenge, die innerhalb der Hypersphäre um a mit dem Radius ϵ liegt:

$$U_\epsilon(a) = \{x \mid \|x - a\| < \epsilon\}.$$

Mit dieser Definition kann man ausdrücken, ob ein Punkt x „nahe" an einem Punkt a liegt oder nicht. Ist x enthalten in $U_\epsilon(a)$, so ist sein Abstand von a kleiner als ϵ.

Weiter kann man nun von einem Punkt a einer Punktmenge A angeben, ob er innerer Punkt oder Randpunkt ist, ob A offen oder geschlossen ist.

(5.39) *Def.:* Ein Punkt a einer Punktmenge A ist ein *innerer Punkt* von A, wenn eine ϵ-Umgebung von a *existiert* (d.h. ein ϵ gefunden werden kann), die nur Punkte von A enthält, also in A liegt:

$$\exists\ \epsilon > 0 \text{ mit } U_\epsilon(a) \subset A.$$

Ein Punkt a ist *Randpunkt* von A, wenn *jede* ϵ-Umgebung von a (d.h. für jedes $\epsilon > 0$) Punkte von A und Punkte außerhalb A enthält:

$$\forall\ \epsilon > 0 \text{ ist } U_\epsilon(a) \cap A \neq \emptyset,\ U_\epsilon(a) \cap A^c \neq \emptyset.$$

Ein Randpunkt von A muß nicht in A liegen!

(5.40) *Def.:* Eine Punktmenge A heißt *offen,* wenn A nur innere Punkte enthält und A heißt *abgeschlossen,* wenn A alle seine Randpunkte mit enthält.

Es gibt Punktmengen, die weder offen noch abgeschlossen sind.

Beispiel:

1. $A = \{(x_1, x_2) \mid x_1 \geqslant 0,\ x_2 > 0\}$ und $\mathbf{a} = (1, 1)$, $\mathbf{b} = (2, 0)$, $\mathbf{c} = (0, 2)$.
   a ist innerer Punkt, da für alle $\epsilon < 1$ die Umgebungen von **a**, d.h. das Innere der Kreise, in A liegen.
   b ist Randpunkt von A mit $\mathbf{b} \notin A$, da in jedem $U_\epsilon(\mathbf{b})$ auch Punkte mit $b_2 > 0$ und $b_2 \leqslant 0$ liegen.
   c ist ebenfalls Randpunkt von A, aber **c** aus A.

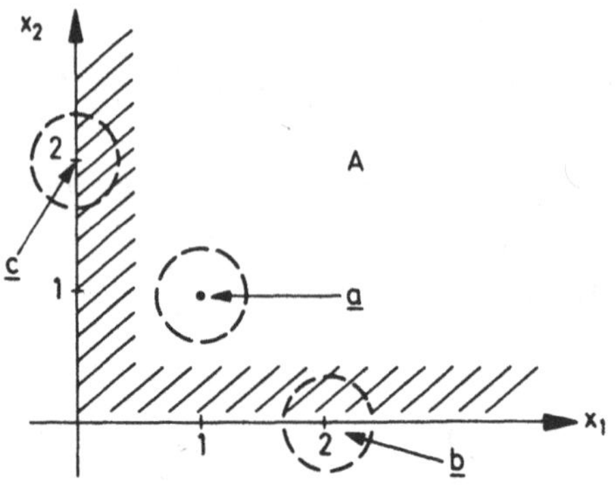

Abb. 5.2

Die Menge A ist weder offen noch abgeschlossen.
$A' = \{(x_1, x_2) \mid x_1 > 0, x_2 > 0\}$
ist offen,
$A'' = \{(x_1, x_2) \mid x_1 \geqslant 0, x_2 \geqslant 0\}$
ist abgeschlossen.

2. Die durch das LP-Problem in 2.4. dargestellte Punktmenge
$X = \{\mathbf{x} \mid \mathbf{A}\mathbf{x} \leqslant \mathbf{b}, \mathbf{x} \geqslant 0\}$
ist ebenfalls abgeschlossen.
$\mathbf{a} = (10, 5)$ ist innerer Punkt, $\mathbf{c} = (10, 20)$ ist ein Randpunkt. X enthält alle seine Randpunkte, das sind die Punkte der Begrenzungslinien. Hierbei wird der folgende Satz benutzt:

(5.41) *Satz:* Der Durchschnitt bzw. die Vereinigung endlich vieler offener Punktmengen ist wieder offen, endlich vieler abgeschlossener Punktmengen wieder abgeschlossen.

Beweis für zwei Punktmengen. Mit der vollständigen Induktion läßt er sich auf endlich viele ausdehnen.

Bei dem Interesse für lineare Beziehungen wenden wir uns den Geraden, sowie Ebenen im R^3 und deren Verallgemeinerung als Hyperebenen im R^n zu.

(5.42) *Def.:* Eine *Gerade im* R^n durch die Punkte $\mathbf{x}_1$ und $\mathbf{x}_2$ mit $\mathbf{x}_1 \neq \mathbf{x}_2$ ist die Punktmenge G,

$$G = \{\mathbf{x} \mid \lambda\mathbf{x}_2 + (1 - \lambda)\mathbf{x}_1, \forall \lambda \in R\}.$$

Da die Geraden durch zwei Punkte festgelegt sind, besitzen sie nur eine Ausdehnungsrichtung; das drückt sich aus durch den einen Freiheitsgrad, der durch die Wahl von λ gegeben ist.

(5.43) *Def.:* Die *Verbindungsstrecke im* R^n der Punkte $\mathbf{x}_1$ und $\mathbf{x}_2$ ist die Punktmenge

$$V = \{\mathbf{x} \mid \mathbf{x} = \lambda\mathbf{x}_2 + (1 - \lambda)\mathbf{x}_1, \; 0 \leqslant \lambda \leqslant 1\}.$$

λ ist beidseitig beschränkt: die Verbindungsstrecke führt über $\mathbf{x}_1$ bzw. $\mathbf{x}_2$ nicht hinaus.

Beispiel im R^2:
G bzw. V sind parallel zu $\mathbf{x}_2 - \mathbf{x}_1$, da durch $\mathbf{x} = \lambda\mathbf{x}_2 + (1 - \lambda)\mathbf{x}_1 = \mathbf{x}_1 + \lambda(\mathbf{x}_2 - \mathbf{x}_1)$ der Vektor $\mathbf{x}_2 - \mathbf{x}_1$ mittels λ die Richtung angibt.

Das Gegenstück zu den Geraden im R^n mit einem Freiheitsgrad bzw. einer Ausdehnungsrichtung ist die Hyperebene mit $n - 1$ Freiheitsgraden. Hyperebenen im R^2 sind ebenfalls Geraden $(n - 1 = 1)$, im R^3 sind es die Ebenen, im R^4 3-dimensionale Mannigfaltigkeiten usw.

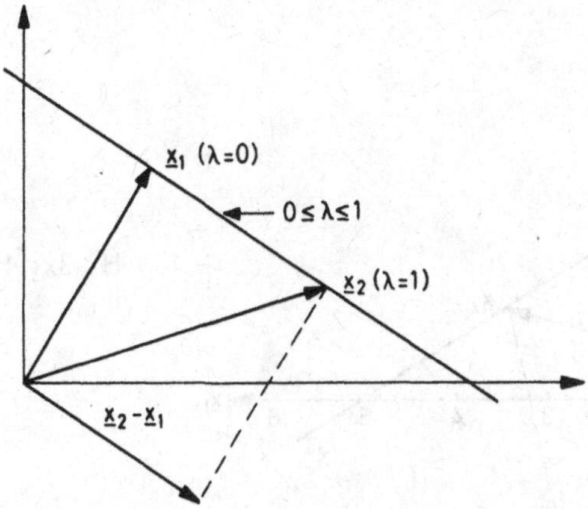

Abb. 5.3

(5.44) *Def.:* Eine *Hyperebene* im R^n ist die Punktmenge
$H = \{x \mid x \in R^n, c_1x_1 + c_2x_2 + \ldots + c_nx_n = z, \text{mindestens ein } c_i \neq 0\}$
bzw.
$H = \{x \mid c'x = z, c \neq 0\}$
für c und z gegeben.

Man sagt auch, $c'x = z$ sei die Hyperebene. Die Punkte von H müssen genau eine Gleichung erfüllen, weshalb H einen Freiheitsgrad weniger hat als der R^n.

Beispiel:

1. $R^2 : c' = (2,4), z = 6; H = \{x \mid 2x_1 + 4x_2 = 6\}$,
das ist die Gerade mit der Gleichung $2x_1 + 4x_2 = 6$ oder in der Schreibweise der *Def.* (5.42):
Sei $x_1 = (3,0), x_2 = (1,1) \rightarrow H = G = \{x \mid x = \lambda x_2 + (1-\lambda)x_1\}$, d.h.
$x_1 = \lambda \cdot 1 + (1-\lambda) \cdot 3 = 3 - 2\lambda;\ x_2 = \lambda \cdot 1 + (1-\lambda) \cdot 0 = \lambda$.
Ersetzung von λ ergibt: $x_1 = 3 - 2x_2$ oder $2x_1 + 4x_2 = 6$.
2. $R^3 : H = \{x \mid c_1x_1 + c_2x_2 + c_3x_3 = z\}$ ist die Gleichung einer Ebene, die durch 3 Punkte festgelegt ist.
3. Die Zielfunktion eines LP-Problems für konstantes z ist eine Hyperebene im R^n.

(5.45) *Satz:* Eine Hyperebene geht genau dann durch den Nullpunkt, wenn $z = 0$. Dann ist $H = \{x \mid c'x = 0\}$ und H ist ein Unterraum des R^n.

Zunächst gilt $H \neq \emptyset$, da $\mathbf{0} \in H$, d.h. $c'\mathbf{0} = 0$. Für zwei Punkte x_1 und x_2 ist $c'(x_1 + x_2) = c'x_1 + c'x_2 = 0 + 0 = 0$ und $c'(kx_1) = kc'x_1 = k0 = 0$ (Anwendung von Satz (3.7)).

Für alle Hyperebenen $c'x = z$, auf der die Punkte x_1 und x_2 liegen, gilt:

(5.46) $c'(x_1 - x_2) = 0$.

$x_1 - x_2$ ist aber ein Vektor, der parallel zur Hyperebene verläuft, so daß c und $x_1 - x_2$ orthogonal bzw. c orthogonal zu H ist.

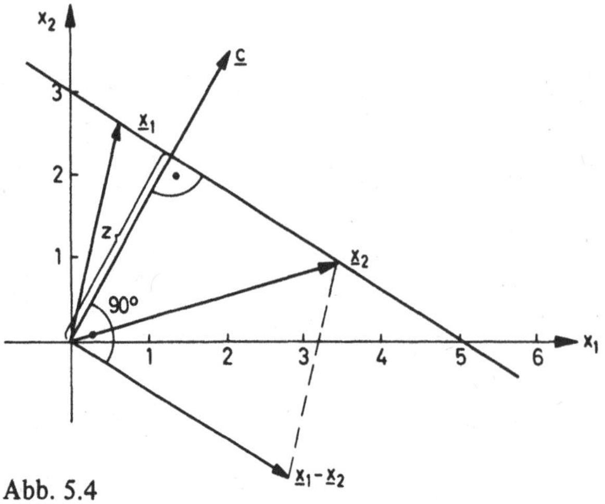

$H: 3x_1 + 5x_2 = 15 \quad c = \begin{pmatrix} 3 \\ 5 \end{pmatrix}$

Abb. 5.4

(5.47) *Satz* und *Def.:* Eine Hyperebene $c'x = z$ teilt den R^3 in drei paarweise disjunkte und zusammen den R^n erschöpfende Punktmengen:

$X_1 = \{x \mid c'x < z\}$

$X_2 = \{x \mid c'x = z\}$ (die Hyperebene selbst)

$X_3 = \{x \mid c'x > z\}$

Es gilt: $X_i \cap X_j = \emptyset$ für $i \neq j$ und $R^n = X_1 \cup X_2 \cup X_3$.

X_1 und X_3 heißen *offene Halbräume.*

$X_4 = \{x \mid c'x \leqslant z\}$ und

$X_5 = \{x \mid c'x \geqslant z\}$

heißen *abgeschlossene Halbräume.* Es gilt $X_4 \cap X_5 = X_2$.

Im R^2:

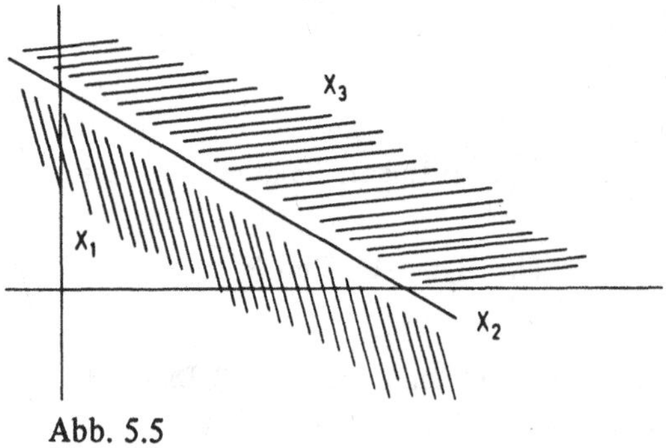

Abb. 5.5

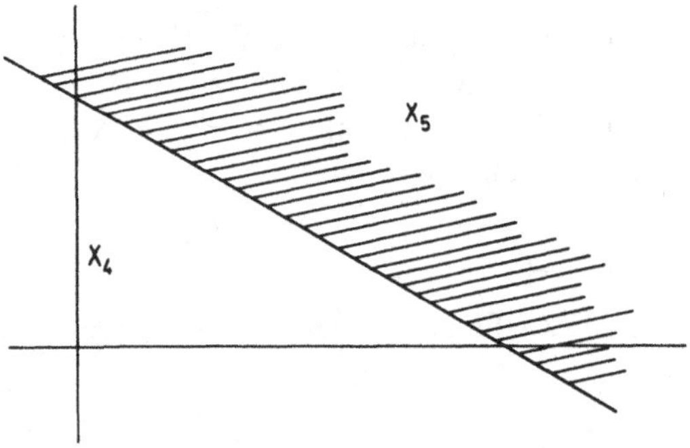

Abb. 5.6

Die Randpunkte der offenen Halbräume X_1 und X_3 sind die Punkte von X_2, die in X_4 und X_5 enthalten sind.

5.2.2. Konvexe Mengen und Polyeder, Beschränktheit und Extremalpunkte

(5.48) *Def.:* Eine Punktmenge X heißt *konvex,* wenn mit $x_1, x_2 \in X$ auch die Verbindungsstrecke V von x_1 und x_2 in X liegt.

Es muß also gelten: $x_1, x_2 \in X \rightarrow x = \lambda x_2 + (1 - \lambda) x_1 \in X$ für $0 \leqslant \lambda \leqslant 1$.

Der Ausdruck $x = \lambda x_2 + (1 - \lambda)x_1$ für $0 \leqslant \lambda \leqslant 1$ heißt eine *konvexe Linearkombination* von x_1 und x_2.

Beispiel:

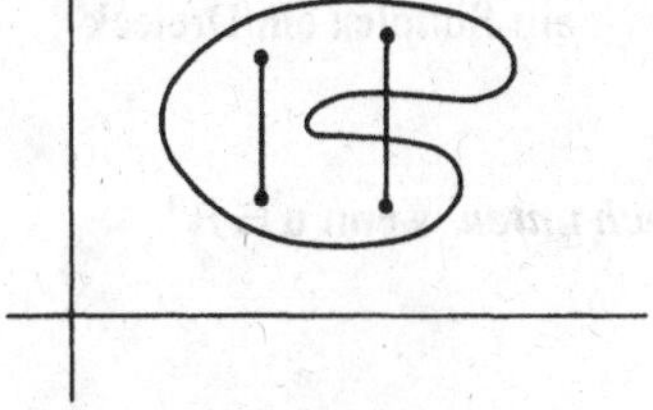

nicht konvex

Abb. 5.7

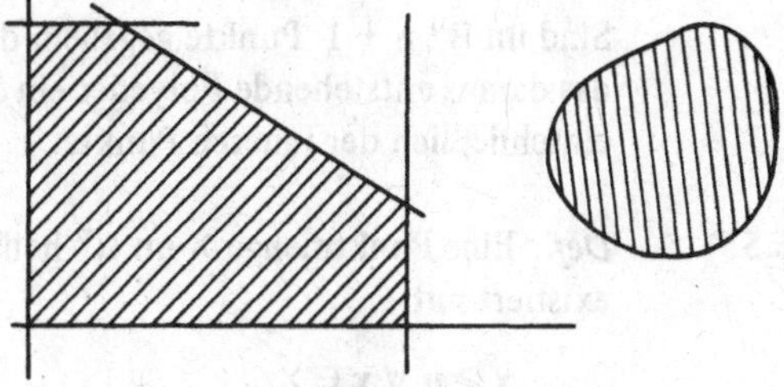

konvex

Abb. 5.8

(5.49) *Satz:* Die folgenden Mengen sind konvex:
1. Geraden und Hyperebenen,
2. offene und abgeschlossene Halbräume,
3. der Durchschnitt von zwei konvexen Mengen.

1. *Beweis* für Hyperebenen:
Sei $H : c'x = z$ und $x_1, x_2 \in H$, also $c'x_1 = z$, $c'x_2 = z$. Weiter sei
$x = \lambda x_2 + (1 - \lambda)x_1 \rightarrow c'x = c'[\lambda x_2 + (1 - \lambda)x_1] = \lambda c'x_2 + (1 - \lambda)c'x_1 = \lambda z + (1 - \lambda)z = z.$
2. *Beweis* für $X_4 = \{x \mid c'x \leqslant z\}$
$c'x = c'[\lambda x_2 + (1 - \lambda)x_1] = \lambda c'x_2 + (1 - \lambda)c'x_1 \leqslant \lambda z + (1 - \lambda)z = z \; (0 \leqslant \lambda \leqslant 1).$
3. Seien X und Y konvex, $x_1, x_2 \in X \cap Y$ und $x = \lambda x_2 + (1 - \lambda)x_1 \rightarrow x \in X$, da X konvex, und ebenso $x \in Y$, also $x \in X \cap Y$.

Folgerung:

(5.50) 1. Der Durchschnitt endlich vieler konvexer Mengen ist konvex.

(5.51) 2. Der Durchschnitt endlich vieler offener Halbräume, abgeschlossener Halbräume und Hyperebenen ist konvex.

(5.52) 3. Die Menge der Lösungen der LP-Nebenbedingungen $\mathbf{Ax} \leqslant \mathbf{b}$ bzw. $\mathbf{Ax} = \mathbf{b}$ und $x \geqslant \mathbf{0}$ ist konvex und abgeschlossen.

Zur letzten Aussage ist nur zu ergänzen, daß jede dieser Bedingungen

$$a_{i1}x_1 + a_{i2}x_2 + \ldots + a_{ir}x_r \leqslant b_i \qquad \text{bzw.} \qquad x_j \geqslant 0$$

für $i = 1, \ldots, m$ und $j = 1, \ldots, r$ einen abgeschlossenen Halbraum darstellt und der Durchschnitt endlich vieler abgeschlossener Punktmengen wieder abgeschlossen ist.

(5.53) *Def.:* Eine *konvexe Kombination* endlich vieler Punkte $x_1, \ldots, x_s$ ist definiert als ein Punkt x

$$x = \sum_{i=1}^{s} \mu_i x_i \quad \text{mit} \quad \mu_i \geqslant 0, \quad i = 1, \ldots, s \quad \text{und} \quad \sum_{i=1}^{s} \mu_i = 1.$$

Von den Punkten $\mathbf{x}_1, \ldots, \mathbf{x}_s$ ausgehend kann man nun die kleinste konvexe Menge suchen, die diese Punkte enthält:

(5.54) *Def.:* Die Menge aller konvexen Kombinationen einer endlichen Zahl von Punkten heißt ein *konvexes Polyeder.* Es wird von diesen Punkten *aufgespannt.*

Sind im R^n $n+1$ Punkte gegeben, die nicht auf einer Hyperebene liegen, so heißt das daraus entstehende Polyeder ein *Simplex.* Im R^2 ist ein Simplex ein Dreieck einschließlich der inneren Punkte.

(5.55) *Def.:* Eine Punktmenge X im R^n heißt *beschränkt nach unten,* wenn $\mathbf{u} \in \mathsf{R}^n$ existiert mit

$$\mathbf{x} \geqslant \mathbf{u} \ \forall \, \mathbf{x} \in X.$$

X heißt *beschränkt nach oben,* wenn $\mathbf{v} \in \mathsf{R}^n$ existiert mit

$$\mathbf{x} \leqslant \mathbf{v} \ \forall \, \mathbf{x} \in X.$$

X heißt *beschränkt,* wenn eine Zahl r existiert mit

$$\|\mathbf{x}\| < r \ \forall \, \mathbf{x} \in X.$$

Im letzten Fall gibt es eine Hypersphäre mit Radius r, in deren Innern X ganz enthalten ist.

Beispiel:

Die Punktmenge $X = \{\mathbf{x} \mid A\mathbf{x} \leqslant \mathbf{b} \text{ und } \mathbf{x} \geqslant 0\}$ ist beschränkt nach unten, da ja $\mathbf{x} \geqslant \mathbf{0} \ \forall \, \mathbf{x} \in X$.

Die Lösung des LP-Problems aus 2.4. ist außerdem beschränkt nach oben, da $\mathbf{x} \leqslant (15, 25)$, sowie allgemein beschränkt, z.B. für $r = 50$. Die Beschränkung nach unten bzw. oben gibt also eine Schranke für jede Komponente an, während die allgemeine Beschränktheit alle Komponenten gleichzeitig betrifft.

(5.56) *Def.:* Ein Punkt $\mathbf{x}$ einer konvexen Menge X heißt *Extremalpunkt* wenn es in X keine zwei Punkte $\mathbf{x}_1, \mathbf{x}_2$ mit $\mathbf{x}_1 \neq \mathbf{x}_2$ gibt mit $\mathbf{x} = \lambda\mathbf{x}_2 + (1-\lambda)\mathbf{x}_1$ für $0 < \lambda < 1$.

Es gibt also keine Verbindungsstrecke in X, auf deren Innern $\mathbf{x}$ liegt.

Beispiel:

Alle Punkte der Kreislinie einer Kreisfläche sind extremal. In einem Dreieck sind nur die Ecken extremal, entsprechend in jedem Vieleck. Deshalb werden die Extremalpunkte manchmal auch *Ecken* genannt.

Extremalpunkte müssen natürlich Randpunkte sein, aber nicht jeder Randpunkt ist extremal.

5.2.3. LP-Nebenbedingungen und konvexe Polyeder, Ecken und Maximalpunkte

Die im allgemeinen Problem der linearen Programmierung gegebenen Nebenbedingungen $A\mathbf{x} = \mathbf{b}$, $\mathbf{x} \geqslant \mathbf{0}$ grenzen die zulässigen Lösungen von den unzulässigen ab. In diesem Abschnitt sollen die Eigenschaften der Menge der zulässigen Lösungen untersucht und eine Grundlegung für die in Abschnitt 5. dargestellte Simplexmethode gegeben werden.

Nach Definition (5.10) heißt ein n-Vektor $\mathbf{x}$ mit $A\mathbf{x} = \mathbf{b}$ und $\mathbf{x} \geqslant 0$ eine *zulässige Lösung* oder *zulässiger Punkt* des zugehörigen LP-Problems. M sei die Menge aller zulässigen Lösungen des Problems.

Nach Folgerung (5.52) über die Konvexität und Abgeschlossenheit des Durchschnitts von Hyperebenen, die durch die Nebenbedingungen in $\mathbf{Ax} = \mathbf{b}$ gebildet werden, und der abgeschlossenen Halbräume, die sich durch die Nichtnegativitäten $x_i \geq 0$ ergeben, hat man:

(5.57) *Satz:* Die Menge M der zulässigen Lösungen ist konvex und abgeschlossen.

Bei der Lösung eines LP-Problems spielen die Extremalpunkte (Ecken) von M eine wichtige Rolle. Sie werden bezüglich M und später bezüglich der Optimallösung untersucht.

(5.58) *Satz:* $\mathbf{x} \in M$ ist genau dann Extremalpunkt (Ecke) von M, wenn in der Darstellung für $\mathbf{Ax} = \mathbf{b}$:

(5.59) $$\sum_{k=1}^{n} \mathbf{a}_k x_k = \mathbf{b} \qquad (\mathbf{a}_k = \text{Spaltenvektoren von } \mathbf{A})$$

die zu positiven Komponenten x_k gehörigen Spaltenvektoren $\mathbf{a}_k$ von $\mathbf{A}$ linear unabhängig sind.

Beweis:

1. Sei zunächst $\mathbf{x}$ Ecke von M und seien gerade die ersten r Komponenten $x_k > 0, k = 1, \ldots, r$ und $x_k = 0$ für $k > r$. Für $r = 0$ ist die Menge der zugehörigen Spaltenvektoren leer, und diese heißt nach Definition linear unabhängig.

   Für $r > 0$ wird (5.59) zu $\sum\limits_{k=1}^{r} \mathbf{a}_k x_k = \mathbf{b}$.

   Wir nehmen an, die $\mathbf{a}_1, \ldots, \mathbf{a}_r$ seien linear abhängig, d.h. es existieren $d_1, \ldots, d_r$, nicht alle gleich Null, mit $\sum\limits_{i=1}^{r} \mathbf{a}_k d_k = \mathbf{0}$. Wählt man eine Zahl δ klein genug, so wird wegen $x_k > 0$ für $k = 1, \ldots, r$ auch $x_k \pm \delta d_k > 0$ für $k = 1, \ldots, r$. Weiter ist sowohl $\sum\limits_{k=1}^{r} \mathbf{a}_k(x_k + \delta d_k) = \mathbf{b}$ als auch $\sum\limits_{k=1}^{r} \mathbf{a}_k(x_k - \delta d_k) = \mathbf{b}$. Man kann deshalb Vektoren $\mathbf{x}_1$ und $\mathbf{x}_2$ definieren durch

   $$x_{k1} = x_k + \delta d_k, \; x_{k2} = x_k - \delta d_k \quad \text{für } k = 1, \ldots, r$$
   und $$x_{k1} = x_{k2} = 0 \quad \text{für } k > r.$$

   Dann ist $\mathbf{x}_1 \neq \mathbf{x}_2$ und $\mathbf{x} = \frac{1}{2}(\mathbf{x}_1 + \mathbf{x}_2)$, d.h. eine echte konvexe Kombination zweier zulässiger Lösungen, deshalb $\mathbf{x}$ keine Ecke. Aus dem Widerspruch folgt, daß $\mathbf{a}_1, \ldots, \mathbf{a}_r$ l.u. sind.

2. Seien jetzt die ersten r Komponenten x_k positiv und $\mathbf{a}_1, \ldots, \mathbf{a}_r$ linear unabhängig. Annahme: $\mathbf{x}$ ist keine Ecke, also echte konvexe Kombination zweier verschiedener Lösungen aus M: $\mathbf{x} = \alpha\mathbf{x}_1 + (1 - \alpha)\mathbf{x}_2$ für $0 < \alpha < 1$. Da $x_k = 0$ für $k = r + 1, \ldots, n$ und sowohl $x_{k1} \geq 0$ und $x_{k2} \geq 0$ müssen auch $x_{k1} = x_{k2} = 0$ für $k = r + 1, \ldots, n$ sein. Weiter ist

   $\mathbf{Ax}_1 = \mathbf{Ax}_2 = \mathbf{b}$ bzw. $\mathbf{A}(\mathbf{x}_1 - \mathbf{x}_2) = \mathbf{0}$ oder $\sum\limits_{k=1}^{r} \mathbf{a}_k(x_{1k} - x_{2k}) = \mathbf{0}$. Aus der linearen Unabhängigkeit der $\mathbf{a}_k$ folgt $x_{1k} - x_{2k} = 0$ für $k = 1, \ldots, r$ bzw. $x_{1k} = x_{2k}$. Also ist insgesamt $\mathbf{x}_1 = \mathbf{x}_2$ entgegen der Annahme. Also ist $\mathbf{x}$ Ecke von M.

Die (m, n)-Matrix $\mathbf{A}$ der Koeffizienten hat höchstens den Rang m, also gibt es höchstens m linear unabhängige Spaltenvektoren $\mathbf{a}_k$ aus $\mathbf{A}$. Daraus ziehen wir die

(5.60) *Folgerung:* Ist $\mathbf{x}$ Extremalpunkt (Ecke) von M, so hat $\mathbf{x}$ höchstens m positive Komponenten. Die übrigen Komponenten sind Null.

Bereits in 3.5.4. hatten wir für Gleichungssysteme $\mathbf{Ax} = \mathbf{b}$ spezielle Lösungen untersucht, die, falls $\text{RgA} = m \leqslant n$ gilt, höchstens m Komponenten ungleich Null hatten. Die Nichtnegativität stand dabei allerdings nicht zur Diskussion. Diese Lösungen waren die *Basislösungen,* die degeneriert oder nicht-degeneriert sein konnten. Man kann nun zeigen:

(5.61) *Satz:* Sei $\text{RgA} = m$. Jeder Ecke $\mathbf{x} \in M$ können m linear unabhängige Spaltenvektoren aus $\mathbf{A}$, darunter die zu positiven Komponenten x_k von $\mathbf{x}$ gehörigen $\mathbf{a}_k$, zugeordnet werden. $\mathbf{x}$ ist also eine Basislösung. Jede Ecke $\mathbf{x}$ ist also Basislösung von $\mathbf{Ax} = \mathbf{b}$.

Dazu braucht man nur von den nach Satz (5.58) gefundenen r linear unabhängigen $\mathbf{a}_k$ auszugehen und sie auf m linear unabhängige auf beliebige Weise aufzufüllen. Ist bereits $r = m$, so ist $\mathbf{x}$ nicht-degenerierte Basislösung und heißt auch *nicht-degenerierte Ecke,* für $r < m$ *degenerierte Ecke.*

Bemerkung: Nicht jede Basislösung $\mathbf{x}$ von $\mathbf{Ax} = \mathbf{b}$ entspricht einer Ecke von M, da das eindeutig lösbare System

$$\sum_{k=1}^{m} \mathbf{a}_{j_k} x_{j_k} = \mathbf{b} \text{ mit } \{\mathbf{a}_{j_1}, \ldots, \mathbf{a}_{j_m}\} \text{ l.u.}$$

zu negativen Komponenten x_{j_k} führen kann.

(5.62) *Def.:* Ein entsprechend Satz (5.58) zur Ecke $\mathbf{x} \in M$ zugeordnetes System von m l.u. Spaltenvektoren aus $\mathbf{A}$ heißt *Basis zur Ecke* $\mathbf{x}$.

Bleiben wir zunächst noch bei der Untersuchung der Ecken von M ohne Voraussetzungen über den Rang von $\mathbf{A}$. Da zu jeder Ecke $\mathbf{x} \in M$ ein System von höchstens m l.u. Vektoren aus $\mathbf{A}$ gehört und die Anzahl solcher Systeme endlich, nämlich höchstens $\binom{n}{m} = \frac{n!}{m!(n-m)!}$ ist, kann es auch nur höchstens so viele Ecken geben.

(5.63) *Satz:* M hat höchstens $\binom{n}{m}$, d.h. insbesondere endlich viele Ecken.

(5.64) *Satz:* Sei M nicht leer. Ist $\mathbf{x} \in M$ und $\mathbf{x}$ keine Ecke, so läßt sich ein $\mathbf{x}^* \in M$ konstruieren, wobei $\mathbf{x}^*$ mindestens eine Komponente mehr gleich Null hat.

Wendet man dieses Verfahren fortgesetzt an, so kann man nach höchstens endlich vielen Schritten aus $\mathbf{x}$ eine Ecke $\mathbf{x}^*$ konstruieren.

(5.65) *Folgerung:* Ist M nicht leer, dann ist auch die Menge der Ecken von M nicht leer.

Beweis von Satz (5.64):

Seien r Komponenten von $\mathbf{x}$ positiv. Ist $r = 0$, so ist $\mathbf{x} = \mathbf{0}$ eine Ecke von M. Für $r > 0$ können wir annehmen, daß gerade die ersten r Komponenten positiv sind und $\sum_{k=1}^{r} \mathbf{a}_k x_k = \mathbf{b}$ gilt. Sind die $\{\mathbf{a}_1, \ldots, \mathbf{a}_r\}$ l.u., so ist $\mathbf{x}$ nach Satz (5.58) Ecke von M. Sind sie aber l.a., so gibt es $d_1, \ldots, d_r$, nicht alle gleich Null und $\Sigma \mathbf{a}_k d_k = \mathbf{0}$. Man bilde nun den Vektor $\mathbf{x}(\lambda)$ mit $\mathbf{x}(\lambda) = (x_1 - \lambda d_1, x_2 - \lambda d_2, \ldots, x_r - \lambda d_r, 0, \ldots, 0)$ und vergrößere λ von 0 an so lange, bis die erste Komponente $x_i - \lambda d_i$ gleich Null wird. Dies kann nur für $d_k > 0$ eintreten, und zwar für

$$\lambda^* = \min_{d_k > 0} \frac{x_k}{d_i} = \frac{x_i}{d_i}, \text{ also } \lambda^* \leqslant \frac{x_k}{d_k} \quad \text{für } d_k > 0,\ k = 1, \ldots, n, \text{ bzw.}$$

$$x_i - \lambda^* d_i = 0 \quad \text{und} \quad x_k - \lambda^* d_k \geqslant 0 \quad \text{für} \quad k = 1, \ldots, n.$$

Für $\mathbf{x}^* = \mathbf{x}(\lambda^*)$ hat man die gesuchte zulässige Lösung: es ist

$$\mathbf{Ax}^* = \mathbf{Ax} - \lambda^* \sum_{k=1}^{r} \mathbf{a}_k d_k = \mathbf{b} - \lambda^* \mathbf{0} = \mathbf{b} \; ; \; \mathbf{x}^* \geqslant 0$$

und $\mathbf{x}^*$ hat eine Komponente mehr gleich Null.

Für die Menge M der zulässigen Lösungen kann man nun folgende wichtige *Fallunterscheidung* machen:

1. M ist die leere Menge, d.h. die Bedingungen $\mathbf{Ax} = \mathbf{b}$ und $\mathbf{x} \geqslant \mathbf{0}$ sind inkonsistent;
2. M ist eine nicht-leere, beschränkte Teilmenge des R^n;
3. M ist eine unbeschränkte Teilmenge des R^n.

Es soll nun gezeigt werden, daß im 2. Fall, der Beschränktheit insbesondere, M ein konvexes Polyeder ist.

(5.66) *Satz:* Ist M nicht-leer und beschränkt, so ist M ein konvexes Polyeder, d.h. jeder Punkt von M ist eine konvexe Kombination der endlich vielen Ecken von M.

Beweis:

$\mathbf{x} \in M$ ist gleichbedeutend mit $\mathbf{Ax} = \mathbf{b}$ oder $\sum_{k=1}^{n} \mathbf{a}_k x_k = \mathbf{b}$ und $\mathbf{x} \geqslant \mathbf{0}$ oder $x_k \geqslant 0, k = 1, \ldots, n$.

Sei r die Anzahl der positiven x_k. Der Beweis des Satzes erfolgt durch vollständige Induktion bezüglich r.

Verankerung: Für r = 0 ist **x** nach Satz (5.58) selbst eine Ecke. Annahme: Sei r > 0. Der Satz sei bewiesen für 0, 1, ..., r – 1 positive Komponenten.

Beweis für r: Z sei die Indexmenge der k mit $x_k > 0$. Ist nun die Menge der Spaltenvektoren $\mathbf{a}_k$ mit $k \in Z$ linear unabhängig, so ist **x** wieder eine Ecke und der Satz gilt. Ist diese Menge aber linear abhängig, so existieren Zahlen d_k mit $k \in Z$, nicht alle gleich Null, und $\Sigma\, \mathbf{a}_k d_k = \mathbf{0}$. Mit diesen d_k bildet man einen Vektor $\mathbf{x}(\lambda)$ mit Komponenten $x_k + \lambda d_k$ für $k \in Z$ und 0 sonst.

Da nun M konvex, abgeschlossen und beschränkt ist, stößt man durch Variation von λ auf Randpunkte von M, d.h. es gibt Zahlen $\lambda_1 < 0$ und $\lambda_2 > 0$ derart, daß $\mathbf{x}(\lambda) \in M$ für $\lambda_1 \leqslant \lambda \leqslant \lambda_2$ und $\mathbf{x}(\lambda) \notin M$ für $\lambda < \lambda_1$ oder $\lambda > \lambda_2$. Die Komponenten $x_k(\lambda_1)$ und $x_k(\lambda_2)$ sind immer noch Null für $k \notin Z$. Für $k \in Z$ aber wird mindestens ein $x_k(\lambda_1)$ bzw. $x_k(\lambda_2)$ gleich Null, denn sonst hätte man λ_1 ja noch verkleinern bzw. λ_2 vergrößern können.

$\mathbf{x}(\lambda_1)$ bzw. $\mathbf{x}(\lambda_2)$ haben also höchstens r – 1 positive Komponenten, sind also konvexe Kombinationen von Ecken von M nach Induktionsannahme, dann aber auch

$$\mathbf{x} = \frac{\lambda_2 \mathbf{x}(\lambda_1) - \lambda_1 \mathbf{x}(\lambda_2)}{(\lambda_2 - \lambda_1)} \quad .$$

Es hat sich also herausgestellt, daß die Nebenbedingungen eines linearen Programmierungsproblems in der allgemeinen Form $\mathbf{Ax} = \mathbf{b}, \mathbf{x} \geqslant \mathbf{0}$ (vgl. Abschnitt 5.1.) nicht immer ein konvexes Polyeder abgrenzen. Praktisch gesehen ist es aber der Regelfall, daß M konvexes Polyeder ist. Im Folgenden werden zu den Nebenbedingungen noch die Zielfunktion

$$Z(\mathbf{x}) = \mathbf{c}'\mathbf{x} \rightarrow \text{Max}$$

betrachtet und Eigenschaften der Maximalpunkte untersucht. M sei weiterhin die Menge der zulässigen Lösungen.

Nach Definition (5.10) heißt ein Punkt $\mathbf{x}^0 \in M$ *Maximalpunkt,* wenn gilt

$$Z(\mathbf{x}^0) \geqslant Z(\mathbf{x}) \;\forall\, \mathbf{x} \in M.$$

Sind nun s Maximalpunkte $x_1^0, \ldots, x_s^0$ gegeben, so gilt für jeden von ihnen obige Definitionsbeziehung und ihre Zielgröße Z ist gleich. Für eine konvexe Kombination x^0 von ihnen, $x^0 = \sum_{i=1}^{s} k_i x_i^0$, $\sum_{i=1}^{s} k_i = 1$, $k_i \geqslant 0 \; \forall \; i$, gilt $x^0 \in M$ und für jedes $x \in M$: $Z(x) = c'x \leqslant Z = \sum_{i=1}^{s} k_i Z = \sum_{i=1}^{s} k_i c' x_i^0 = c' \sum k_i x_i^0 = Z(x^0)$ und x^0 ist wieder Maximalpunkt. Also

(5.67) *Satz:* Die Menge M^0 der Maximalpunkte ist konvex.

Im Folgenden muß nun für M(M sei nicht-leer) unterschieden werden, ob M konvexes Polyeder oder eine unbeschränkte Punktmenge ist.

(5.68) *Satz:* Ist M ein konvexes Polyeder, so nimmt Z(x) sein Maximum in mindestens einer Ecke von M an.

Beweis:

Da die Punktmenge M nicht-leer, abgeschlossen und beschränkt ist, gibt es in ihr Maximalpunkte. Sei $x^0 \in M^0$ und $x_1, \ldots, x_p$ seien die Ecken von M. Nach Satz (5.57) ist x^0 konvexe Kombination der Ecken, also $x^0 = \sum_{i=1}^{p} \alpha_i x_i$ mit $\sum \alpha_i = 1$ und $\alpha_i \geqslant 0 \; \forall \; i$. Für Z gilt dann $Z(x^0) = \sum_{i=1}^{p} \alpha_i Z(x_i)$, da Z eine lineare Transformation ist, außerdem ist $Z(x^0) \geqslant Z(x_i)$ für alle i. Wählt man nun einen Index k mit $\alpha_k > 0$ und wäre für k $Z(x^0) > Z(x_i)$, so wäre auch $Z(x^0) > \sum_{i=1}^{p} \alpha_i Z(x_i)$ entgegen der oben gezeigten Gleichheit.

Also ist $Z(x^0) = Z(x_k)$ und somit die Ecke x_k ein Maximalpunkt.

Ist M eine unbeschränkte Punktmenge, aber Z(x) auf M als reellwertige Funktion nach oben beschränkt, so kann man auch hier zeigen, daß Z sein Maximum auf M annimmt und mindestens eine Ecke Maximalpunkt ist.

Durch diesen Satz ist die in Abschnitt 5. in der Simplexmethode bereits benutzte Tatsache bewiesen, daß es zur Suche nach einem Maximalpunkt genügt, sich auf die Ecken von M bzw. die zugehörigen Basislösungen zu beschränken. In der Simplexmethode wird systematisch ein Teil der $\binom{n}{m}$ Ecken durch Iteration von Ecke zu Ecke überprüft, bis keine Verbesserung der Zielfunktion mehr möglich ist, also ein Maximalpunkt erreicht ist.

5.2.4. Konvexe Kegel und konvexe Polyederkegel

In der Theorie der Linearen Programmierung und in linearen ökonomischen Modellen (insbesondere der Produktionstheorie) tritt neben den konvexen Polyedern eine andere Untermenge der konvexen Mengen auf, das sind konvexe Kegel, und sofern sie von endlich vielen Punkten erzeugt werden können, konvexe Polyederkegel.

(5.69) *Def.:* Eine Punktmenge X heißt ein *Kegel*, wenn gilt: $x \in X \rightarrow \mu x \in X$ für alle $\mu \geqslant 0$.

Man kann deshalb aus jeder beliebigen Punktmenge P einen Kegel K erzeugen durch

(5.70) $K = \{\mu x \mid x \in P, \; \mu \geqslant 0\}$.

Ist ein Kegel nicht leer, so ist er auch nicht beschränkt. Je nach Lage kann er allerdings nach unten oder nach oben beschränkt sein.

Der Nullpunkt **0** gehört zu jedem (nicht-leeren) Kegel und heißt die *Spitze* des Kegels.

Beispiel:

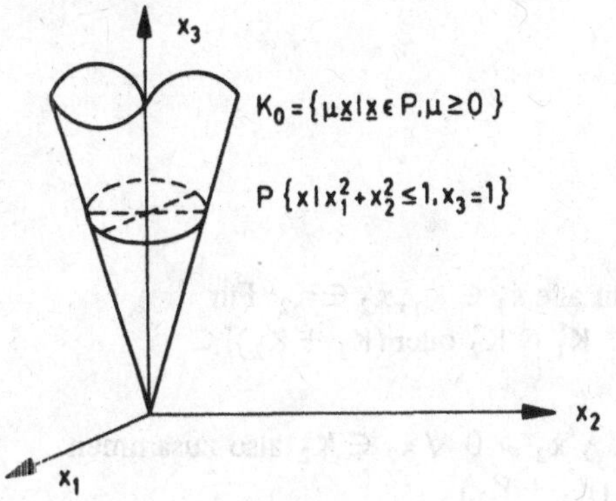

Abb. 5.9

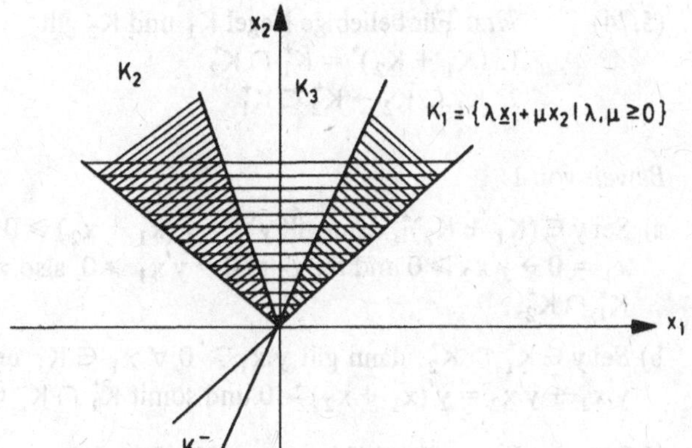

Abb. 5.10

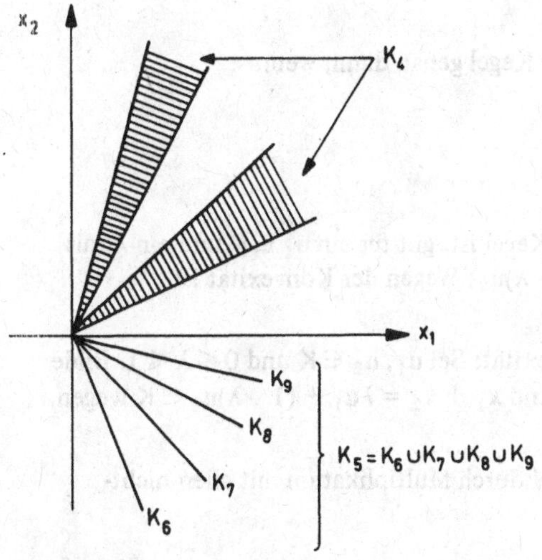

Abb. 5.11

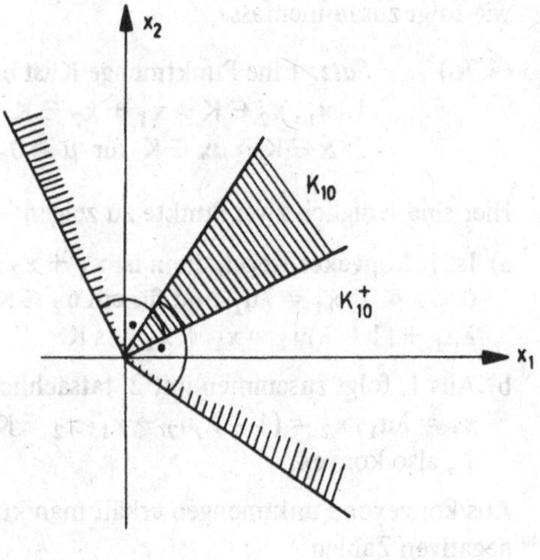

Abb. 5.12

(5.71) Als *negativen Kegel* K^- eines Kegels K bezeichnet man die Punktmenge

$$K^- = \{-x \mid x \in K\}$$

Aus zwei Kegeln K_1 und K_2 kann man auf zwei Arten einen neuen Kegel machen:

(5.72) *Summe* zweier Kegel: $K_3 = \{x \mid x = x_1 + x_2, x_1 \in K_1, x_2 \in K_2\}$.

Natürlich erfüllt K_3 wieder die Kegeldefinition. Davon ist streng zu unterscheiden:

Vereinigung zweier Kegel: $K_4 = K_1 \cup K_2 = \{x \mid x \in K_1 \vee x \in K_2\}$.

Auch K_4 ist wieder ein Kegel, der aber außer K_1 und K_2 keine weiteren Punkte enthält.

(5.73) Zu einem Kegel K ist der Kegel K^+ *polar,* bzw. K^+ heißt der zu K *polare* Kegel, wenn gilt

$$K^+ = \{y \mid y'x \geqslant 0 \ \forall x \in K\}$$

K^+ ist ein Kegel, da für μy auch $\mu y'x \geqslant 0$ für $\mu \geqslant 0$ gilt. Das Skalarprodukt, d.h. die „Projektion" von **y** auf **x** darf also für kein $x \in K$ negativ werden.

(5.74) *Satz:* Für beliebige Kegel K_1 und K_2 gilt
1. $(K_1 + K_2)^+ = K_1^+ \cap K_2^+$
2. $K_1 \subset K_2 \to K_2^+ \subset K_1^+$

Beweis von 1:

a) Sei $y \in (K_1 + K_2)^+$, dann gilt $y'x = y'(x_1 + x_2) \geqslant 0$ für alle $x_1 \in K_1, x_2 \in K_2$. Für $x_1 = 0 \to y'x_2 \geqslant 0$ und für $x_2 = 0 \to y'x_1 \geqslant 0$, also $y \in K_1^+ \cap K_2^+$ oder $(K_1 + K_2)^+ \subset K_1^+ \cap K_2^+$.

b) Sei $y \in K_1^+ \cap K_2^+$, dann gilt $y'x_1 \geqslant 0 \ \forall \ x_1 \in K_1$ und $y'x_2 \geqslant 0 \ \forall x_2 \in K_2$ also zusammen $y'x_1 + y'x_2 = y'(x_1 + x_2) \geqslant 0$ und somit $K_1^+ \cap K_2^+ \subset (K_1 + K_2)^+$.

(5.75) Ist ein Kegel K konvex, so heißt er *konvexer Kegel.*

Im obigen Beispiel sind konvex: K_0, K_1, K_2, K_3, K_6, bis K_9, der negative Kegel K_1^-, K_{10} und K_{10}^+. Nicht konvex sind K_4 und K_5. Die Kegeleigenschaft und die der Konvexität kann man wie folgt zusammenfassen:

(5.76) *Satz:* Eine Punktmenge K ist ein konvexer Kegel genau dann, wenn:
1. $x_1, x_2 \in K \to x_1 + x_2 \in K$
2. $x \in K \to \mu x \in K$ für $\mu \geqslant 0$.

Hier sind lediglich zwei Punkte zu zeigen:

a) Ist K konvexer Kegel, dann ist $x_1 + x_2 \in K$. Da K Kegel ist, gilt für ein $u_1 \in K$ und ein λ mit $0 \leqslant \lambda \leqslant 1$: $x_1 = \lambda u_1$ und für ein $u_2 \in K$: $x_2 = (1 - \lambda)u_2$. Wegen der Konvexität ist $\lambda u_1 + (1 - \lambda)u_2 = x_1 + x_2$ aus K.

b) Aus 1. folgt zusammen mit 2. tatsächlich die Konvexität: Sei $u_1, u_2 \in K$ und $0 \leqslant \lambda \leqslant 1$. Bilde $x_1 = \lambda u_1, x_2 = (1 - \lambda)u_2 \to x_1, x_2 \in K$ wegen 2. und $x_1 + x_2 = \lambda u_1 + (1 - \lambda)u_2 \in K$ wegen 1., also konvex.

Aus konvexen Punktmengen erhält man konvexe Kegel durch Multiplikation mit allen nichtnegativen Zahlen:

(5.77) $K = \{\mu x \mid x \in X \text{ konvex}, \mu \geqslant 0\}$

und aus Kegeln erhält man konvexe Kegel durch Zufügung aller endlichen konvexen Linearkombinationen:

(5.78) $K = \{\Sigma \lambda_i x_i \mid x_i \in X, X \text{ ein Kegel}, \Sigma \lambda_1 = 1\}$.

(Diese Aussagen mag der Leser als Übung beweisen).

Weitere spezielle Kegel:

(5.79) 1. Die *Halbgerade* $HG = \{x \mid x = \mu a, \mu \geqslant 0\}$ wird durch einen einzigen Punkt $a \neq 0$ erzeugt.

(5.80) 2. Der polare Kegel einer Halbgeraden ist ein *Halbraum:* $HR = \{x \mid a'x \geqslant 0\}$.

(5.81) 3. Ein einen Kegel K enthaltender Halbraum: Sei $a \in K^+$, dann enthält $HR_S = \{x \mid a'x \geq 0\}$ alle Punkte aus K.

(5.82) 4. Der zu einem Kegel K *orthogonale Kegel* $K^\perp$:
$K^\perp = \{y \mid x'y = 0 \; \forall x \in K\}$

Beispiel:

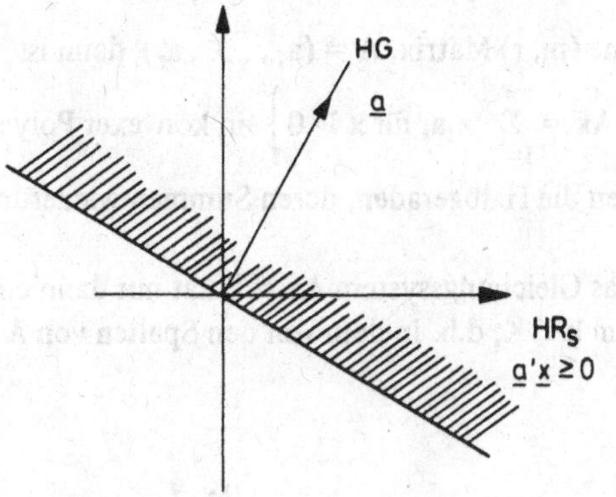

Abb. 5.13

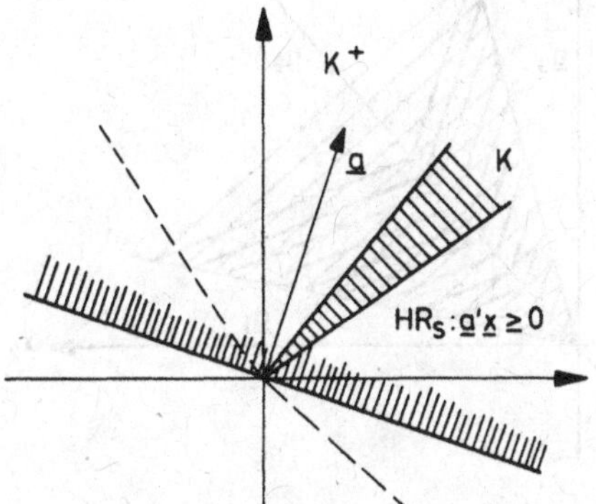

Abb. 5.14

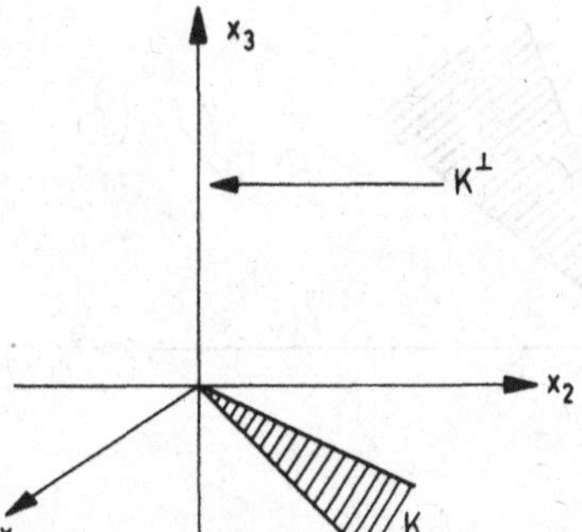

Abb. 5.15

(5.83) *Def.: Die Dimension eines Kegels* K ist die Maximalzahl der in K enthaltenen linear unabhängigen Vektoren.

Die Dimension eines Kegels K ist identisch mit der Dimension des kleinsten Unterraums U, der K enthält. Es gilt

$$U = K + K^-.$$

Werden nur endlich viele Punkte zum Aufspannen eines Kegels gebraucht, so hat man einen konvexen Polyederkegel:

(5.84) *Def.:* Ein *konvexer Polyederkegel* K ist die Summe endlich vieler Halbgeraden:

$$K = \sum_{i=1}^{r} HG_i = \left\{ y \mid y = \sum_{i=1}^{r} \mu_i a_i, \; a_i \in HG_i, \; \mu_i \geq 0 \right\}.$$

(5.85) *Satz:* Der durch ein konvexes Polyeder P erzeugte Kegel ist ein konvexer Polyederkegel.

Seien nämlich x_i (i = 1, ..., r) die Extremalpunkte von P, dann gilt für $x \in P$: $\sum_{i=1}^{r} \mu_i x_i, \mu_i \geqslant 0$, $\Sigma \mu_i = 1$.

Es ist $K = \{y \mid y = k \cdot x, x \in P, k \geqslant 0\} = \{y \mid y = \Sigma k\mu_i x_i = \Sigma \lambda_i x_i\}$ und es ist $\lambda_i = k\mu_i \geqslant 0$.

Definiert man $HG_i = \{\lambda_i x_i \mid \lambda_i \geqslant 0\}$ als aus den Extremalpunkten entstehende Halbgeraden, so ist K gerade die Summe dieser Halbgeraden.

(5.86) *Satz:* Ist A eine (m, r)-Matrix, $\mathbf{A} = (\mathbf{a}_1, \ldots, \mathbf{a}_r)$, dann ist

$$K = \left\{ y \mid y = \mathbf{A}x = \sum_{i=1}^{r} x_i \mathbf{a}_i \text{ für } x \geqslant 0 \right\}$$ ein konvexer Polyederkegel. Die Spalten $\mathbf{a}_i$ von A erzeugen die Halbgeraden, deren Summen wiederum K erzeugen.

(5.87) *Folgerung:* Das Gleichungssystem $\mathbf{Ax} = \mathbf{b}$ hat nur dann eine nicht-negative Lösung $\mathbf{x}(\mathbf{x} \geqslant \mathbf{0})$, wenn $\mathbf{b} \in K$, d.h. in dem von den Spalten von A erzeugten Polyederkegel liegt.

Beispiel:

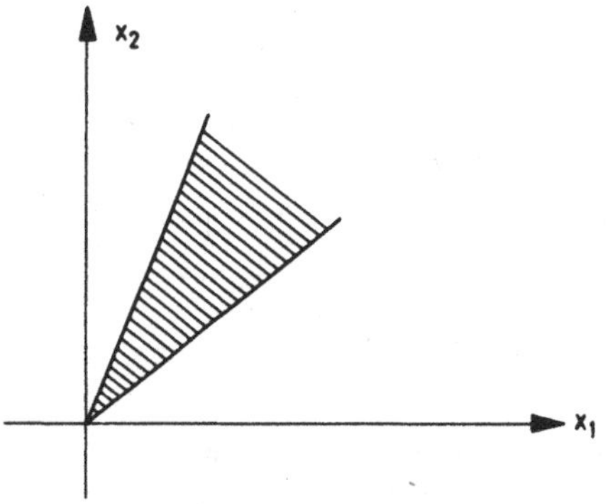

Abb. 5.16

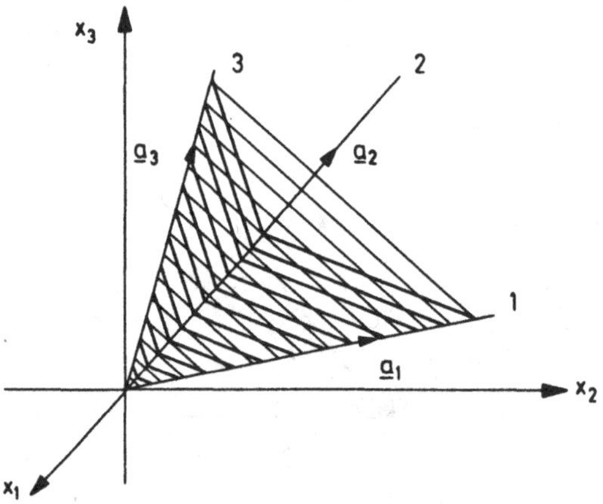

Abb. 5.17

Aufgaben zu 5.2. n-Dimensionale Geometrie

1. Man untersuche die Punktmenge

$$M = \{(x_1, x_2) \mid x_1 > 1, x_2 \leqslant 0, 2x_1 - x_2 \leqslant 4\}$$

auf Abgeschlossenheit, Konvexität und Beschränktheit.

Nach Definition (5.40) heißt eine Punktmenge abgeschlossen, wenn sie alle ihre Randpunkte enthält. Der Punkt $\mathbf{x} = (1, -2)$ ist wegen $x_1 = 1$ kein Punkt von M, jedoch Randpunkt, da es in jeder Umgebung von x mit Radius $\epsilon > 0$ Punkte von M, etwa $\mathbf{x}_\epsilon = \left(1 + \frac{\epsilon}{2}, -2\right)$, gibt:

Es ist $\|\mathbf{x} - \mathbf{x}_\epsilon\| = \sqrt{\left(1 - \left(1 + \frac{\epsilon}{2}\right)\right)^2 + (-2-(-2))^2} = \sqrt{\frac{\epsilon^2}{4}} = \frac{\epsilon}{2} < \epsilon$

M ist deshalb nicht abgeschlossen, aber auch nicht offen, da andere Randpunkte wie etwa (1.5, −1) in M enthalten sind. (Fertige eine Skizze von M an!)

Zur Prüfung der Konvexität sei $x_1 = (x_{11}, x_{12})$ und $x_2 = (x_{21}, x_{22})$ aus M gegeben. Für λ mit $0 \leq \lambda \leq 1$ ist anhand der Bedingungen für M zu prüfen, ob $x_\lambda = \lambda x_2 + (1-\lambda)x_1$ in M liegt.

$$\begin{aligned}
x_{\lambda_1} &= \lambda x_{21} + (1-\lambda)x_{11} > \lambda \cdot 1 + (1-\lambda) \cdot 1 = 1\\
x_{\lambda_2} &= \lambda x_{22} + (1-\lambda)x_{12} \leq \lambda \cdot 0 + (1-\lambda) \cdot 0 = 0\\
2x_{\lambda_1} - x_{\lambda_2} &= 2\lambda x_{21} + 2(1-\lambda)x_{11} - \lambda x_{22} - (1-\lambda)x_{12}\\
&= \lambda(2x_{21} - x_{22}) + (1-\lambda)(2x_{11} - x_{12})\\
&\leq \lambda \cdot 4 + (1-\lambda)4 = 4
\end{aligned}$$

Alle Bedingungen sind erfüllt, also $x_\lambda \in M$. Zur Prüfung hätte man auch einfach (5.51) heranziehen können.

M ist beschränkt nach oben, da etwa für $v = (2, 0)$ gilt $x_1 \leq 2$ und $x_2 \leq 0$ für alle $x = (x_1, x_2) \in M$, beschränkt nach unten durch $u = (1, -2)$ und allgemein beschränkt, da wegen $x_1 \leq \frac{x_2}{2} + 2$ und $x_2 \geq -2$ bzw. $|x_2| \leq 2$ folgt

$$\|x\| = \sqrt{x_1^2 + x_2^2} \leq \sqrt{\left(\frac{x_2}{2} + 2\right)^2 + x_2^2} = \sqrt{4 + 2x_2 + 1\frac{1}{4}\,x_2^2} \leq \sqrt{4 + 2|x_2| + 1\frac{1}{4}x_2^2}$$

$$\leq \sqrt{4 + 2 \cdot 2 + 1\frac{1}{4} \cdot 4} = \sqrt{13} < 4$$

Tatsächlich liegt M jedoch schon ganz im Kreis $\|x\| \leq \sqrt{5}$.

2. Zeige, daß $Y = \{(y_1, y_2) \mid y_1 \geq 0, y_2 \geq 0, y_1 y_2 \leq 1\}$ nicht konvex ist! Bei Y handelt es sich um die Punkte des nicht negativen Quadranten von R^2, die unterhalb der Hyperbel $y_2 = \frac{1}{y_1}$ liegen. Beweis der Nicht-Konvexität durch Gegenbeispiel:

   Betrachte $u = \left(2, \frac{1}{2}\right)$ und $v = \left(\frac{1}{2}, 2\right)$, beide aus Y. Wäre Y konvex, so läge auch $y = \frac{1}{2}u + \frac{1}{2}v = \left(1\frac{1}{4}, 1\frac{1}{4}\right)$ in Y. Es ist aber hier $y_1 \cdot y_2 = \left(1\frac{1}{4}\right)^2 = 1.5625 > 1$, also y nicht in Y.

3. Gegeben sei die Hyperebene $H = a'x = b$ mit $a' = (3, 1, -2, 4)$ und $b = 3$. Welche der Punkte $x_1 = (3, 4, 10, 2)$, $x_2 = \left(-2, 3, -2, \frac{1}{2}\right)$, $x_3 = (0, 1, -1, 1)$, $x_4 = (2, -1, 3, 1)$ und $x_5 = \left(1, 2, \frac{1}{2}, 0\right)$ liegen in welchem Halbraum?

Die Hyperebene H ist die Punktmenge $H = \{x \mid x \in R^4, 3x_1 + 1x_2 - 2x_3 + 4x_4 = 3\}$. Durch Einsetzen zeigt man, daß x_1 und x_4 im offenen Halbraum $a'x < 3$, x_3 und x_5 im offenen Halbraum $a'x > 3$ und x_2 auf (bzw. in) H selbst liegen. Betrachtet man abgeschlossene Halbräume, so liegen x_1, x_2 und x_4 im Halbraum $a'x \leq 3$ und x_2, x_3 und x_5 im Halbraum $a'x \geq 3$.

4. Betrachtet sei das LP-Problem aus Abschnitt 5.1.2::

$$\begin{aligned}
2x_1 + 1x_2 + 1x_3 &\leq 33\\
1x_1 + 4\tfrac{1}{2}x_2 + 2\tfrac{1}{2}x_3 &\leq 28\tfrac{1}{2}\\
x_1, x_2, x_3 &\geq 0\\
Z = 10x_1 + 8x_2 + 7x_3 &\to \text{Max}
\end{aligned}$$

Ist die Menge M der zulässigen Lösungen ein konvexes Polyeder und welches sind dann die „erzeugenden" Ecken?

Da die Menge M nicht leer, etwa $\mathbf{x} = (0, 0, 0)$ ist ein zulässiger Punkt, und beschränkt ist, etwa durch $\|\mathbf{x}\| < 100$, ist M nach Satz (5.66) ein konvexes Polyeder.

Die Ecken gewinnt man am einfachsten aus dem Gleichungssystem nach Einführung der Schlupfvariablen (vgl. (5.11)):

$$\begin{aligned} 2x_1 + \ 1x_2 + \ 1x_3 + 1x_4 \qquad &= 33 \\ 1x_1 + 4\tfrac{1}{2}x_2 + 2\tfrac{1}{2}x_3 \qquad + 1x_5 &= 28\tfrac{1}{2} \end{aligned}$$

Mit $n = 5$ Variablen und $m = 2$ Bedingungen hat man insgesamt $\binom{5}{2} = \frac{5!}{2!\,3!} = 10$ zulässige und unzulässige Basislösungen. Von diesen wurden im Verlauf der Problemlösung in 5.2.1. bereits bestimmt:

$$\left(0, 0, 0, 33, 28\tfrac{1}{2}\right) \text{ nach (5.11), Ecke: } \mathbf{x}_1 = (0, 0, 0)$$

$$\left(16\tfrac{1}{2}, 0, 0, 0, 12\right) \text{ nach (5.12), Ecke: } \mathbf{x}_2 = \left(16\tfrac{1}{2}, 0, 0\right)$$

$$(15, 3, 0, 0, 0) \text{ nach (5.13), Ecke: } \mathbf{x}_3 = (15, 3, 0)$$

$$\left(13\tfrac{1}{2}, 0, 6, 0, 0\right) \text{ nach (5.14), Ecke: } \mathbf{x}_4 = \left(13\tfrac{1}{2}, 0, 6\right)$$

Wie man sich überlegt, fehlen die Lösungen $(*, 0, 0, *, 0)$, $(0, *, 0, 0, *)$, $(0, *, 0, *, 0)$, $(0, *, *, 0, 0)$, $(0, 0, *, 0, *)$ und $(0, 0, *, *, 0)$ wobei $*$ für eine Basisvariable steht.

Setzt man im obigen Gleichungssystem $x_2 = x_3 = x_5 = 0$, so ist das System

$$\begin{aligned} 2x_1 + 1x_4 &= 33 \\ 1x_1 \qquad &= 28\tfrac{1}{2} \end{aligned}$$

nicht zulässig lösbar. (Aus diesem Grund wurde beim Übergang von (5.11) nach (5.12) auch x_4 eliminiert und nicht x_5). Man sieht so nach Einsetzen, daß $(*, 0, 0, *, 0)$, $(0, *, 0, 0, *)$, $(0, *, *, 0, 0)$ und $(0, 0, *, 0, *)$ unzulässige Lösungen sind. Für die restlichen berechnet man:

$$\left(0, 6\tfrac{1}{3}, 0, 26\tfrac{2}{3}, 0\right), \text{ Ecke } \mathbf{x}_5 = \left(0, 6\tfrac{1}{3}, 0\right)$$

$$\left(0, 0, 11\tfrac{2}{5}, 21\tfrac{3}{5}, 0\right), \text{ Ecke } \mathbf{x}_6 = \left(0, 0, 11\tfrac{2}{5}\right)$$

Wir haben so also 6 Basislösungen (im $\mathbb{R}^5$) und bezogen auf die Menge M auch 6 Ecken (im $\mathbb{R}^3$) gefunden.

Jeder Punkt in M ist somit konvexe Linearkombination dieser 6 Ecken, also

$$\mathbf{x} \in M \rightarrow \mathbf{x} = \lambda_1\mathbf{x}_1 + \lambda_2\mathbf{x}_2 + \ldots + \lambda_6\mathbf{x}_6 \text{ mit } \sum_{i=1}^{6} \lambda_i = 1, \ \lambda_i \geqslant 0$$

Merke: Die Darstellung von x muß nicht eindeutig sein, sie ist es aber z.B. für die Ecken selbst.

M hat keine degenerierte Ecke.

6. Grundlagen der Analysis

6.1. Folgen, Reihen und Rentenrechnung

6.1.1. Absolutbetrag, Intervalle, Maximum

Untersuchungsgegenstände der Analysis sind im wesentlichen die Folgen und Reihen und Funktionen einer und mehrerer Veränderlichen. Der Begriff des Grenzwertes ist hierin zentral. Durch ihn läßt sich ausdrücken, wie etwa eine ‚kleine' Veränderung eines Preises auf die Nachfrage nach einem Produkt wirkt. Um solche Begriffsbildungen vorzubereiten, sollen zunächst die elementaren Eigenschaften der Zahlmengen, die neben denen der Addition und Multiplikation stehen, in Kürze angeführt werden.

Um reelle Zahlen nach ihrer Größe charakterisieren zu können, ohne Rücksicht auf ihr Vorzeichen zu nehmen, führen wir den Absolutbetrag oder einfach nur den Betrag einer reellen Zahl ein:

(6.1) *Def.:* Zu jeder reellen Zahl $a \in R$ wird der ***Absolutbetrag*** $|a|$ erklärt als

$$|a| = \begin{cases} a & \text{für } a \geqslant 0 \\ -a & \text{für } a < 0 \end{cases}$$

Diese Operation beläßt also positiven Zahlen ihren Wert, negative verwandelt sie durch Vorzeichenumkehr in positive und nur die Null hat auch den Betrag Null. Eine äquivalente Definition wäre gegeben durch: $|a| = \max\{a, -a\}$.

(6.2) *Satz:* Für beliebige reelle Zahlen a, b gelten die folgenden Rechenregeln:

$$|-a| = |a|$$
$$|a - b| = |b - a|$$
$$|a \cdot b| = |a| \cdot |b|$$
$$\left|\frac{a}{b}\right| = \frac{|a|}{|b|} \text{ für } b \neq 0$$
$$||a| - |b|| \leqslant |a \pm b| \leqslant |a| + |b| \quad (\textit{Dreiecksungleichungen})$$

Die letzte Beziehung in der Form $|a + b| \leqslant |a| + |b|$ ist als die eigentliche Dreiecksungleichung bekannt. Durch Ersetzen von b durch $-b$ folgt $|a - b| \leqslant |a| + |b|$. Man kommt zu dieser Aussage, wenn man alle Kombinationen von positiv und negativ für a und b untersucht.

Beispiel:

Für welche reellen Zahlen gilt $|x - 3| \leqslant 7$? Um den Absolutbetrag zu finden, unterscheidet man $x - 3 \geqslant 0$ und $x - 3 < 0$.
Ist $x - 3 \geqslant 0$ oder $x \geqslant 3$, so ist $|x - 3| = x - 3 \leqslant 7$, also $x \leqslant 10$.
Ist $x - 3 < 0$ oder $x < 3$, so ist $|x - 3| = -(x - 3) = -x + 3 \leqslant 7$, also $-4 \leqslant x$.
Zusammengefaßt ist $|x - 3| \leqslant 7$ äquivalent mit $-4 \leqslant x \leqslant 10$ oder $3 - 7 \leqslant x \leqslant 3 + 7$.

Verallgemeinert ergibt das:

(6.3) *Satz:* Die Ungleichung $|x - a| \leqslant b$ ist äquivalent mit $a - b \leqslant x \leqslant a + b$

Mengen der letzten Art nennt man auch Intervalle:

(6.4) *Def.:* Sind a, b beliebige reelle Zahlen mit $a < b$, so heißt

$(a, b) = \{x \mid x \in R, a < x < b\}$ *offenes Intervall*
$(a, b] = \{x \mid x \in R, a < x \leqslant b\}$ *linksoffenes Intervall*
$[a, b) = \{x \mid x \in R, a \leqslant x < b\}$ *rechtsoffenes Intervall*
$[a, b] = \{x \mid x \in R, a \leqslant x \leqslant b\}$ *abgeschlossenes Intervall*

Alle Intervalle I sind nach oben und unten beschränkt; es gilt für alle $x \in I$: $x \leqslant b$ oder z.B. $x \leqslant b + 3/4$, d.h. alle Elemente sind kleiner oder gleich einer bestimmten Zahl (obere Schranke) und $x \geqslant a$ oder z.B. $x \geqslant a - 2/17$, d.h. alle Elemente sind größer oder gleich einer bestimmten Zahl (untere Schranke).

Betrachten wir weiterhin Mengen M von reellen Zahlen:

(6.5) *Def.:* Ein Element $a \in R$ heißt *obere (untere) Schranke* der Teilmenge M von R, wenn gilt $x \leqslant a$ $(x \geqslant a)$ $\forall\, x \in M$. M heißt dann *nach oben (unten) beschränkt.*

Beispiel:

$M = \{\ldots, -4, -3, -1\}$ ist nach oben beschränkt durch -1, durch 0, durch 7/8 usw. Die Schranke muß nicht notwendig in M enthalten sein. Intervalle sind nach oben und unten beschränkt.

Man folgert weiter:

(6.6) *Satz:* Eine Menge $M \subset R$ enthält höchstens eine ihrer oberen (bzw. unteren) Schranken.

(6.7) *Def.:* Ein Element a heißt das *Maximum* (*Minimum*) von M, wenn a obere (untere) Schranke ist und $a \in M$ gilt.

Beispiel:

$-1 = \max\{\ldots, -3, -2, -1\}$; $a = \min\{x \mid a \leqslant x < b\}$, das offene Intervall (a, b) hat weder Minimum noch Maximum. Die Menge aller positiven reellen Zahlen besitzt unendlich viele untere Schranken aber kein Minimum.

(6.8) *Def.:* Sei $M \subset R$ und OS (bzw. US) die Menge aller oberen (unteren) Schranken von M. Existiert das Minimum von OS (bzw. Maximum von US), so heißt es *Supremum* von M (bzw. *Infimum* von M).

Schreibweise: Es ist $s = \sup M = \min OS$ (falls existiert)
$i = \inf M = \max US$ (falls existiert)

Das Supremum bzw. Infimum braucht in der Menge M nicht enthalten zu sein. Ist das jedoch der Fall, so ist es zugleich das Maximum bzw. Minimum.

Beispiel:

$0 = \sup\{\text{negative rationale Zahlen}\}$, sup nicht enthalten.
Die Menge $M = \{x \mid x \text{ positiv rational}, x^2 < 2\}$ ist nach oben beschränkt, etwa durch 1.5, hat

aber im Bereich der rationalen Zahlen kein Supremum, jedoch im Bereich der reellen Zahlen: $\sqrt{2} = \sup M$. Bei der Suche nach Supremum oder Infimum achte man auf die Grundmenge, die wir hier i.a. als R nehmen.

6.1.2. Folgen und Grenzwerte von Folgen. Rentenendwertformeln

Die einfachste Zahlenfolge ist die, die aus dem Abzählen heraus entsteht: 1, 2, 3, 4, . . . , also die Folge der natürlichen Zahlen. Jede Zahl gibt zugleich die Stelle innerhalb der Folge an. Allgemein definiert man:

(6.9) *Def.:* Wird nach irgendeiner Vorschrift jeder natürlichen Zahl n aus $N = \{1, 2, \ldots\}$ (bzw. $n \in N_0 = \{0, 1, 2, \ldots\}$) oder aus einer Teilmenge M von N eine reelle Zahl a_n zugeordnet, so entsteht eine *Zahlenfolge* $\{a_1, a_2, a_3, \ldots\}$ (bzw. $\{a_0, a_1, a_2, \ldots\}$) oder kurz $\{a_n\}$. Die a_n heißen *Glieder der Zahlenfolge* $\{a_n\}$.

Es ist zu beachten, daß Zahlenfolgen nicht einfach Mengen sind, da es auf die Reihenfolge der Glieder ankommt.

Beispiele:

$\{a_n\} = \{1, 2, 4, 8, 16, \ldots\}$. Das Bildungsgesetz lautet: $a_n = 2^n$, $n = 1, 2, \ldots$
Zahlenfolge durch rekursive Definition: $a_n = a_{n-1} + 2a_{n-2}$. Mit $a_0 = 1$, $a_1 = 1$ entsteht die Folge $\{1, 1, 3, 5, 11, 21, 43, 85, \ldots\}$.
Durch Würfeln entsteht eine Folge ohne Bildungsgesetz, etwa $\{3, 5, 2, 5, 3, 1, 6, \ldots\}$, ebenso die Mißerfolge (0) oder Erfolge (1) eines Hausierers: $\{0, 0, 1, 0, 1, 1, 0, 0, 0, 1, 0, \ldots\}$.

(6.10) *Def.:* Eine Zahlenfolge mit $a_n = c$ (c konstant) für alle n heißt *identisch konstant.*

(6.11) Eine Zahlenfolge mit der Eigenschaft $a_{n+1} - a_n = d$ ($d \neq 0$ konstant) heißt *arithmetisch.*

(6.12) Eine Zahlenfolge mit der Eigenschaft $\dfrac{a_{n+1}}{a_n} = q$ ($q \neq 0$ konstant) heißt *geometrisch.*

Untersuchen wir zunächst die arithmetische Zahlenfolge $\{a_n\}$. Ist das Anfangsglied $a_0 = a$, so ist nach (6.11) $a_1 = a + d$, $a_2 = a_1 + d = a + 2d$ usw., also das Bildungsgesetz

(6.13) $a_n = a + nd$

Die Folge $\{2, 6, 10, 14, \ldots\}$ ist arithmetisch mit $a = 2$, $d = 4$. Die Summe s_n der ersten $n + 1$ Glieder einer arithmetischen Folge ergibt sich aus der Addition der zwei gleichwertigen Darstellungen von s_n:

$$\begin{array}{rcl} s_n &=& a_0 + a_1 \quad + a_2 \quad + \ldots + a_{n-1} \quad + a_n \\ s_n &=& a_n + a_{n-1} + a_{n-2} + \ldots + a_1 \quad + a_0 \\ \hline 2s_n &=& (a_0 + a_n) + (a_1 + a_{n-1}) + \ldots + (a_{n-1} + a_1) + (a_n + a_0) \end{array}$$

Für jeden Summand gilt aber $a_k + a_{n-k} = a + kd + a + (n-k)d = 2a + nd$, also ist $2s_n = (n+1) \cdot (2a + nd)$ oder

(6.14) $$s_n = \frac{n+1}{2}(a_0 + a_n)$$

Beispiel:

Die Summe der ungeraden Zahlen von 1 bis 99 ist die Summe der ersten 49 Glieder von $\{1, 3, 5, \ldots, 1 + 49 \cdot 2 = 99, \ldots\ldots\}$, also $s_{49} = \frac{49+1}{2}(1 + 99) = 2500$.

Für die geometrische Folge ergibt sich aus (6.12) mit dem Anfangsglied $a_0 = a$: $a_1 = aq$, $a_2 = a_1 q = aq^2$, $a_3 = \ldots = aq^3$, also allgemein das Bildungsgesetz

(6.15) $$a_n = a \cdot q^n$$

Beispiel:

Die Folge der Guthaben plus Zinseszins Z_i eines Anfangsguthabens $K = 1000$ mit $p = 6\,\%$ Verzinsung ist geometrisch, wobei $q = 1 + \frac{p}{100} = 1.06$ ist: $Z_0 = 1000$, $Z_1 = 1000 \cdot 1.06 = 1060$, $Z_2 = 1060 \cdot 1.06 = 1000 \cdot (1.06)^2 = 1123.60$ usw.

Die Summe der ersten n + 1 Glieder ergibt sich aus der folgenden Ableitung:

$$s_n = a_0 + a_1 + \ldots + a_n = a(1 + q + q^2 + \ldots + q^n).$$

Multipliziert man s_n mit dem Faktor $(1 - q)$, so läßt sich der Ausdruck folgenderweise vereinfachen

$$\begin{aligned} s_n(1-q) &= a \cdot (1-q)(1 + q + q^2 + \ldots + q^n) \\ &= a(1 - q + q - q^2 + q^2 - q^3 + \ldots + q^n - q^{n+1}) \\ &= a(1 - q^{n+1}) \end{aligned}$$

Die Summe der ersten n Glieder einer geometrischen Folge ist also

(6.16) $$s = a\,\frac{1 - q^{n+1}}{1 - q} = a\,\frac{q^{n+1} - 1}{q - 1}$$

Für $q = 1$ ergibt sich $s_n = (n+1)a$.

Beispiel:

Zahlt jemand jeweils am Jahresende einen festen Betrag r ein, der mit p % verzinst wird, so hat man etwa am Ende des dritten Jahres den letzten Betrag r, den mit 1 Jahr verzinsten Betrag $r\left(1 + \frac{p}{100}\right) = rq$ und den mit 2 Jahren verzinsten Betrag rq^2, insgesamt also $e_3 = r + rq + rq^2$.
Nach n Jahren hat sich der Betrag $e_n = r + rq + \ldots + rq^{n-1}$ angesammelt. Nach Anwendung der Summenformel ergibt sich die *Rentenendwertformel bei nachschüssiger Zahlung:*

(6.17) $$e_n = r\,\frac{1 - q^n}{1 - q} = r\,\frac{q^n - 1}{q - 1}$$

Bei Einzahlung am Jahresanfang wird jeder Betrag einmal mehr verzinst, so daß gilt:
$\bar{e}_n = rq + rq^2 + \ldots + rq^n$. Daraus wird die *Rentenendwertformel bei vorschüssiger Zahlung:*

(6.18) $\bar{e}_n = rq \cdot \frac{1-q^n}{1-q} = rq\,\frac{q^n-1}{q-1}$

Entsprechend den Begriffen für Zahlmengen definieren wir die Beschränktheit von Folgen:

(6.19) *Def.:* Eine Zahlenfolge $\{a_n\}$ heißt *nach oben (nach unten) beschränkt*, wenn es eine Zahl k^o (bzw. k^u) gibt mit $a_n \leqslant k^o$ (bzw. $a_n \geqslant k^u$) $\forall$ n. k^o (bzw. k^u) heißen *obere (untere) Schranke.* $\{a_n\}$ heißt *beschränkt,* wenn eine Zahl k existiert mit $|a_n| \leqslant k\ \forall n$. k heißt eine *Schranke* der Zahlenfolge.

Beispiel:

Die arithmetische Folge $a_n = a + nd$ ist für $d > 0$ nach unten, etwa für $k^u = a$, aber nicht nach oben beschränkt.

$a_n = \frac{1}{n}$ ist etwa mit $k^u = 0$, $k^o = 1$ nach unten und oben und für $k = 1$ insgesamt beschränkt.

Majorisiert eine Zahlenfolge $\{b_n\}$ eine andere $\{a_n\}$, d.h. ist $|a_n| \leqslant |b_n|\ \forall$ n, so gilt:

(6.20) *Satz:* Ist $\{b_n\}$ eine beschränkte Zahlenfolge und gilt für $\{a_n\}$ stets $|a_n| \leqslant |b_n|\ \forall n$, so ist auch $\{a_n\}$ eine beschränkte Folge

und

(6.21) *Folgerung:* Eine geometrische Folge mit $|q| \leqslant 1$ ist beschränkt.

Die Folge $\{aq^n\}$ wird majorisiert durch die konstante Folge $\{a\}$. Wachsen oder Fallen einer Zahlenfolge erfaßt man mit dem Begriff der Monotonie:

(6.22) *Def.:* Eine Zahlenfolge $\{a_n\}$ heißt

monoton wachsend,	wenn $a_n \leqslant a_{n+1}\ \forall$ n
streng monoton wachsend,	wenn $a_n < a_{n+1}\ \forall$ n
monoton fallend,	wenn $a_n \geqslant a_{n+1}\ \forall$ n
streng monoton fallend,	wenn $a_n > a_{n+1}\ \forall$ n

Arithmetische Folgen sind streng monoton wachsend für $d > 0$, geometrische für $q > 1$. Letztere sind streng monoton fallend für $0 < q < 1$. Die Anzahl der Erfolge eines Hausierers ist sicher nur monoton wachsend: $\{0, 0, 1, 2, 3, 3, 4, 5, \ldots\}$.

Für die Berechnung der Werte von Summen unendlicher Reihen, aber auch für Eigenschaften von Funktionen wie Stetigkeit oder Differenzierbarkeit hat die Untersuchung der Konvergenz von Folgen grundlegende Bedeutung. Dabei geht es um die Frage, ob sich die Glieder a_n einer Folge mit größer werdendem n einem bestimmten Wert a nähern und wie groß dieser dann ist. Die Konvergenzdefinition benutzt als Kriterium, ob von einem Index n_0 an die Folgenglieder um weniger als die Größe ϵ von dem Grenzwert a entfernt sind. ϵ ist eine beliebige positive Zahl, die in der Regel klein zu wählen ist, damit sinnvolle Aussagen entstehen.

(6.23) *Def.:* Eine Zahlenfolge $\{a_n\}$ heißt *konvergent* und *konvergiert gegen den Grenzwert* a, wenn für jede positive Zahl ϵ eine natürliche Zahl $n_0(\epsilon)$ existiert mit

$$|a_n - a| < \epsilon \quad \forall n \geqslant n_0(\epsilon)$$

Schreibweise: Grenzwert = *Limes,* $\lim\limits_{n\to\infty} a_n = a$ oder $a_n \to a$ für $n \to \infty$

Nach (6.3) ist $|a_n - a| < \epsilon$ gleichbedeutend mit $a - \epsilon < a_n < a + \epsilon$, bzw. $a \in (a - \epsilon, a + \epsilon)$, a aus dem offenen Intervall, woraus deutlich hervorgeht, daß a_n um weniger als ϵ von a abweicht.

Beispiel: $a_n = \frac{1}{n^2}$, $\epsilon = 0.001$; den Grenzwert für $n \to \infty$ errät man als $a = 0$. Dann muß gelten $\left|\frac{1}{n^2} - 0\right| < \epsilon$ oder $\frac{1}{n^2} < \epsilon$ bzw. $n > \sqrt{\frac{1}{\epsilon}}$, insbesondere $n \geqslant n_0(0.001) = 32$ da $\sqrt{\frac{1}{0.001}} \approx 32$. Da man für jedes ϵ ein solches $n_0(\epsilon)$ findet, ist $\left\{\frac{1}{n^2}\right\}$ konvergent gegen 0.

(6.24) *Def.:* Konvergiert die Zahlenfolge $\{a_n\}$ gegen 0, so heißt $\{a_n\}$ *Nullfolge.*

(6.25) *Folgerung:* Ist $\{a_n\}$ eine konvergente Zahlenfolge mit $\lim a_n = a$, so ist $\{a_n - a\}$ eine Nullfolge. Eine konstante Zahlenfolge $\{a_n\}$ mit $a_n = c$ konvergiert gegen den Grenzwert c.

Arithmetische Zahlenfolgen konvergieren natürlich für $d \neq 0$ nicht, sie sind *divergent.*

Die Glieder einer geometrischen Folge werden für $|q| < 1$ dem Betrag nach immer kleiner, und zwar für $0 < q < 1$ streng monoton fallend gegen 0, für $-1 < q < 0$ *alternierend* (d.h. mit wechselndem Vorzeichen) gegen 0. Es gilt:

(6.26) *Satz:* Eine geometrische Zahlenfolge $\{a \cdot q^n\}$ ist für $|q| < 1$ eine Nullfolge.

Noch einige Eigenschaften und Regeln für Zahlenfolgen sollten angeführt werden:

(6.27) *Satz:* Der Grenzwert einer konvergenten Zahlenfolge ist eindeutig, d.h. die Folge kann nicht gegen zwei verschiedene Grenzwerte konvergieren.

(6.28) *Satz:* Jede konvergente Zahlenfolge $\{a_n\}$ ist beschränkt und aus $|a_n| \leqslant k$ folgt $|a| \leqslant k$.

Merke: Aus $|a_n| < k$ folgt nicht $|a| < k$, z.B. $a_n = 1 - \frac{1}{n} < 1$ aber $\lim\limits_{n\to\infty} \left(1 - \frac{1}{n}\right) = 1$. Weiter ist jede beschränkte Zahlenfolge noch nicht konvergent, z.B. die Folge von Würfelergebnissen. Aber es gilt wieder (ohne Beweis):

(6.29) *Satz:* Ist eine Zahlenfolge beschränkt und monoton (wachsend oder fallend), so ist sie konvergent.

(6.30) *Satz:* Sind $\{a_n\}$ und $\{b_n\}$ konvergente Zahlenfolgen mit den Grenzwerten a und b, so gilt:

(6.31) $\lim\limits_{n\to\infty} (a_n + b_n) = a + b, \qquad \lim\limits_{n\to\infty} (a_n - b_n) = a - b$

(6.32) $\lim\limits_{n\to\infty} (a_n \cdot b_n) = ab, \qquad \lim\limits_{n\to\infty} (c \cdot a_n) = ca$

(6.33) $\lim\limits_{n\to\infty} \frac{a_n}{b_n} = \frac{a}{b}$ falls $b \neq 0$ und $b_n \neq 0$ für $n \geqslant n_0$

(6.34) Gilt $a = b$ und $a_n \leqslant c_n \leqslant b_n$ für eine Folge $\{c_n\}$, so ist $\lim\limits_{n\to\infty} c_n = a = b$

Die Aussage (6.32) beweist man wie folgt mit Hilfe der Dreiecksungleichung (6.2):

$$\begin{aligned} |a_n b_n - ab| &= |(a_n - a)b_n + (b_n - b)a| \leqslant |(a_n - a)b_n| + |(b_n - b)a| \\ &= |b_n|\,|a_n - a| + |a| \cdot |b_n - b| \leqslant k\epsilon_a + |a|\,\epsilon_b \end{aligned}$$

falls k eine Schranke von $\{b_n\}$ und $|a_n - a| < \epsilon_a$ für $n \geqslant n_0(\epsilon_a)$ und $|b_n - b| < \epsilon_b$ für $n \geqslant n_0(\epsilon_b)$. Wählt man $k\epsilon_a + |a|\epsilon_b < \epsilon$, $\epsilon > 0$ vorgegeben und dann entsprechend $n_0(\epsilon) = \max\{n_0(\epsilon_a), n_0(\epsilon_b)\}$, so ist das Konvergenzkriterium erfüllt.

Unter den nicht konvergenten Zahlenfolgen unterscheidet man:

(6.35) *Def.:* Gibt es zur Zahlenfolge $\{a_n\}$ für jede Zahl k ein $n_d(k)$ mit $a_n > k$ für $n \geqslant n_d(k)$, so heißt $\{a_n\}$ *bestimmt divergent* mit dem *uneigentlichen Grenzwert* $+\infty$. Gilt entsprechend $a_n < k$ für $n \geqslant n_d(k)$, so heißt $\{a_n\}$ *bestimmt divergent* mit dem *uneigentlichen Grenzwert* $-\infty$.

Schreibweise: $\lim\limits_{n\to\infty} a_n = +\infty$ bzw. $a_n \to \infty$ oder $\lim\limits_{n\to\infty} a_n = -\infty$

Andere divergente Zahlenfolgen heißen *unbestimmt divergent.*

Die geometrische Folge $\{aq^n\}$ mit $q > 1$ ist bestimmt divergent mit $\lim\limits_{n\to\infty} aq^n = \infty$, ebenso die arithmetische Folge mit $d > 0$. Die Folge von Würfelergebnissen ist unbestimmt divergent.

6.1.3. Unendliche Reihen

Bei der Untersuchung arithmetischer und geometrischer Folgen hatten wir bereits die etwa für finanzmathematische Anwendungen interessanten Summen s_n der ersten $n + 1$ Glieder gebildet. Daraus entsteht eine Folge $\{s_n\}$, deren Konvergenz untersucht werden soll.

(6.36) *Def.:* Ist $\{a_n\}$ eine beliebige Zahlenfolge, so heißt die Zahlenfolge $\{s_n\}$ mit

$s_n = a_0 + a_1 + \ldots + a_n = \sum\limits_{i=0}^{n} a_i$ als Partialsummen eine *unendliche Reihe* und die a_n *Glieder der Reihe.* Konvergiert die Folge $\{s_n\}$ der Partialsummen gegen s, so heißt s die *Summe der unendlichen Reihe.*

Schreibweise: Ist $\lim\limits_{n\to\infty} s_n = s$, so ist $\lim\limits_{n\to\infty} s_n = \lim\limits_{n\to\infty} \sum\limits_{i=0}^{n} a_i = \sum\limits_{i=0}^{\infty} a_i = s$

Beispiel: Die Folge $\{a_n\} = \left\{\frac{1}{3^n}\right\}$ ist geometrisch mit $q = \frac{1}{3}$ und hat die Partialsummen

$s_n = \sum\limits_{i=0}^{n} \frac{1}{3^i} = \sum\limits_{i=0}^{n} \left(\frac{1}{3}\right)^i = \dfrac{1 - \left(\frac{1}{3}\right)^{n+1}}{\frac{2}{3}}$ nach (6.16). Für $n \to \infty$ geht im Zähler $\left(\frac{1}{3}\right)^{n+1}$ gegen Null, also $\lim\limits_{n\to\infty} s_n = \frac{3}{2}$ und somit $\sum\limits_{i=0}^{\infty} \left(\frac{1}{3}\right)^i = \frac{3}{2}$.

Die Folge $\{a_n\} = \left\{\frac{1}{n}\right\}$, $n \geqslant 1$, hat die Partialsumme $s_n = \sum\limits_{i=1}^{n} \frac{1}{i} = 1 + \frac{1}{2} + \frac{1}{3} + \ldots + \frac{1}{n}$

bekannt als *harmonische Reihe.* Diese konvergiert nicht! Weiter ist $\sum\limits_{n=0}^{\infty} (-1)^n$ divergent, die Reihe $\sum\limits_{n=0}^{\infty} \frac{1}{2^n}$ konvergiert mit $\{s_n\} = \left\{1, 1\frac{1}{2}, 1\frac{3}{4}, 1\frac{7}{8}, \ldots\right\}$ gegen die Summe 2.

(6.37) *Satz:* Die geometrische Reihe $\sum_{n=0}^{\infty} aq^n$ hat für $|q| < 1$ die Summe $\frac{a}{1-q}$. Für $|q| \geqslant 1$ $(a \neq 0)$ ist sie divergent.

Beweis: $|q| < 1$: $$\lim_{n\to\infty} s_n = \lim_{n\to\infty} \sum_{i=0}^{n} (aq^n) = \lim_{n\to\infty} a \frac{1-q^{n+1}}{1-q}$$

$$= a \cdot \frac{1 - \lim_{n\to\infty} q^{n+1}}{1-q} = a \frac{1-0}{1-q} = \frac{a}{1-q}.$$

Zwei Prüfkriterien für die Konvergenz unendlicher Reihen werden ohne Beweis noch angeführt:

(6.38) *Satz:* Eine unendliche Reihe mit Gliedern $a_n \geqslant 0$ ist konvergent, wenn eine Zahl q mit $q < 1$ existiert und ab einem Index N entweder

$\frac{a_{n+1}}{a_n} \leqslant q \qquad \forall n \geqslant N$ *Quotientenkriterium*

oder

$\sqrt[n]{a_n} \leqslant q \qquad \forall n \geqslant N$ *Wurzelkriterium*

Es ist wichtig, daß $q < 1$ gelten muß, so daß im Fall $\lim_{n\to\infty} \frac{a_{n+1}}{a_n} = 1$ (etwa für $\sum_{n=1}^{\infty} \frac{1}{n}$ ist

$$\lim_{n\to\infty} \frac{\frac{1}{n+1}}{\frac{1}{n}} = \lim_{n\to\infty} \frac{n}{n+1} = 1,$$ obwohl stets $\frac{a_{n+1}}{a_n} < 1$ ist) keine Entscheidung getroffen werden kann. In der Tat ist diese Reihe divergent.

Das Quotientenkriterium ist für die Folge $a_n = \frac{2^n}{n!}$ mit $\frac{a_{n+1}}{a_n} = \frac{2^{n+1}}{(n+1)!} : \frac{2^n}{n!} = \frac{2}{n+1} \leqslant \frac{1}{2} = q$ mit $q < 1$ für $n \geqslant 3$ anwendbar, das Wurzelkriterium etwa für $a_n = \frac{2^n}{n^n}$ mit $\sqrt[n]{a_n} = \frac{2}{n} \leqslant \frac{1}{2} < 1$ für $n \geqslant 4$. Die unendliche Reihe ist divergent, falls $\frac{a_{n+1}}{a_n} \geqslant 1$ oder $\sqrt[n]{a_n} \geqslant 1$ für $n \geqslant N$ gilt.

Aufgaben zu 6.1. Folgen, Reihen und Rentenrechnung. Rentenbarwert und Ausgleichszahlung

---

1. Man notiere die ersten 5 Glieder der Folgen

a) $a_n = (-1)^n \frac{1}{2^n}$, $n = 1, 2, 3, \ldots$

b) $a_{n+2} - 2a_{n+1} + a_n = 2$ mit $a_1 = 1$, $a_2 = 4$, $n = 1, 2, 3, \ldots$

Lösung:

Im Fall a) gilt durch Einsetzen von n = 1, 2, 3, 4, 5: $a_1 = -\frac{1}{2}$, $a_2 = \frac{1}{4}$, $a_3 = -\frac{1}{8}$,

$a_4 = \frac{1}{16}$, $a_5 = -\frac{1}{32}$, also $\left\{-\frac{1}{2}, \frac{1}{4}, -\frac{1}{8}, \frac{1}{16}, -\frac{1}{32}, \ldots\right\}$

Im Fall b) formt man um: $a_{n+2} = 2 + 2a_{n+1} - a_n$ und berechnet $a_3 = 2 + 2a_2 - a_1 = 9$, $a_4 = 2 + 2a_3 - a_2 = 16$, $a_5 = 2 + 2a_4 - a_3 = 25$.

Also ensteht die Folge: $\{1, 4, 9, 16, 25, \ldots\}$, das ist die Folge der Quadratzahlen!

2. Man untersuche die Konvergenz der Folge $a_n = \frac{2n^2 + 3n}{n^2 + 1}$, $n = 1, 2, \ldots$

Lösung:

Um das Verhalten der Folge diskutieren zu können, zerlegt man den gebrochenen rationalen Ausdruck für a_n so, daß der Grad des Zählers kleiner als der Grad des Nenners wird.

Es gilt $a_n = \frac{2n^2 + 2}{n^2 + 1} + \frac{3n - 2}{n^2 + 1} = 2 + \frac{3n - 2}{n^2 + 1}$. Da im letzten Summanden der Nenner schneller mit n wächst als der Zähler, vermutet man, daß dieser Ausdruck gegen 0 strebt, d.h. daß a_n den Grenzwert $a = 2$ hat. Für welche n ist dann $|a_n - a| < \epsilon$, $\epsilon > 0$ gegeben?

$|a_n - a| = \left|\frac{3n - 2}{n^2 + 1}\right| = \frac{3n - 2}{n^2 + 1} < \epsilon$ und nach Umformung $(\epsilon n - 3)n > -2 - \epsilon$

Diese Ungleichung ist erfüllt für $\epsilon n - 3 > 0$, also $n > \frac{3}{\epsilon}$

Damit ist die Konvergenz mit dem Grenzwert 2 nachgewiesen.

3. Gegeben sei die unendliche Reihe

$$\sum_{m=1}^{\infty} \frac{1}{m(m + 1)}$$

Man berechne die n-ten Partialsummen durch Partialbruchzerlegung. Gegen welchen Wert konvergiert die Reihe?

Man berechne $n_0 = n_0(\epsilon)$

Lösung:

Zunächst machen wir für die Umformung des Gliedes $a_m = \frac{1}{m(m + 1)}$ den Ansatz der Partialbruchzerlegung mit

$$\frac{1}{m(m + 1)} = \frac{A}{m} + \frac{B}{m + 1}$$

und erhalten nach Multiplikation mit $m(m + 1)$ die Gleichung $1 = A(m + 1) + Bm$ oder $0m + 1 = (A + B)m + A \quad \forall\, m \geqslant 1$.

Koeffizientenvergleich links und rechts (Koeffizienten aller Potenzen von m müssen links und rechts gleich sein, da die Gleichung für alle m gelten soll) ergibt $A + B = 0$ und $A = 1$. Also ist

$A = 1$ und $B = -1$ und

$$\frac{1}{m(m+1)} = \frac{1}{m} + \frac{-1}{m+1}$$

Die n-te Partialsumme läßt sich nun berechnen als

$$s_n = \sum_{m=1}^{n} \frac{1}{m(m+1)} = \sum_{m=1}^{n} \frac{1}{m} - \sum_{m=1}^{n} \frac{1}{m+1}$$

$$= \left(1 + \frac{1}{2} + \frac{1}{3} + \ldots + \frac{1}{n}\right) - \left(\frac{1}{2} + \frac{1}{3} + \ldots + \frac{1}{n} + \frac{1}{n+1}\right) = 1 - \frac{1}{n+1}$$

Es ist $s = \lim\limits_{n\to\infty} s_n = \lim\limits_{n\to\infty} \left(1 - \frac{1}{n+1}\right) = \lim\limits_{n\to\infty} 1 - \lim\limits_{n\to\infty} \frac{1}{n+1} = 1 - 0 = 1$

Die unendliche Reihe ist konvergent mit $\sum\limits_{m=1}^{\infty} \frac{1}{m(m+1)} = 1$

Die Bestimmung von $n_0(\epsilon)$ erfolgt über die Ungleichung $|s_n - s| = \left|-\frac{1}{n+1}\right| = \frac{1}{n+1} < \epsilon$. Diese ist erfüllt für $n > n_0(\epsilon) \geqslant \frac{1}{\epsilon} - 1$.

Soll die Partialsumme s_n höchstens noch um 1/10 000 von 1 abweichen, so muß $n > 9\,999$ sein.

4. a) Jemand zahlt am Anfang jeden Jahres DM 624, – auf ein Konto ein, das jährlich mit 8 % verzinst wird. Welchen Betrag hat er nach Ablauf des 7. Jahres?

   b) Ein anderer Sparer zahlt einmalig einen Betrag auf sein Sparkonto ein, das mit 6 % p.a. verzinst wird. Welchen Betrag muß er einzahlen, damit er nach 7 Jahren den gleichen Betrag wie der Sparer aus Teil a) hat?

Lösung von a): Gesucht ist der Rentenendwert R_n einer vorschüssigen Rente von $R = 624,-$ mit $n = 7$ und $q = 1 + \frac{p}{100} = 1.08$.

Nach (6.18) ist

$$R_7 = R \cdot q \cdot \frac{q^7 - 1}{q - 1} = 624 \cdot 1.08 \cdot \frac{1.08^7 - 1}{1.08 - 1} = 624 \cdot 1.08 \cdot \frac{1.7138 - 1}{0.08}$$

$R_7 = 6013.05$

Lösung von b): Gesucht ist der Betrag K_0 der zu leistenden Einlage, die nach 7-jähriger Verzinsung mit $q = 1.06$ zu $K_7 = 6013.05$ anwächst. Aus $K_7 = K_0 \cdot q^7$ erhält man

$K_0 = \frac{K_7}{q^7} = \frac{6013.05}{1.06^7} = 3999.02$, also wäre der Betrag von 3999.02 einzuzahlen.

5. Ein Bauer überträgt die Eigentumsrechte seines Grundbesitzes im Wert von DM 80 000, – an eine Baufirma. Als Gegenleistung erhält er dafür eine Rente in Höhe von jährlich DM 10.000, –. Wie lange wird die Rente gezahlt, wenn die erste Zahlung am Ende der ersten Periode fällig wird und die banküblichen Zinsen p = 8 % p.a. betragen? Welche Ausgleichszahlung ist zu leisten?

Lösung:

Zunächst ist die Anzahl n der Jahre gesucht, in denen eine nachschüssige Rente von $R = 10\,000,-$ gezahlt wird, bis der Barwert $K_0 = 80.000,-$ aufgebraucht ist. Am Ende der n Jahre wäre einerseits der Barwert durch Verzinsung auf $K_n = K_0\, q^n$ angewachsen, andererseits entsteht durch die Rentenzahlung nach (6.17) der Betrag $R_n = R \cdot \frac{q^n - 1}{q - 1}$.

Gleichsetzung ergibt

$$K_0\, q^n \stackrel{!}{=} R \cdot \frac{q^n - 1}{q - 1}$$

$$\text{oder } K_0 = R \cdot \frac{q^n - 1}{q^n(q - 1)}$$

K_0 heißt der *Rentenbarwert einer nachschüssigen Rente.*

Da die Zahl n gesucht ist, ergibt sich $\frac{K_0}{R} = \frac{1 - q^{-n}}{q - 1}$ und daraus $q^{-n} = 1 - \frac{K_0}{R}(q - 1)$ bzw. nach Logarithmieren:

$$n = -\log\left[1 - \frac{K_0}{R}(q - 1)\right]/\log q$$

$$= -\log[1 - 8 \cdot 0.08]/\log 1.08 = 13.275$$

Da die Anzahl der Jahre $n = 13.275$ keine ganze Zahl ist, kann die Rentenzahlung tatsächlich nur 13 Jahre lang erfolgen. Am Ende des 13. Jahres ist der Wert des Grundbesitzes aber $K_{13} = K_0 \cdot q^{13} = 217569.89$, während der Rentenendwert $R_{13} = R\,\frac{q^n - 1}{q - 1} = 214952.96$ ausmacht. Die Baufirma hätte dem Bauern also am Ende des 13. Jahres noch die Ausgleichszahlung $A_{13} = 2616.93$ zu zahlen oder alternativ im Zeitpunkt 0 den Betrag $A_0 = A/q^{13} = 962.24$ bzw. in jedem anderen Zeitpunkt einen der Aufzinsung entsprechenden Betrag.

6.2. Funktionen einer Veränderlichen

6.2.1. Die Funktion und ihre elementaren Eigenschaften

In Abschnitt 4.5.1. wurden bereits einmal Abbildungen und Funktionen in allgemeiner Weise definiert. Da wir im folgenden reellwertige Funktionen diskutieren wollen, sei die Definition mit Blick auf die Menge der reellen Zahlen R wiederholt.

(6.39) *Def.:* Eine Vorschrift, durch die bestimmten Elementen a einer Menge A jeweils ein Element b einer Menge B zugeordnet wird, heißt eine *Funktion* oder *Abbildung* f:

$$f\colon A \to B \text{ mit } b = f(a),\ a \in A,\ b \in B$$

a heißt *Urbild und* A *Urbildmenge*, b heißt *Bild* oder *Wert* und B *Bildmenge* oder *Wertemenge.*

Eine Funktion heißt *eindeutig,* wenn zu $a \in A$ nur ein Element $b \in B$ zugeordnet wird, sie heißt *mehrdeutig,* wenn zu einem Element $a \in A$ mehrere Elemente aus B zugeordnet werden.

Hier ist zu beachten, daß wir zunächst nur eindeutige Funktionen definiert haben, daß also mehrdeutige Funktionen in unserem Sinn keine Funktionen sind.

Man unterscheidet Abbildungen oder Funktionen

von A *auf* B :	alle $a \in A$ sind Urbilder,	alle $b \in B$ sind Bilder
von A *in* B :	alle $a \in A$ sind Urbilder,	nicht alle $b \in B$ sind Bilder
aus A *auf* B :	nicht alle $a \in A$ sind Urbilder,	alle $b \in B$ sind Bilder
aus A *in* B :	nicht alle $a \in A$ sind Urbilder,	nicht alle $b \in B$ sind Bilder

Im folgenden werden wir nur solche Funktionen behandeln, bei denen die Urbildmenge A die Menge der reellen Zahlen R oder die Menge der n-tupel (Vektoren) des R^n ist. Bei reellwertigen Funktionen ist die Bildmenge immer gleich R.

Funktion einer Veränderlichen : f: $R \to R$ mit $y = f(x)$
Funktion mehrerer Veränderlichen: f: $R^n \to R$ mit $y = f(x) = f(x_1, \ldots, x_n)$

Betrachten wir Funktionen einer Veränderlichen. Die Menge der Urbilder X heißt *Definitionsbereich* und die Menge der Bilder Y *Wertebereich.* Es ist also $X \subset R$ und $Y \subset R$.

Die Funktion f: $X \to Y$ ist durch alle Paare (x, y) charakterisiert mit $y = f(x)$.

(6.40) *Def.:* Sei f eine Funktion von X auf Y. Dann heißt die Menge $G = \{(x, y) \mid y = f(x)\} \subset X \times Y$ *Graph der Funktion* f.

Beispiel:

Sei f definiert durch die Zuordnung $x \to x^2$ oder anders geschrieben $y = f(x) = x^2$. Da von jeder reellen Zahl das Quadrat gebildet werden kann, kann der Definitionsbereich ganz R sein, es ist aber auch möglich, nur eine Teilmenge davon, z.B. $X = [-2, +2]$ zu betrachten. Im ersten Fall ist der Wertebereich die Menge aller nichtnegativen reellen Zahlen, im zweiten Fall $Y = [0, 4]$

Der Graph von f: $y = x^2$
ist $G = \{(x, y) \mid y = x^2, x \in [-2, 2]\}$,
also ein Stück der Parabel.

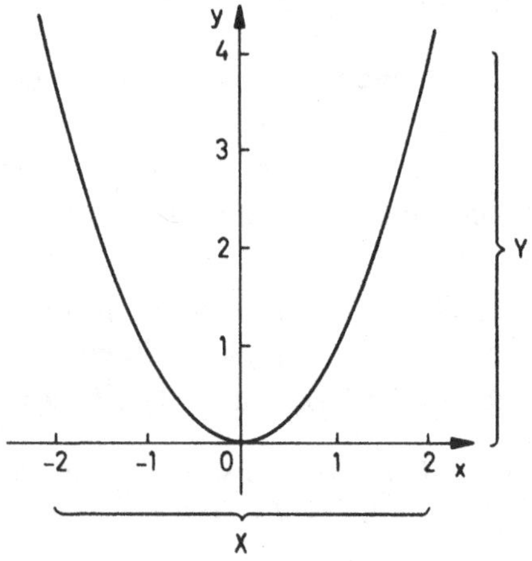

Abb. 6.1

Die nach (6.39) gegebene Eindeutigkeit einer Funktion kann durch die Implikation $x_1 = x_2 \Rightarrow f(x_1) = f(x_2)$ charakterisiert werden. Die Umkehrung davon ist eine besondere Eigenschaft:

(6.41) *Def.:* Werden verschiedenen Elementen $x_1, x_2 \in X$ auch verschiedene Elemente $f(x_1), f(x_2) \in Y$ durch die Funktion f zugeordnet, dann heißt die Funktion f *eineindeutig.*

Es gilt: $f(x_1) = f(x_2) \Rightarrow x_1 = x_2$

Aussagenlogisch ist diese Implikation äquivalent mit $x_1 \neq x_2 \Rightarrow f(x_1) \neq f(x_2)$. Die oben gegebene Funktion $y = x^2$ mit $X = [-2, 2]$ ist nicht eineindeutig, da $(-1)^2 = (+1)^2$. Die gleiche Funktion mit $X = [0, 2]$ ist aber eineindeutig, da in Y nur nichtnegative Wurzelwerte sind.

(6.42) *Def.:* Sei f eine eineindeutige Funktion von X auf Y mit $x \xrightarrow{f} y$ bzw. $y = f(x)$. Dann heißt die Funktion f^{-1} die *Umkehrfunktion,* die dem vorigen Bild y das Urbild x zuordnet.

Schreibweise: $y \xrightarrow{f^{-1}} x,\ x = f^{-1}(y),\ f^{-1}: Y \to X$

Beispiel:

Da $y = x^2$ für $x \geqslant 0$ eineindeutig ist, kann man die Umkehrfunktion f^{-1} bilden: $x = \sqrt{y}$, wobei nur die positive Wurzel gemeint ist. In der alten Schreibweise schreibt man wieder $y = \sqrt{x}$ $(x \geqslant 0, y \geqslant 0)$. Ist $X = [0, \infty)$, so ist $Y = [0, \infty)$ und die Umkehrfunktion ist auf Y definiert mit Werten in X.

Die Umkehrfunktion von $y = 10^x$ ist der sogenannte *dekadische Logarithmus* $y = \lg x$. Zu der Exponentialfunktion $y = e^x$ ist die Umkehrfunktion der *natürliche Logarithmus* $y = \ln x$. Definitionsbereiche der Logarithmusfunktionen sind $X = (0, \infty)$, wobei also die Null nicht enthalten ist, und der Wertebereich $Y = (-\infty, +\infty)$.

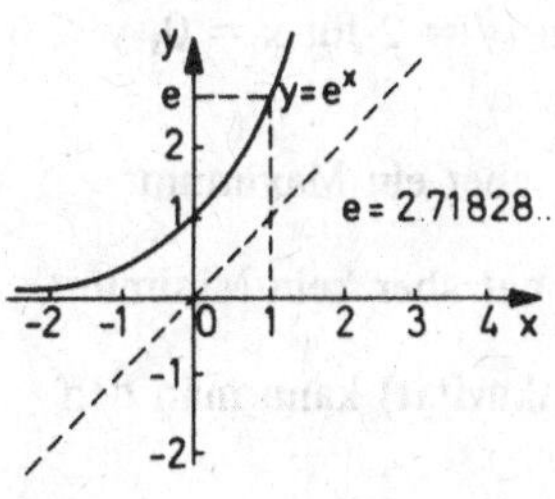

Abb. 6.2

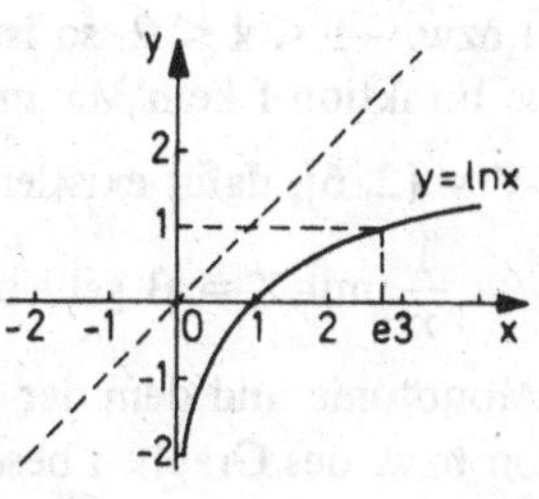

Abb. 6.3

Graphisch ermittelt man die Umkehrfunktion einer eineindeutigen Funktion durch Spiegelung des Graphen an der sogenannten Winkelhalbierenden $y = x$.

(6.43) *Def.:* Ist f eine Funktion von X auf Z mit $z = f(x)$ und g eine Funktion von Z auf Y mit $y = g(z)$, so heißt die Funktion $y = h(x) = g(f(x))$ die aus f und g *zusammengesetzte Funktion* von X auf Y.

Es ist $x \xrightarrow{f} \xrightarrow{g} y$ und $h : X \to Y$ (wobei h den Pfeil von x nach y bezeichnet)

Beispiel: Sei $z = f(x) = \frac{1}{1+x}$ und $y = y(z) = z^2$. Es wird $y = h(x) = \left(\frac{1}{1+x}\right)^2 = \frac{1}{(1+x)^2}$.
Aus den Funktionen $z = x^2$ und $y = \sqrt{z}$ wird $y = \sqrt{x^2} = x$, also die Identität. Allgemein gilt:

(6.44) $\quad x = f^{-1}(f(x)) = f(f^{-1}(x))$

Merke: Im allgemeinen kommt es auf die Reihenfolge der Zusammensetzung an, denn z.B. $\left(\frac{1}{1+x}\right)^2 \neq \frac{1}{1+x^2}$.

Die Begriffe der Beschränktheit und des Maximums bzw. Minimums einer Funktion ergeben sich aus der Anwendung dieser Begriffe nach (6.5) und (6.7) auf den Wertebereich als Menge.

(6.45) *Def.:* Eine Funktion *heißt beschränkt* (*nach oben beschränkt, nach unten beschränkt*), wenn ihr Wertebereich beschränkt (nach oben beschränkt, nach unten beschränkt) ist. Hat der Wertebereich Y einer Funktion f mit dem Definitionsbereich X ein Maximum M bzw. Minimum m, so heißt M *absolutes Maximum* bzw. m *absolutes Minimum* der Funktion.

$$M = \max_{x \in X} f(x), \qquad m = \min_{x \in X} f(x)$$

Beispiel: Sei $y = f(x) = x^2 + 2$ mit $X = R$, f ist nur nach unten beschränkt, da $Y = [2, \infty)$ nur nach unten beschränkt ist. Sie hat kein (absolutes) Maximum, aber ein (absolutes) Minimum $y = 2$ bei $x = 0$. Die gleiche Funktion $y = f(x) = x^2 + 2$ mit $X = [-1, 2]$ und somit $Y = [2, 6]$ ist beschränkt, da $|f(x)| \leq 10 \; \forall x \in [-1, 2]$. Sie ist somit auch nach oben und unten beschränkt und besitzt Maximum und Minimum. Ist der Definitionsbereich das offene Intervall $X = (-1, 2)$ bzw. $-1 < x < 2$, so ist $Y = [2, 6)$ halboffen ($y = 2$ für $x = 0$, $y < 6$ stets). Deshalb hat die Funktion f kein Maximum.

Für $X = (0, 2]$ folgt $Y = (2, 6]$, dafür existiert also kein Minimum, aber ein Maximum.

Auch die Funktion $y = \frac{1}{x}$ mit $X = R$ geht beliebig nahe an Null, hat aber kein Minimum.

Mit dem Begriff der Monotonie und dem der Konvexität (bzw. Konkavität) kann man den Verlauf einer Funktion bzw. des Graphen beschreiben:

(6.46) *Def.:* Eine Funktion f heißt in einem Intervall I aus X *monoton wachsend* (bzw. *fallend*), wenn für beliebige $x_1, x_2 \in I$ gilt:

$x_1 < x_2 \Rightarrow f(x_1) \leq f(x_2)$ (bzw. $x_1 < x_2 \Rightarrow f(x_1) \geq f(x_2)$)
Sie heißt streng *monoton wachsend* (bzw. *fallend*), wenn
$x_1 < x_2 \Rightarrow f(x_1) < f(x_2)$ (bzw. $x_1 < x_2 \Rightarrow f(x_1) > f(x_2)$)

Beispiel: $y = \sqrt{x}$ ist in jedem Intervall aus $X = [0, \infty)$ streng monoton wachsend, da für $x_1 < x_2$ mit $x_1 \geq 0$, $x_2 > 0$ folgt $\sqrt{x_1} < \sqrt{x_2}$. (Wäre $\sqrt{x_1} \geq \sqrt{x_2}$, dann wäre auch $(\sqrt{x_1})^2 \geq (\sqrt{x_2})^2$ oder $x_1 \geq x_2$. Das wäre ein Widerspruch zur Annahme $x_1 < x_2$.)

$y = \frac{1}{1+x^2}$ ist für ein I aus $(-\infty, 0]$ streng monoton wachsend und für ein I aus $[0, +\infty)$ streng monoton fallend.

Konvexität und Konkavität sind Ausdrücke der Krümmung einer Funktion. Zieht man zwischen zwei Punkten einer Kurve eine Sehne und liegt die Kurve im Zwischenbereich immer unterhalb der Sehne, so ist sie konvex; liegt sie stets oberhalb, so ist sie konkav. Um diese Erklärung präziser zu fassen, beschreiben wir einen Zwischenpunkt zwischen x_1 und x_2 durch

(6.47) $\quad x = \lambda x_1 + (1 - \lambda) x_2 = x_2 + \lambda(x_1 - x_2)$ mit $0 \leqslant \lambda \leqslant 1$.

Im Extremfall ist $x = x_1$ für $\lambda = 1$ und $x = x_2$ für $\lambda = 0$.

Der zu x gehörige Wert der Funktion ist

(6.48) $\quad y = f(x) = f(\lambda x_1 + (1 - \lambda)x_2)$

Der entsprechende Wert auf der Sehne ist aber

(6.49) $\quad y^* = \lambda f(x_1) + (1 - \lambda) f(x_2) = f(x_2) + \lambda(f(x_1) - f(x_2))$

(6.50) *Def.:* Die Funktion $y = f(x)$ heißt in einem Intervall I aus X *konvex* (bzw. *konkav*), wenn für beliebige $x_1 \neq x_2$ folgt $y \leqslant y^*$ (bzw. $y \geqslant y^*$) für $0 < \lambda < 1$, d.h.

(6.51) $\quad f(\lambda x_1 + (1 - \lambda)x_2) \leqslant \lambda f(x_1) + (1 - \lambda) f(x_2)$ (bzw. $\geqslant$)

Sie heißt *streng konvex* (bzw. *streng konkav*), wenn in (6.51) das Zeichen $<$ (bzw. $>$) gilt.

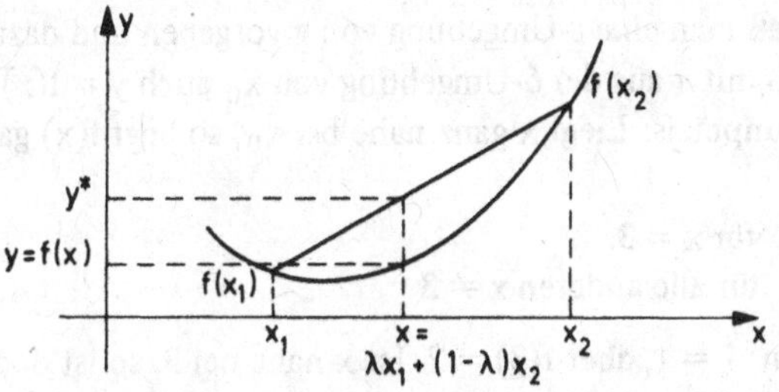

Abb. 6.4

Beispiel: $y = x^2$ ist streng konvex im gesamten Definitionsbereich: Mit $x = \lambda x_1 + (1 - \lambda)x_2 = x_2 + \lambda(x_1 - x_2)$ wird $y = f(x) = (x_2 + \lambda(x_1 - x_2))^2 = x_2^2 + 2\lambda x_2(x_1 - x_2) + \lambda^2(x_1 - x_2)^2$. Im Vergleich ist $y^* = \lambda f(x_1) + (1 - \lambda) f(x_2) = f(x_2) + \lambda(f(x_1) - f(x_2)) = x_2^2 + \lambda(x_1^2 - x_2^2)$. Es ist nun zu prüfen, ob $y^* - y > 0$, also ergibt sich die Differenz durch Zusammenfassen und Anwendung der binomischen Sätze:

$$\begin{aligned} y^* - y &= \lambda(x_1 + x_2)(x_1 - x_2) - 2\lambda x_2(x_1 - x_2) - \lambda^2(x_1 - x_2)(x_1 - x_2) \\ &= [\lambda x_1 + \lambda x_2 - 2\lambda x_2 - \lambda^2(x_1 - x_2)](x_1 - x_2) \\ &= [\lambda(x_1 - x_2) - \lambda^2(x_1 - x_2)](x_1 - x_2) \\ &= \lambda(1 - \lambda)(x_1 - x_2)^2 > 0 \text{ für } x_1 \neq x_2 \text{ und } 0 < \lambda < 1 \end{aligned}$$

also ist $y^* > y$ und damit $y = x^2$ streng konvex.

6.2.2. Grenzwerte von Funktionen und Stetigkeit

Nunmehr sollen Funktionen auf „Glattheit", Existenz von Sprüngen, Unendlichkeitsstellen usw. untersucht werden. Dazu ist es notwendig, die Umgebung eines Punktes x_0 auf der x-Achse bzw. der zugehörigen Werte auf der Kurve abzutasten.

(6.52) *Def.:* Als *δ-Umgebung* $U_\delta(x_0)$ eines Punktes x_0 bezeichnet man das offene Intervall $U_\delta(x_0) = (x_0 - \delta, x_0 + \delta)$.

Es ist also $x \in U_\delta(x_0)$, falls $x_0 - \delta < x < x_0 + \delta$ oder $|x - x_0| < \delta$ (vgl. Satz (6.3)). Im allgemeinen ist δ irgendeine positive reelle Zahl, oft muß sie allerdings klein gewählt werden, da die zu untersuchende Funktionseigenschaft nur für Punkte „nahe" bei x_0 erfüllt ist.

Untersucht werden nun die Kurvenpunkte $(x_0, f(x_0))$, indem man sich aus einer Umgebung von x_0 heraus an x_0 annähert:

(6.53) *Def.:* Die Funktion $y = f(x)$ sei in einer Umgebung von x_0 (evtl. mit Ausnahme von x_0) definiert. Dann heißt g der *Grenzwert der Funktion* f(x) in x_0, wenn zu jedem $\epsilon > 0$ ein $\delta > 0$ existiert, so daß

$$|f(x) - g| < \epsilon \quad \forall \ x \in U_\delta(x_0)$$

Schreibweise: $\lim\limits_{x \to x_0} f(x) = g$

Diese Definition sagt, daß man eine ε-Umgebung von g vorgeben und dazu eine δ-Umgebung von x_0 finden kann, daß mit x aus der δ-Umgebung von x_0 auch $y = f(x)$ in der ε-Umgebung von g liegt. Oder etwas unpräzis: Liegt x ganz nahe bei x_0, so liegt f(x) ganz nahe bei g.

Beispiel: $y = f(x) = \begin{cases} 2 & \text{für } x = 3 \\ 1 & \text{für alle anderen } x \neq 3 \end{cases}$

Dann ist $\lim\limits_{x \to 3} f(x) = \lim\limits_{x \to 3} 1 = 1$, aber $f(3) = 2$. Ist x nahe bei 3, so ist doch $f(x) = 1$, also auch der Grenzwert gleich 1. Nur für $x = 3$ ist $f(x) = 2$.

Eine Kostenfunktion sei $y = K(x) = \begin{cases} 0 \text{ für } x \leqslant 0 \\ K_{fix} + k_v x \text{ für } x > 0 \end{cases}$

Dann ist $K(0) = 0$, aber $\lim\limits_{x \to 0} K(x)$ existiert nicht, denn wenn sich x von „links" der Null nähert, dann ist $K(x) = 0$ und somit auch der Grenzwert $g = 0$, und wenn sich x von „rechts" der Null nähert, so ist $K(x) = K_{fix} + k_v x$ und der Grenzwert $g = K_{fix}$.

Den Grenzwert einer Funktion können wir auch über den Folgengrenzwert bilden:

(6.54) *Satz:* Sei $y = f(x)$ in $U(x_0)$ definiert (evtl. ohne x_0). f(x) hat genau dann in x_0 den Grenzwert g, wenn für jede Folge $\{a_n\}$ mit $\lim\limits_{n \to \infty} a_n = x_0$ auch $\lim\limits_{n \to \infty} f(a_n) = g$ gilt.

Dieses Kriterium ist jedoch nicht immer gut anwendbar, da es unendlich viele Folgen $a_n \to x_0$ gibt.

Beispiel: Sei $y = f(x) = x^2$ und $\lim\limits_{n \to \infty} a_n = x_0$. Dann ist $\lim\limits_{n \to \infty} f(a_n) = \lim\limits_{n \to \infty} a_n^2 = \lim\limits_{n \to \infty} a_n \cdot \lim\limits_{n \to \infty} a_n$ $= x_0 \cdot x_0 = x_0^2 = f(x_0)$

Der Grenzwert in x_0 stimmt mit dem Funktionswert in x_0 überein. Zweckmäßig ist es noch, rechtsseitigen und linksseitigen Grenzwert zu unterscheiden:

Rechtsseitiger Grenzwert: $g_r = \lim_{n\to\infty} f(a_n)$ für $a_n \to x_0$ mit $a_n > x_0$

$$g_r = \lim_{x\to x_0+0} f(x) = f(x_0+0)$$

Linksseitiger Grenzwert: $g_l = \lim_{n\to\infty} f(a_n)$ für $a_n \to x_0$ mit $a_n < x_0$

$$g_l = \lim_{x\to x_0-0} f(x) = f(x_0-0)$$

Zur Existenz des Grenzwertes g in x_0 ist notwendig, daß rechts- und linksseitiger Grenzwert existieren und diese übereinstimmen.

Mit Grenzwerten von Funktionen rechnet man wie mit Grenzwerten von Folgen:

(6.55) *Satz:* Sei $\lim f(x) = h$ und $\lim g(x) = k$
Dann ist $\lim\,[af(x) + bg(x)] = ah + bk$
$\lim\,[f(x) \cdot g(x)] = h \cdot k$

$$\lim \frac{f(x)}{g(x)} = \frac{h}{k} \text{ für } k \neq 0$$

Nunmehr kommen wir zur eigentlichen Untersuchung auf *Sprungstellen* und andere *Unstetigkeiten:*

(6.56) *Def.:* Eine Funktion $y = f(x)$ heißt *stetig* in einer Umgebung des Punktes x_0, wenn $f(x_0)$ und der Grenzwert von f(x) in x_0 übereinstimmen, wenn also $\lim_{x\to x_0} f(x) = f(x_0)$.

(6.57) *Satz:* $y = f(x)$ ist genau dann in x_0 stetig, wenn
1. f(x) in x_0 definiert ist, also $f(x_0)$ existiert
2. der Grenzwert g von f(x) in x_0 existiert und
3. $f(x_0)$ und Grenzwert g übereinstimmen.

Beispiel: $y = \begin{cases} 0 & \text{für } x \leq 0 \\ K_{fix} + k_v x & \text{für } x > 0,\ K_{fix} > 0 \end{cases}$

ist nicht stetig in $x_0 = 0$, sonst aber überall.

Hier liegt der Fall einer *endlichen Sprungstelle* vor:

Rechtsseitiger Grenzwert $f(x_0 + 0)$ und linksseitiger Grenzwert $f(x_0 - 0)$ existieren, stimmen aber nicht miteinander überein.

(Bedingung 2 in (6.57) nicht erfüllt).

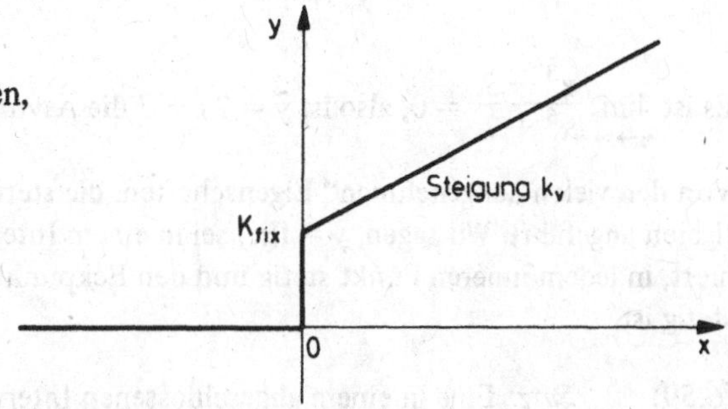

Abb. 6.5

Bei einer *unendlichen Sprungstelle* ist einer der einseitigen Grenzwerte unendlich.

Alle Polynome $y = a_0 + a_1 x + \ldots + a_n x^n$, Exponentialfunktionen, Logarithmusfunktionen sowie Sinus- und Cosinusfunktion sind überall stetig.

Bei gebrochen rationalen Funktionen $y = \frac{a_0 + a_1 x + \ldots + a_n x^n}{b_0 + b_1 x + \ldots + b_m x^m}$ kommt es manchmal vor, daß Bedingung 2 aus (6.57) erfüllt ist, aber 1. oder 3. wird verletzt. In diesem Fall liegt eine *hebbare Unstetigkeit* vor. Man definiert $f(x_0)$ in x_0 dazu (Bedingung 1 nicht erfüllt) oder ändert $f(x_0)$ ab (Bedingung 3 nicht erfüllt):

(6.58) $$y = g(x) = \begin{cases} f(x) \text{ für } x \neq x_0 \\ \lim\limits_{x \to x_0} f(x) \text{ für } x = x_0 \end{cases}$$

Beispiel: $y = \frac{x^2 - 4}{x - 2}$ ist für $x = 2$ nicht definiert. Es ist aber $\lim\limits_{x \to 2} f(x) = \lim\limits_{x \to 2} \frac{(x-2)(x+2)}{x-2} = \lim\limits_{x \to 2} (x + 2) = 4$, da stets $x \neq 2$ bei $x \to 2$ und deshalb vor dem Übergang zum Grenzwert durch $x - 2 \neq 0$ dividiert werden darf. Man definiert nun zusätzlich $f(2) = 4$.

Betrachtet man den Zähler und Nenner einer gebrochen rationalen Funktion und geht, wenn sich x gegen x_0 nähert, der Zähler gegen einen Wert, der ungleich Null ist, während sich der Nenner dem Wert Null nähert, so liegt ein *Pol* vor. Das heißt der Funktionswert f(x) geht für $x \to x_0$ gegen $+\infty$ oder $-\infty$.

Beispiel: $y = \frac{x^3 + 6x^2 - 15x - 8}{(x - 5)(x - 1)^2}$

Der Nenner hat die Nullstellen $x_{01} = 5$ und $x_{02} = 1$. Bei beiden Werten ist der Zähler nicht Null, also liegt an beiden Stellen ein Pol vor. Bei $x_{01} = 5$ wechselt das Vorzeichen von $-\infty$ nach $+\infty$; bei $x_{02} = 1$ nähert sich die Funktion von links und rechts gegen $+\infty$.

Gebrochen rationale Funktionen, bei denen der Grad des Nenners größer als der des Zählers ist, werden für große x immer kleiner, d.h. ihr Grenzwert für $x \to \infty$ ist Null. Ist der Grad n des Zählers größer oder gleich dem Grad m des Nenners, so zerlegt man die Funktion durch Ausdividieren in ein Polynom des Grades $n - m$ plus einem gebrochen rationalen Rest, bei dem der Grad des Nenners überwiegt. Dieser Term geht für große x gegen Null, also nähert sich die Funktion für große x dem Polynomverlauf. Dieses Polynom heißt *Asymptote.*

Beispiel: $y = \frac{2x^6 + 3x^5 + x^3 + 14x + 16}{x^5 + 7} = 2x + 3 + \frac{x^3 - 5}{x^5 + 7}$

Es ist $\lim\limits_{x \to \infty} \frac{x^3 - 5}{x^5 + 7} = 0$, also ist $\tilde{y} = 2x + 3$ die Asymptote.

Von den vielen „angenehmen" Eigenschaften, die stetige Funktionen haben, seien nur die wichtigsten angeführt. Wir sagen, $y = f(x)$ sei in einem Intervall I stetig, wenn f(x) für alle $x \in I$ definiert, in jedem inneren Punkt stetig und den Eckpunkten entsprechend links- oder rechtsseitig stetig ist.

(6.59) *Satz:* Eine in einem abgeschlossenen Intervall stetige Funktion ist dort beschränkt.

(6.60) *Zwischenwertsatz von Bolzano:* $y = f(x)$ sei stetig im abgeschlossenen Intervall $[a, b]$ und $f(a) \neq f(b)$. Ist c ein Wert zwischen f(a) und f(b), so gibt es mindestens ein x_0 mit $a < x_0 < b$ und $f(x_0) = c$.

Dieser Satz sagt, daß f(x) sich von f(a) nach f(b) nicht verändern kann, ohne zwischendurch den Wert c anzunehmen.

(6.61) *Extremwertsatz von Weierstraß:* $y = f(x)$ sei stetig im abgeschlossenen Intervall $[a, b]$. Dann hat f(x) in $[a, b]$ sowohl ein Maximum M als auch ein Minimum m, d.h. es existiert $x_1 \in [a, b]$ mit $f(x_1) = M$ und $x_2 \in [a, b]$ mit $f(x_2) = m$.

Diese wichtige Aussage kann im offenen Intervall nicht mehr getroffen werden, da dann f(x) zur Intervallgrenze hin etwa unendlich groß werden könnte.

Aufgaben zu 6.2. Funktionen einer Veränderlichen

---

1. Man bestimme Definitions- und Wertebereich der Funktion

$$y = \sqrt{4 - |x|}$$

Lösung:

Damit die Wurzel – dabei ist immer die positive Wurzel gemeint, wenn nichts anderes angegeben ist – existiert, muß $4 - |x| \geqslant 0$ sein. Daraus folgt $|x| \leqslant 4$ bzw. $-4 \leqslant x \leqslant 4$ oder $x \in I = [-4,4]$, wobei I also der Definitionsbereich ist.

Negative Werte kann y nicht annehmen. Es ist $y = f(-4) = 0$ und $y = f(+4) = 0$ und den größten Wert nimmt y für $x = 0$ mit $y = f(0) = \sqrt{4} = 2$ an. Folglich ist der Wertebereich $W = [0, 2]$. Die Funktion ist also beschränkt, aber nicht monoton.

2. Man bestimme obere und untere Schranken sowie Maximum und Minimum bzw. Supremum und Infimum der folgenden Funktionen:

a) $y = \dfrac{x^2}{1 + x^2}$ für $x \in R$ b) $y = \dfrac{x^2}{1 + x^2}$ für $x \in I = (2, 10]$, also $2 < x \leqslant 10$

Lösung:

Der Quotient ist für alle reellen x-Werte definiert (Nenner $\neq 0$). Außerdem ist y immer nicht-negativ (da Zähler und Nenner nicht-negativ sind). Weiterhin ist y kleiner als 1 (da der Zähler kleiner als der Nenner ist).

Es gilt also: $0 \leqslant y < 1$

Diese beiden Werte sind zugleich obere bzw. untere Schranken für den Wertebereich in Teil a) und b).

zu a)
Wenn man $x = 0$ wählt, so erhält man $y = y(0) = \dfrac{0^2}{1 + 0^2} = 0$, d.h. die untere Grenze von y wird angenommen, dann ist $y = 0$ Minimum der Funktion.

Läßt man x gegen $+\infty$ (oder $-\infty$) streben, so nähert sich der Quotient immer mehr der 1 an, ohne sie jedoch je zu erreichen, da Zähler und Nenner immer verschieden voneinander sind. Also ist 1 das Supremum der Funktion. Das Supremum wird aber nicht angenommen, d.h. es gibt kein Maximum der Funktion.

zu b)
Hier muß man andere Überlegungen anstellen, da $x = 0$ und $x \to \infty$ ausgeschlossen sind.
Setzt man $x = 10$ ein, so erhält man $y = \frac{10^2}{1 + 10^2} = \frac{100}{101}$ und dies ist offenbar der größte mögliche Funktionswert, d.h. es existiert das Maximum. Läßt man aber x gegen 2 von rechts her streben, so nähert sich $y \to \frac{2^2}{1 + 2^2} = \frac{4}{5}$

Dieser Wert wird aber nie angenommen, da $x = 2$ nicht zugelassen ist. Also ist $\frac{4}{5}$ das Infimum; es existiert kein Minimum. Dieses Beispiel zeigt, daß die Begriffe

obere (untere) Schranke
Maximum, Minimum
Supremum, Infimum

jeweils vom Definitionsbereich der Funktion abhängen können.

3. Welche Monotonieeigenschaft hat die Funktion $y = \sqrt{4 - x}$ im Intervall $\mathbf{I} = [0,4]$? Man zeige, daß sie dort nicht konvex ist.

Lösung:

Monotonie: Sei $x_1, x_2 \in \mathbf{I}$, also $x_1, x_2 > 0$ und $x_1 < x_2$. Daraus folgt $-x_1 > -x_2$, $4 - x_1 > 4 - x_2$ und dann auch $\sqrt{4 - x_1} > \sqrt{4 - x_2}$. Die Funktion ist also streng monoton fallend.

Wäre die Funktion in [0,4] konvex, so müßte für $x_1, x_2 \in [0,4]$ mit $x_1 \neq x_2$ und $0 < \lambda < 1$ gelten:

$$\sqrt{4 - (\lambda x_1 + (1-\lambda)x_2)} \overset{?}{\leq} \lambda\sqrt{4 - x_1} + (1-\lambda)\sqrt{4 - x_2}$$

Man wähle z.B. $x_1 = 0$, $x_2 = 4$ und $\lambda = \frac{1}{2}$. Dann müßte gelten

$$\sqrt{4 - \left(\frac{1}{2}\cdot 0 + \frac{1}{2}\cdot 4\right)} \leq \frac{1}{2}\sqrt{4-0} + \frac{1}{2}\sqrt{4-4} \text{ oder } \sqrt{2} \leq \frac{1}{2}\sqrt{4},$$

was sichtlich falsch ist. Also ist die Funktion in [0,4] nicht konvex. Daß sie streng konkav ist, können wir nach Abschnitt 7.1.3. über die 2. Ableitung leicht nachweisen.

4. Man bestimme die Grenzwerte, falls sie existieren:

a) $\lim\limits_{x \to 7} (x^2 + 8x - 60)$ b) $\lim\limits_{x \to 2} \frac{x^2 - x - 2}{x^2 - 4}$ c) $\lim\limits_{x \to -2} \frac{x^2 - x - 2}{x^2 - 4}$

Lösung:

a) Nach (6.54) sei $\{a_n\}$ irgendeine Folge mit $a_n \to 7$. Dann gilt

$$\lim_{a_n \to 7} (a_n^2 + 8a_n - 60) = \lim_{a_n \to 7} a_n \cdot \lim_{a_n \to 7} a_n + 8 \lim_{a_n \to 7} a_n - \lim_{a_n \to 7} 60 = 7^2 + 8 \cdot 7 - 60 = 45$$

(Den gleichen Wert erhält man durch direktes Einsetzen von $x = 7$ obwohl damit die Existenz des Grenzwertes nicht nachgewiesen wäre).

b) Für $x = 2$ ist der Nenner der Funktion nicht definiert. Sei aber wieder $\{a_n\}$ eine Folge mit $a_n \to 2$, $a_n \neq 2$. Dann ist

$$\lim_{a_n \to 2} \frac{a_n^2 - a_n - 2}{a_n^2 - 4} = \lim_{a_n \to 2} \frac{(a_n - 2)(a_n + 1)}{(a_n - 2)(a_n + 2)} = \lim_{a_n \to 2} \frac{a_n + 1}{a_n + 2} = \frac{\lim a_n + 1}{\lim a_n + 2} = \frac{3}{4}$$

Der Grenzwert existiert und ist gleich $\frac{3}{4}$. Die Definitionslücke der Funktion $y = \frac{x^2 - x - 2}{x^2 - 4}$ bei $x = 2$ kann durch die Setzung von $y = f(2) = \frac{3}{4}$ behoben werden, es ist eine hebbare Lücke.

c) Für $x = -2$ liegt eine weitere Definitionslücke vor. Sei wieder $\{a_n\}$ eine Folge mit $a_n \to -2$. In diesem Fall strebt aber der Zähler gegen $(-2)^2 + 2 - 2 = 4 \neq 0$ im Gegensatz zu b) und der Nenner gegen 0. Der Gesamtausdruck geht gegen $+\infty$ für $a_n \to -2 - 0$ (also von links) und gegen $-\infty$ für $a_n \to -2 + 0$ (also von rechts). Ein eigentlicher Grenzwert existiert nicht.

5. Untersuche die Stetigkeit der Funktion $y = x \cdot |x|$

Lösung:

Zunächst ist $y = f(x) = x$ überall stetig, da für jedes x_0 und $a_n \to x_0$ auch gilt $\lim_{a_n \to x_0} f(a_n) = \lim_{a_n \to x_0} a_n = x_0 = f(x_0)$. Die Funktion $y = f(x) = |x|$ ist aber auch überall stetig da $y = |x| = x$ für $x > 0$ stetig, $y = |x| = -x$ für $x < 0$ ebenfalls stetig ist und für $x \to 0$ in jedem Fall $\lim_{x \to 0} |x| = 0 = |0| = f(0)$ ist. Die zu untersuchende Funktion $y = x \cdot |x|$ ist als Produkt zweier stetiger Funktionen wieder stetig.

6. Man bestimme Pole, hebbare Lücken und Asymptoten der Funktion

$$y = \frac{x^3 + x^2 - 2x}{x^2 - 1}$$

Lösung:

Bestimmung der Nullstellen von Zähler und Nenner zum Zweck der Zerlegung in Faktoren:

Zähler: $x^3 + x^2 - 2x = 0 \Rightarrow x_1 = 0$; $x^2 + x - 2 = 0 \Rightarrow x_{2,3} = -\frac{1}{2} \pm \sqrt{\frac{1}{4} + 2}$ also $x_2 = 1$, $x_3 = -2$ und somit läßt sich der Zähler zerlegen in $x^3 + x^2 - 2x = x(x - 1)(x + 2)$.

Nenner: $x^2 - 1 = 0 \Rightarrow x_1 = 1, x_2 = -1$, somit läßt sich der Nenner darstellen als $x^2 - 1 = (x - 1)(x + 1)$.

Die Funktion läßt sich dann auch beschreiben durch $y = \frac{x(x - 1)(x + 2)}{(x - 1)(x + 1)}$

a) Für $x \to -1$ strebt der Zähler gegen einen Grenzwert ungleich Null, der Nenner aber gegen 0. Der Quotient wird dem Betrag nach beliebig groß und somit liegt ein Pol vor.

b) Für $x \neq 1$ kann man in f(x) kürzen: $f(x) = \frac{x(x+2)}{x+1}$.

Strebt x gegen 1 mit $x \neq 1$, so strebt f(x) gegen $\frac{1(1+2)}{1+1} = \frac{3}{2}$.

Die Lücke für x = 1 kann durch Setzen von $f(1) = \frac{3}{2}$ behoben werden.

c) Nach Polynomdivision ergibt sich für f(x):

$$
\begin{array}{l}
(x^3 + x^2 - 2x) : (x^2 - 1) = x + 1 + \frac{-x+1}{x^2-1} \\
\underline{-(x^3 \qquad\quad - x} \\
\qquad x^2 \quad - x \\
\quad \underline{-(x^2 \qquad\quad -1)} \\
\qquad\quad -x \quad +1
\end{array}
$$

In der Darstellung $f(x) = x + 1 + \frac{-x+1}{x^2-1}$ strebt der Term $\frac{-x+1}{x^2-1}$ für $x \to \infty$ gegen -0 und für $x \to -\infty$ gegen $+0$. Die Asymptote ist eine Gerade $y = x + 1$, der sich f(x) für $x \to \infty$ von unten und für $x \to -\infty$ von oben nähert.

d) Kurvenverlauf:

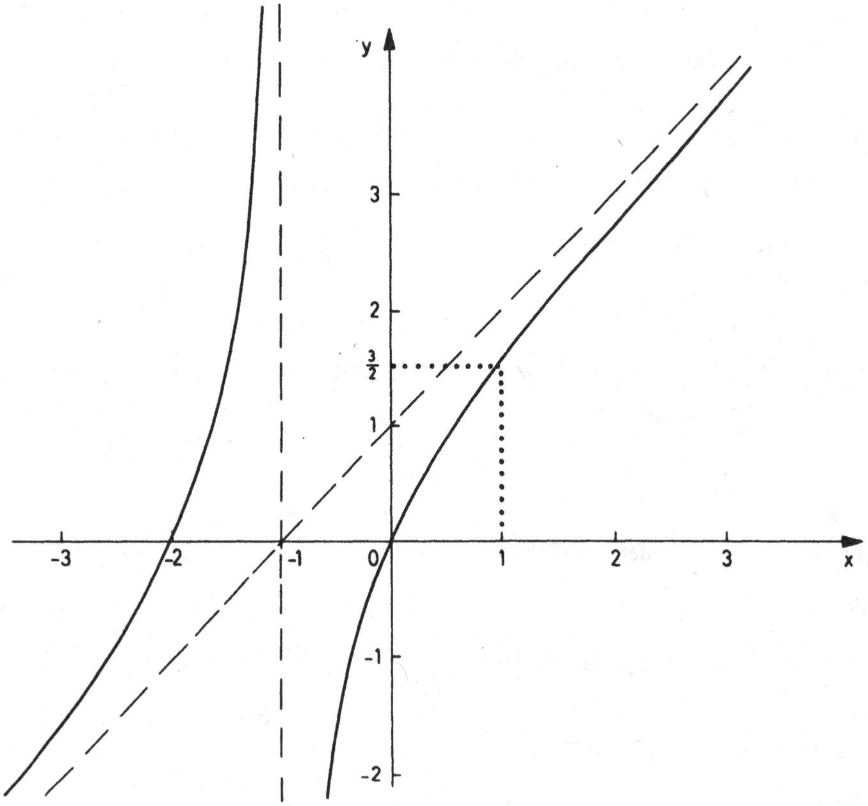

Abb. 6.6

7. Differentialrechnung

7.1. Differentialrechnung der Funktionen einer Veränderlichen

7.1.1. Differentialquotient und Differentiationsregeln

Bei der Untersuchung eines Funktionsverlaufs ist es häufig notwendig zu wissen, wie sich der Wert von $y = f(x)$ mit der unabhängigen Variablen x verändert. Man stellt deshalb der Änderung $\Delta x = x - x_0$ die Änderung $\Delta y = f(x) - f(x_0) = f(x_0 + \Delta x) - f(x_0)$ gegenüber, bzw. bildet den *Differenzenquotienten* $\Delta y/\Delta x$. Dieser Quotient stellt dann eine *durchschnittliche Änderungsrate* von f(x) zwischen x und x_0 dar. Er ist zugleich die Steigung der Sekanten durch die Punkte (x_0, y_0) und (x, y). Interessiert aber, wie sich f(x) bei x_0 verändert, so ist der Wert $\Delta y/\Delta x$ nicht verwendbar, da er von der Größe $\Delta x = x - x_0$ abhängt. In diesem Fall muß man mit x ganz in die Nähe von x_0 gehen, also den Grenzübergang für $x \to x_0$ bzw. $\Delta x \to 0$ machen. Aus der Steigung der Sekanten wird die Steigung der Tangente und aus durchschnittlicher Änderungsrate eine *marginale Änderungsrate.*

$$\tan \alpha = \frac{\Delta y}{\Delta x}$$

$$\tan \alpha_0 = \lim_{\Delta x \to 0} \frac{\Delta y}{\Delta x}$$

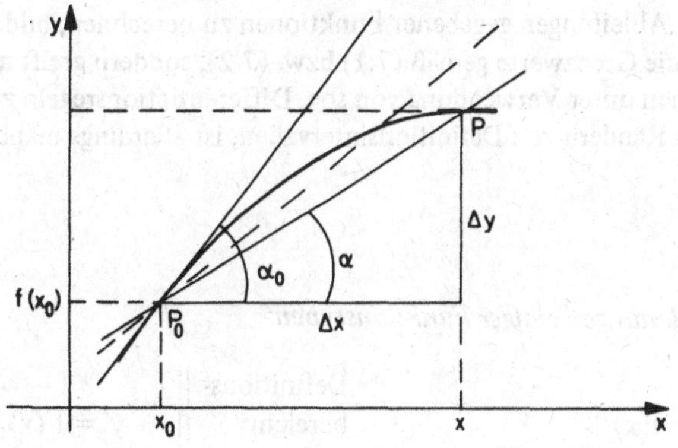

Abb. 7.1

(7.1) *Def.:* Sei $y = f(x)$ eine in einer Umgebung von x_0 definierte Funktion. Existiert der Grenzwert des Differenzenquotienten

$$g = \lim_{\Delta x \to 0} \frac{\Delta y}{\Delta x} = \lim_{\Delta x \to 0} \frac{f(x_0 + \Delta x) - f(x_0)}{\Delta x} = \lim_{x \to x_0} \frac{f(x) - f(x_0)}{x - x_0} ,$$

so heißt die Funktion $y = f(x)$ *an der Stelle* x_0 *differenzierbar* und g heißt *Differentialquotient* oder *Ableitung* von f(x) an der Stelle x_0.

Schreibweise: $g = \lim\limits_{\Delta x \to 0} \frac{\Delta y}{\Delta x} = \frac{dy}{dx}\Big|_{x=x_0} = f'(x_0) = y'\Big|_{x=x_0}$

Beispiel: $y = f(x) = x^2$; bilde $\Delta x = x - x_0$, z.B. $x_0 = 3$ und $\Delta y = x^2 - x_0^2 = (x_0 + \Delta x)^2 - x_0^2$.

$$\text{Dann wird } f'(x_0) = \lim_{\Delta x \to 0} \frac{(x_0 + \Delta x)^2 - x_0^2}{\Delta x} = \lim_{\Delta x \to 0} \frac{2x_0 \cdot \Delta x + \Delta x^2}{\Delta x} = \lim_{\Delta x \to 0} (2x_0 + \Delta x) = 2x_0.$$

Im Punkt $x_0 = 3$ ist also speziell $f'(3) = 6$. Aus der Rechnung geht hervor, daß die Ableitung von $f(x) = x^2$ für alle x_0 existiert; diese Funktion ist also überall differenzierbar.

(7.2) *Def.:* Eine Funktion $y = f(x)$ hat in x_0 eine *links-* bzw. *rechtsseitige Ableitung,* falls die Grenzwerte

$$\lim_{x \to x_0 + 0} \frac{f(x) - f(x_0)}{x - x_0} = \lim_{\Delta x \to +0} \frac{f(x_0 + \Delta x) - f(x_0)}{\Delta x} \quad \text{(rechtsseitig)}$$

$$\lim_{x \to x_0 - 0} \frac{f(x) - f(x_0)}{x - x_0} = \lim_{\Delta x \to -0} \frac{f(x_0 + \Delta x) - f(x_0)}{\Delta x} \quad \text{(linksseitig)}$$

existieren.

(7.3) *Def.:* Eine Funktion $y = f(x)$ heißt *im Intervall* $[a, b]$ *differenzierbar,* falls sie im Innern des Intervalls nach (6.62) differenzierbar ist und in a bzw. b eine rechts- bzw. linksseitige Ableitung hat.

Wir sehen so, daß aus einer im Intervall I differenzierbaren Funktion $f(x)$ eine neue Funktion, die für jedes x gleich der Ableitung $f'(x)$ ist, entsteht und einfach *die Ableitung von* $f(x)$ heißt. Aus $f(x) = x^2$ entsteht die Ableitung $y' = f'(x) = 2x$.

Um Ableitungen gegebener Funktionen zu berechnen, bildet man i.a. nicht für jeden Punkt x_0 die Grenzwerte gemäß (7.1) bzw. (7.2), sondern greift auf die Ableitungen bekannter Funktionen unter Verwendung von sog. Differentiationsregeln zurück. In Einzelfällen, besonders an den Rändern von Definitionsintervallen, ist allerdings manchmal (7.1) bzw. (7.2) heranzuziehen.

Ableitungen einiger Funktionstypen:

$y = f(x)$	Definitionsbereich	$y' = f'(x)$	Definitionsbereich
c (c konstant)	R	0	R
$x^n, n \in Z$	R	$n \cdot x^{n-1}$	R
$\sqrt[n]{x} = x^{\frac{1}{n}}, n \geqslant 2, n \in N$	$0 \leqslant x < \infty$	$\frac{1}{n} \cdot \frac{1}{\sqrt[n]{x^{n-1}}}$	$0 < x < \infty$
e^x	R	e^x	R
$\sin x$	R	$\cos x$	R
$\cos x$	R	$-\sin x$	R

Differentiationsregeln:

(7.4) *Satz:* Sind f(x) und g(x) in einem Intervall I differenzierbar, so gilt dort:

$$[af(x) + bg(x)]' = af'(x) + bg'(x) \quad \textit{Linearität}$$

$$[f(x) \cdot g(x)]' = f'(x)\,g(x) + f(x)\,g'(x) \quad \textit{Produktregel}$$

$$\left[\frac{f(x)}{g(x)}\right]' = \frac{f'(x)\,g(x) - f(x)\,g'(x)}{g(x)^2}, \; g(x) \neq 0 \quad \textit{Quotientenregel}$$

Die Beweise führt man mit Hilfe der Rechenregeln für Grenzwerte, Satz (6.55), etwa für die Produktregel:

$$[f(x) \cdot g(x)]' = \lim_{\Delta x \to 0} \frac{f(x+\Delta x)\,g(x+\Delta x) - f(x)\,g(x)}{\Delta x}$$

$$= \lim_{\Delta x \to 0} \frac{1}{\Delta x}[f(x+\Delta x)g(x+\Delta x) - f(x)\,g(x+\Delta x) + f(x)\,g(x+\Delta x) - f(x)\,g(x)]$$

$$= \lim_{\Delta x \to 0} \frac{f(x+\Delta x) - f(x)}{\Delta x}\,g(x+\Delta x) + \lim_{\Delta x \to 0} f(x)\,\frac{g(x+\Delta x) - g(x)}{\Delta x}$$

$$= f'(x)\,g(x) + f(x)g'(x)$$

Produkt- und Quotientenregel sind auch in der Schreibweise $(uv)' = u'v + uv'$ bzw. $(u/v)' = (u'v - uv')/v^2$ bekannt, wobei u und v den obigen Ausdrücken f(x) und g(x) entsprechen.

(7.5) *Satz:* Hat $y = f(x)$ im Intervall I eine Umkehrfunktion $f^{-1}(y)$, so gilt, falls $f'(x_0)$ existiert und $f'(x_0) \neq 0$ ist:

$$[f^{-1}(x_0)]' = \frac{1}{f'(x_0)} \quad \text{bzw.} \quad \frac{dx}{dy} = \frac{1}{\frac{dy}{dx}}$$

Für die aus $y = f(z)$ und $z = g(x)$ zusammengesetzte Funktion $y = f(g(x))$ gilt:

(7.6) *Satz: Kettenregel:* Ist f(z) in z_0 und g(x) in x_0 mit $z_0 = g(x_0)$ differenzierbar, so ist $f(g(x))$ in x_0 differenzierbar mit

$$[f(g(x_0))]' = f'(z_0)g'(x_0) \quad \text{bzw.} \quad \frac{df(g(x))}{dx} = \frac{dy}{dz} \cdot \frac{dz}{dx}$$

Mit diesen Regeln kann man nun leicht zusammengesetzte Funktionen ableiten:

Beispiel:

$y = a_0 + a_1x + \ldots + a_nx^n$. Linearität: $\quad y' = a_1 + 2a_2x + \ldots + na_nx^{n-1}$

$y = \tan x = \dfrac{\sin x}{\cos x}$ Quotientenregel: $\quad y' = \dfrac{\cos x \cdot \cos x - \sin x\,(-\sin x)}{\cos^2 x}$

$$= \frac{1}{\cos^2 x}, \text{ da } \cos^2 x + \sin^2 x = 1$$

$y = (e^{-x} + 2)^3$, Kettenregel: $y' = 3 \cdot (e^{-x} + 2)^2\, e^{-x} \cdot (-1) = -3e^{-x}(e^{-x} + 2)^2$

$y = a^x = e^{\ln a \cdot x}$, $a > 0$. Kettenregel: $y' = \dfrac{dy}{d(\ln a \cdot x)} \cdot \dfrac{d(\ln a \cdot x)}{dx} = e^{\ln a \cdot x} \cdot \ln a = a^x \ln a$

$y = \ln x$. Umkehrfunktion von e^x: $y'(x_0) = \frac{1}{e^{z_0}}$ für $x_0 = e^{z_0}$ bzw. $z_0 = \ln x_0$, also $y' = \frac{1}{x}$

$y = \log_a x$. Umkehrfunktion von a^x: $y'(x_0) = \frac{1}{a^{z_0} \ln a}$ für $x_0 = a^{z_0}$ bzw.

$$z_0 = \log_a x_0, \text{ also } y' = \frac{1}{x \cdot \ln a}$$

Die allgemeine Differentiationsregel für Potenzen läßt sich ebenfalls mit der Kettenregel herleiten: $y = x^p$, p reell. Es ist $y = x^p = e^{\ln x \cdot p}$ und somit

$$y' = \frac{dy}{d(\ln x \cdot p)} \cdot \frac{d(\ln x \cdot p)}{dx} = e^{\ln x \cdot p} \cdot \frac{1}{x} \cdot p = p\,\frac{x^p}{x} = px^{p-1}$$

Man sieht also, daß man neben fünf Differentiationsregeln nur die Ableitungen ganz weniger Funktionstypen „im Kopf" zu haben braucht, um viele weitere Funktionen ableiten zu können. In den Aufgaben zu diesem Abschnitt werden noch einige Beispiele vorgeführt.

Aus der Definition der Ableitung als Grenzwert ging hervor, daß bei Differenzierbarkeit auch der Grenzwert $\lim_{\Delta x \to 0} f(x + \Delta x) = f(x)$ existiert, also gilt:

(7.7) *Satz:* Eine differenzierbare Funktion ist immer stetig, jedoch gilt die Umkehrung nicht.

Betrachten wir $y = \begin{cases} x \text{ für } 0 \leqslant x \leqslant 1 \\ 2 - x \text{ für } 1 < x \leqslant 2 \end{cases}$, so ist $y = f(x)$ im Intervall $[0,2]$ stetig, da insbesondere $f(x) \to 1$ für $x \to 1$ sowohl links- wie rechtsseitig gilt. Die Ableitung in $x_0 = 1$ existiert aber nicht, da linksseitig $f'(1 - 0) = 1$ und rechtsseitig $f'(1 + 0) = -1$ gilt.

(7.8) *Mittelwertsatz:* Ist eine Funktion $y = f(x)$ im Intervall $[a, b]$ stetig und im Innern (a, b) differenzierbar, dann gibt es eine Stelle z mit

$$f'(z) = \frac{f(b) - f(a)}{b - a}, \quad a < z < b.$$

Der Satz sagt, daß es einen „Mittelwert" z gibt, in dem die Steigung der Tangente gleich der Steigung der Sekanten ist:

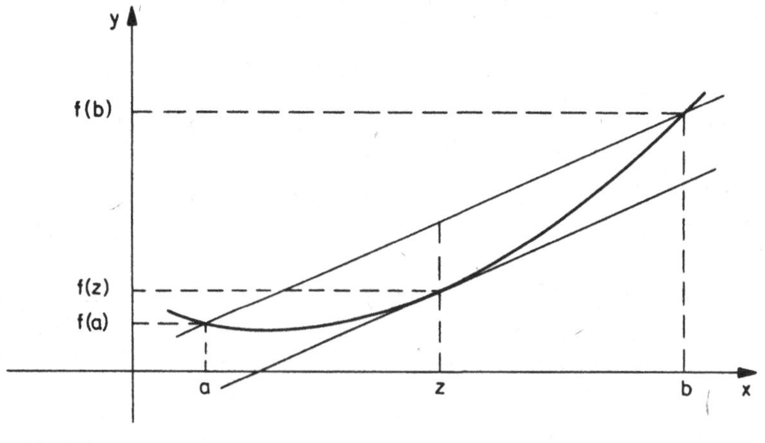

Abb. 7.2

Eine unmittelbare Folgerung daraus ist:

(7.9) *Satz von Rolle:* Ist unter der Voraussetzung von Satz (7.8) f(a) = f(b), so gibt es ein z mit $a < z < b$ und $f'(z) = 0$.

7.1.2. Differentiale und Ableitungen höherer Ordnung

Der Differentialquotient dy/dx wird als Grenzwert des Differenzenquotienten $\Delta y/\Delta x$ gebildet; dabei muß man sich darüber im klaren sein, daß $\Delta y/\Delta x$ tatsächlich ein Quotient ist, aber der Grenzwert dy/dx als Quotient kein definierter Ausdruck ist, da mit $\Delta x \to 0$ auch $\Delta y \to 0$. Der Ausdruck dy/dx hat den numerischen Wert der Ableitung, jedoch sind dx und dy für sich selbst betrachtet nur als Symbole aufzufassen, die keine numerischen Größen sind. Trotzdem ist es Konvention geworden, von dx und dy ersatzweise für Δx und Δy als *infinitesimal kleinen Einheiten* oder *Differentialen* zu sprechen. Für die Differentiale gilt dann der Zusammenhang

(7.10) $dy = f'(x)\,dx$

Diese Schreibweise ist manchmal nützlich, jedoch sollte man das oben Gesagte dabei beachten. Insbesondere entsteht leicht Unsinn, wenn man durch Differentiale kürzt usw. Beim Umgang mit dx und dy muß also immer die Grenzwertbildung bewußt bleiben. Die Formel (7.10) sagt dann etwa, daß für sehr kleine Differenzen Δx die Proportionalität $\Delta y \approx f'(x)\,\Delta x$ annäherend gilt, und zwar um so genauer, je kleiner Δx ist. Möchte man die Abhängigkeit zwischen Δy und Δx genauer als nur mit der annähernd gültigen Proportionalität $\Delta y \approx f'(x)\Delta x$ angeben, so genügt die Kenntnis der Tangentensteigung nicht, es muß zumindest die Krümmung der Kurve bekannt sein:

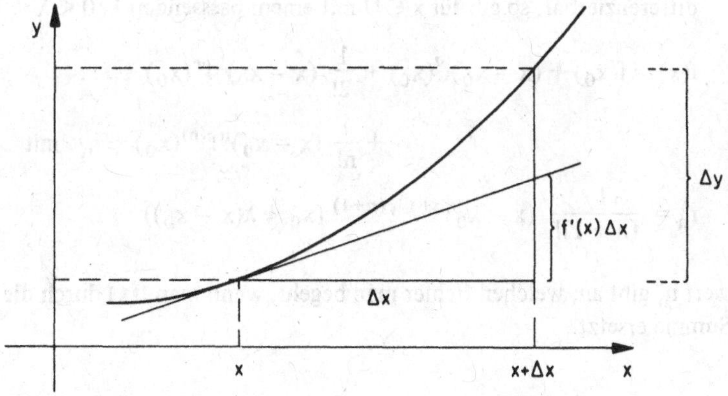

Abb. 7.3

Diese Überlegung führt uns zu den *Ableitungen höherer Ordnung* oder kurz zu den *höheren Ableitungen.* Aus der differenzierbaren Funktion f(x) entsteht die erste Abbildung $y' = f'(x)$. Diese ist nicht unbedingt stetig, noch weniger differenzierbar. Ist dies aber doch der Fall, so kann man von $f'(x)$ wieder eine Ableitung bilden, also die zweite Ableitung $y'' = f''(x)$ usw.

Schreibweise: $y'' = f''(x)$ bzw. $y^{(2)} = f^{(2)}(x)$

(7.11) *Def.:* Ist die (n − 1)-te Ableitung der Funktion $y = f(x)$ im Intervall I differenzierbar, so ist die *n-te Ableitung* gegeben durch

$$y^{(n)} = f^{(n)}(x) = \frac{d}{dx} f^{(n-1)}(x)$$

Es ist $f^{(0)}(x) = f(x)$.

Diese Definition ist rekursiv, knüpft bei f(x) an und erklärt die Ableitung n-ter Ordnung als Ableitung der (n − 1)-ten Ableitung. Existieren für eine Funktion alle Ableitungen bis zur Ordnung n, so heißt sie *n-mal differenzierbar,* ist die letzte noch stetig (die vorigen sind es nach Satz (7.7), so heißt sie *n-mal stetig differenzierbar.*

Beispiel: $y = x^p$, $\quad y' = p\,x^{p-1}, y'' = p(p-1)x^{p-2}$

$$y^{(k)} = p \cdot (p-1) \ldots (p-k+1)x^{p-k} = \frac{p!}{(p-k)!}\, x^{p-k}$$

$y = \sin x$, $\quad y' = \cos x, y'' = -\sin x, y''' = -\cos x$ usw.

$$y^{(n)} = \begin{cases} (-1)^{\frac{n}{2}} \sin x & \text{n gerade} \\ (-1)^{\frac{n-1}{2}} \cos x & \text{n ungerade} \end{cases}$$

Betrachten wir nun den festen Punkt x_0. Kennt man die Ableitungen der Funktion in diesem Punkt, so weiß man auch, wie sie sich in benachbarten Punkten verhält. Der Satz von Taylor gibt uns über die Beziehung (7.10), die wir auch wie folgt umschreiben können, hinaus präzise Angaben:

(7.12) $f(x) \approx f(x_0) + (x - x_0)f'(x_0)$ für $\Delta x = x - x_0$ hinreichend klein.

(7.13) *Satz von Taylor:* Ist die Funktion $y = f(x)$ in einer Umgebung U von x_0 (n + 1)-mal differenzierbar, so gilt für $x \in U$ mit einem passsenden λ, $0 < \lambda < 1$:

$$f(x) = f(x_0) + (x - x_0)f'(x_0) + \frac{1}{2!}(x - x_0)^2 f''(x_0) + \ldots$$

$$+ \frac{1}{n!}(x - x_0)^n f^{(n)}(x_0) + r_n \quad \text{mit}$$

$$r_n = \frac{1}{(n+1)!}(x - x_0)^{n+1} f^{(n+1)}(x_0 + \lambda(x - x_0))$$

Der Restwert r_n gibt an, welchen Fehler man begeht, wenn man f(x) durch die dem r_n vorangehende Summe ersetzt.

Beispiel:

1. $y = \sin x$ und $x_0 = 0$. $f'(0) = \cos 0 = 1$, $f''(0) = -\sin 0 = 0$ usw.

   $$\sin x = x - \frac{x^3}{3!} + \frac{x^5}{5!} - \frac{x^7}{7!} + r_7$$

2. $y = e^x$ und $x_0 = 0$. $f'(0) = e^0 = 1, \ldots, f^{(n)}(0) = e^0 = 1$

   $$e^x = 1 + x + \frac{x^2}{2!} + \frac{x^3}{3!} + \ldots + \frac{x^n}{n!} + r_n$$

In den beiden Beispielen wird r_n mit größer werdendem n sehr schnell kleiner, so daß sich der Fehler leicht eingrenzen läßt. Dies ist jedoch nicht immer so.

Konvergiert die aus (7.13) entstehende unendliche Reihe für $x \in U$, so nennt man

(7.14) $$f(x) = \sum_{n=0}^{\infty} \frac{1}{n!} (x - x_0)^n f^{(n)}(x_0)$$

$$= f(x_0) + (x - x_0)f'(x_0) + \frac{1}{2!} (x - x_0)^2 f''(x_0) + \ldots$$

die *Taylorentwicklung* der Funktion f(x).

Mit Hilfe der ersten und gröbsten Annäherung

$$f(x) \approx f(x_0) + (x - x_0)f'(x_0)$$

können wir, wie später gezeigt werden wird, die Monotonie einer Kurve feststellen. Mit der Verfeinerung

$$f(x) \approx f(x_0) + (x - x_0)f'(x_0) + \frac{1}{2} (x - x_0)f''(x_0)$$

lassen sich Aussagen über Konvexität und Konkavität treffen, wie wir im folgenden Abschnitt sehen werden.

In elektronischen Rechnern können für die numerische Berechnung von sin x, cos x, e^x, ln x usw. die Entwicklungen analog dem obigen Beispiel verwendet werden, wobei der Fehler nach (7.13) abgeschätzt werden kann. Die Genauigkeit eingebauter Funktionen ist ein Kennzeichen der Qualität etwa von Taschenrechnern.

7.1.3. Der Funktionsverlauf: Monotonie und Konvexität

Die folgenden Sätze befassen sich nunmehr mit dem Kurvenverlauf, ausgedrückt durch die Ableitungen der Funktion y = f(x).

(7.15) *Satz:* Ist die Funktion y = f(x) differenzierbar im Intervall I, so sind die folgenden Aussagen äquivalent:

a) f(x) ist monoton wachsend (fallend) in I

b) es gilt $f'(x) \geqslant 0$ ($f'(x) \leqslant 0$) in I

Weiter sind äquivalent

a) f(x) ist streng monoton wachsend (fallend) in I

b) es gilt $f'(x) \geqslant 0$ ($f'(x) \leqslant 0$) in I und in keinem Teilintervall von I $f'(x) = 0$ (d.h. für einen Punkt x ist $f'(x) = 0$ zugelassen).

Eine Funktion ist also genau dann monoton wachsend, wenn die Tangentensteigung nicht negativ ist. Aus dem zweiten Teil ziehen wir die bekanntere Folgerung:

(7.16) *Folgerung:* Gilt für die Funktion f(x) in einem Intervall I $f'(x) > 0$ (bzw. < 0), so ist f(x) in I streng monoton wachsend (bzw. fallend).

Beispiel: Für $y = x^2$ ist in [0, 3] die 1. Ableitung $f'(x) = 2x \geqslant 0$, speziell aber $f'(0) = 0$. Daraus folgt, daß $y = x^2$ in [0, 3] nicht nur monoton, sondern streng monoton wächst. Das gleiche gilt etwa für $y = x^3$ im Intervall $[-1, +1]$ mit $f'(x) \geq 0$ für $-1 \leq x \leq 1$ und $f'(0) = 0$. Da dies nur ein Punkt und kein Teilintervall ist, ist auch hier die Funktion streng monoton wachsend.

$y = \sin x$ hat die Ableitung $y' = \cos x$, $y' > 0$ für $0 \leq x < \pi/2$ und $y' = 0$ für $x = \pi/2$, also ist $\sin x$ streng monoton wachsend in $[0, \pi/2]$. Es ist $y' = \cos x < 0$ für $\pi/2 < x \leq \pi$, also $\sin x$ streng monoton fallend in $[\pi/2, \pi]$.

Beweis des ersten Teils von Satz (7.15)

a) → b): Sei zunächst $y = f(x)$ monoton wachsend in I, also $f(x_1) \leq f(x_2)$ für $x_1 < x_2$ und $x_1, x_2 \in I$. Dann gilt nach Division

$$\frac{f(x_2) - f(x_1)}{x_2 - x_1} \geq 0, \text{ folglich auch } \lim_{x_2 \to x_1} \frac{f(x_2) - f(x_1)}{x_2 - x_1} = f'(x_1) \geq 0,$$

also gilt b).

b) → a): Sei $x_1 < x_2$ und $x_1, x_2 \in I$ und $f'(x) \geq 0$, $x \in I$. Dann existiert nach dem Mittelwertsatz ein $z \in I$ mit

$$f'(z) = \frac{f(x_2) - f(x_1)}{x_2 - x_1} \geq 0, \quad x_1 < z < x_2$$

mit $f'(z) \geq 0$ wegen b)

Also ist wegen $x_2 - x_1 > 0$ auch $f(x_2) - f(x_1) \geq 0$ oder $f(x_2) \geq f(x_1)$, somit gilt a).

Es können weitere Äquivalenzaussagen aufgestellt werden.

(7.17) *Satz:* Ist die Funktion $y = f(x)$ zweimal differenzierbar im Intervall I, so sind die folgenden Aussagen äquivalent:

a) $f(x)$ ist konvex (bzw. konkav) in I
b) es gilt $\frac{f(x_2) - f(x_1)}{x_2 - x_1} \geq f'(x_1)$ für $x_1 < x_2$ aus I
c) es gilt $f(x_2) \geq f(x_1) + (x_2 - x_1)f'(x_1)$ für $x_1 < x_2$ aus I
d) die Ableitung $f'(x)$ ist monoton wachsend in I
e) es gilt $f''(x) \geq 0$ (bzw. $f''(x) \geq 0$) in I .

Weiter sind äquivalent:

a) $f(x)$ ist streng konvex (bzw. streng konkav) in I
b) es gilt $f''(x) \geq 0$ (bzw. $f''(x) \geq 0$) in I und in keinem Teilintervall von I $f''(x) = 0$.

Beispiel: $y = x^3$ ist im Bereich der nicht-negativen reellen Zahlen nicht nur konvex, sondern sogar streng konvex, da $y'' = f''(x) = 6x \geq 0$ für $x \geq 0$ und streng konkav für $x \leq 0$, da $y'' = 6x \leq 0$ für $x \leq 0$. $y = \sin x$ ist in $[0, \pi]$ streng konkav, da $y'' = -\sin x \leq 0$ für $x \in [0, \pi]$ und $y'' = 0$ für die Punkte $x = 0$ und $x = \pi$, also in keinem Teilintervall von $[0, \pi]$.

Wieder ziehen wir eine oft verwendete Folgerung:

(7.18) *Folgerung:* Gilt für die Funktion $y = f(x)$ in einem Intervall $f''(x) > 0$ (bzw. $f''(x) < 0$), so ist $f(x)$ streng konvex (bzw. streng konkav) in I.

Beweis von Satz (7.17):

Es gelte zunächst Aussage a). Konvexität von $f(x)$ ist nach (6.51) definiert durch $\lambda f(x_1) + (1-\lambda) f(x_2) \geqslant f(\lambda x_1 + (1-\lambda)x_2)$ oder für $\mu = 1 - \lambda$ und Umformung: $\mu(f(x_2) - f(x_1)) \geqslant f(x_1 + \mu(x_2 - x_1)) - f(x_1)$

Es ist $0 < \mu < 1$ und $x_1 \neq x_2$. Sei ohne Beschränkung der Allgemeinheit $x_1 < x_2$. Dann folgt nach Division der obigen Gleichung durch $(x_2 - x_1)$:

$$\frac{f(x_2) - f(x_1)}{x_2 - x_1} \geqslant \frac{f(x_1 + \mu(x_2 - x_1)) - f(x_1)}{\mu(x_2 - x_1)}$$

Nach dem Grenzübergang $\Delta x = \mu(x_2 - x_1) \to 0$ nur auf der rechten Seite folgt die Behauptung unter b), die besagt, daßdie Sekantensteigung von $(x_1, f(x_1))$ nach $(x_2, f(x_2))$ größer oder gleich der Tangentensteigung in x_1 ist.

c) ist nur eine Umformung von b): $f(x)$ wächst von $f(x_1)$ aus um mehr als nur $\Delta x f'(x)$, vgl. auch Abbildung 7.3.

Die Implikation b) $\to$ d) ergibt sich so: Nach der Grenzwertbildung $x_1 \to x_2$ auf der linken Seite von b) hat man $f'(x_2) \geqslant f'(x_1)$ für $x_2 > x_1$, also die Monotonie von $f'(x)$.

Nach Satz (7.15) ist die Monotonie einer Funktion, hier $f'(x)$, äquivalent mit der Nichtnegativität ihrer Ableitung, hier $f''(x) \geqslant 0$, also e) äquivalent d).

Bleibt zu zeigen: e) $\to$ a): $f''(x) \geqslant 0$ impliziert, wie gerade bemerkt, daß $f'(x_2) \geqslant f'(x_1)$ für $x_2 > x_1$. Sei $x = x_1 + \mu(x_2 - x_1)$ für $0 < \mu < 1$, so ist $x_1 < x < x_2$. Nach dem Mittelwertsatz ist $\frac{f(x_2) - f(x)}{x_2 - x} = f'(v)$ mit $x < v < x_2$ und $\frac{f(x) - f(x_1)}{x - x_1} = f'(w)$ für $x_1 < w < x$. Wegen der Monotonie ist $f'(v) \geqslant f'(w)$, also $\frac{f(x_2) - f(x)}{x_2 - x} \geqslant \frac{f(x) - f(x_1)}{x - x_1}$. Aus dieser Gleichung ergibt sich durch Einsetzen von $x = x_1 + \mu(x_2 - x_1)$ und Umformung $f(x_2) - f(x_1) \geqslant f(x_1 + \mu(x_2 - x_1)) - f(x_1)$, das ist nach oben Gesagtem gerade die Konvexität nach (6.50).

Somit ist der Beweisgang geschlossen: es wurde gezeigt: a) $\Rightarrow$ b) $\Leftrightarrow$ c), b) $\Rightarrow$ d) $\Leftrightarrow$ e) und e) $\Rightarrow$ a). Wegen der Transitivität der Implikation sind alle Aussagen äquivalent.

7.1.4. Extremwerte und Wendepunkt

In Definition (6.45) hatten wir bereits erklärt, was unter einem Maximum bzw. Minimum einer Funktion zu verstehen ist: der absolut größte oder kleinste Wert über dem Bereich X.

Für differenzierbare Funktionen gibt es die Möglichkeit, im Bereich X, z.B. Intervall $[a, b]$, zuerst alle lokalen oder relativen Maxima zu bestimmen und diese dann unter sich und mit den Werten in a und b zu vergleichen: S. Abb. 7.4 – Seite 230.

Unter einem *lokalen* oder *relativen Maximum (Minimum)* versteht man dabei einen Punkt x_0, für den $f(x) \leqslant f(x_0)$ (bzw. $f(x) \geqslant f(x_0)$) für x aus einer (kleinen) Umgebung U von x_0.

Im folgenden werden Funktionen auf ihre lokalen Extrempunkte untersucht.

Eine Funktion habe in x_0 ein lokales Maximum und sie sei differenzierbar. Dann ist $f(x) \leqslant f(x_0)$.

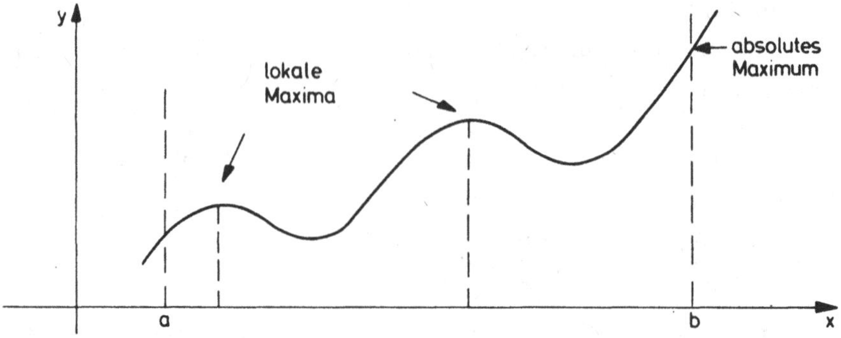

Abb. 7.4

für $x \in U$, bzw.

$$\frac{f(x) - f(x_0)}{x - x_0} \leqslant 0 \text{ für } x > x_0 \text{ und } \frac{f(x) - f(x_0)}{x - x_0} \geqslant 0 \text{ für } x < x_0.$$

Aus dem ersten Ausdruck folgt $\lim\limits_{x \to x_0 + 0} \frac{f(x) - f(x_0)}{x - x_0} = f'(x_0 + 0) \leqslant 0$ und aus dem zweiten entsprechend $f'(x_0 - 0) \geqslant 0$. Wegen der Differenzierbarkeit müssen beide Werte übereinstimmen, also muß gelten

$$f'(x) = f'(x_0 + 0) = f'(x_0 - 0) = 0.$$

(7.19) *Satz:* Die Funktion $y = f(x)$ sei in einer Umgebung U von x_0 differenzierbar. Dann ist $f'(x_0) = 0$ eine notwendige Bedingung dafür, daß $x_0 \in I$ ein lokaler Extrempunkt ist.

Die notwendige Bedingung fordert also, daß die Steigung im Extrempunkt Null ist, d.h. die Tangente an $(x_0, f(x_0))$ muß waagrecht sein. Aus $f'(x_0) = 0$ läßt sich aber noch nicht auf einen Extrempunkt schließen, wie die Untersuchung von $y = x^3$ in $x_0 = 0$ zeigt. Gesucht ist also eine hinreichende Bedingung für x_0 als Extrempunkt (wenn nicht eine äquivalente). Am bekanntesten ist die folgende Bedingung:

(7.20) *Satz:* Die Funktion $y = f(x)$ sei in einer Umgebung U von x_0 zweimal differenzierbar. Ist an der Stelle x_0
$f'(x_0) = 0$ und $f''(x_0) < 0$, so ist $(x_0, f(x_0))$ ein Maximum,
$f'(x_0) = 0$ und $f''(x_0) > 0$, so ist $(x_0, f(x_0))$ ein Minimum.

Den Beweis dieser Implikation findet man durch Betrachtung der Taylorentwicklung. Der Ausdruck

$$f(x) = f(x_0) + (x - x_0)f'(x_0) + \frac{1}{2}(x - x_0)^2 f''(x_0) + r_2$$

wird, da $f'(x_0) = 0$ und r_2 in der Größenordnung $(x - x_0)^3$ für sehr kleine Differenzen $(x - x_0)$ außer Betracht bleiben kann, zu

$$f(x) \approx f(x_0) + \frac{1}{2}(x - x_0)^2 f''(x_0).$$

Setzt man $f''(x_0) < 0$ (bzw. > 0) ein, so wird $f(x) < f(x_0)$ (bzw. $f(x) > f(x_0)$). Allgemeiner gilt:

(7.21) *Satz:* Die Funktion $y = f(x)$ sei in einer Umgebung U von x_0 n-mal differenzierbar.
Ist an der Stelle x_0
$f'(x_0) = f''(x_0) = \ldots = f^{(n-1)}(x_0) = 0$,
$f^{(n)}(x_0) < 0$ (bzw. $f^{(n)}(x_0) > 0$)
und ist n gerade, so liegt in $(x_0, f(x_0))$ ein lokales Maximum (bzw. ein Minimum) vor.
Ist n ungerade, so ist bei x_0 kein Extrempunkt.

Beispiel: $y = (x + 2)^4 + 5$. Aus $f'(x_0) = 4(x_0 + 2)^3 = 0$ folgt $x_0 = -2$. $f''(x_0) = 12(x_0 + 2)^2 = 0$, $f'''(x_0) = 24(x_0 + 2) = 0$ und schließlich $f^{(4)}(x_0) = 24 > 0$, also liegt bei $x_0 = -2$ ein Minimum mit $f(x_0) = 5$ vor.

Interessant ist noch der Fall, daß f(x) bei x_0 nicht differenzierbar ist, sonst aber die 1. Ableitung existiert. Es genügt dann zu prüfen, ob die Funktion vor und hinter der Stelle x_0 ab- oder zunimmt:

1. Ist $f'(x) > 0$ für $x < x_0$ und $f'(x) < 0$ für $x > x_0$, so ist bei x_0 ein lokales Maximum.
2. Ist $f'(x) < 0$ für $x < x_0$ und $f'(x) > 0$ für $x > x_0$, so ist bei x_0 ein lokales Minimum.

Beispiel: $y = |x|$ ist für $x_0 = 0$ nicht differenzierbar, da $f'(0 - 0) = -1$ und $f'(0 + 0) = 1$. Es ist $f'(x) < 0$ für $x < 0$ und $f'(x) > 0$, $x > 0$, also bei $x_0 = 0$ ein lokales Minimum.

Bei der Untersuchung des Verlaufs differenzierbarer Funktionen stößt man auf die Punkte, bei denen ein Bereich konvexen Verlaufs mit einem konkaven Verlaufs zusammentrifft. Betrachtet man etwa die hinreichenden Bedingungen $f''(x) > 0$ bzw. $f''(x) < 0$, so muß es bei Stetigkeit der zweiten Ableitung einen Durchgangspunkt mit $f''(x) = 0$ geben. Dies wäre dann ein solcher Wendepunkt.

(7.22) *Def.:* Die Funktion $y = f(x)$ hat in x_w einen *Wendepunkt,* wenn die Funktion für ein $\delta > 0$
im linksseitigen Bereich $x_w - \delta < x < x_w$ streng konvex (bzw. konkav) und
im rechtsseitigen Bereich $x_w < x < x_w + \delta$ streng konkav (bzw. konvex) ist.

Im Wendepunkt muß die Krümmung von konvex in konkav oder umgekehrt umschlagen. Im Vergleich dazu liegt in einem lokalen Extrempunkt links und rechts des Punktes gleiche Krümmung vor.

(7.23) *Satz:* Ist die Funktion $y = f(x)$ an der Stelle x_w zweimal differenzierbar, so ist $f''(x_w) = 0$ eine notwendige Bedingung für einen Wendepunkt in x_w. Die Bedingung $f''(x_w) = 0$ und $f'''(x_w) \neq 0$ ist eine hinreichende Bedingung für einen Wendepunkt.

Allgemeiner gilt als hinreichende Bedingung:

(7.24) *Satz:* Ist die Funktion $y = f(x)$ an der Stelle x_w n-mal differenzierbar mit $n \geqslant 3$ und ist $f''(x_w) = f'''(x_w) = \ldots = f^{(n-1)}(x_w) = 0$ und $f^{(n)}(x_w) \neq 0$ und ist n ungerade, so ist $(x_w, f(x_w))$ ein Wendepunkt.
Ist n gerade, so liegt kein Wendepunkt vor.

Beispiel: $y = 5x^3 - 2x^2$. Es ist $f'(x) = 15x^2 - 4x$, $f''(x) = 30x - 4$. Aus $f''(x_w) = 0$ ergibt sich $x_w = 7.5$ und für $f'''(7.5) = 30 \neq 0$, es liegt also ein Wendepunkt in $x_w = 7.5$ vor.

Sei $y = \sin x$, $f'(x) = \cos x$, $f''(x) = -\sin x = 0$ für $x = 0, \pi, 2\pi, 3\pi, \ldots$ Dort ist $f'''(x) = -\cos x$, also $f'''(k\pi) = 1$, k ungerade und $f''(k\pi) = -1$ für k gerade; somit sind diese Punkte Wendepunkte.

1. Der Absatzverlauf eines Produktes sei in jedem Zeitpunkt t durch die Funktion

$$y = f(t) = at^b\, e^{-ct} \quad \text{mit } a, c > 0, b > 1 \text{ und } t \geqslant 0$$

beschrieben (*Produktlebenszyklus*).

Man beschreibe den Kurvenverlauf, bestimme insbesondere, wann der Absatz maximal ist, wann er ab- bzw. zunimmt und in welchen Bereichen die Kurve konvex oder konkav ist.

Lösung:

Zunächst werden für die Diskussion die ersten beiden Ableitungen bereitgestellt:

$$f(t) = u \cdot v \text{ mit } u = at^b,\ v = e^{-ct},\ u' = abt^{b-1},\ v' = -ce^{-ct}$$

$$f'(t) = uv' + u'v = at^b(-ce^{-ct}) + abt^{b-1} \cdot e^{-ct} = at^b e^{-ct}(bt^{-1} - c) \text{ für } t > 0.$$

Für die 2. Ableitung wird noch einmal die Produktenregel angewandt mit $f'(t) = g \cdot h$, $g = at^b e^{-ct}$, $h = bt^{-1} - c$. Es wird $g' = at^b e^{-ct}(bt^{-1} - c)$ und $h' = -bt^{-2}$ und somit

$$f''(t) = gh' + g'h = at^b e^{-ct}(-bt^{-2}) + at^b e^{-ct}(bt^{-1} - c)^2$$

$$= at^b e^{-ct}\left(\left[\frac{b}{t} - c\right]^2 - \frac{b}{t^2}\right)$$

Die Absatzkurve hat eine waagrechte Tangente für $f'(t^*) = 0$. Da $at^b e^{-ct} > 0$ für $t > 0$, wird $f'(t^*) = 0$ nur, wenn $\frac{b}{t^*} - c = 0$, also für

$$t^* = \frac{b}{c}.$$

In diesem Punkt ist $f''(t^*) = at^{*b} e^{-ct^*}\left(-\frac{b}{t^{*2}}\right) < 0.$

Somit liegt in $t^* = \frac{b}{c}$ ein Maximum vor.

Weiter ist $f'(t) > 0$ für $t < t^*$ und $f'(t) < 0$ für $t > t^*$. Also ist f(t) streng monoton wachsend im Intervall $(0, t^*)$ und streng monoton fallend in (t^*, ∞).

Notwendig für einen Wendepunkt ist $f''(t) = 0$, das ist genau dann der Fall für $t > 0$, wenn $\left(\frac{b}{t} - c\right)^2 - \frac{b}{t^2} = 0$. Die Auflösung ergibt die quadratische Gleichung $c^2t^2 - 2bct + b^2 - b = 0$,

aus der man t erhält zu

$$t_{1,2} = \frac{1}{2c^2}\left(2bc \pm \sqrt{4b^2c^2 - 4(b^2 - b)c^2}\right) = \frac{b}{c} \pm \frac{1}{c}\sqrt{b}$$

$$t_1 = t^* - \frac{1}{c}\sqrt{b}, \qquad t_2 = t^* + \frac{1}{c}\sqrt{b}$$

Über die dritte Ableitung könnte man jetzt feststellen, daß t_1 und t_2 Wendepunkte sind. Diese

Rechnung soll aber vermieden werden: Es ist $f''(t) = at^b e^{-ct} \frac{1}{t^2}(c^2t^2 - 2bct + b^2 - b)$ als Produkt lauter stetiger Funktionen wieder stetig $(t > 0)$, es ist $at^b e^{-ct} \cdot \frac{1}{t^2} > 0$ für $t > 0$, also hat $f''(t)$ für sehr kleine t (nahe bei Null) das Vorzeichen von $c^2t^2 - 2bct + b^2 - b \approx b^2 - b > 0$, da $b > 1$. Null wird $f''(t)$ aber erst in t_1, also gilt wegen der Stetigkeit $f''(t) > 0$ für $t \in (0, t_1)$. Für $t \in (t_1, t_2)$ ist $f''(t) < 0$, da $f''(t^*) < 0$ und $f''(t)$ wegen der Stetigkeit nicht positiv werden ohne durch Null zu gehen, was aber nur in t_1 und t_2 der Fall ist. Für $t > t_2$ ist $f''(t) > 0$, da $c^2t^2 > 2bct - b^2 + b$ für sehr große t, also auch schon ab t_2. Zusammenfassend ist:

$f''(t) > 0$ für $t \in (0, t_1)$, d.h. f(t) streng konvex
$f''(t) < 0$ für $t \in (t_1, t_2)$, d.h. f(t) streng konkav
$f''(t) > 0$ für $t \in (t_2, \infty)$, d.h. f(t) streng konvex

In t_1 und t_2 sind folglich Wendepunkte der Funktion.

Für $a = 1$, $b = 4$, $c = 0.2$ hat f(t) die folgende Gestalt:

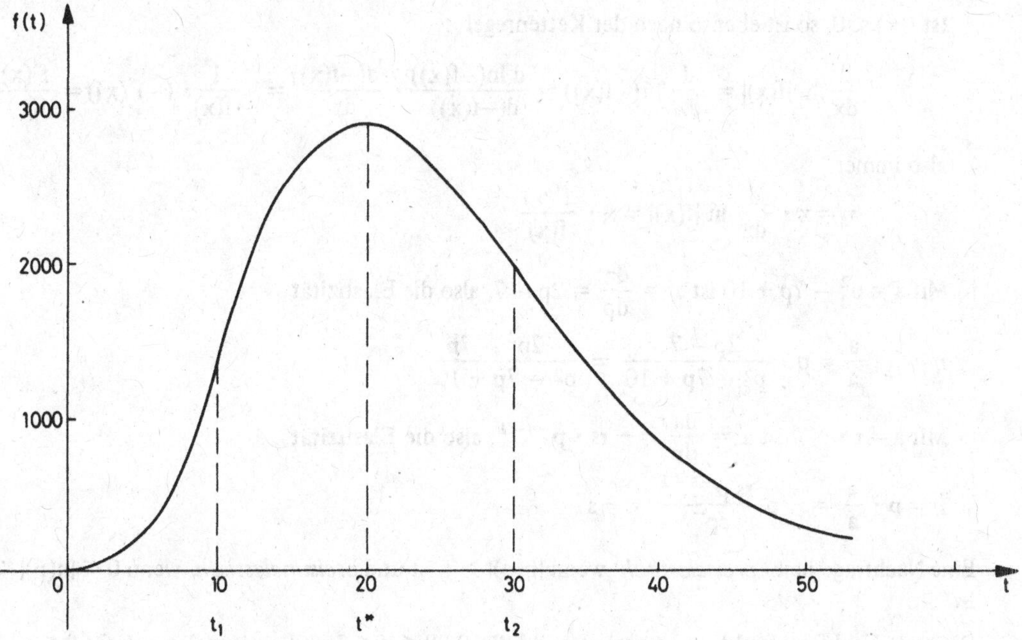

Abb. 7.5

Die Absatzkurve f(t) heißt *Produktlebenszykluskurve,* da diesem Typ die Annahme zugrunde liegt, daß der Absatz zunächst langsam anläuft, das Produkt dann größeren Bekanntheitsgrad erlangt (der größte Zuwachs liegt in t_1) bis der evtl. modisch oder technisch bedingte Absatzhöhepunkt in t^* erreicht ist. Der Absatz nimmt erst langsam, dann schneller und dann wieder langsam ab. Die Kurve geht nur asymptotisch gegen Null, d.h. es finden immer noch Nachkäufe statt.

2. Als *Elastizität* η einer Funktion $y = f(x)$ bezeichnet man den Grenzwert der relativen Änderung von y, d.h. $\frac{\Delta y}{y}$, bezogen auf die relative Änderung von x, d.h. $\frac{\Delta x}{x}$:

$$\eta = \lim_{\Delta x \to 0} \frac{\Delta y}{y} : \frac{\Delta x}{x} = \lim_{\Delta x \to 0} \frac{\Delta y}{\Delta x} \cdot \frac{x}{y} = y' \cdot \frac{x}{y} = x \cdot \frac{y'}{y} = x \cdot \frac{f'(x)}{f(x)}$$

a) Man beweise: $\eta = x \cdot \frac{d}{dx} \ln |f(x)|$

b) Man bestimme die Elastizitäten der Nachfragefunktionen

$$a = p^2 - 7p + 10 \text{ für } 0 \leqslant p \leqslant 2 \quad \text{und} \quad a = r \cdot p^{-s}, \quad r, s > 0, p > 0$$

a = nachgefragte Menge des Produktes, p = Preis des Produktes

Lösung:

a) Fallunterscheidung in $f(x) > 0$ und $f(x) < 0$.
Ist $f(x) > 0$, so ist nach der Kettenregel

$$\frac{d}{dx} \ln |f(x)| = \frac{d}{dx} \ln f(x) = \frac{d \ln f(x)}{d f(x)} \cdot \frac{d f(x)}{dx} = \frac{1}{f(x)} \cdot f'(x) = \frac{f'(x)}{f(x)}$$

Ist $f(x) < 0$, so ist ebenso nach der Kettenregel

$$\frac{d}{dx} \ln |f(x)| = \frac{d}{dx} \ln(-f(x)) = \frac{d \ln(-f(x))}{d(-f(x))} \cdot \frac{d(-f(x))}{dx} = \frac{1}{-f(x)} \cdot (-f'(x)) = \frac{f'(x)}{f(x)}$$

also immer

$$\eta = x \cdot \frac{d}{dx} \ln |f(x)| = x \cdot \frac{f'(x)}{f(x)}$$

b) Mit $a = p^2 - 7p + 10$ ist $a' = \frac{da}{dp} = 2p - 7$, also die Elastizität

$$\eta = p \cdot \frac{a'}{a} = p \cdot \frac{2p - 7}{p^2 - 7p + 10} = \frac{2p^2 - 7p}{p^2 - 7p + 10}$$

Mit $a = r \cdot p^{-s}$ ist $a' = \frac{da}{dp} = -rs \cdot p^{-s-1}$, also die Elastizität

$$\eta = p \cdot \frac{a'}{a} = -p \frac{rs\, p^{-s-1}}{rp^{-s}} = -s$$

Eine Nachfrage heißt *preiselastisch,* wenn $|\eta(p)| > 1$ ist und *preisunelastisch,* wenn $0 < |\eta(p)| < 1$ ist.

Die erste Nachfragefunktion ist preiselastisch für $0.88 < p < 2$ und preisunelastisch für $0 \leqslant p \leqslant 0.88$. Die zweite ist überall preiselastisch falls $s > 1$ und preisunelastisch, falls die Konstante $s < 1$ ist.

3. *Losgrößenbestimmung:*

In einem Betrieb soll die Produktion eines Erzeugnisses für den Zeitraum T geplant werden. Die Nachfrage nach dem Produkt ist im Zeitraum T gleich d, jedoch über T gleichmäßig verteilt. Ein bestimmter Lagervorrat verringert sich also linear. Pro Mengen- und Zeiteinheit fallen Lagerkosten in Höhe von h an. Die Fertigung erfolgt in *Losen,* das sind bestimmte Mengen, die in einem Produktionsgang hergestellt werden. Bei Produktion der Menge x fallen Fixkosten in Höhe von k_f und variable Kosten von k_v an, es entstehen also Kosten von $K(x) = k_f + k_v x$. Es ist zweckmäßig, nicht zu wenig zu produzieren, da sonst zu oft die Fixkosten anfallen und nicht zu viel, da sonst die Lagerkosten sehr groß werden.

Wie groß ist nun die *optimale Losgröße?*

Lösung:

Bei der Losgröße x ist die Anzahl der aufgelegten Lose $n = \frac{d}{x}$, wobei jedes Los bei gleichmäßigem Absatz in der Zeit $t = \frac{T}{n} = \frac{Tx}{d}$ abgesetzt wird. Wird immer dann ein Los gefertigt, wenn das Lager leer ist, dann sieht die Lagerkurve wie folgt aus:

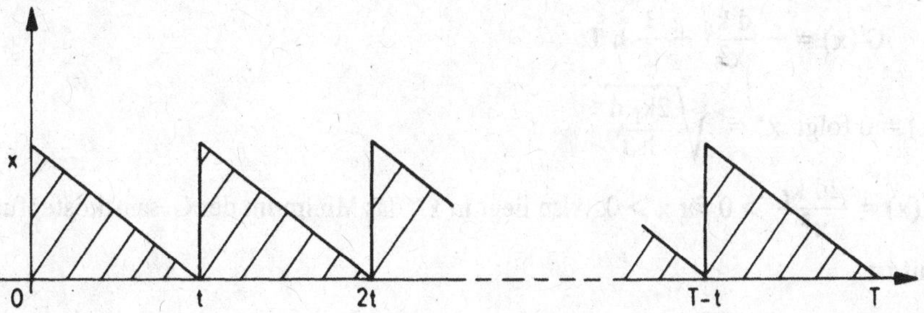

Abb. 7.6

Im Durchschnitt sind dann $\frac{x}{2}$ Einheiten auf Lager, in jedem Intervall entstehen Lagerkosten $g = \frac{x}{2} \cdot h \cdot t$, also insgesamt in T:

$$L(x) = \frac{x}{2} \cdot h \cdot t \cdot n = \frac{1}{2} h\,Tx$$

Die Produktionskosten belaufen sich auf

$$P(x) = K(x) \cdot n = (k_f + k_v x) \cdot \frac{d}{x} = d \cdot \left(\frac{k_f}{x} + k_v\right),$$

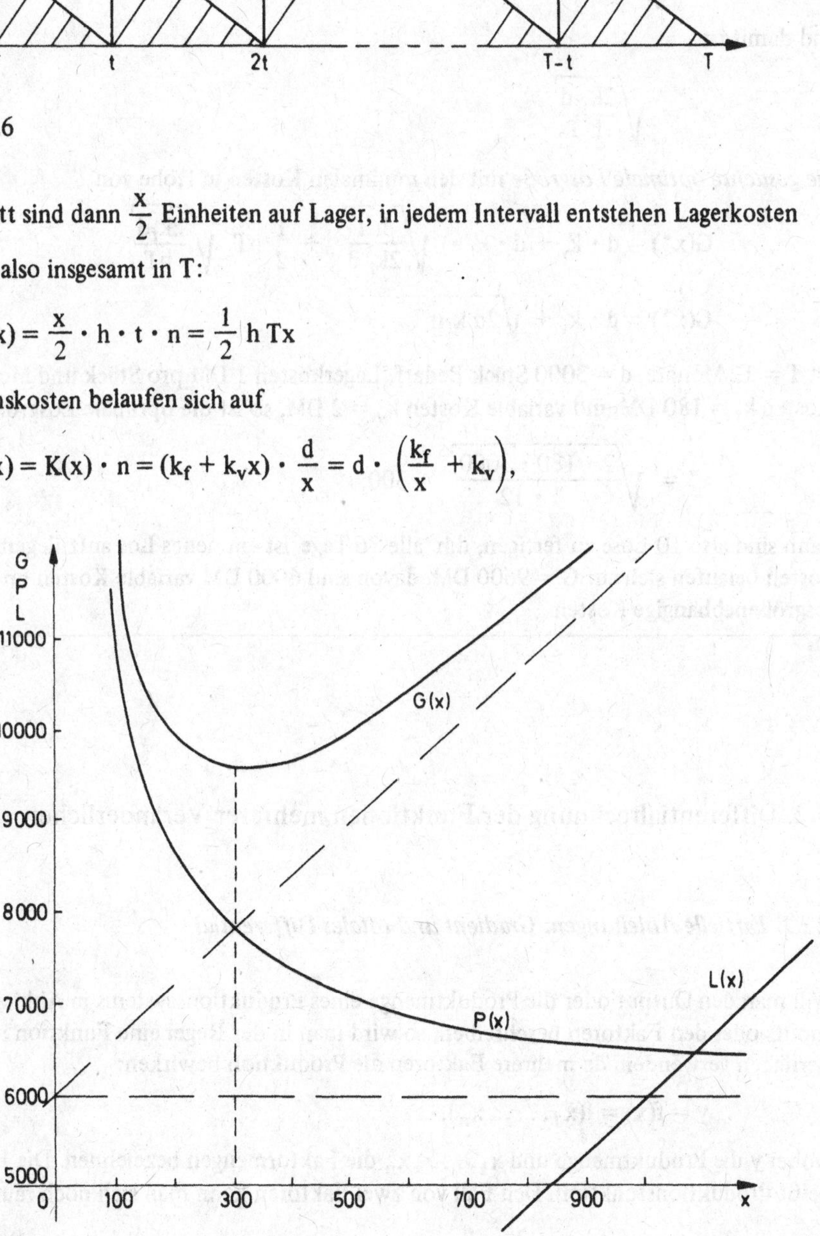

Abb. 7.7

also sind die Gesamtkosten

$$G(x) = P(x) + L(x) = \frac{d\,k_f}{x} + d\,k_v + \frac{1}{2}\,h\,T\,x$$

Die optimale Losgröße liegt dort, wo die Gesamtkosten minimal sind. Gesucht ist jetzt also das Minimum dieser Funktion über die Ableitung

$$G'(x) = -\frac{d\,k_f}{x^2} + \frac{1}{2}\,h\,T.$$

Aus $G'(x) = 0$ folgt $x^* = \sqrt{\frac{2k_f\,d}{h\,T}}$

Es ist $G''(x) = \frac{2d\,k_f}{x^3} > 0$ für $x > 0$. Also liegt in x^* das Minimum der Gesamtkostenfunktion, und damit ist

$$x^* = \sqrt{\frac{2k_f\,d}{h\,T}}$$

die gesuchte optimale Losgröße mit den minimalen Kosten in Höhe von

$$G(x^*) = d \cdot k_v + d \cdot k_f \cdot \sqrt{\frac{h\,T}{2k_f\,d}} + \frac{1}{2}\,hT\,\sqrt{\frac{2k_f d}{hT}}$$

$$G(x^*) = d \cdot k_v + \sqrt{2d\,k_f h\,T}$$

Ist $T = 12$ Monate, $d = 3000$ Stück Bedarf, Lagerkosten 1 DM pro Stück und Monat, losfixe Kosten $k_f = 180$ DM und variable Kosten $k_v = 2$ DM, so ist die optimale Losgröße

$$x^* = \sqrt{\frac{2 \cdot 180 \cdot 3000}{1 \cdot 12}} = 300,$$

dann sind also 10 Lose zu fertigen, d.h. alle 36 Tage ist ein neues Los aufzulegen. Die Gesamtkosten belaufen sich auf G = 9600 DM, davon sind 6000 DM variable Kosten und 3600 DM losgrößenabhängige Kosten.

7.2. Differentialrechnung der Funktionen mehrerer Veränderlichen

7.2.1. Partielle Ableitungen: Gradient und totales Differential

Will man den Output oder die Produktmenge eines Produktionssystems in Abhängigkeit von den Inputs oder den Faktoren beschreiben, so wird man in der Regel eine Funktion mehrerer Veränderlichen verwenden, da mehrere Faktoren die Produktion bewirken:

$$y = f(\mathbf{x}) = f(x_1, \ldots, x_n),$$

wobei y die Produktmenge und $x_1, \ldots, x_n$ die Faktormengen bezeichnen. Die Funktion $f(\mathbf{x})$ heißt Produktionsfunktion. Den Fall von zwei Faktoren kann man sich noch räumlich vorstellen:

Über der (x_1, x_2)-Ebene, in der jeder Punkt eine bestimmte Faktorkombination angibt, erhebt sich das sog. Ertragsgebirge, dessen Höhe in jedem Punkt die zugehörige Produktmenge bzw. den Ertrag angibt.

Ökonomisch interessiert nun, wieviel jeder Faktor bei einer *marginalen*, d.h. sehr kleinen Erhöhung zur Produktionssteigerung beiträgt, wenn man die übrigen Faktoren konstant hält. Die Steigungsmaße bzgl. der einzelnen Faktoren sind deren Grenzprodukte.

Die Erhöhung des Produktes Δy, bezogen auf die Erhöhung des Faktors Δx_i, ist der Quotient $\Delta y / \Delta x_i$. Der Grenzübergang für $\Delta x_i \to 0$ liefert uns das Grenzprodukt des i-ten Faktors oder die partielle Ableitung der Funktion f nach x_i:

(7.25) *Def.:* Sei $y = f(\mathbf{x}) = f(x_1, \ldots, x_n)$ eine in einer Umgebung von $\mathbf{x}^0 = (x_1^0, \ldots, x_i^0, \ldots, x_n^0)$ definierte Funktion. Ist die Funktion $y = f(x_1^0, \ldots, x_i, \ldots, x_n^0) = g(x_i)$ als Funktion nur einer Veränderlichen x_i an der Stelle x_i^0 differenzierbar, dann heißt $y = f(\mathbf{x})$ im Punkt $\mathbf{x}^0$ *partiell differenzierbar nach* x_i und die Ableitung $g'(x_i)$ heißt *partielle Ableitung* von $f(\mathbf{x})$ im Punkt $\mathbf{x}^0$ nach x_i.

Schreibweise: $\dfrac{\partial y}{\partial x_i} = \dfrac{\partial f}{\partial x_i} = \dfrac{\partial f(x_1, \ldots, x_n)}{\partial x_i} = f_{x_i} = f_i = g'(x_i)$

Die partielle Ableitung $\dfrac{\partial f}{\partial x_i}$ gibt also an, um wieviel sich die Funktion f bei einer sehr kleinen Erhöhung von x_i bei Konstanthaltung aller übrigen Variablen verändert. Sie ist somit die einfache Ableitung der Funktion f nach x_i, wenn alle anderen Variablen wie konstante Größen behandelt werden. Man beachte jedoch, daß $\dfrac{\partial f}{\partial x_i}$ im allgemeinen wieder von allen Variablen $(x_1, \ldots, x_n)$ abhängt, also wieder eine Funktion von $\mathbf{x}$ ist:

$$\frac{\partial f(\mathbf{x})}{\partial x_i} = f_i(\mathbf{x}).$$

Beispiel:

1. $y = f(x_1, x_2) = x_1 x_2 + 2x_2^5$

Bei der partiellen Ableitung nach x_1 gilt x_2 als Konstante und umgekehrt:

$$\frac{\partial f}{\partial x_1} = \frac{\partial}{\partial x_1}(x_1 \cdot x_2) + \frac{\partial}{\partial x_1}(2 \cdot x_2^5) = x_2 + 2 \cdot 0 = x_2 \text{ und}$$

$$\frac{\partial f}{\partial x_2} = \frac{\partial}{\partial x_2}(x_1 \cdot x_2) + 2\frac{\partial}{\partial x_2}(x_2^5) = x_1 + 2 \cdot 5x_2^4 = x_1 + 10x_2^4.$$

2. $y = f(u, v) = au^\alpha v^\beta$ mit u und v als Variable

$$\frac{\partial y}{\partial u} = f_u = a\alpha u^{\alpha-1} v^\beta$$

$$\frac{\partial y}{\partial v} = f_v = a\beta u^\alpha v^{\beta-1}$$

Die n partiellen Ableitungen einer (skalaren) Funktion nach den n Variablen lassen sich zu einer vektoriellen Funktion zusammenfassen. Dieser Zeilenvektor mit n Komponenten, der als *Gradient* bezeichnet wird, sieht wie folgt aus:

$$\text{(7.26)} \qquad \mathbf{grad}\ f = \frac{\partial f(x)}{\partial x} = \left(\frac{\partial f}{\partial x_1}, \frac{\partial f}{\partial x_2}, \ldots, \frac{\partial f}{\partial x_n}\right)$$

Im ersten Beispiel von oben ist

$$\mathbf{grad}\ f = (x_2, x_1 + 10x_2^4)$$

und im zweiten Beispiel

$$\mathbf{grad}\ f = (a\alpha u^{\alpha-1} v^{\beta}, a\beta u^{\alpha} v^{\beta-1}) = \left(\frac{\alpha \cdot f}{u}, \frac{\beta \cdot f}{v}\right)$$

Der Gradient gibt den Anstieg oder die Steigung der Funktion f in jeder der n Richtungen x_i an. Betrachtet man etwa die Funktion $y = f(x_1, x_2)$ als „Gebirge" über der Ebene mit den Achsen x_1 und x_2, so gibt der Gradient als Vektor in jedem Punkt **x** die Richtung des steilsten Anstiegs an.

Beispiel:

$y = 10 - \frac{1}{4}x_1^2 - \frac{1}{4}x_2^2$. Durch diese Funktion wird ein Rotationsparaboloid beschrieben, der seinen „Gipfelpunkt" bei y = 10 über dem Nullpunkt hat. Es ist $\mathbf{grad}\ f = -\frac{1}{2}(x_1, x_2)$ ein Vektor in der (x_1, x_2)-Ebene, der in jedem Punkt (x_1, x_2) wegen des negativen Faktors $-\frac{1}{2}$ auf den Nullpunkt, über dem der Gipfel liegt, hin gerichtet ist. Seine Länge ist $\sqrt{\left(-\frac{1}{2}x_1\right)^2 + \left(-\frac{1}{2}x_2\right)^2} = \frac{1}{2}\sqrt{x_1^2 + x_2^2}$, also gleich der halben Entfernung vom Nullpunkt selbst. Daraus ist ersichtlich, daß der Anstieg bei Punkten, die weit vom Nullpunkt entfernt liegen, sehr groß ist und um so kleiner wird, je mehr man sich dem Gipfelpunkt nähert. Dort ist der Anstieg schließlich gleich Null.

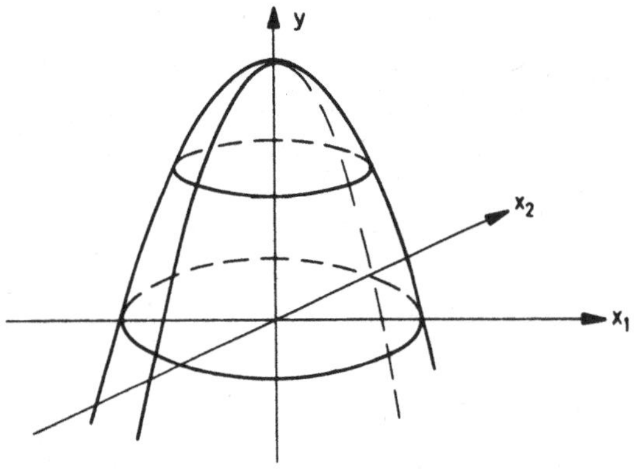

Abb. 7.8

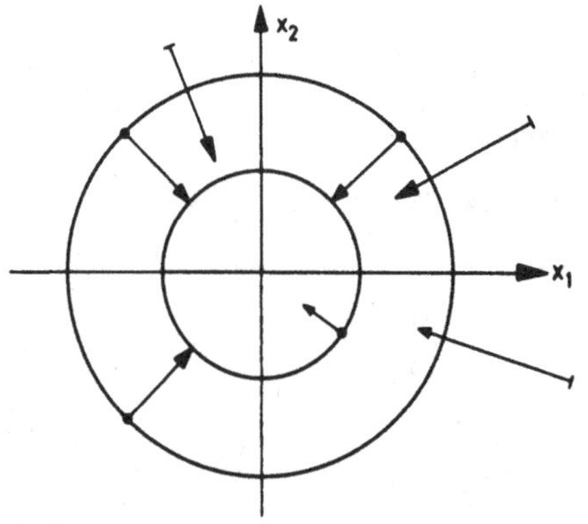

Abb. 7.9

Ändert man in einer Funktion $y = f(x_1, \ldots, x_n)$ alle Variablen gleichzeitig um die Beträge $\Delta x_i = dx_i$, i = 1, ..., n, so resultiert daraus eine Gesamtveränderung von y um den Betrag Δy mit

$$\Delta y = f(x_1 + dx_1, \ldots, x_n + dx_n) - f(x_1, \ldots, x_n)$$

Unter gewissen Bedingungen ist diese Änderung Δy nun näherungsweise darstellbar als Summe aller Variablenänderungen dx_i multipliziert mit dem entsprechenden Anstieg von y bei partieller Veränderung von x_i, also $\frac{\partial f}{\partial x_i}$:

$$(7.27) \qquad \Delta y = \frac{\partial f}{\partial x_1} dx_1 + \frac{\partial f}{\partial x_2} dx_2 + \ldots + \frac{\partial f}{\partial x_n} dx_n + \sum_{i=1}^{n} r_i(dx_1, \ldots, dx_n) dx_i\,,$$

wobei die Restfunktionen r_i selbst schon gegen Null gehen, wenn alle dx_i sehr klein werden. Da sie als Faktoren der dx_i auftreten, kann der letzte Summenterm in (7.27) näherungsweise weggelassen werden.

(7.28) *Def.:* Läßt sich die Veränderung Δy einer in ihrem Definitionsbereich überall partiell differenzierbaren Funktion $y = f(\mathbf{x})$ durch (7.27) darstellen, so heißt sie *total* (bzw. *vollständig) differenzierbar* und der Ausdruck

$$(7.29) \qquad dy = \frac{\partial f}{\partial x_1} dx_1 + \ldots + \frac{\partial f}{\partial x_n} dx_n = \mathbf{grad}\, f \cdot d\mathbf{x}$$

heißt *totales* (bzw. *vollständiges*) *Differential* der Funktion $f(\mathbf{x})$.

In dem Ausdruck (7.29) ist für sehr kleine $d\mathbf{x} = (dx_1, \ldots, dx_n)$ der Wert dy annähernd gleich Δy aus (7.27). Diese Tatsache berechtigt die Bezeichnung totales Differential für dy.

Beispiel:

1. $y = f(x_1, x_2) = x_1 \cdot x_2 + 2x_2^2$
   $\rightarrow dy = f_1 dx_1 + f_2 dx_2 = x_2 dx_1 + (x_1 + 4x_2) dx_2$
2. $y = f(u, v) = a \cdot u^\alpha v^\beta$
   $\rightarrow dy = f_u du + f_v dv = a\alpha u^{\alpha-1} v^\beta du + a\beta u^\alpha v^{\beta-1} dv = \frac{\alpha f}{u} du + \frac{\beta f}{v} dv$

Interpretiert man die Funktion $y = au^\alpha v^\beta$ als Produktionsfunktion, d.h. y als Ertrag bei Einsatz der Faktormengen u und v, so ist dy der Ertragszuwachs bei einer (kleinen) Erhöhung der Faktormengen um du und dv.

(7.30) *Satz:* Sind die Variablen $x_1, \ldots, x_n$ in einer vollständig differenzierbaren Funktion $y = f(x_1, \ldots, x_n)$ von der unabhängigen Variablen z abhängig, d.h.

$x_1 = g_1(z), \ldots, x_n = g_n(z)$, wobei
$g_i(z)$ differenzierbar nach z für $i = 1, \ldots, n$,

so ist die Funktion einer Variablen

$$y = f(g_1(z), \ldots, g_n(z))$$

differenzierbar nach z mit der Ableitung

$$y' = \frac{df}{dz} = \frac{\partial f}{\partial x_1} \cdot \frac{dg_1}{dz} + \ldots + \frac{\partial f}{\partial x_n} \cdot \frac{dg_n}{dz}$$

Diese Gleichung für die Ableitung $\frac{df}{dz}$ ist eine verallgemeinerte Form der Kettenregel nach Satz (7.6). Die Ableitung komplizierter Ausdrücke kann so manchmal übersichtlich ausgeführt werden.

Beispiel:

$$y = \sqrt[3]{(1+z)^2} \cdot (\ln z)^2$$

$$= x_1^\alpha x_2^\beta \text{ mit } x_1 = 1 + z,\ x_2 = \ln z,\ \alpha = \frac{2}{3},\ \beta = 2$$

$$\frac{\partial y}{\partial x_1} = \alpha x_1^{\alpha-1} x_2^\beta = \frac{\alpha y}{x_1} \quad \text{und} \quad \frac{dx_1}{dz} = 1$$

$$\frac{\partial y}{\partial x_2} = \beta x_1^\alpha x_2^{\beta-1} = \frac{\beta y}{x_2} \quad \text{und} \quad \frac{dx_2}{dz} = \frac{1}{z}$$

und somit

$$y' = \frac{\alpha y}{x_1} \cdot 1 + \frac{\beta y}{x_2} \cdot \frac{1}{z} = \frac{\frac{2}{3}\sqrt[3]{(1+z)^2} \cdot (\ln z)^2}{1+z} + \frac{2 \cdot \sqrt[3]{(1+z)^2} \cdot (\ln z)^2}{\ln z} \cdot \frac{1}{z}$$

$$= \frac{2}{3}\sqrt[3]{\frac{1}{1+z}}(\ln z)^2 + \frac{2}{z}\sqrt[3]{(1+z)^2} \cdot \ln z.$$

Das gleiche Ergebnis erhält man durch direkte Anwendung der Produkt- und Kettenregel.

7.2.2. Vektorielle Funktionen und Funktionalmatrix, lineare und quadratische Funktionen

Sind mehrere Variablen gleichzeitig von einer oder mehreren anderen Variablen abhängig, so entsteht eine *vektorielle Funktion*, also eine Funktion

(7.31) $\quad \mathbf{f} : \mathbf{x} \to \mathbf{y} \quad \text{bzw.} \quad \mathbf{y} = \mathbf{y}(\mathbf{x}) = \mathbf{f}(\mathbf{x}),$

deren Werte Vektoren sind und deren Komponenten einzeln wieder Funktionen eines Vektors sein können:

(7.32) $\quad f_i : \mathbf{x} \to y_i \quad \text{bzw.} \quad y_i = y_i(\mathbf{x}) = f_i(\mathbf{x}).$

Eine vektorielle Funktion entsteht etwa bei der Darstellung aller Einsatzmengen in einem Produktionsverfahren in Abhängigkeit von der Intensität und der Betriebszeit als den beiden unabhängigen Variablen.

Alle Aussagen über die Differenzierbarkeit können auf die Komponenten einzeln angewendet und mit den folgenden Begriffen dargestellt werden. Ableitungen linearer vektorieller Funktionen werden eingehender untersucht.

(7.33) *Def.:* Ist $\mathbf{x}$ ein k-Vektor und $\mathbf{y}$ ein n-Vektor, dessen Komponenten y_i, $i = 1, \ldots, n$, alle skalare Funktionen des Vektors $\mathbf{x}$ sind, so heißt $\mathbf{y}$ eine *vektorielle Funktion* von $\mathbf{x}$. Weiter heißt $\mathbf{y}(\mathbf{x})$ *differenzierbar nach* $\mathbf{x}$, wenn alle $k \cdot n$ partiellen Ableitungen

$$\frac{\partial y_i}{\partial x_j},\ j = 1, \ldots, k\,;\ i = 1, \ldots, n$$

existieren. Die *Ableitung* von $\mathbf{y}$ nach $\mathbf{x}$ ist definiert durch die Matrix der partiellen Ableitungen, die auch *Funktionalmatrix* genannt wird:

(7.34) $$\frac{\partial}{\partial \mathbf{x}} \mathbf{y}(\mathbf{x}) = \frac{\partial \mathbf{y}}{\partial \mathbf{x}} = \begin{pmatrix} \frac{\partial y_1}{\partial x_1} & \cdots & \frac{\partial y_1}{\partial x_k} \\ \vdots & & \vdots \\ \frac{\partial y_n}{\partial x_1} & \cdots & \frac{\partial y_n}{\partial x_k} \end{pmatrix}$$

Die Zeilen dieser Matrix sind also gerade die Gradienten der Komponenten von **y**.

Die Ableitung des Zeilenvektors $\mathbf{y}'$ nach **x** werde durch die gleiche Matrix definiert, also

(7.35) $$\frac{\partial}{\partial \mathbf{x}} \mathbf{y}' = \frac{\partial}{\partial \mathbf{x}} \mathbf{y}.$$

Spezialfälle:

1. Vektorielle Funktion einer skalaren Variablen (k = 1)

(7.36) $$\frac{\partial \mathbf{y}}{\partial x} = \left(\frac{\partial y_1}{\partial x}, \ldots, \frac{\partial y_n}{\partial x}\right)' \qquad \text{(Spaltenvektor)}$$

2. Skalare Funktion einer vektoriellen Variablen (n = 1)

(7.37) $$\frac{\partial y}{\partial \mathbf{x}} = \left(\frac{\partial y}{\partial x_1}, \ldots, \frac{\partial y}{\partial x_k}\right) = \mathbf{grad}\, y \text{ (Zeilenvektor).}$$

Anmerkung: Die Schreibweise ist nicht ganz einheitlich. Es gibt Autoren, die den Gradienten als Spaltenvektor definieren und die Funktionalmatrix wie oben, und andere, die die Transponierte als Funktionalmatrix nehmen.

(7.38) *Satz:* $\frac{\partial}{\partial \mathbf{x}}$ ist ein linearer Operator, d.h.: Ist **x** ein k-Vektor und **y** und **z** zwei vektorielle Funktionen mit n Komponenten, die nach **x** differenzierbar sind, so ist auch die Linearkombination $a\mathbf{y} + b\mathbf{z}$ nach **x** differenzierbar und es gilt:

(7.39) $$\frac{\partial}{\partial \mathbf{x}} (a\mathbf{y} + b\mathbf{z}) = a \frac{\partial \mathbf{y}}{\partial \mathbf{x}} + b \frac{\partial \mathbf{z}}{\partial \mathbf{x}}.$$

Beweis: Nach (7.4) gilt für alle partiellen Ableitungen

$$\frac{\partial}{\partial x_j} (ay_i + bz_i) = a \frac{\partial y_i}{\partial x_j} + b \frac{\partial z_i}{\partial x_j}.$$

Also hat die Matrix $\frac{\partial}{\partial \mathbf{x}} (a\mathbf{y} + b\mathbf{z})$ diese Summen als Elemente. Nach der Addition von Matrizen und der Multiplikation mit Skalaren läßt sich diese zerlegen in die in (7.39) rechts stehende Summe.

Spezielle Vektorfunktionen von vektoriellen Variablen erhält man als Produkte von Matrizen mit einem Vektor **x**:

(7.40) *Satz:* Ist **x** ein k-Vektor und **A** eine (n, k)-Matrix, deren Elemente nicht von **x** abhängen, dann gilt:

$$\frac{\partial \mathbf{A}\mathbf{x}}{\partial \mathbf{x}} = \mathbf{A}. \text{ Ist } \mathbf{x} \text{ ein n-Vektor, dann gilt: } \frac{\partial \mathbf{x}'\mathbf{A}}{\partial \mathbf{x}} = \mathbf{A}'.$$

Beweis:

$\mathbf{y} = \mathbf{Ax}$ ist eine vektorielle Funktion mit n Komponenten von $\mathbf{x}$ mit

$$y_i = a_{i1}x_1 + \ldots + a_{ij}x_j + \ldots + a_{ik}x_k, \quad i = 1, \ldots, n.$$

Dann ist die partielle Ableitung

$$\frac{\partial y_i}{\partial x_j} = 0 + \ldots + a_{ij} + \ldots + 0 = a_{ij}, \quad i = 1, \ldots, n; \; j = 1, \ldots, k.$$

Im zweiten Fall ist $\mathbf{y} = \mathbf{x}'\mathbf{A}$ ein Zeilenvektor mit k Komponenten

$$y_i = x_1 a_{1i} + \ldots + x_j a_{ji} + \ldots + x_n a_{ni} \text{ und}$$

$$\frac{\partial y_i}{\partial x_j} = a_{ji}.$$

Dies ist das Element der i-ten Zeile und j-ten Spalte von $\mathbf{A}'$.

Beispiel:

$\mathbf{A}$ sei eine (1, k)-Matrix, $\mathbf{A} = \mathbf{a}'$, $\mathbf{x}$ ein k-Vektor $\rightarrow \frac{\partial}{\partial \mathbf{x}} (\mathbf{a}'\mathbf{x}) = \mathbf{a}'$;

$\mathbf{A}$ sei eine (n, 1)-Matrix, $\mathbf{A} = \mathbf{a}$, $\mathbf{x}$ ein n-Vektor $\rightarrow \frac{\partial}{\partial \mathbf{x}} (\mathbf{x}'\mathbf{a}) = \mathbf{a}'$;

$\mathbf{A}$ sei eine (n, 1)-Matrix, $\mathbf{A} = \mathbf{Bc}$, $\mathbf{x}$ ein n-Vektor $\rightarrow \frac{\partial}{\partial \mathbf{x}} (\mathbf{x}'\mathbf{Bc}) = \mathbf{c}'\mathbf{B}'$.

(7.41) *Satz:* $\mathbf{x}$ sei ein n-Vektor und $\mathbf{A} = \mathbf{A}_n$ eine (n-reihige) symmetrische Matrix mit von $\mathbf{x}$ unabhängigen Elementen. Dann ist $\mathbf{x}'\mathbf{Ax}$ eine skalare Funktion f von $\mathbf{x}$ mit

(7.42) $$\frac{\partial}{\partial \mathbf{x}} (\mathbf{x}'\mathbf{Ax}) = 2\mathbf{x}'\mathbf{A} \quad \text{bzw.} \quad \mathbf{grad}\, f = \mathbf{grad}\, (\mathbf{x}'\mathbf{Ax}) = 2\mathbf{x}'\mathbf{A}.$$

Beweis:

$\mathbf{x}'\mathbf{Ax}$ ist eine quadratische Form $f(\mathbf{x})$, für die gilt:

$$f(\mathbf{x}) = \sum_{i=1}^{n} \sum_{j=1}^{n} a_{ij}x_i x_j = \sum_{j=1}^{n} a_{jj}x_j^2 + 2 \sum_{\substack{j,i \\ j>i}} a_{ij}x_i x_j .$$

Dann ist

$$\frac{\partial f}{\partial x_j} = 2a_{jj}x_j + 2 \sum_{\substack{i=1 \\ i \neq j}}^{n} a_{ij}x_i = 2 \sum_{i=1}^{n} x_i a_{ij} ,$$

und daraus

$$\mathbf{grad}\, f = 2\mathbf{x}'\mathbf{A}.$$

Der Gradient von f ist nun eine vektorielle Funktion von $\mathbf{x}$, die man wiederum nach $\mathbf{x}$ ableiten kann:

(7.43) $$\frac{\partial}{\partial \mathbf{x}} (\mathbf{grad}\, f) = \frac{\partial}{\partial \mathbf{x}} \left(\frac{\partial}{\partial \mathbf{x}} (\mathbf{x}'\mathbf{Ax}) \right) = 2\mathbf{A}' = 2\mathbf{A}.$$

Beispiel:

Ist $f(x_1, x_2) = x_1^2 - 2x_1x_2 + 3x_2^2 = (x_1, x_2)\begin{pmatrix} 1 & -1 \\ -1 & 3 \end{pmatrix}\begin{pmatrix} x_1 \\ x_2 \end{pmatrix}$,

dann ist **grad** $f = \left(\frac{\partial f}{\partial x_1}, \frac{\partial f}{\partial x_2}\right) = (2x_1 - 2x_2, -2x_1 + 6x_2) = 2(x_1, x_2)\begin{pmatrix} 1 & -1 \\ -1 & 3 \end{pmatrix}$,

und $\frac{\partial}{\partial x}$ (**grad** f) $= \begin{pmatrix} f_{11} & f_{12} \\ f_{21} & f_{22} \end{pmatrix} = \begin{pmatrix} 2 & -2 \\ -2 & 6 \end{pmatrix} = 2\begin{pmatrix} 1 & -1 \\ -1 & 3 \end{pmatrix}$.

7.2.3. Extremwerte einer Skalarfunktion mehrerer Variablen und zweite partielle Ableitungen

(7.44) *Def.:* Ist f eine nach allen Variablen zweimal partiell differenzierbare skalare Funktion des n-Vektors **x**, dann heißt die Matrix aller zweiten partiellen Ableitungen

$$\frac{\partial^2 f}{\partial \mathbf{x}^2} = \frac{\partial}{\partial \mathbf{x}}\left(\frac{\partial f}{\partial \mathbf{x}}\right) = \frac{\partial}{\partial \mathbf{x}}(\mathbf{grad}\, f) = \begin{pmatrix} \frac{\partial^2 f}{\partial x_1^2} & \cdots & \frac{\partial^2 f}{\partial x_n \partial x_1} \\ \cdots & \cdots & \cdots \\ \frac{\partial^2 f}{\partial x_1 \partial x_n} & \cdots & \frac{\partial^2 f}{\partial x_n^2} \end{pmatrix}$$

Hessesche Matrix der Funktion f(**x**).

Unter gewissen Bedingungen sind jedoch die zweiten partiellen Ableitungen unabhängig von der Reihenfolge des Differenzierens:

(7.45) *Satz:* Sind die zweiten partiellen Ableitungen

$$\frac{\partial f}{\partial x_i \partial x_j} = f_{x_j x_i} \quad \text{und} \quad \frac{\partial f}{\partial x_j \partial x_i} = f_{x_i x_j} \quad \text{stetig,}$$

so sind sie gleich: $f_{x_j x_i} = f_{x_i x_j}$

Beispiel:

Sei $y = f(u, v) = u^2v + 2uv^3 + u$, dann ist die Hessesche Matrix gegeben durch

$$\mathbf{H} = \begin{pmatrix} f_{uu} & f_{uv} \\ f_{vu} & f_{vv} \end{pmatrix} = \begin{pmatrix} 2v & 2u + 6v^2 \\ 2u + 6v^2 & 12uv \end{pmatrix}$$

Hier ist $f_{uv} = f_{vu} = 2u + 6v^2$.

Für die Extremwerte einer Skalarfunktion gilt nun der folgende Satz, der notwendige und an anderer Stelle hinreichende Bedingungen formuliert, die aber nicht notwendig *und* hinreichend sind:

(7.46) *Satz:* Sei f eine skalare Funktion des n-Vektors **x**, y = f(**x**), und f in einer Umgebung U von $\mathbf{x}_0$ nach $x_1, \ldots, x_n$ partiell differenzierbar. Dann gelten folgende Aussagen:

(7.47) 1. Hat f in $\mathbf{x}_0$ einen Extremwert, dann gilt

$$\frac{\partial f}{\partial x_i}(\mathbf{x}_0) = 0 \text{ für } i = 1, \ldots, n \text{ bzw. } \mathbf{grad}\, f\Big|_{\mathbf{x}_0} = \mathbf{0},$$

d.h. das Verschwinden der partiellen Ableitungen für i = 1, . . . , n ist notwendig dafür, daß ein Extremwert vorliegt.

(7.48) 2. Sind die folgenden drei Bedingungen erfüllt, dann hat f in $\mathbf{x}_0$ einen Extremwert:

a) $\frac{\partial f}{\partial x_i}(\mathbf{x}_0) = 0$ für $i = 1, \ldots, n$ bzw. $\mathbf{grad}\, f\Big|_{\mathbf{x}_0} = \mathbf{0}$;

b) An der Stelle $\mathbf{x}_0$ existieren die zweiten partiellen Ableitungen $\frac{\partial^2 f}{\partial x_i \partial x_j}$ für $i, j = 1, \ldots, n$ und diese Funktionen sind in einer Umgebung U von $\mathbf{x}_0$ stetig.

c) Die Hessesche Matrix $\frac{\partial^2 f}{\partial \mathbf{x}^2}$ ist an der Stelle $\mathbf{x}_0$ entweder

positiv definit: dann ist der Extremwert *ein Minimum* oder
negativ definit: dann ist der Extremwert *ein Maximum.*

Die Bedingungen a, b und c sind also hinreichend für einen Extremwert. Es gibt tatsächlich Fälle, in denen ein Extremwert vorliegt und die Matrix $\frac{\partial^2 f}{\partial \mathbf{x}^2}$ nur semidefinit ist. Zu den Begriffen positiv oder negativ definit (bzw. semidefinit) vgl. Abschnitt 4.4.3.

Eine einfache Überprüfung der Definität der Hesseschen Matrix ergibt sich aus der Übertragung des Satzes (4.144):

(7.49) *Satz:* Die Hessesche Matrix $\frac{\partial^2 f}{\partial \mathbf{x}^2}$ ist genau dann positiv definit (Bedingung für ein Minimum), wenn alle ihre Hauptminoren positiv sind:

$$f_{x_1 x_1} > 0, \quad \begin{vmatrix} f_{x_1 x_1} & f_{x_1 x_2} \\ f_{x_2 x_1} & f_{x_2 x_2} \end{vmatrix} > 0, \ldots, \left|\frac{\partial^2 f}{\partial \mathbf{x}^2}\right| > 0$$

Die Hessesche Matrix $\frac{\partial^2 f}{\partial \mathbf{x}^2}$ ist genau dann negativ definit (Bedingung für ein Maximum), wenn alle ihre Hauptminoren im Vorzeichen alternieren:

$$f_{x_1 x_1} < 0, \quad \begin{vmatrix} f_{x_1 x_1} & f_{x_1 x_2} \\ f_{x_2 x_1} & f_{x_2 x_2} \end{vmatrix} > 0, \ldots, (-1)^n \left|\frac{\partial^2 f}{\partial \mathbf{x}^2}\right| > 0$$

Schreibt man die Funktion zweier Variablen in der Form y = f(u, v), so ist zu prüfen

$f_{uu} > 0, \; f_{uu} f_{vv} - f_{uv} f_{vu} > 0$ für ein Minimum
$f_{uu} < 0, \; f_{uu} f_{vv} - f_{uv} f_{vu} > 0$ für ein Maximum.

Beispiel:

Die Funktion $z = f(u, v) = \frac{1}{3}u^3 + \frac{1}{4}v^2 + uv + v - u$ sei gegeben. Folgende Bedingungen müssen für einen Extremwert notwendig erfüllt sein nach (7.47):

$$\mathbf{grad}\, f = \left(\frac{\partial f}{\partial u}, \frac{\partial f}{\partial v}\right) = \mathbf{0}, \quad \text{also } f_u = u^2 + v - 1 = 0$$

$$\text{und } f_v = \frac{1}{2} v + u + 1 = 0$$

Aus der 2. Gleichung erhält man $v = -2u - 2$ und danach aus der 1. Gleichung $u^2 - 2u - 3 = 0$ mit den Lösungen

$$u_1 = 3, \quad u_2 = -1, \quad v_1 = -8, \quad v_2 = 0.$$

Zwei Punkte erfüllen die notwendige Bedingung:

$$P_1 = (u_1, v_1) = (3, -8) \text{ und } P_2 = (u_2, v_2) = (-1, 0)$$

Zur Entscheidung, ob P_1 und P_2 Extremwerte bilden, ist die Hessesche Matrix zu untersuchen:

$$\frac{\partial^2 f}{\partial x^2} = \begin{pmatrix} \frac{\partial^2 f}{\partial u^2} & \frac{\partial^2 f}{\partial v \partial u} \\ \frac{\partial^2 f}{\partial u \partial v} & \frac{\partial^2 f}{\partial v^2} \end{pmatrix} = \begin{pmatrix} f_{uu} & f_{uv} \\ f_{vu} & f_{vv} \end{pmatrix} = \begin{pmatrix} 2u & 1 \\ 1 & \frac{1}{2} \end{pmatrix}$$

Man bemerke, daß bei der Differentiation $\frac{\partial^2 f}{\partial v \partial u} = f_{uv}$ zuerst nach u und dann nach v differenziert wird und umgekehrt bei $\frac{\partial^2 f}{\partial u \partial v} = f_{vu}$.

Die Hessesche Matrix hängt vom untersuchten Punkt ab:

In P_1 gilt:

$$f_{uu} = 2u_1 = 6 > 0, \quad \begin{vmatrix} f_{uu} & f_{uv} \\ f_{vu} & f_{vv} \end{vmatrix} = \begin{vmatrix} 6 & 1 \\ 1 & \frac{1}{2} \end{vmatrix} = 2 > 0,$$

also liegt in P_1 ein Minimum mit $z = f(u_1, v_1) = -10$.

In P_2 gilt:

$$f_{uu} = 2u_2 = -2 < 0, \quad \begin{vmatrix} f_{uu} & f_{uv} \\ f_{vu} & f_{vv} \end{vmatrix} = \begin{vmatrix} -2 & 1 \\ 1 & \frac{1}{2} \end{vmatrix} = -2 < 0$$

Es kann so noch keine Aussage getroffen werden, da die hinreichende Bedingung für einen Extremwert nicht erfüllt ist. In der Tat ist aber P_2 kein Extremwert, sondern ein *Sattelpunkt,* d.h. für $v = 0$ ist $u = -1$ ein Maximum der Funktion $f(u, 0) = \frac{1}{3} u^3 - u$ (Schnitt durch $z = f(u, v)$ in der Ebene $v = 0$) und für $u = -1$ ist $v = 0$ ein Minimum der Funktion $f(-1, v) = \frac{1}{4} v^2 + \frac{2}{3}$ (Schnitt durch $z = f(u, v)$ in der Ebene $u = -1$).

Merke: Ein Sattelpunkt liegt vor, wenn $f_{uu} f_{vv} - f_{uv}^2 < 0$ ist.

Zum *Beweis* von Satz (7.46):

Wir untersuchen lokale bzw. relative Extremwerte, die also relativ zu ihrer Umgebung definiert sind.

In der Abbildung ist x_0^1 ein lokales und absolutes Maximum, x_0^2 aber nur ein lokales Maximum und x_0^3 ein Sattelpunkt:

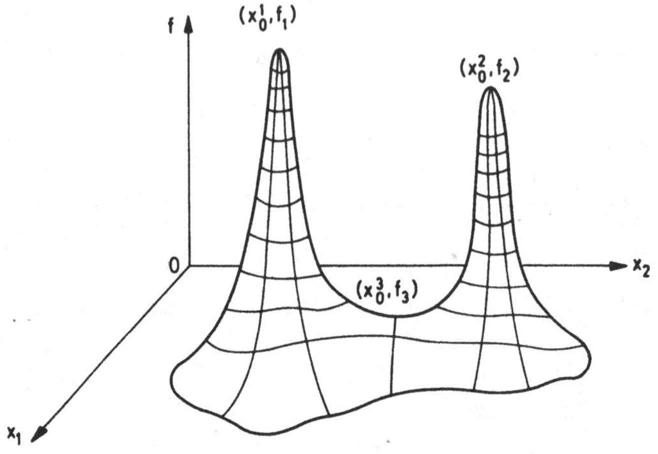

Abb. 7.10

Sei jetzt angenommen, x_0 bilde einen lokalen Extremwert, und x_1 sei ein Punkt, der sich von x_0 nur in der j-ten Komponente um einen kleinen Betrag h unterscheidet:

$$x_1 = x_0 + h \cdot e_j, \quad e_j = \text{j-ter Einheitsvektor}$$

Dann gilt

$$f(x_0 + he_j) \leqslant f(x_0) \ \forall\, h \text{ mit } 0 < |h| < \epsilon, \ \forall\ j = 1, \ldots, n.$$

Daraus wird unter Beachtung von $h > 0$ oder $h < 0$:

$$\text{für } h > 0: \frac{f(x_0 + he_j) - f(x_0)}{h} \leqslant 0,$$

$$\text{für } h < 0: \frac{f(x_0 + he_j) - f(x_0)}{h} \geqslant 0.$$

Dabei ist also

$$\frac{f(x_0 + he_j) - f(x_0)}{h} = \frac{f(x_{10}, \ldots, x_{j0} + h, \ldots, x_{n0}) - f(x_{10}, \ldots, x_{j0}, \ldots, x_{n0})}{h}$$

ein Differenzenquotient bezüglich der j-ten Komponente. Bildet man jetzt den Grenzwert für $h \to 0$, so hat man

$$\lim_{h \to 0} \frac{f(x_0 + he_j) - f(x_0)}{h} = \frac{\partial f(x_0)}{\partial x_j} \leqslant 0 \qquad (\text{für } h > 0), \text{ und}$$

$$\lim_{h \to 0} \frac{f(x_0 + he_j) - f(x_0)}{h} = \frac{\partial f(x_0)}{\partial x_j} \geqslant 0 \qquad (\text{für } h < 0),$$

und deshalb die im Satz angegebenen notwendigen Bedingungen:

$$\frac{\partial f(x_0)}{\partial x_j} = 0, \ j = 1, \ldots, n \quad \text{bzw.} \quad \mathbf{grad}\ f\Big|_{x_0} = \mathbf{0}.$$

Das sagt aber nichts anderes, als daß die Steigungen in jeder Richtung in x_0 Null, d.h. horizontal sind.

Nun ist noch ein Kriterium zu finden, mit dem man entscheiden kann, ob x_0 ein lokales Maximum oder Minimum $f(x_0)$ ergibt.

Dazu entwickelt man $f(x_1)$ nach dem Taylorschen Satz an der Stelle x_0:

$$f(x_1) = f(x_0 + (x_1 - x_0))$$

$$= f(x_0) + \sum_{j=1}^{n} (x_{j1} - x_{j0}) \cdot \underbrace{\frac{\partial f}{\partial x_j}(x_0)}_{=0} +$$

$$+ \sum_{i=1}^{n} \sum_{j=1}^{n} \frac{1}{2} (x_{i1} - x_{i0})(x_{j1} - x_{j0}) \frac{\partial f}{\partial x_i \partial x_j}(x_0)$$

+ Rest von höherer Ordnung.

Da der zweite Summand verschwindet, kommt es auf den dritten und gegebenenfalls auf den Rest an. Der dritte Summand bildet aber eine quadratische Form mit der Matrix $\frac{\partial^2 f}{\partial x^2}$:

$$F = (x_1 - x_0)' \frac{\partial^2 f}{\partial x^2} (x_1 - x_0)$$

Ist diese Form negativ definit, gilt also $F < 0$ für alle x_1, so ist der Rest vernachlässigbar und es liegt ein (strenges) lokales Maximum vor:

$$F < 0 \rightarrow f(x_1) < f(x_0)$$

Ist die Form F bzw. die Matrix $\frac{\partial^2 f}{\partial x^2}$ positiv definit, dann ist in x_0 entsprechend ein Minimum:

$$F > 0 \rightarrow f(x_1) > f(x_0)$$

Ist aber F nur negativ bzw. positiv semidefinit, dann kann der Rest einen Ausschlag geben, so daß das Maximum bzw. Minimum nicht gesichert ist. Hier gibt es Beispiele, daß tatsächlich kein Extremwert vorliegt.

7.2.4. Extremwerte unter Nebenbedingungen. Der Ansatz von Lagrange

Sowohl in der ökonomischen Theorie wie in der praktischen Anwendung ist es eher der Ausnahmefall, daß ein Optimierungsproblem so gestellt werden kann, daß Zielfunktion und technische oder ökonomische Bedingungen alle in einer Funktion enthalten sind, deren Extremwert dann zu bestimmen ist. Oft tritt also der Fall auf, daß ein Minimum oder Maximum einer Funktion

(7.50) $z = f(x) = f(x_1, \ldots, x_n)$

zu bestimmen ist unter einer oder mehreren Nebenbedingung

(7.51) $g_i(x) = g_i(x_1, \ldots, x_n) = 0, \; i = 1, \ldots, m,$

Diese bezeichnen die einzuhaltenden Relationen zwischen den Variablen $x_1, \ldots, x_n$.

Damit verwandt ist der Ansatz der Linearen Programmierung (Abschnitt 2.4 und 5.1), bei dem Zielfunktion und Nebenbedingungen linear sind, die Nebenbedingungen aber die allgemeinere Form der Ungleichungen haben dürfen.

In diesem Abschnitt können Zielfunktion (7.50) und Nebenbedingungen (7.51) beliebig nichtlinear sein, die Nebenbedingungen müssen aber Gleichungen sein.

Zunächst wird der einfachere Fall einer einzigen Nebenbedingung

(7.52) $g(\mathbf{x}) = g(x_1, \ldots, x_n) = 0$

behandelt.

(7.53) *Def.:* Sei eine zu minimierende oder maximierende Funktion $z = f(\mathbf{x})$ und eine Nebenbedingung $g(\mathbf{x}) = 0$ gegeben. Dann heißt die mit einem Multiplikator $\lambda \in \mathsf{R}$ gebildete Funktion

$$L(\mathbf{x}, \lambda) = f(\mathbf{x}) + \lambda g(\mathbf{x})$$

Lagrangefunktion und λ *Lagrangescher Multiplikator* zur Bedingung $g(\mathbf{x}) = 0$.

In der Lagrangefunktion $L(\mathbf{x}, \lambda)$ sind nun nicht nur alle Informationen der Problemstellung enthalten, sondern es genügt jetzt, nur noch $L(\mathbf{x}, \lambda)$ der Extremwertberechnung zu unterwerfen. Ist etwa $z = f(\mathbf{x})$ zu maximieren, so ist $L(\mathbf{x}, \lambda)$ als Funktion der $n + 1$ Variablen $x_1, \ldots, x_n$ und λ bezüglich $x_1, \ldots, x_n$ zu maximieren und bezüglich λ zu minimieren. Dadurch wird einerseits $f(\mathbf{x})$ maximiert und andererseits $g(\mathbf{x}) = 0$ eingehalten.

(7.54) *Satz:* Seien die Funktionen $f(\mathbf{x})$ und $g(\mathbf{x})$ in einer Umgebung U von $\mathbf{x}_0$ partiell differenzierbar. Dann gelten folgende Aussagen:

(7.55) 1. Hat f in $\mathbf{x}_0$ einen Extremwert unter der Nebenbedingung $g(\mathbf{x}_0) = 0$, dann gilt (als notwendige Bedingungen):

$$\frac{\partial L}{\partial x_i}(\mathbf{x}_0, \lambda) = 0 \text{ bzw. } \frac{\partial f(\mathbf{x}_0)}{\partial x_i} + \lambda \frac{\partial g(\mathbf{x}_0)}{\partial x_i} = 0 \quad \text{für } i = 1, \ldots, n$$

$$\frac{\partial L}{\partial \lambda}(\mathbf{x}_0, \lambda) = 0 \text{ bzw. } g(\mathbf{x}_0) = 0$$

(7.56) 2. Sind die folgenden drei Bedingungen (als hinreichende Bedingungen) erfüllt, dann hat f in $\mathbf{x}_0$ einen Extremwert unter der Nebenbedingung $g(\mathbf{x}_0) = 0$:

a) $\frac{\partial L}{\partial x_i}(\mathbf{x}_0, \lambda) = 0$ für $i = 1, \ldots, n$ und $\frac{\partial L}{\partial \lambda}(\mathbf{x}_0, \lambda) = g(\mathbf{x}_0) = 0$

b) An der Stelle $\mathbf{x}_0$ existieren die zweiten partiellen Ableitungen $\frac{\partial f}{\partial x_i \partial x_j}$ und $\frac{\partial g}{\partial x_i \partial x_j}$ für $i, j = 1, \ldots, n$ und diese Funktionen sind in einer Umgebung U von $\mathbf{x}_0$ stetig.

c) Die mit der Hesseschen Matrix $\mathbf{K}$ der Lagrangefunktion $L(\mathbf{x}, \lambda)$ gebildete quadratische Form $\mathbf{h}'\mathbf{K}\mathbf{h}$ ist für alle Vektoren $\mathbf{h}$ die der Bedingung

$$\textbf{grad}\, g(\mathbf{x}) \cdot \mathbf{h} = 0 \quad \text{bzw.} \quad \sum_{i=1}^{n} \frac{\partial g}{\partial x_i} \cdot h_i = 0$$

genügen,

positiv definit, dann ist der Extremwert ein *Minimum*

negativ definit, dann ist der Extremwert ein *Maximum.*

Im Fall zweier Variablen x und y mit $z = f(x, y)$ und $g(x, y) = 0$ lautet die Lagrangefunktion

$$L(x, y, \lambda) = f(x, y) + \lambda g(x, y)$$

und die notwendigen Bedingungen für einen Extremwert

$$\frac{\partial L}{\partial x} = f_x + \lambda g_x = 0$$

$$\frac{\partial L}{\partial y} = f_y + \lambda g_y = 0 \quad \text{und}$$

$$\frac{\partial L}{\partial \lambda} = g(x, y) = 0$$

Löst man die ersten beiden Bedingungen nach λ auf und setzt beide Ausdrücke gleich, so erhält man nach Multiplikation mit (-1):

(7.57) $$-\lambda = \frac{f_x}{g_x} = \frac{f_y}{g_y} \quad \text{bzw.} \quad f_x g_y - g_x f_y = 0.$$

(7.58) *Folgerung:* Für einen Extrempunkt der partiell differenzierbaren Funktion $z = f(x, y)$ mit der Nebenbedingung $g(x, y) = 0$ muß die Bedingung

$$f_x g_y - g_x f_y = 0$$

notwendig erfüllt sein.

Diese Bedingung kann man auf folgende Weise direkt aus der Problemstellung ableiten:
Es ist der Extremwert der Funktion $z = f(x, y)$ unter der Bedingung $g(x, y) = 0$ zu bestimmen. Wegen $g(x, y) = 0$ können wir y als Funktion von x auffassen: $y = h(x)$. Somit wird

$$z = f(x, y) = f(x, h(x)).$$

Für einen Extremwert muß gelten

$$\frac{dz}{dx} = \frac{\partial f}{\partial x} + \frac{\partial f}{\partial h} \cdot \frac{dh}{dx} = f_x + f_y \cdot \frac{dy}{dx} = 0$$

also

(7.59) $$\frac{dy}{dx} = -\frac{f_x}{f_y}.$$

Aus $g(x, y) = 0$ für alle $\mathbf{x} = (x, y)$ folgt

(7.60) $$dg = \frac{\partial g}{\partial x}\, dx + \frac{\partial g}{\partial y}\, dy = (g_x, g_y) \begin{pmatrix} dx \\ dy \end{pmatrix} = \textbf{grad}\, g \cdot \mathbf{dx} = 0$$

und somit

(7.61) $$\frac{dy}{dx} = -\frac{g_x}{g_y}.$$

Gleichsetzen der Ausdrücke (7.59) und (7.61) ergibt (7.57) bzw. Folgerung (7.58).

Zur Überprüfung, ob ein Maximum oder Minimum der Funktion $L(x, y, \lambda)$ bzgl. x und y vorliegt, ist zu testen, ob d^2L positiv oder negativ ist:

Es ist

$$L(x + dx, y + dy, \lambda) = L(x, y, \lambda) + dL + d^2L + \text{Rest}$$
$$= L(x, y, \lambda) + \left(\frac{\partial L}{\partial x} dx + \frac{\partial L}{\partial y} dy\right) + d^2L + \text{Rest}$$

Wegen $\frac{\partial L}{\partial x} = 0$ und $\frac{\partial L}{\partial y} = 0$ liegt ein lokales Minimum vor, wenn $d^2L > 0$ ist, und ein Maximum, wenn $d^2L < 0$ ist. Durch zweimalige Bildung des totalen Differentials wird

$$\begin{aligned} d^2L &= d(dL) = d\left(\frac{\partial L}{\partial x} dx + \frac{\partial L}{\partial y} dy\right) \\ &= d[(f_x + \lambda g_x)dx + (f_y + \lambda g_y)dy] \\ &= [(f_{xx} + \lambda g_{xx})dx + (f_{yx} + \lambda g_{yx})dy]dx \\ &+ [(f_{xy} + \lambda g_{xy})dx + (f_{yy} + \lambda g_{yy})dy]dy \\ &= (f_{xx} + \lambda g_{xx})dx^2 + 2(f_{xy} + \lambda g_{xy})dxdy + (f_{yy} + g_{yy})dy^2 \end{aligned}$$

unter Verwendung von (7.29) und (7.45). Es ist in anderer Schreibweise

(7.62) $$d^2L = (dx, dy) \begin{pmatrix} f_{xx} + \lambda g_{xx} & f_{xy} + \lambda g_{xy} \\ f_{yx} + \lambda g_{yx} & f_{yy} + \lambda g_{yy} \end{pmatrix} \begin{pmatrix} dx \\ dy \end{pmatrix} = dx'\mathbf{K} \cdot dx$$

Zusammen mit (7.61) und der Unterscheidung $d^2L > 0$ bzw. $d^2L < 0$ ist dies Bedingung c) aus (7.56).

Setzt man jetzt aber $\lambda = -\frac{f_x}{g_x}$ und nach (7.61) $dy = -\frac{g_x}{g_y} dx$ in d^2L ein, so hat man

$$d^2L = \frac{dx^2}{g_y^2} \left[\left(f_{xx} - \frac{f_x}{g_x} g_{xx}\right) g_y^2 - 2\left(f_{xy} - \frac{f_x}{g_x} g_{xy}\right) g_x g_y + \left(f_{yy} - \frac{f_x}{g_x} g_{yy}\right) g_x^2\right]$$

Bezeichnet man die sogenannte *geränderte Matrix* der Hesseschen Matrix **K** mit

(7.63) $$\mathbf{M} = \begin{pmatrix} 0 & g_x & g_y \\ g_x & f_{xx} - \frac{f_x}{g_x} g_{xx} & f_{xy} - \frac{f_x}{g_x} g_{xy} \\ g_y & f_{yx} - \frac{f_x}{g_x} g_{yx} & f_{yy} - \frac{f_x}{g_x} g_{yy} \end{pmatrix}$$

so ist, wie man sich durch Ausrechnen der sogenannten *geränderten Determinante* $|\mathbf{M}|$ überzeugt:

(7.64) $$d^2L = -\frac{dx^2}{g_y^2} \cdot |\mathbf{M}| .$$

(7.65) *Folgerung:* Hat die Funktion $z = f(x, y)$ unter der Nebenbedingung $g(x, y) = 0$ im Punkt x_0 für einen geeigneten Wert λ alle partiellen Ableitungen der Lagrangefunktion $L = f(x,y) + \lambda g(x,y)$ gleich Null, existieren alle zweiten partiellen Ableitungen, sind sie stetig in einer Umgebung von x_0 und ist die geränderte Determinante im Punkt x_0:

$|M|$ positiv, so ist x_0 ein *Maximum*
$|M|$ negativ, so ist x_0 ein *Minimum.*

Beispiel:

Gesucht ist ein Minimum der Funktion $z = f(x, y) = x^3 + x^2y + y^2$ unter der Nebenbedingung $x + y = 1$ bzw. $g(x, y) = x + y - 1 = 0$.

Die Lagrangefunktion lautet

$$L(x, y, \lambda) = x^3 + x^2y + y^2 + \lambda(x + y - 1)$$

Nach (7.55) müssen im Extrempunkt alle partiellen Ableitungen gleich Null sein:

$$\frac{\partial L}{\partial x} = 3x^2 + 2xy + \lambda = 0$$

$$\frac{\partial L}{\partial y} = x^2 + 2y + \lambda = 0$$

$$\frac{\partial L}{\partial \lambda} = x + y - 1 = 0$$

Aus den beiden ersten Bedingungen folgt nach Elimination von λ die Gleichung $x^2 + xy - y = 0$ und nach Einsetzen der Nebenbedingung $y = 1 - x$ die Lösung $x = \frac{1}{2}$, $y = \frac{1}{2}$ und $\lambda = -\frac{5}{4}$.

Die geränderte Matrix **M** ergibt sich mit

$$\begin{array}{lll} f_x = 3x^2 + 2xy, & f_{xx} = 6x + 2y, & f_{xy} = 2x, \\ f_y = x^2 + 2y, & f_{yx} = 2x, & f_{yy} = 2, \\ g_x = 1, & g_{xx} = 0, & g_{xy} = 0, \\ g_y = 1, & g_{yx} = 0, & g_{yy} = 0 \end{array}$$

und nach Einsetzen der gefundenen Werte $(x, y) = \left(\frac{1}{2}, \frac{1}{2}\right)$ zu

$$M = \begin{pmatrix} 0 & 1 & 1 \\ 1 & 6x + 2y & 2x \\ 1 & 2x & 2 \end{pmatrix} = \begin{pmatrix} 0 & 1 & 1 \\ 1 & 4 & 1 \\ 1 & 1 & 2 \end{pmatrix}.$$

Für die Determinante von **M** gilt in $(x, y) = \left(\frac{1}{2}, \frac{1}{2}\right)$:

$$|M| = -4 .$$

Nach (7.65) liegt in $(x, y) = \left(\frac{1}{2}, \frac{1}{2}\right)$ also ein Minimum der Funktion $z = f(x, y)$ unter der Bedingung $x + y = 1$ mit dem Funktionswert $z = \frac{1}{2}$.

Eine allgemeinere Form der geränderten Determinanten kann auch bei einer beliebigen Zahl von unabhängigen Variablen untersucht werden. Zugleich sollen die bisherigen Aussagen auf mehrere Nebenbedingungen verallgemeinert werden.

(7.66) *Satz:* Seien die Funktionen $f(x)$ und $g_k(x)$, $k = 1, \ldots, m$, in einer Umgebung U von x_0 partiell differenzierbar. Dann gilt:

(7.67) 1. Hat $f(x)$ in x_0 einen Extremwert unter den Bedingungen

$$g_k(x_0) = 0, \qquad k = 1, \ldots, m,$$

dann gelten für die Lagrangefunktion

$$L(x, \lambda) = f(x) + \sum_{k=1}^{m} \lambda_k g_k(x)$$

die Bedingungen (notwendige Bedingungen):

$$\frac{\partial L}{\partial x_i}(x_0, \lambda) = 0 \quad \text{bzw.} \quad \frac{\partial f(x_0)}{\partial x_i} + \sum_{k=1}^{m} \lambda_k \frac{\partial g_k(x_0)}{\partial x_i} = 0, \quad i = 1, \ldots, n$$

$$\frac{\partial L}{\partial \lambda_k}(x_0, \lambda) = 0 \quad \text{bzw.} \quad g_k(x_0) = 0, \quad k = 1, \ldots, m.$$

(7.68) 2. Sind die folgenden drei Bedingungen (als hinreichende Bedingungen) erfüllt, dann hat f in x_0 einen Extremwert unter den Nebenbedingungen $g_k(x_0) = 0$, $k = 1, \ldots, m$:

a) $\frac{\partial L}{\partial x_i}(x_0, \lambda) = 0$ für $i = 1, \ldots, n$ und $\frac{\partial L}{\partial \lambda_k}(x_0, \lambda) = g_k(x_0) = 0, \quad k = 1, \ldots, m$

b) An Stelle der x_0 existieren die zweiten partiellen Ableitungen

$$\frac{\partial f}{\partial x_i \partial x_j} = f_{ij} \text{ und } \frac{\partial g_k}{\partial x_i x_j} = g_{ij}^k \text{ für } i, j = 1, \ldots, n \text{ und } k = 1, \ldots, m$$

und diese Funktionen sind in einer Umgebung U von x_0 stetig.

c) Die mit den Abkürzungen $g_i^k = \frac{\partial g_k(x_0)}{\partial x_i}$ und

$$a_{ij} = f_{ij} + \sum_{k=1}^{m} \lambda_k g_{ij}^k$$

gebildeten geränderten Determinanten

$$|M_t| = \begin{vmatrix} 0 & \ldots & 0 & g_1^1 & \ldots & g_t^1 \\ \vdots & & \vdots & \vdots & & \vdots \\ 0 & \ldots & 0 & g_1^m & \ldots & g_t^m \\ g_1^1 & \ldots & g_1^m & a_{11} & \ldots & a_{1t} \\ \vdots & & \vdots & \vdots & & \\ g_t^1 & & g_t^m & a_{t1} & \ldots & a_{tt} \end{vmatrix}, \quad t = m+1, \ldots, n$$

haben das Vorzeichen von $(-1)^t$ (alternierendes Vorzeichen), so ist $\mathbf{x}_0$ ein *Maximum*

haben das konstante Vorzeichen $(-1)^m$ für alle t, so ist $\mathbf{x}_0$ ein *Minimum.*

Für $t \leqslant m$ sind keine Forderungen an $|\mathbf{M}_t|$ zu stellen, da $|\mathbf{M}_t| = 0$ für $t < m$ gilt und $|\mathbf{M}_m|$ (für $t = m$) stets das Vorzeichen $(-1)^m$ hat. Folgerung (7.65) ist mit n = 2 Variablen und m = 1 Nebenbedingungen ein Spezialfall des vorstehenden Satzes.

Aufgaben zu 7.2. Differentialrechnung der Funktionen mehrerer Veränderlichen Homogene Funktionen und Minimalkostenkombination

---

1. Eine Funktion $y = f(\mathbf{x})$ heißt *homogen vom Grad t,* wenn gilt

$$f(hx_1, hx_2, \ldots, hx_n) = h^t f(x_1, x_2, \ldots, x_n) \quad \text{bzw.}$$

(7.69) $$f(h\mathbf{x}) = h^t f(\mathbf{x}) \quad \text{für alle} \quad h \in R$$

Zeige, daß für diese Funktionen die *Eulersche Gleichung*

(7.70) $$\sum_{i=1}^{n} x_i f_i(\mathbf{x}) = t f(\mathbf{x}) \quad \text{bzw.} \quad \mathbf{x}' \mathbf{grad}\, f = t f(\mathbf{x})$$

gilt.

Unter welchen Bedingungen ist die *Cobb-Douglas-Funktion* $y = au^\alpha v^\beta$ homogen vom Grad 1, d.h. *linear-homogen?*

Lösung:

Die Funktionen $f(h\mathbf{x})$ und $h^t f(\mathbf{x})$ sind für fest gehaltenes $\mathbf{x}$ bei variablem h Funktionen von h. Differenziert man Gleichung (7.69) nach h, so ist auf der linken Seite der Satz (7.30) anzuwenden, wobei die Bezeichnung $f_i(\mathbf{x}) = \partial f(\mathbf{x})/\partial x_i$ benutzt wird:

links: $$\frac{\partial f(h\mathbf{x})}{\partial (hx_1)} \frac{d(hx_1)}{dh} + \ldots + \frac{\partial f(h\mathbf{x})}{\partial (hx_n)} \frac{d(hx_n)}{dh}$$

$$= f_1(h\mathbf{x})x_1 + \ldots + f_n(h\mathbf{x})x_n$$

rechts: $$th^{t-1} f(\mathbf{x})$$

Setzt man nun links und rechts h = 1 ein, so ergibt sich

$$f_1(\mathbf{x})x_1 + \ldots + f_n(\mathbf{x})x_n = t f(\mathbf{x}),$$

also die Eulersche Gleichung (7.70).

Die Cobb-Douglas-Funktion $y = au^\alpha v^\beta$ erfüllt (7.69) für t = 1, wenn $f(h\mathbf{x}) = hf(\mathbf{x})$ gilt:

$$a(hu)^\alpha (hv)^\beta = hau^\alpha v^\beta$$

Daraus folgt nach Umrechnung die Bedingung

$$\alpha + \beta = 1.$$

Wegen (7.70) gilt dann $uf_u + vf_v = f$, wie man auch leicht nachrechnet.

2. Gegeben sei die Funktion

$$z = ax^2 + bxy + cy^2 + dx + ey$$

Man gebe Kriterien für die Koeffizienten a, b, c, d und e an, daß die Funktion z ein Minimum oder Maximum hat.

Lösung:

Man bildet zunächst die ersten und zweiten partiellen Ableitungen:

$$\begin{aligned} f_x &= 2ax + by + d, & f_{xx} &= 2a, & f_{xy} &= b \\ f_y &= bx + 2cy + e, & f_{yx} &= b, & f_{yy} &= 2c\,. \end{aligned}$$

Nach Satz (7.46) müssen im Extremwert die partiellen Ableitungen Null sein:

$$\begin{aligned} f_x = 0: &\quad 2ax + by + d = 0 \\ f_y = 0: &\quad bx + 2cy + e = 0 \end{aligned}$$

mit der Lösung

$$x = \frac{be - 2cd}{4ac - b^2}, \qquad y = \frac{bd - 2ae}{4ac - b^2} \qquad \text{falls } 4ac - b^2 \neq 0.$$

Nun ist nach (7.48c) und (7.49) die Hessesche Matrix

$$\mathbf{H} = \begin{pmatrix} f_{xx} & f_{xy} \\ f_{yx} & f_{yy} \end{pmatrix} = \begin{pmatrix} 2a & b \\ b & 2c \end{pmatrix}$$

zu untersuchen. Satz (7.49) sagt, daß für

$2a > 0$ und $4ac - b^2 > 0$ ein Minimum und
$2a < 0$ und $4ac - b^2 > 0$ ein Maximum

vorliegt. Dies sind die gesuchten Kriterien.

Da die zweite Bedingung auch in der Form $4ac > b^2 \geqslant 0$ geschrieben werden kann, ist $a > 0$ (bzw. $a < 0$) äquivalent mit $c > 0$ (bzw. $c < 0$). Mit $4ac - b^2 > 0$ ist zugleich auch der Nenner der Lösung für x und y ungleich Null.

Die Funktion $z = 2x^2 + 3xy + 3y^2 - x$ hat z.B. wegen $a = 2 > 0$ und $4ac - b^2 = 15 > 0$ ein Minimum im Punkt $(x, y) = \left(-\frac{2}{5}, \frac{1}{5}\right)$.

3. Eine zylindrische Büchse soll bei gegebenem Rauminhalt möglichst wenig Oberfläche wegen des Materialverbrauchs aufweisen.

Lösung:

Bezeichnet man mit r den Radius der Grundfläche und mit h die Höhe der Büchse, so ist das Minimum der Funktion für die Oberfläche

$$F = f(r, h) = 2\pi r^2 + 2\pi rh$$

gesucht unter der Nebenbedingung

$$V = \pi r^2 \cdot h \quad \text{oder} \quad g(r, h) = \pi r^2 h - V = 0.$$

Bildet man die Lagrangefunktion

$$L = 2\pi r^2 + 2\pi rh + \lambda(\pi r^2 h - V),$$

so ist für ein Minimum notwendig:

$$\frac{\partial L}{\partial r} = 4\pi r + 2\pi h + 2\pi\lambda rh = 0$$

$$\frac{\partial L}{\partial h} = 2\pi r \quad + \lambda\pi r^2 \quad = 0 \qquad \frac{\partial L}{\partial \lambda} = \pi r^2 h - V = 0$$

Daraus folgt: $\lambda = -\frac{2}{r}$, $h = 2r$ und $r = \sqrt[3]{\frac{V}{2\pi}}$. Im Optimum sind also Durchmesser 2r und Höhe h gleich.

Zur Entscheidung, ob ein Minimum vorliegt, bildet man

mit
$$\begin{aligned} f_r &= 4\pi r + 2\pi h, & f_{rr} &= 4\pi\,, & f_{rh} &= 2\pi \\ f_h &= 2\pi r\,, & f_{hr} &= 2\pi\,, & f_{hh} &= 0 \\ g_r &= 2\pi rh\,, & g_{rr} &= 2\pi h, & g_{rh} &= 2\pi r \\ g_h &= \pi r^2\,, & g_{hr} &= 2\pi r\,, & g_{hh} &= 0 \end{aligned}$$

und $\frac{f_r}{g_r} = \frac{2r+h}{rh}$ die geränderte Matrix **M** und erhält

$$\mathbf{M} = \begin{pmatrix} 0 & 2\pi rh & \pi r^2 \\ 2\pi rh & 4\pi - \frac{2r+h}{rh}\,2\pi h & 2\pi - \frac{2r+h}{rh}\,2\pi r \\ \pi r^2 & 2\pi - \frac{2r+h}{rh}\,2\pi r & 0 - \frac{2r+h}{rh}\,0 \end{pmatrix} = \pi \begin{pmatrix} 0 & 2rh & r^2 \\ 2rh & -2\frac{h}{r} & -4\frac{r}{h} \\ r^2 & -4\frac{r}{h} & 0 \end{pmatrix}$$

und somit die Determinante

$$|\mathbf{M}| = \pi(-16r^4 + 2hr^3)$$

Im zu untersuchenden Punkt ist $h = 2r$ und folglich

$$|\mathbf{M}| = -12\pi r^4 < 0,$$

also negativ für jedes r und der Punkt $(r, h) = (r, 2r)$ mit $r = \sqrt[3]{\frac{V}{2\pi}}$ ein Minimum nach (7.65).

4. Sei $y = f(\mathbf{x}) = f(x_1, \ldots, x_n)$ eine (zweimal stetig differenzierbare) Produktionsfunktion, $x_1, \ldots, x_n$ seien die Faktoren und y das Produkt bzw. der Ertrag. Die Faktoren haben die Preise $p_1, \ldots, p_n$, d.h. die Kosten der Einsatzmengen $x_1, \ldots, x_n$ betragen

(7.71) $\quad K(\mathbf{x}) = p_1 x_1 + \ldots + p_n x_n = \mathbf{p}'\mathbf{x}$

für $\mathbf{p}' = (p_1, \ldots, p_n)$ und $\mathbf{x}' = (x_1, \ldots, x_n)$.

Mit gewissen Faktorkombinationen **x** lassen sich die Produktmenge bzw. der Ertrag y erreichen. Dies Kombinationen liegen auf der sog. *Produktisoquanten*

(7.72) $\quad \overline{y} = f(\mathbf{x}) = f(x_1, \ldots, x_n)$ mit $\overline{y} = \text{const.}$

Gesucht ist die Faktorenkombination, für die die Kosten K minimal werden. Diese heißt *Minimalkostenkombination.*

Man bestimme die Minimalkostenkombination für die *Cobb-Douglas-Funktion*

$$y = au^{\alpha}v^{\beta} \quad \text{mit} \quad \alpha + \beta = 1, \; \alpha, \beta > 0.$$

Lösung:

Das Problem der Minimalkostenkombination ist ein Extremwertproblem unter Nebenbedingungen: Gesucht ist ein Minimum der Kostenfunktion (7.71) unter der Nebenbedingung (7.72).

Man bildet die Lagrangefunktion

$$L(\mathbf{x}, \lambda) = K(\mathbf{x}) + \lambda(\bar{y} - f(\mathbf{x}))$$

und setzt die partiellen Differentiale gleich Null:

$$\text{(7.73)} \qquad \frac{\partial L}{\partial x_i} = p_i - \lambda \frac{\partial f(\mathbf{x})}{\partial x_i} = p_i - \lambda f_i = 0, \qquad i = 1, \ldots, n$$

$$\frac{\partial L}{\partial \lambda} = \bar{y} - f(x_1, \ldots, x_n) = 0$$

Für zwei Faktoren i und j erhält man aus (7.73) nach Elimination von λ die Bedingung

$$\text{(7.74)} \qquad \frac{p_i}{p_j} = \frac{f_i}{f_j},$$

d.h. im Kostenminimum müssen die Grenzerträge zweier Faktoren im gleichen Verhältnis stehen wie ihre Preise.

Der Lagrangemultiplikator

$$\lambda = \frac{p_i}{f_i} = \frac{\partial K/\partial x_i}{\partial f/\partial x_i}, \qquad i = 1, \ldots, n$$

als Quotient von Grenzkosten und Grenzertrag ist gleich den Produktgrenzkosten.

Für die Preise p_i gilt nach (7.73) $p_i = \lambda f_i$ und somit kann man die Kosten schreiben als

$$K = \lambda(x_1 f_1 + \ldots + x_n f_n)$$

Ist die Produktionsfunktion linear-homogen (siehe Aufgabe 1), so gilt nach Einsetzen der Eulerschen Gleichung

$$K = \lambda \bar{y} \quad \text{bzw.} \quad \lambda = \frac{K}{\bar{y}}$$

d.h. der Lagrangemultiplikator ist gleich den Durchschnittskosten $K/\bar{y}$, also sind bei Linear-Homogenität bei der Minimalkostenkombination Produktgrenzkosten und Durchschnittskosten gleich.

Ist $\bar{y} = au^{\alpha}v^{\beta}$ mit $\alpha + \beta = 1$, also ist die Produktionsfunktion linear-homogen, so entstehen aus der Lagrangefunktion

$$L = p_u u + p_v v + (\bar{y} - au^{\alpha}v^{\beta})$$

die Bedingungen (7.73):

$$p_u - \lambda a\alpha u^{\alpha-1}v^{\beta} = 0$$
$$p_v - \lambda a\beta u^{\alpha}v^{\beta-1} = 0$$

und daraus die Bedingung (7.74):

$$\frac{p_u}{p_v} = \frac{a\alpha u^{\alpha-1} v^{\beta}}{a\beta u^{\alpha} v^{\beta-1}} = \frac{\alpha v}{\beta u}$$

Aus dieser Gleichung, zusammen mit $\bar{y} = au^{\alpha}v^{\beta}$, lassen sich die Werte u und v der Minimalkostenkombination in Abhängigkeit von $\bar{y}$ berechnen.

Für den Lagrangemultiplikator gilt

$$\lambda = \frac{p_u}{f_u} = \frac{p_v}{f_v} = \frac{p_u u + p_v v}{y}$$

Produktgrenzkosten sind hier gleich den Durchschnittskosten. Für positive p_u, p_v, α und β ergibt sich wegen der konvexen Krümmung von $\bar{y} = f(u, v)$ in der (u, v)-Ebene bei Minimierung der linearen Kosten $K = p_u u + p_v v$ tatsächlich ein Minimum. Es erübrigt sich deshalb, die geränderte Matrix nach (7.63) und (7.65) zu untersuchen.

Literaturverzeichnis

Almon, Clopper Jr.: Matrix Methods in Economics. Reading (Mass.) – Palo Alto – London – Don Mills (Ontario) 1967

Bliefernich, Manfred – *Gryck,* Manfred – *Pfeifer,* Max – *Wagner,* Claus-Joachim: Aufgaben zur Matrizenrechnung und linearen Optimierung. Würzburg 1968

Collatz, Lothar – *Wetterling,* Wolfgang: Optimierungsaufgaben. Heidelberger Taschenbücher, Berlin–Heidelberg–New York 1966

Dorfman, Robert – *Samuelson,* Paul A. – *Solow,* Robert M.: Linear Programming and Economic Analysis. New York–Toronto–London–Tokyo 1958

Erwe, Friedhelm: Differential- und Integralrechnung. Band I, II. BI-Hochschultaschenbücher, Mannheim 1962

Freund, Helmut – *Sorger,* Peter: Logik, Mengen, Relationen. Stuttgart 1975

Gale, David: The Theory of Linear Economic Models. New York–Toronto–London 1960

Gantmacher, F. R.: Matrizenrechnung. Band I, II. Übersetzung aus dem Russischen von Klaus Stengert. Berlin 1966

Goetzke, Horst: Netzplantechnik (Theorie und Praxis). Leipzig 1969

Hadley, George: Linear Algebra. Reading (Mass.) – Menlo Park (Calif.) – London – Sydney – Manila 1961

Hadley, George: Linear Programming. Reading (Mass.) – Menlo Park (Calif.) – London – Sydney – Manila 1962

Harbeck, Gerd: Einführung in die formale Logik. Braunschweig 1970

Hax, Herbert: Entscheidungsmodelle in der Unternehmung. Reinbek bei Hamburg 1974

Jaeger, Arno – *Wenke,* Klaus: Lineare Wirtschaftsalgebra. Stuttgart 1969

Jaksch, Hans Jürgen: Theorie linearer Wirtschaftsmodelle. 1. Mathematische Grundlagen, Tübingen 1974 – 2. Transport- und Standortmodelle, Tübingen 1975

Koerth, Heinz u.a. (Hrsg.): Lehrbuch der Mathematik für Wirtschaftswissenschaften. Opladen 1972

Kowalsky, Hans-Joachim: Lineare Algebra. Berlin 1965

Lancaster, Kelvin: Mathematical Economics. New York–London 1968

Lipschutz, Seymour: Theory and Problems of Linear Algebra. Schaum's Outline Series, New York 1968

Lipschutz, Seymour: Theory and Problems of Finite Mathematics. Schaum's Outline Series, New York 1966

Mangoldt, Heinrich v. – *Knopp,* Konrad: Einführung in die höhere Mathematik. Band I und II. Leipzig 1966/67

Meschkowski, Herbert: Einführung in die moderne Mathematik. BI-Hochschultaschenbücher, Mannheim 1966

Müller-Merbach, Heiner: Operations Research. München 1971

Niemeyer, Gerhard: Einführung in die lineare Planungsrechnung (mit ALGOL- und FORTRAN-Programmen). Berlin 1968

Richter, Klaus-Jürgen: Methoden der Linearen Optimierung. Leipzig 1967

Schneeweiss, Hans: Ökonometrie. 2. A. Würzburg–Wien 1974

Schumann, Jochen: Input-Output-Analyse. (Ökonometrie und Unternehmensforschung X), Berlin–Heidelberg–New York 1968

Sperner, Emanuel: Einführung in die Analytische Geometrie und Algebra, 1. und 2. Teil. Göttingen 1963

Takayama, Akira: Mathematical Economics. Hinsdale (Ill.) 1974

Wagner, Harvey M.: Principles of Operations Research. 2. A., Englewood Cliffs (N. J.) 1975

Wetzel, Wolfgang – *Skarabis,* Horst – *Naeve,* Peter – *Büning,* Herbert: Mathematische Propädeutik für Wirtschaftswissenschaftler. 2. A., Berlin–New York 1972

Wittmann, Waldemar: Produktionstheorie. (Ökonometrie und Unternehmensforschung XI), Berlin–Heidelberg–New York 1968

Yamane, Taro: Mathematics for Economists. New York 1963

Zurmühl, Rudolf: Matrizen und ihre technischen Anwendungen. Berlin–Heidelberg–New York 1964

Sachverzeichnis

Abbildung 154, 209
bijektive 155
injektive (eineindeutige) 155
lineare 156
surjektive (auf) 155
abgeschlossene(s)
Intervall 200
Punktmenge 183
Abgeschlossenheit
einer Gruppe 41
eines Unterraums 79
abhängig, linear 81, 83
Ableitung 222
höherer Ordnung 225
linksseitige 222
partielle 237
rechtsseitige 222
Absolutbetrag 199
absolutes
Glied 51, 52, 56
Maximum 212
Minimum 212
Abstand 71
Addition
in Gruppen 41
von Matrizen 103
von Vektoren 67, 77
Additionsgesetze 41
additive Gruppe 41
adjungierte Matrix 137
ähnliche Matrizen 125
Äquivalenz 18
-klassen 34
logische 18
-relation 34
Algebra
Aussagen- 22, 34
Mengen- 30, 34
algebraisches Komplement 134
algebraische Struktur 40
Anfangslösung 176
Ansatz von Lagrange 247
arithmetische Zahlenfolge 201
Assoziativität
der Aussagenoperationen 22
in einer Gruppe 41
der Operationen im Körper, Ring 45
der Matrizenaddition 103
Assoziativität
der Matrizenmultiplikation 107
der Mengenoperationen 30
der Vektoraddition 68
Asymptote 216
Aufspannen eines Unterraums 80, 83
Ausgleichszahlung 209
Aussage 13
Aussagenalgebra 22, 34
Aussagenlogik 13
Austauschsatz von Steinitz 85

Basis 82
Basislösung (Ecke) 95, 190
degenerierte 95, 190
Basis
-tausch (Eckentausch) 168
-variable 95
-vektor 95
Bedingung,
notwendige, hinreichende 17, 19
Beobachtungsmatrix 152
beschränkte Funktion
nach oben (unten) 212
beschränktes Intervall
nach oben (unten) 200
beschränkte Punktmenge 188
beschränkte Zahlenfolge 203
nach oben (unten) 203
bestimmt divergent 205
Bereich
Definitions- 210
Werte- 210
Beweis,
indirekter 20
durch vollständige Induktion 21
Bild 154, 157, 209
Bildmenge 209
Blockmatrix 109, 125
Bolzano,
Zwischenwertsatz von 217

Cauchy-Schwarzsche Ungleichung 71
charakteristische Gleichung 144
Cobb-Douglas-Funktion 256
Cramersche Regel 138

definite Matrix 147

Definitionsbereich 210
Degeneration 95, 190
dekadischer Logarithmus 211
de Morgans Gesetz
bei Aussagen 15
bei Mengen 30
Determinante 134
charakteristische 144
geänderte 250
Diagonalmatrix 108, 125
Diagonalsystem 99, 121
Differential 225
totales 239
vollständiges 239
Differentialquotient 221
Differentiationsregeln 223
Differenzenquotienten 221
differenzierbar 221, 222, 226, 240,
partiell 237
total 239
vollständig 239
Differenzmenge 29
Dimension
eines Kegels 195
eines Unterraums 86
Dimensionssatz 88
Disjunktion 15
disjunkte Mengen 29
Distributivität
der Aussagenoperationen 22
der Operationen in Körper, Ring 45
der Matrizenmultiplikation 107
der Mengenoperationen 30
der Multiplikation von Matrizen mit Skalaren 104
der Multiplikation von Vektoren mit Skalaren 68
divergent
bestimmt 205
unbestimmt 205
Dreiecksungleichung 71, 199
Durchschnitt von Mengen 29

Ecke 165, 168, 188, 190
Eigen-
raum 143
vektor 143
wert 143
eindeutige Funktion 210
Einheitsmatrix 107
Einheitsvektor 69
Elastizität 233
Element
inverses 41
einer Matrix 102
einer Menge 26
neutrales 41
endliche Sprungstelle 215
Enthaltensein von Mengen 27
Erzeugen eines Unterraums 80
Eulersche Gleichung 253
Existenz-Quantor 32
Exponentialfunktion 211
Extremalpunkt (wert) 229, 244, 248, 252
lokaler 230, 245
unter Nebenbedingungen 247, 252
Extremwertsatz
von Weierstraß 217

fallend
monoton 203, 212, 227
streng monoton 203, 212, 227
Funktion 154, 209
beschränkte 212
Cobb-Douglas- 256
eindeutige 210
eineindeutige 155
Exponential- 211
Graph der 210
homogene 253
Lagrange- 248
lineare 4
mehrdeutige 210
mehrerer Variablen 252
mehrerer Veränderlichen 210
Produktions- 255
Skalar- 243
Umkehr- 211
vektorielle 240
einer Veränderlichen 210
zusammengesetzte 211
Funktionalmatrix 240

ganze Zahlen 40
Gaußscher Algorithmus 121
geometrische Zahlenfolge 201
Gerade 59, 184
geänderte
Determinante 250
Matrix 250
gewöhnliche lineare Regression 140, 153
Gleichheit
von Aussagen 22
von Matrizen 102
von Mengen 27
von Vektoren 67
Gleichung,
charakteristische 144
lineare 52, 89
linear homogene 89
linear inhomogene 89, 90
redundante 57, 94
Gleichungssystem,
Cramersche Regel 138
Diagonalsystem 99, 121
inkonsistentes 57, 94
konsistentes 57, 94
lineares 55, 89, 91
lineares homogenes 60, 94
lineares inhomogenes 61, 94
mit Parametern 64

Gradient 237
Graph 155
der Funktion 210
Grenzwert
der Funktion 213
linksseitiger 215
rechtsseitiger 215
uneigentlicher 205
von Zahlenfolgen 203
Gruppe 41
abelsche 41
additive 41
kommutative 41
multiplikative 42

Halbgerade 194
Halbordnung 34
Halbraum 186
offener 186
abgeschlossener 186
harmonische Reihe 205
Hauptminor 134
hebbare Unstetigkeit 216
Hessesche Matrix 243
homogene
Funktionen 253
lineare Gleichungen 89
lineare Gleichungssysteme 60, 94
Homomorphismus 156
Hyperebene 60, 185
Hypersphäre 183

Idempotenz
von Aussagen 22
von Matrizen 108
von Mengen 30
Identität
von Aussagen 22
von Mengen 30
Implikation 17
logische 17
indefinite Matrix 167
indirekter Beweis 20
Induktion, vollständige 21, 25
Infimum 200
inhomogene
lineare Gleichungen 89, 90
lineare Gleichungssysteme 61, 94
Inkonsistenz 57, 94
innerer Punkt 183
inneres Produkt 70
Input-Output-Modell 129, 246
Intervall
abgeschlossenes 200
linksoffenes 200
offenes 200
rechtsoffenes 200
inverses Element 41
inverse Matrix 119
Inversion einer Permutation 133
involutorische Matrix 108
irreflexive Relation 33
Isomorphismus 158

Jacobi-Verfahren 125

Kanonische Form 163
Kegel, 192
Dimension 195
konvexer 194
negativer 193
orthogonaler 195
polarer 194
Kehrmatrix 119
Kern 157
Kettenregel 223
Koeffizienten 52, 56
Körper 44
Kofaktor 134
Kommutativität
der Aussagenoperationen 22
in Gruppen 41
der Matrizenaddition 103
der Mengenoperationen 30
von Vektoren 68
Komplement, algebraisches 134
Komplement einer Menge
absolutes 29
relatives 29
Komplementarität
von Aussagen 22
von Mengen 30
komplexe Zahlen 41
Komponenten 68
kongruente Matrizen 148
Konjunktion 14
konkav 213, 228
Konsistenz
im Gleichungssystem 57, 94
von Voraussetzungen 20,
Konstante 50
Konvergenz
von Zahlenfolgen 203
von Matrizenfolgen 126
konvex 213, 228
konvexe
Kegel 194
Kombination 187
Linearkombination 187
Polyeder 188
Punktmenge 186
Kroneckersymbol 107

Länge eines Vektors 71
Lagrange,
Ansatz von 247
-funktion 248
Lagrangescher Multiplikator 248
leere Menge 28
Leitkoeffizienten 58

Leontief-Inverse 127, 131
Limes 203
linear abhängig 81, 83
Linearform 51
inhomogene 51
homogene 51
linear-homogen 253
linear unabhängig 81, 83
Lineare Programmierung,
allgemeine Form 163
Beispiel 74
graphische Lösung 75
kanonische Form 163
Standardform 163
lineare Transformation 156
lineare Regression,
gewöhnliche 140, 153
orthogonale 152
Linearität
Funktion, lineare 51
Linearform 51
Linearkombination 69, 80
konvexe 187
linksoffenes Intervall 200
linksseitige(r)
Ableitung 222
Grenzwert 215
Lösbarkeit 57, 59, 89, 94, 137, 138, 158
Lösung,
allgemeine 57, 66, 89
Basislösung 95
einer linearen Gleichung 53, 57, 66
eindeutige, mehrdeutige 59, 94, 121
graphische eines LP-Problems 75
optimale (maximale) 163
spezielle 66
triviale (=Nullösung) 61, 94,
Lösungsmannigfaltigkeit 91
Logarithmus
dekadischer 211
natürlicher 211
logische
Implikation 17
Äquivalenz 18
lokaler(es)
Extrempunkt 230
Extremwert 245
Maximum 229
Minimum 229
Losgröße, optimale 234
Losgrößenbestimmung 234

majorisieren 203
Materialverflechtung 114
Matrix 70, 91, 102
adjungierte 137
ähnliche 125
Beobachtungs- 152
Block- 109, 125
definite 147
Matrix
Determinante einer 134
Diagonal- 108
Diagonalisierung 125
Eigenwert einer 143
Einheits- 107
erweiterte 93
geänderte 250
Hessesche 243
idempotente 108
indefinite 147
inverse 119
involutorische 108
Kehr- 119
kongruente 148
n-reihige 102
negative 103
Ordnung 102
Operationen 102, 103, 106
Orthogonal- 124
Potenz einer 108
Produkt mit einem Vektor 70, 106
quadratische 102
Rang 92
reguläre 119
schiefsymmetrische 109
semidefinite 147
singuläre 119
Skalar- 108
Spur einer 139
symmetrische 109
transponierte 108
Unter- 110
Matrizenreihen 126
Maximalpunkt 163
Maximum 200, 230, 244, 249, 251, 253
absolutes 212
lokales 229
relatives 229
mehrdeutige Funktion 210
Menge 26
Bild- 209
disjunkte 29
Gleichheit 27
Komplement 29
leere 28
Obermenge 27
Operationen 29
Potenz- 28
Produkt- 31
Teil- 27
universelle 28
Unter- 27
Urbild- 209
Vereinigungs- 29
Werte- 209
Mengenalgebra 30, 34
Methode der kleinsten Quadrate 140, 153
Minimalkostenkombination 256
Minimum 200, 230, 244, 249, 251, 253

Minimum
absolutes 212
lokales 229
relatives 229
Minor 134
Mischungsproblem 65, 99
Mittelwertsatz 224
monoton
wachsend 203, 212, 227
fallend 203, 212, 227
Monotonie bei Zahlenfolgen 203
Multiplikation
einer Matrix mit einem Skalar 104
einer Matrix mit einem Vektor 70, 106
von Matrizen 105
eines Vektors mit einem Skalar 67, 77
Multiplikationsgesetze 41
multiplikative Gruppe 42

nachschüssige
Zahlung 202
Rente 209
natürlicher Logarithmus 211
natürliche Zahlen 40
Nebenbedingung bei
Extremwerten 247, 252
Negation 14
Netzplanproblem 11, 36
Neumannsche Reihe 127
neutrales Element 41
Nichtbasisvariable 95
Nichtbasisvektor 95
n-mal
differenzierbar 226
stetig differenzierbar 226
Nichtnegativität im LP-Problem 163
nichtsinguläre Matrix 119
Norm eines Vektors 71
n-tupel 50
Nullfolge 204
Nullmatrix 103
Nullmenge (leere Menge) 28
Nullvektor 67, 78
n-Vektor 67
Nullraum 79

obere Schranke 200
eines Intervalls 200
einer Zahlenfolge 203
Obermenge 27
offene Punktmenge 183
offenes Intervall 200
optimale Losgröße 234
Ordnung
Halbordnung 34
Ordnung 34
Ordnungsbeziehungen 32
einer Matrix 102
höherer – von Ableitungen 225
Ordnungsgesetze 41
orthogonale Regression 152
orthogonaler Kegel 195
orthogonale Vektoren 70
Orthogonalmatrix 124

Partialbruchzerlegung 207
Partialsumme 207
partielle Ableitung 237
Permutation 43, 46, 133
2-Phasen-Methode 176
Pivotelement 165, 171
Pivotoperation 165
Pivotzeile 160
Pol 216
Polarer Kegel 194
Polyeder
konvexes 188
-kegel 195
Polynom 42
charakteristisches 144
Potenzmenge 28
Potenzreihen 126
preis
-elastisch 234
-unelastisch 234
Produkt
inneres 70
einer Matrix mit einem Vektor 70, 106
von Matrizen 106
von Mengen 31
Skalar- 70
eines Vektors mit einem Skalar 67
Produktisoquante 255
Produktlebenszyklus 232
Produktregel 223
Produktionsfunktion 255
Programm zu einer Basis 169
Programmkoeffizienten 169
Punkt 183
Extremal- 188
innerer 183
Maximal- 198
Rand- 183
zulässiger, unzulässiger 188
Punktmenge 182
abgeschlossene 183
beschränkte 188
konvexe 186
offene 183

Quadratische Form 146
quadratische Matrix 102
Quantor 32
universeller 32
Existenz- 32
Quotientenkriterium 206
Quotientenregel 223

Randpunkt 183

Rang
einer Matrix 92, 118
einer Menge von Vektoren 89, 92
rationale Zahlen 41
rechtsoffenes Intervall 200
rechtsseitige(r)
Ableitung 222
Grenzwert 215
Redundanz 57, 94
reelle Zahlen 40
reflexive Relation 33
Regression
gewöhnliche lineare 140, 153
orthogonale 152
reguläre Matrix 119
Reihe
unendliche 205
harmonische 205
Reihenfolgeproblem 45
Relation 13
Äquivalenz- 34
irreflexiv 33
bei Mengen 32
Ordnungs- 34
reflexiv 33
symmetrisch 33
transitiv 33
vollständig 33
relatives
Maximum 229
Minimum 229
Rentenbarwert
einer nachschüssigen Rente 209
Rentenendwertformel bei
nachschüssiger Zahlung 202
vorschüssiger Zahlung 202
Ring 45
Rolle,
Satz von 225

Sattelpunkt 245
Satz
von Rolle 225
von Taylor 226
Schaltungen 16
Schattenpreis 168
schiefsymmetrische Matrix 109
Schlupfvariable 75, 163
künstliche 176
Schranke
obere 200
untere 200
der Zahlenfolge 203
semidefinite Matrix
(positiv/negativ) 147
Simplex 188
-kriterium 173
-tableau 166, 167, 169, 174
-verfahren 164, 175
singuläre Matrix 119
Skalar 70, 102
Skalarfunktion
mehrerer Variablen 243
Skalarmatrix 108
Skalarprodukt 70
Spaltenvektor 68, 92, 102
Spitze
eines Kegels 193
Sprungstelle 215
endliche 215
unendliche 216
Spur 139
Standardform 163, 170
Steinitz,
Austauschsatz von 85
Stetigkeit 215
streng konkav 213, 228
streng konvex 213, 228
streng monoton
fallend 203, 212, 227
wachsend 203, 212, 227
Struktur,
algebraische 40
der Aussagen- und Mengenalgebra 34
mit einer Operation 41
mit zwei Operationen 44
Summe
der unendlichen Reihe 205
Summenformeln 202
Summenraum 87
Summenvektor 68
Supremum 200
Symmetrische Matrix 109
symmetrische Relation 33

Tautologie 20
Taylor,
Satz von 226
Taylorentwicklung 227
Teilmenge 27
total differenzierbar 239
Transformation, lineare 156
transitive Relation 33
Transitivität
der Implikation 18
des Enthaltenseins 28
transponierte Matrix 108
Transposition 108
Treppensystem 57, 93

Umgebung 214
Umkehrfunktion 211
unabhängig, linear 81, 83
Unbekannte 52, 89
unbestimmt divergent 205
unendliche
Reihe 205
Sprungstelle 216
Ungleichung,
Cauchy-Schwarzsche 71
Dreiecks- 71

universelle Menge 28
universeller Quantor 32
Unstetigkeit 215
hebbare 216
untere Schranke 200
eines Intervalls 200
einer Zahlenfolge 203
Untermatrix 110
Untermenge 27
Unterraum 79
unzulässige Lösung 101
Urbild 209
Urbildmenge 209

Variable 50, 52, 89
Basisvariable 95
freie Variable 58, 90, 94
Nichtbasisvariable 95
Vektor(en) 77
Abstand 71
Basis- 95
Eigen- 143
Einheits- 68
erzeugende 80
Gleichheit 162
negativer 67, 78
Nichtbasis- 95
Norm, Länge 71
Null- 67, 78
n-Vektor 67
Operationen 67
orthogonale 70
Spalten- 68, 92, 102
Summen- 68
Ungleichheit 162
Zeilen- 68, 92, 102
vektorielle Funktion 240
Vektorraum (linearer) 77
Basis 82
Dimension 86
Summenraum 87
Unterraum 79
Vektortausch 84, 85
Venn-Diagramm 27
Veränderliche 210
Verbindungsstrecke 184
Vereinigung
von Mengen 29
von Kegeln 193
Verrechnungspreis 168
vollständig differenzierbar 239
vollständige Induktion 21, 25
vollständige Relation 33
vorschüssige Zahlung 202

wachsend
monoton 203, 212, 227
streng monoton 203, 212, 227
Wahrheitstafel 14
Wahrheitswert 13
Weierstraß,
Extremwertsatz von 217
Wendepunkt 231
Wert 209
Wertebereich 210
Wertemenge 209
Widerspruch 20
Wurzelkriterium 206

Zahlen, Zahlenmengen
ganze 40
komplexe 41
natürliche 40
rationale 41
reelle 40
Zahlenfolge 201, 202
arithmetisch 201
geometrisch 201
Zeilenoperation 93
Zeilenvektor 68, 92, 102
Zugehörigkeit zu einer Menge 26
Zugehörigkeitstafel 29
zulässige Lösung 101, 188
zusammengesetzte Funktion 211
Zwischenwertsatz von Bolzano 217